普通高等教育卓越工程能力培养系列教材

基于ARM的单片机应用及实践
——STM32案例式教学

武奇生　白　璘　惠　萌　巨永锋　编著

机械工业出版社

本书的内容涵盖了基于ARM的STM32系统的基本概念、原理、技术和应用案例，结合计算机的发展史说明了单片机技术的最新进展和发展趋势。本书按照“卓越工程师教育培养计划”的理念，以案例式教学为主，培养学生的工程实践能力。

本书论述严谨、内容新颖、图文并茂，注重基本原理和基本概念的阐述，强调理论联系实际，突出应用技术和实践，并安排了丰富的教学实验和实际场景训练。

本书可作为高等院校自动化及相关专业大学本科的教材或参考教材，也可作为从事检测、自动控制等工作的工程技术人员的参考用书。

图书在版编目（CIP）数据

基于ARM的单片机应用及实践：STM32案例式教学/武奇生等编著. —北京：机械工业出版社，2014.3（2021.8重印）
普通高等教育卓越工程能力培养系列教材
ISBN 978-7-111-45803-6

Ⅰ.①基… Ⅱ.①武… Ⅲ.①单片微型计算机—高等学校—教材
Ⅳ.①TP368.1

中国版本图书馆CIP数据核字（2014）第026094号

机械工业出版社（北京市百万庄大街22号 邮政编码100037）
策划编辑：于苏华 责任编辑：于苏华
版式设计：常天培 责任校对：陈延翔
封面设计：张 静 责任印制：常天培
天津翔远印刷有限公司印刷
2021年8月第1版第10次印刷
184mm×260mm·21.25印张·519千字
标准书号：ISBN 978-7-111-45803-6
定价：48.00元

电话服务 网络服务
客服电话：010-88361066 机 工 官 网：www.cmpbook.com
010-88379833 机 工 官 博：weibo.com/cmp1952
010-68326294 金 书 网：www.golden-book.com
封底无防伪标均为盗版 机工教育服务网：www.cmpedu.com

前言

在长安大学自动化专业2010年入选国家第一批“卓越工程师教育培养计划”试点专业之后，我们一直在思考这样的问题：学生达到怎样的工程实践能力，才能去联合企业实施校企联合培养？企业对学生的要求是什么？在校内学习阶段对学生如何培养？

对此，我们一方面请部分企业的总工和一线工程技术人员来学校研讨，另一方面去相关企业进行调研。通过交流我们了解到，企业对学生的实践能力，基础知识、专业知识的掌握，研发能力，团队合作精神等方面都有要求。其中，有些要求是很具体的。例如，在讨论中，企业尤其谈到了生产对工业机器人的需求。我国正处在经济转型的关键时期，更多的行业将使用工业机器人替代人力从事危险、单调、重复的劳动，以提高生产工艺的柔性、生产效率和产品质量。工业机器人是自动化技术高度发展的产物，它综合了计算机、控制论、机构学、信息和传感技术、人工智能、仿生学等诸多学科，是先进制造技术领域不可缺少的自动化设备。而且，工业机器人的应用是一个国家工业自动化水平的重要标志，更是自动化学科的重要研究领域。因此，未来的企业将需要大量的自动化专业工程技术人员去研发、维护这些用于生产的工业机器人。

第二方面，我们在参加了多次全国性教改会议，深入了解了当前高等教育改革的要求后，深切地体会到，提高人才培养质量是高等教育内涵式发展的关键所在，是教师义不容辞的责任。

为了满足国家经济转型发展的需求，使得学生在校内学习阶段具备工程实践能力，适应企业开展校企联合培养的要求，通过对学生认知规律的研究，按照“卓越工程师教育培养计划”要求设计了“一级项目”，对应“一级项目”，我们组织研发、制作了“CHD1807—STM32F103开发系统”实验装置，用于“STM32案例式教学”，并编写了这本教材和实验指导书。本书旨在从大学低年级开始，通过完成项目达到培养目标，对学生的基础知识、专业知识的掌握，研发能力，团队合作精神等方面进行培养。以案例式的教学为主，在实验中开展对学生工程实践能力的培养，提升他们的专业兴趣，使得学生更加理解专业的内涵，走内涵式发展之路。

本书由武奇生、白璘、惠萌、巨永锋四人编著，武奇生负责统稿。全书编写的具体分工为：武奇生（第1、2章）、巨永锋（第3章）、惠萌（第4、5、6章）、白璘（第7、8、9章），第10章由白璘、武奇生共同完成。孙眉浪等研究生绘制了书中的部分插图，对本书的初稿进行了阅读和校对。

在本书即将出版之际，回顾近一年的编写、试用过程，时常想起以下需要感谢的人和事。

2011年11月6日，我们受邀参加了上海庆科公司（MXCHIP）在西安举行的STM技术讲座，施海工程师给予我们大力的技术支持，使得我们在教学改革方面得到了许多帮助；

2011 年 12 月在上海，总经理王永虹邀请我们参观了上海庆科公司，详细介绍了公司研发的物联网技术产品，向我们赠送了样片，获益匪浅。

大暑节气后的西安，骄阳似火，参与制作 CHD1807—STM32F103 实验装置的长安大学 2010 级“卓越工程师教育培养计划”试点班的同学们，仍然在闷热的实验室用电烙铁焊接电路板，而且还要戴着保护口罩，汗水浸透了衣服。此情此景，记忆犹新；换位体验，令人深深感动。同学们任劳任怨、不计名利、团结协作的态度，充分体现出了以祖国需要为己任、坚定科学报国的信念。这些同学是王爱民、何运来、冯仰刚、曹清源、马旭攀、景首才、郝熠、朱进玉、谢乾坤等，在此，对这些同学的辛勤劳动表示感谢。

本书的完成获得了汪贵平教授的大力帮助及长安大学国家级自动化特色专业建设点专项经费、2013 年陕西省高等教育教学改革研究一般项目（陕教高［2013］45 号－13BY28）的资助。

在本书的写作过程中参阅了许多资料，在此对编写本书时所参考书籍的作者一并表示诚挚的感谢。本书编写过程中引用了互联网上最新资讯及报道，在此向原作者和刊发机构表示诚挚的感谢，并对不能一一注明来源深表歉意。对于收集到的共享资料没有标明出处或找不到出处的，以及对有些资料进行加工、修改后纳入本书的，我们在此郑重声明，其著作权属于原作者，并向他们表示致敬和感谢。

由于水平和时间有限，书中难免存在错误和不妥之处，恳请同行专家和读者批评指正。

作　者

目　录

第1章 概　述

信息技术发展到今天，离不开计算机技术的发展，计算机技术的发展，走过了几十年的历程。本章首先回顾计算机的发展过程，介绍计算机系统和单片机系统，为后面单片机的学习打下基础。

1.1 计算机发展史

1.1.1 计算机的诞生

什么是计算机？现代意义上的计算机，与古代的计算辅助工具，如中国的算盘和欧洲中世纪的莱布尼茨计算器有何本质不同？对后一问题的回答，归根到底还是要谈到图灵计算机模型。该模型的强大计算能力取决于两点：存储程序及其动态修改能力，而这恰恰是一切“计算器”设备所缺乏的。而“计算机”，就可以认为是这一理论模型的物理实现，而且不论该物理实现是采用机械装置、电子管技术、晶体管和集成电路技术、光计算器件还是生物分子技术。

但是，计算机的物理实现受限于每个时代所能提供的技术手段。由此不难理解，英国数学家巴贝奇设计的机械式通用计算机尽管具有和现代计算机一样的程序存储和自动执行等一系列先进思想，但是从1837年提出设计方案，到1871年巴贝奇去世，这台机器一直没有最终完成。过去，大多人认为第一台计算机是1946年2月由宾夕法尼亚大学的莫奇利和艾克特研制成功的电子数字积分计算机ENIAC（Electronic Numerical Integrator and Calculator），它从1946年2月投入使用，到1955年10月最后切断电源，服役9年多。虽然它每秒只能进行5000次加、减运算，但它预示了科学家将从奴隶般的计算中解脱出来。但是ENIAC本身存在两大缺点：一是没有严格意义上的存储器；二是用布线接板进行控制，非常麻烦，计算速度也被这一人工操作所抵消。所以，ENIAC是否被认为是一台计算机也引起了一些争议。

有意思的是，计算机设计制造技术的突破几乎是在同一时期由不同的人和机构分别独立实现，并共同推动了计算机的早期发展。这也反映了科技上的重大发明从来都是时代进步的结果，并不完全取决于某个个人的努力。

美国衣阿华州立大学的数学物理教授阿塔纳索夫与同事和研究生贝利，用500美元的资助和自己的工资，在1941年最早采用电子管技术设计了ABC计算机。设计始于1935年，于1939年完成。阿塔纳索夫等人研制完成了控制器等一些关键部件，但却由于战争期间转入军队服务未全部完工。莫奇利曾亲自到衣阿华州立大学所在地住了5天，仔细了解了ABC的设计细节和内部工作原理，1941年将曾阅读过的阿塔纳索夫关于ABC计算机设计的笔记内容，运用到之后ENIAC的设计中。1973年，美国明尼苏达地区法院经过数年调查，确认莫奇利的设计是来自与衣阿华州立大学阿塔纳索夫的交谈和其笔记，深受阿塔纳索夫设计的ABC计算机的影响，因此ENIAC不能作为一项独立发明，故最终正式宣判取消了莫奇利等的计算机专利，肯定了ABC的设计者阿塔纳索夫才是真正的现代计算机的发明人。作为一段小插曲，阿塔纳索夫终于得到人们的承认，不过，这也不妨碍ENIAC在计算机发展历史上的地位。

1. 从数值计算到通用信息处理和智能计算

下面从计算机和计算机的基本模型谈起。在计算机诞生之前，"计算"主要是指数值计算。即使是在计算机发展的早期，计算机本质上也只不过是个体积巨大的机器，主要用于科学研究和军事领域，用于执行数值计算任务。例如，由美国陆军兵器局出资，数学家冯·诺依曼主持设计的ENIAC作为电子计算机最早期的代表，主要用于弹道计算，该机在30s内即可完成弹道计算，在当时被称为"比子弹还快"的超人。这一发明实现了计算机科学家的第一个设想：自动化的计算。ENIAC是早期的电子计算机之一，但就自动化的计算或者是机械辅助的计算机这一主题，人类早已开始了各种探索。英国工程师巴贝奇（1791—1871）在1834年设计了一台完全用程序控制的机械计算机，通过齿轮旋转来进行计算，用齿轮和杠杆传送数据，用穿孔卡片输入程序和数据，用穿孔卡片和打印机输出计算结果。限于当时的技术条件，这台机器未能制造出来，但巴贝奇的设计思想是不朽的，他与现代电子计算机的设计完全吻合。

伴随着电子技术特别是微电子技术的发展，计算机本身的成本得以大幅度降低，使得其应用范围真正地从极少数尖端科研机构走向普通大众，PC一度成为计算机的代名词。而在成本降低的同时，计算机本身的性能却在大幅度提高，特别是存储器容量的增加、工作速度的提高和外围接口（I/O）设备的增加，使得计算机有能力将物理世界中的大量模拟信息，如文字、语音、图片和视频，转换成二进制数字格式进行存储、处理、传输和展示，使得计算机能够处理的数据范围远远扩大。计算机的主要用途也终于由传统的单纯的数值计算演化为通用的信息处理，实现了早期计算机科学家所梦想的第二个目标：通用信息处理，而不是仅仅局限在数值计算。"计算"这个术语的内涵也随之同步扩大，在今天应理解为"信息处理"而不限于"科学计算"，计算机本身，更准确地说，也应称之为"通用信息处理机"。在这一历史趋势下，诞生了IBM的PC286、Apple的图形用户界面、Microsoft的MSDOS和Windows操作系统等一系列优秀的产品，它们使得计算机进入了人们日常的生活，成为日常工作、交流、娱乐的核心平台，这一趋势即使至今也没有改变。

尽管计算机作为通用信息处理机，在过去30年里，成功地改造了我们的世界，但是仍应看到，绝大多数情况下，计算机是在人的操作和控制下机械式地处理数据，虽然性能比较高，但是就其智力程度而言，还不如人类中的一个3岁小孩。而计算机科学家的第三个梦想，就是希望计算机能够成为机械脑，能够像人脑那样处理输入的数据，如语音和图像，并能自主运行，与人类协作。这一目标也就是智能计算机的终极目标。

但是，在追求智能终极目标的过程中，在许多具体的应用中，却出现了计算能力相对过剩的问题，许多实际系统的设计更看重功能的完整性、可靠性及成本等非性能问题。因此，计算机工程应用中的一个重要问题是：如何在保证功能完整性、满足用户需求的前提下，综合考虑功能、性能、成本、可靠性多种因素，实现平衡设计，以及如何借助网络通信实现分布式计算。对平衡设计的追求，最终以嵌入式系统的具体形式体现出来，比如一部手机、一台洗衣机、一个机器人等。可以这么说，如同 PC 在 20 世纪 80 年代成为计算机技术的代名词一样，单片机技术 + 智能是目前这个时代计算机技术的主流。

2. 计算的基本模型：图灵机理论模型

为什么计算机具有近乎无限的处理能力而不是像人类发明的其他工具那样在诞生之后功能即被固定化？计算的能力边界在何处？它可以应付今天还没有出现的未来问题吗？究竟应该如何理解“计算”的内涵？

为了回答这些最基本问题，计算机理论界的先驱者阿兰·图灵（Alan Turing）提出了图灵机理论模型。阿兰·图灵，1912 年6 月23 日出生于英国伦敦，他被认为是20 世纪最著名的数学家之一和计算机科学的先驱。1936 年，年仅 24 岁的图灵在其著名论文《论可计算数在判定问题中的应用》（On Computer Number with an Application to the Entscheidungs-problem）一文中，以布尔代数为基础，将逻辑中的任意命题（即可用数学符号）用一种通用的机器来表示和完成，并能按照一定的规则推导出结论。这篇论文被誉为现代计算机原理开山之作，它描述了一种假想的可实现通用计算机的机器，后人称之为“图灵机”。

图灵的基本思想是用机器来模拟人用纸笔进行数学运算的过程，他把这样的过程看作下列两种简单的动作：

1）在纸上写上或擦除某个符号。

2）把注意力从纸的一个方向移动到另一个方向。

而在每个阶段，人要决定下一步的动作，依赖于此人当前所关注的纸上某个位置的符号，即此人当前思维的状态。

图灵计算机模型的构造如图 1.1 所示。图灵假想的抽象机器包括这样几部分：

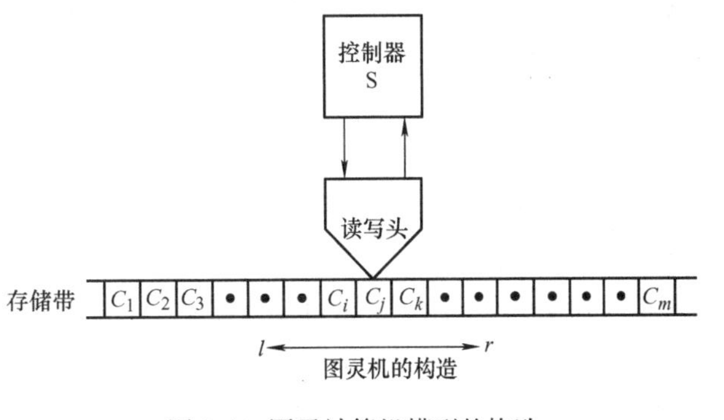

图 1.1 图灵计算机模型的构造

1）一条无限长的纸带 TAPE。纸带被划分为一个接一个的小格子，每个格子上包含一个来自有限字母表的符号，字母表中有一个特殊的符号表示空白。纸带上的格子从左到右依次被编号为 0，1，2，3，…，纸带的右端可以无限伸展。

2）一个读写头 HEAD。该读写头可以在纸带上左右移动，它能读出当前所指的格子上的符号，并能改变当前格子上的符号。

3）一套控制规则 TABLE。它根据当前机器所处的状态以及当前读写头所指的格子上的符号来确定读写头下一步的动作，并改变状态寄存器的值，令机器进入一个新的状态。

4）一个状态寄存器。它用来保存机器当前所处的状态。机器的所有可能状态的数目是有限的，并且有一个特殊的状态，称为停机状态。

注意，这个机器的每一部分都是有限的，但它有一个潜在的无限长的纸带，因此这种机器只是一个理想设备。图灵认为这样的一台机器就能模拟人类所能进行的任何计算过程。

对于任意一个图灵机，因为它的描述是有限的，因此总可以用某种方式将其编码成一个长字符串，这里用 <M> 表示图灵机M的编码。可以构造出一个特殊的图灵机，它接受任意一个图灵机M的编码 <M>，然后模拟M的运作，这样的图灵机就称为通用图灵机（Universal Turing Machine）。现代电子计算机本质上就是一种通用图灵机，它能接受一段描述其他图灵机的程序，并运行程序实现该程序所描述的算法。

图灵说明了这种机器能进行多种运算并可用于证明一些著名的定理。这就是最早给出的通用计算机模型，尽管遵照这一思想设计的具体机器还要再经过10年左右才能问世，所谓图灵机设计还是一纸空文，但其思想奠定了整个现代计算机发展的理论基础。

图灵机模型的贡献突出表现在下面几个方面：

1）它回答了计算的能力范围。这是实现通用信息处理机的必备理论基础。作为计算机领域中的最基本模型，它从最抽象的层次回答了最基本的计算机系统是什么样子，以及这一系统为什么具备“完成通用计算”的能力而不是像历史上其他人类发明的工具那样仅具有少数特征化的功能。换言之，它回答了计算机为什么可以是一台通用信息处理机而不是专用信息处理机。图灵机模型对于一大类有限步数可计算的问题给出了一个普适性的定义，每一个这样的问题都存在一个图灵机可对其进行计算和给出答案。换言之，一个现实问题，不论其多么复杂，如果可以抽象为这样一个有限步数的计算问题，那么它一定是图灵可解的。对这些问题的讨论导致了可计算性和计算复杂度领域的诞生。

2）符合图灵机原理的不同技术实现在理论上具有相同的计算原理。图灵机模型并没有限定用什么技术来实现它，可以用电子管、晶体管、集成电路等实现，甚至用机械装置实现也没有问题，只要符合图灵机原理，这些装置的计算能力在本质上就是相同的。因此，任何一个符合图灵机模型的计算机系统，不论其简单或复杂，都具备了在理论上处理一切可解问题的能力，这是计算机在理论上能够处理纷繁的信息并得到结果的理论保证。而且，这也是计算机技术能够吸引很多研究者的重要原因，因为其能力是无限的。用于计算天气预报和模拟核爆炸的巨型机、用作办公的笔记本以及洗衣机中控制电机转动的微控制器，都是图灵机理论模型的具体实现，都可以用来解决问题。

就嵌入式系统而言，普遍存在着存储器容量、运算速度、电源、尺寸、成本等各方面的约束，但这并不妨碍一个控制洗衣机的4位低成本微处理芯片和一个用于高速图像处理的64位高性能处理芯片在“能力”上的理论等价性，因为它们都是图灵机模型的具体实现。它们的区别不在于理论上可求解问题的不同，而在于解决问题的快慢，即所谓的“性能”。一个问题在巨型机上可解，那么换成笔记本或微控制器，理论上也是一定可解的，只不过计算的过程慢许多而已。而这个区别在汉语中常常被混淆，例如人们在评价某人说他很有能力的时候，往往隐含着两重含义：一是他可以解决未知问题和疑难问题，这是他的能力；另一重含义是他做事做得又快又好，这其实是它的效率问题。而图灵机模型中的“能力”（Capability）是指前者，后者应属于“性能”（Performance）范畴。今天的计算机，尽管形态各异，本质上都是图灵机模型的一个个技术实现，因此它们都具有相同的理论计算能力。

3）它在理论上规范了计算机的实现思路。图灵机模型并没有说明如何设计和实现一个计算机系统，但是它已经隐含地说明了一个计算装置应该至少包含存储器（代替图灵机中的纸带)、运算器和控制器(代替图灵机的读写头和控制器)。这只要再配上输入输出设备就几乎是冯·诺依曼模型了。

1945年图灵结束了战争期间的密码服务工作，来到英国国家物理实验室。他结合自己多年的理论讨论研究和战时制造密码破译机的经验，起草了一份关于研制自动计算机器(Automatic Computer Engine，ACE)的报告，以期实现他曾提出的通用计算机的设计思想。通过长期研究和深入思考，图灵预言，总有一天计算机可通过编程获得能与人类竞争的智能。1950年10月，图灵发表了题为《机器能思考吗?》的论文，在计算机科学界引起了巨大震动，为人工智能学的创立奠定了基础。同年，图灵花费4万英镑、用了约800个电子管的ACE样机研制成功，ACE被认为是当时世界上速度最快、功能最强的计算机之一。图灵还设计了著名的“模仿游戏试验”，后人称之为“图灵测试”。该实验把被提问的一个人和一台计算机分别隔离在两间屋子，让提问者用人和计算机都能接受的方式来进行问题测试。如果提问者分不清回答者是人还是机器，那就证明计算机已具备人的智能。

现代计算机之父冯·诺依曼生前曾评价说：如果不考虑巴贝奇等人早先提出的有关思想，现代计算机的概念当属于阿兰·图灵。冯·诺依曼能把“计算机之父”的桂冠戴到比自己小10岁的图灵头上，足见图灵对计算机科学影响之巨大。为了纪念图灵在计算机学科的开创性贡献，计算机领域的最高奖命名为图灵奖。

1.1.2 计算机的发展

计算在本质上就是信息处理。人类对信息处理的需求自古就存在，最早的结绳计数和古老的算盘都可以认为是计算的具体形式之一。但是，现代意义上的信息处理，主要是指基于电子计算机的信息处理，是开始于20世纪40年代，基于第三次工业革命，即电气革命的技术和物理成就，在军事、科学计算等领域的需求推动下发展起来的。它大致上可以概括为这样三个趋势：

1)从人动计算迈向机动计算——追求更快的计算。从20世纪40年代计算机诞生之初到80年代末，计算机界的主流工作是如何设计制造更高性能的计算机，以拓展计算机的应用范围，使机器可以代替人，让以人为主的工作变成以机器为主的工作，典型的代表就是军事弹道轨道计算、科学研究、财务处理、办公文字处理、计算机辅助设计制造(CAD/CAM)等。

2)从科学计算迈向智能计算——追求最好的计算。事实上，对智能计算的期待，即让计算机能够像人一样思考和工作并替代人是计算机科学发展的基本目标，但是，限于这一问题的难度，特别是早期计算机无法在性能上提供有效的支持，真正与智能相关的工程实践主要是萌芽于20世纪70年代，并在20世纪80~90年代达到第一个小高峰。这一阶段的主要工作以人工智能和专家系统、神经网络、模糊计算、遗传与进化计算、统计学习、复杂自适应系统、自然语言处理、图形处理和模式识别等为典型代表，它们的成果部分地应用在高级工业过程控制、监控、故障监测与诊断、语音识别和自动输入等领域，解决了传统方法不能解决的一大批问题。许多方面的工作在今天依然是研究的热点。

3)从集中计算迈向普适计算——计算无处不在。在学术界集中大部分精力处理智能问题的时候，工业界也在为降低计算机的成本、提高计算机的性能做着长期的努力。特别是自20世纪90年代以来，计算机的性能已经可以满足许多领域的需求，计算机核心芯片的生产成本也已经降低到可被许多系统采用之后，计算机应用的范围也进一步扩大，计算机系统本身也从传统的温室般的机房走向恶劣的应用现场，与物理环境的融合趋势更加明显。这一趋势从而引导和推动了嵌入式系统的发展，例如，仅 ARM 公司的 ARM7 类芯片，在全球就运行于 60 多亿个设备中。

导致出现这一趋势的另外一个重要原因是网络的迅速普及，而大量联网的设备比少数孤立设备在很多应用中更能发挥作用。所以，今天的重要趋势就是计算无处不在，分布化，网络化，嵌入化，而这一技术趋势对传统的一些计算理论和方法也提出了新的挑战。

计算机的历史沿革如图 1.2 所示。

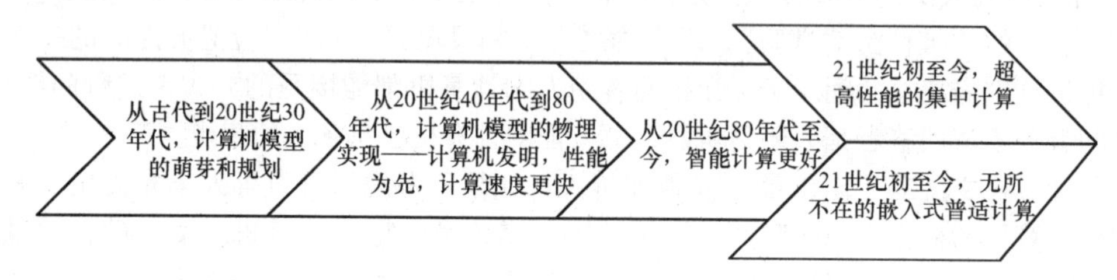

图 1.2　计算机的历史沿革

1.2　计算机的体系结构

1.2.1　冯·诺依曼架构模型

事实上，图灵机模型已经包含了如何设计并实现一台计算机的基本思路，图灵机包含三个基本的组成模块，分别是纸带、读写头和控制电路，它们反映到计算机设计中，分别就是存储器、运算器和控制器。冯·诺依曼意识到这一点，进一步扩展了输入设备和输出设备，并在莫奇利建造的 ENIAC 基础上，对计算机组织结构进一步规范化，总结出了指导计算机设计的早期的冯·诺依曼计算机架构，如图 1.3 所示。

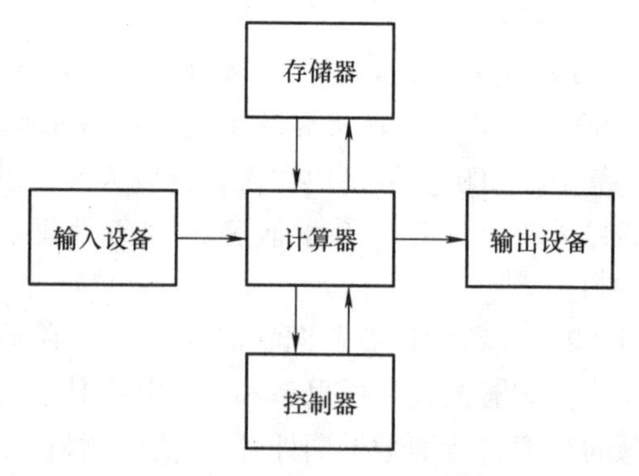

图 1.3　早期的冯·诺依曼架构

在冯·诺依曼架构模型中，完整的计算机系统被认为应包含这样五部分：存储器，运算器，控制器，输入设备和输出设备。其中，运算器作为计算环节需要处理好操作数的输入（从哪里来）和输出（到哪里去）问题，因此自然地被作为整个系统的中心。但是，这种架构很快就暴露出其弱点，就是运算器的数据吞吐能力十分有限，会成为系统的瓶颈，因此很快演化为以存储器为中心的改进型冯·诺依曼架构，如图 1.4 所示。这样在各个模块的高速数据交换中心就可以利用存储器这个大容量中介，极大地提高了效率。

冯·诺依曼架构的价值在于它首次规范了计算机系统的具体设计技术，回答了“应如何构建一台计算机”的问题。在冯式模型诞生之前，历史上也曾出现过许多个具有计算能

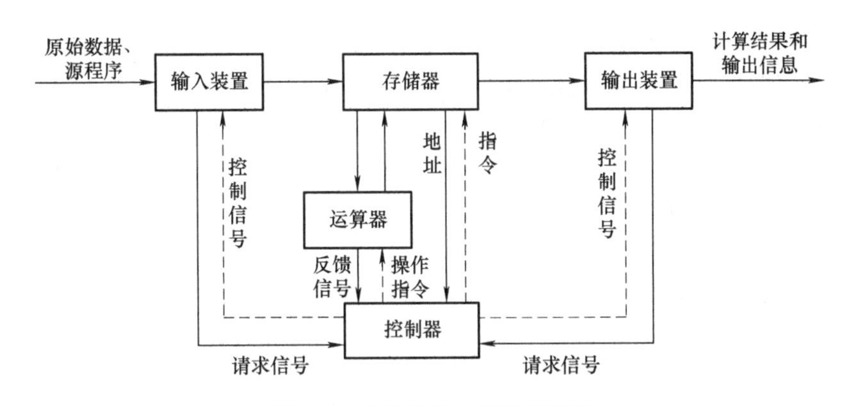

图 1.4 改进型冯·诺依曼架构

力的设备，从中国早期的算盘，到欧洲的水力计算机、达芬奇的计算机，但是所有这些更多的是依赖设计者本人的巧妙构思，并未上升到通用的层次。冯·诺依曼模型清楚地说明：只要分别设计存储器、运算器、输入设备、输出设备和控制器五大部件，然后把它们连接到一起，就组成了计算机。至于这些部件采用何种方式实现，使用人力驱动、水力驱动还是电力驱动，是采用原始的石头摆放、穿孔卡片存储、磁记录方式存储还是触发器电路存储都没有关系。诚然，电子技术的发展在竞争中提供了最有力、最方便的实现手段，并在计算机发展中成为主流，直到今天。

冯·诺依曼清楚地意识到 ENIAC 的设计不足，并加入到 EDVAC 的设计群体中。1945 年 6 月，他在内部发布了 EDVAC 设计初稿《关于 EDVAC 的报告草案》(First Draft of a Report the EDVAC)，报告提出的体系结构一直延续至今，即冯·诺依曼架构。长达 101 页的 EDVAC 最终版设计方案明确指出了新机器有五个构成部分，即计算机 CA、逻辑控制装置 CC、存储器 M、输入 I、输出 O，并描述了这五个部分的职能和相互关系。这份报告也因此成为一份划时代的文献，它奠定了现代计算机的设计基础，直接推动了 20 世纪 40 年代末数十种早期计算机的诞生。EDVAC 方案有两个非常重大的改进：一是为了充分发挥电子元器件的高速度而采用了二进制；二是提供了“存储程序”，可以自动地从一个程序指令进入到下一个程序指令，其作业顺序可以通过一种称为“条件转移”的指令而自动完成。“指令”包括数据和程序，把它们用码的形式输入到机器的记忆装置中，即用记忆数据的同一记忆装置存储执行运算的命令，这就是所谓存储程序的新概念。这个概念也被誉为计算机史上的一个里程碑。EDVAC 的发明才是真正为现代计算机在体系结构和工作原理上奠定了基础。

EDVAC 于 1949 年 8 月交付给弹道研究实验室，它使用了大约 6000 个电子真空管和 12000 个电子二极管，占地 45.5m^2，重达 7850kg，消耗电力 56kW，具有加、减、乘和除的功能。整个系统包括一个使用汞延迟线容量为 1000 个字的存储器（每个字 16bit），一个磁带记录仪，一个连接示波器的控制单元，一个分发单元、用于从控制器和内存接收指令并分发到其他单元，一个运算单元及一个定时器。

在发现和解决许多问题之后，EDVAC 直到 1951 年才开始运行，而且局限于基本功能。延迟的原因是莫奇利和艾克特从宾夕法尼亚大学离职并带走了大部分高级工程师，开始组建莫奇利-艾克特电子计算机公司，由此与宾夕法尼亚大学产生了专利纠纷。到 1960 年，EDVAC 每天运行超过 20h，平均 8h 无差错时间。EDVAC 的硬件不断升级，1953 年添加穿孔卡片输入输出，1954 年添加额外的磁鼓内存，1958 年添加浮点运算单元，直到 1961 年 EDVAC 才被 BRLESC 所取代。在其生命周期里，EDVAC 被证明是一台可靠和可生产的计算机。

现代的嵌入式计算机往往在图 1.4 的基础上进一步做了如下两个改进（见图 1.5）：

1）区分内存储器和外存储器，以平衡功能、性能和成本之间的矛盾。一般速度快、性能高但是价格贵的静态存储器（SRAM）作为内存储器，用于存放正在运行的程序代码与数据；闪存（Flash）、硬盘等速度较慢但是单位存储成本较低的器件作为外存储器，用于脱机断电期间提供程序和数据存储。这种存储层次在嵌入式系统中经常体现为高速 SRAM 和大容量 Flash 的区别。

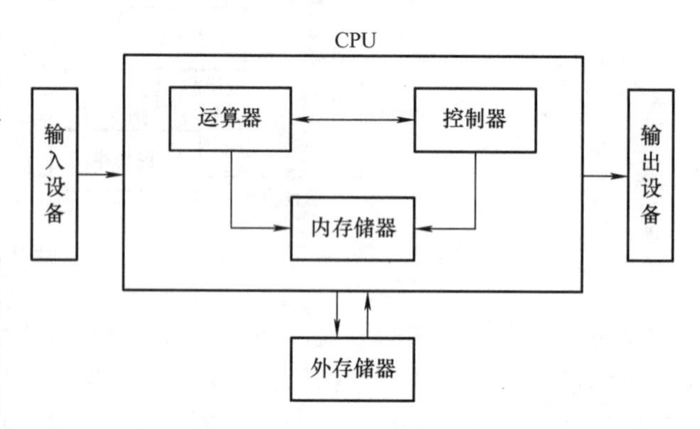

图 1.5　冯・诺依曼架构的扩展

2）区分指令存储器和数据存储器，并分别设置指令总线和数据总线进行存取。这样可以进一步提高 CPU 访问的性能，这种体系结构被称为哈佛架构。这一设计在高性能芯片如 TI 和 ADI 公司的各种数字信号处理芯片中广泛存在；而在低成本微控制器应用中，出于降低成本和复杂度的需要，大多只提供一条总线通向存储器。一个折中的方案是，总线仍然只是一条，但是允许程序代码和数据分开存储在不同的存储器区域中，这样就可以根据不同存储器的性能来分配指令存储器和数据存储器从而达到较优的性能。ARM 和 Cortex 都支持存储器重映射以提供上述功能。

图 1.6 所示是冯・诺依曼架构和哈佛架构的比较。

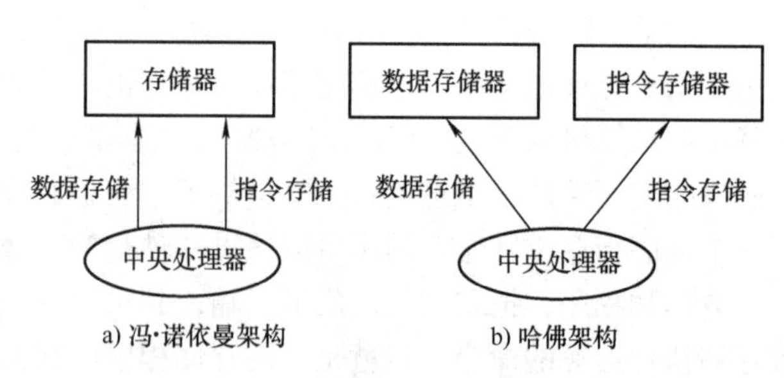

图 1.6　冯・诺依曼架构和哈佛架构的比较

与阿塔纳索夫等设计 ABC、莫奇利等设计 ENIAC、冯・诺依曼设计 EDVAC 同时期，世界上其他大学和科研机构也纷纷展开这方面的工作。德国的许莱尔、朱斯合作，计划制造一台有 1500 个电子管、每秒能运行 10000 次的通用机，这台机器的运算部件于 1942 年完成，但整个计划由于遭到政府的拒绝而夭折。图灵在二战期间曾参与英国军方破译德国密码的工作，并在战争结束后于 1945 年 2 月向英国国家物理实验室（NPL）执行委员会提交了一份详细文档，给出了存储程序式计算机的第一份完全可行性设计。但是，由于图灵和他最初的工程师朋友都已签署了保密协议，图灵在 NPL 的同事不了解图灵先期工作的成果，认为建造完整 ACE 的工作量太大，无法完成。在图灵离开 NPL 后，威尔金森接受整个项目，建造了 ACE 的一个简化版本，也是第一台 ACE 的实现——Pilot ACE，并于 1950 年 5 月 10 日运行了第一个程序。它比图灵先前设计的规模要小，使用了大约 80 个电子管，存储器是汞延迟线，有 12 个汞延迟线，每个包含 32 条 32 位元的指令或数据，时钟频率为 1MHz，这在当时的电子计算机中是最快的。但由于 Pilot

ACE 完工时间较晚，因此与第一台计算机诞生的荣誉失之交臂。第一款商用计算机是 1951 年开始生产的 UNIVAC 计算机。1947 年，ENIAC 的两个发明人莫奇利和艾克特创立了自己的计算机公司，开始生产 UNIVAC 计算机，计算机第一次作为商品被出售，并用于公众领域的数据处理，共生产了近 50 台。不像 ENIAC 只有一台并且只用于军事目的。尽管莫奇利和艾克特的抄袭并不光彩，但他们以及 UNIVAC 还是奠定了早期计算机工业的基础。

回顾计算机诞生和发展的这段历史，令人不得不思考这样一个问题：阿塔纳索夫、朱斯等人具备了电子计算机的构想，当时也拥有相应的技术手段，为什么他们都不能最后完成这项发明呢？原因在于，技术的进步已经进入新的历史时期，电子计算机的诞生不再是凭借某位杰出人物个人的努力就能诞生的，制造电子计算机不仅需要巨大的投资，而且需要科学家、工程技术人员以及科学组织管理人员的密切合作。这也恰恰反映了 20 世纪的科学已经是各门学科互相渗透，科学研究已经社会化的特点。

1.2.2 面向嵌入式应用的架构改进

充分了解计算机科学家们的理论追求和现实技术条件支持和约束，对理解和把握计算机产业发展的规律和趋势非常重要。限于冯・诺依曼模型提出时的技术条件限制，该模型并未在如何构建更好的计算机系统这一问题上给出回答。对这一问题的探讨最后演变成为对计算机系统结构领域的研究，它主要考虑在现有技术水平和工艺条件下，如何设计更快、更高、更强的计算机。特别是在嵌入式领域，常用的系统结构技术如下：

- 从冯・诺依曼架构到改进的冯・诺依曼架构到哈佛架构：最初的冯・诺依曼架构由运算器或控制器负责传递；改进的冯・诺依曼架构利用存储器来实现中转，提高了性能；哈佛架构进一步将指令流和数据流分开，并支持并行传输，进一步提高了性能。

- 流水线技术：由于每条指令的执行都需要经过取指、分析、取操作数、执行、保存结果等环节，而每个环节所用的硬件资源是不同的，因此下一条指令可以在上一条指令尚未彻底执行完毕时即开始执行而不会冲突。流水线技术只需要简单地对控制器进行改进，即可在有限的时间内执行 3 ~8 倍同等非流水线技术的指令。但是，流水线技术的引入也使得中断处理变得复杂。绝大多数现代微控制器和嵌入式 CPU 都支持流水线，如 ARM7 和 Cortex-M 等，都支持三级流水。

- 并行处理：并行处理的方式之一是在不同物理空间放置多个功能部件或类似功能部件，同时处理多个类似任务以加快多任务执行。并行处理技术可以在不同层面实现，如指令级并行、任务级并行、处理级并行乃至多个计算机模块并行等。例如，Intel 提出并命名的“超线程”技术和“多核”技术，就分别是在任务级和处理器内核级的并行。

- 硬件加速：针对特定的应用，找出其中对性能影响最大的软件环节，并用硬件以电路方式直接实现，从而达到提高性能的目的，如高速路由器中的快速查找表、便携媒体播放器中的解码器核心算法的部分耗时操作、高级图形图像显示卡中的图形图像处理等。

- 指令预取和推断执行：为进一步提高指令执行性能，可在指令尚未进入取值阶段前，即安排有关部件提前从存储器中取出并送至 CPU 中，并在面临分支判断时猜测可能执行路径，减少了流水线中断的次数，提高了性能。

- 层次设计和缓存：冯・诺依曼架构中并没有层次观念，但是在具体设计和实现时，出于技术手段、成本和性能的综合考虑，可以引入层次设计。例如存储器的层次设计，灵活搭配 CPU 内部具有最高性能、可与 CPU 同步工作但容量很小的寄存器组，速度略慢但仍具有高性能、高成本的半导体存储器和性能低但容量大、成本低的磁存储器，并在各个层次之间加入缓存（cache）匹配读写速度，实现一个性能接近于最快层次、容量接近于最大层次的复合存储器，满足多方面需求。

• 总线和交换式部件互连：冯·诺依曼架构规范了部件，但没有明确各个部件之间应如何交换数据并通信。事实上，在现代计算机，包括嵌入式系统中，各个部件之间的通信设计与实现在整个系统也占据了相当多资源，可根据需求和设计要求进行取舍。

• 虚拟化技术：在某一个平台上模拟出另外一个平台的功能。例如，ARM9 中开始引入 Jazzler 技术，引入硬件加速的 Java 指令执行，并配合软件虚拟机使整个系统成为一个理想的 Java 运行平台。

• 寄存器窗口：函数调用是现代程序设计语言的重要特征，寄存器窗口技术可降低函数调用所花费的时间。

• 实时技术：评估每个设计细节，使得执行成为一个时间确保或近似确保的严格实时或准实时平台。Cortex-R 就是这样一个面向关键实时应用的平台。

从上述罗列的特点来看，早期的系统架构技术偏重于硬件改进，而现代则更多地考虑了应用和软件的需求。例如寄存器窗口技术和超线程，以及各种与应用有关的硬件加速技术，它们往往需要软硬件配合在一起方能发挥威力，相应的软硬件之间的界限也不再那么清楚，如图 1.7 所示。

由图 1.7 可以看到，对任何一个真实的、技术可实现的计算机系统，都需要有最基础的一层硬件来实现，这一最基础的硬件实现了图灵机模型的要求，其余大部分都是各种硬件加速手段。对一个具体的计算机系统而言，软硬件的分割在哪里，主要取决于性能和成本之间的折中。如果要求高性能，那么硬件加速的部件可以多些，相应成本也不可避免会增加；如果要求低成本，那么图 1.7 中的曲线可以下移，即用软件完成大部分处理，但性能会有所下降。

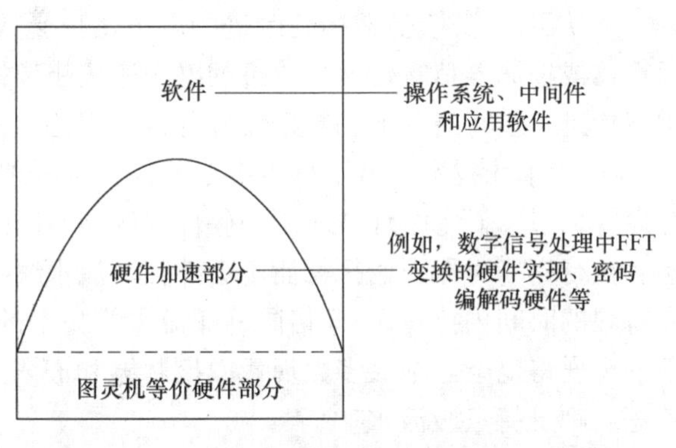

图 1.7　计算机系统软硬件的比例及其分界线

针对不同的应用市场和应用场景，不同公司的不同产品都制定了自己的软硬件分割线，这也使得嵌入式系统这一领域百花齐放，日益繁荣。

1.3　单片机发展史

1.3.1　计算机及早期单片机

20 世纪 30 ~ 50 年代，计算机诞生，十余台设计各异的计算机诞生在世界各地，并很快统一到冯·诺依曼架构下。

1958 年，TI 公司的杰克·基尔比（Jack Kilby）发明了第一块集成电路（IC），从此，计算机技术的发展与集成电路工艺的发展紧密结合在一起。

1961 年，TI 公司研发出第一个基于 IC 的计算机。

1964 年，全球 IC 出货量首次超出 10 亿美元。

1965 年，高登·摩尔（Gordon Moore）提出描述集成电路工业发展规律的摩尔定律；同年，中国的第一块集成电路诞生，仅比美国晚了 7 年。

1968 年，Intel 公司诞生，推出第一片 1K 字节的 RAM。

1971 年，Intel 推出微处理器 4004，这是第一块在实际中被广泛使用的 CPU 芯片，紧接着，TI、Zilog、Motorola 分别于 1971 年、1973 年、1974 年推出了基于半导体集成电路技术的 CPU，集成电路技术成为计算机工业的基础支持技术。嵌入式系统从此也步入了它的早期发展阶段。这一阶段的突出特征是：以微处理器 CPU 芯片为核心，辅以外围电路，形成一块相对完整的电路模块，用于工业控制等系统中。这种架构与同时期的计算机的架构基本相同，只不过用途不同而已。这种模块被称为单板机，意指在一块电路板上实现了一台计算机。即使是在今天，单板机模块依然在很多领域发挥余热。

1981 年，Intel 公司推出了 8 位微控制器 8051，它在一个芯片内集成了 CPU、4K 内存、通用 I/O、计数器、串行通行模块以及终端管理模块，已经是一个实用的微控制器（MCU）了。在 IC 工业的支持下，8051 的出现极大降低了计算机应用的门槛，实现了单板到单片的飞跃（因此也被称为单片机），它因此也在实际中获得了极其广泛的应用。之后，其他各大公司，如 ATMEL、飞利浦、华邦等也相继开发了功能更多、更强大的 8051 兼容产品，即使是在今天，8051 架构仍然随处可见。这一阶段的主要特征是从单板到单片的技术飞跃以及 8051 在实际中的广泛应用，可认为是嵌入式系统发展的中期阶段。

1.3.2 单片机的发展趋势——走向集成、嵌入式

嵌入式系统的发展主要来源于两大动力，即社会需求的拉动和先进技术的推动，而且需求拉动为主，技术推动为辅，如图 1.8 所示。需求提供了市场，带动了新技术的产生，刺激了新技术的推广，如果没有需求就没有市场，再好的技术最终也会走向消亡；另一方面，技术在一定程度上也可以作用于需求，现今的技术使得不可能成为可能，使人们最终的梦想成为现实，最终有可能创造出新的需求和市场。

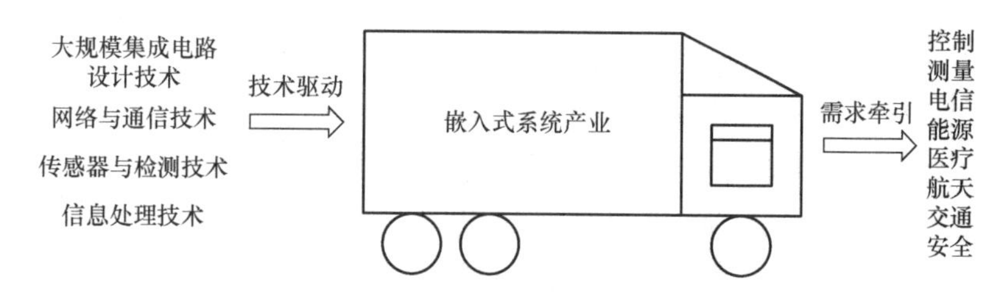

图 1.8　嵌入式系统产业的发展动力示意图：需求拉动和技术推动

嵌入式系统的发展也深受这两大动力的左右。下面简单回顾一下，以体味其中蕴含的发展规律：

早期发展阶段，见 1.3.1 节。

1990 年，ARM 公司诞生。

1991 年，ARM 公司推出 32 位 ARM6 低功耗内核，随即升级为 ARM7。ARM7 成为世界上采用量最大的 CPU 内核，当今世界 ARM7 内核驱动了超过 60 亿的设备，称为嵌入式系统，是领域发展中的重要里程碑。至 2009 年，采用 ARM 内核的处理器的销售量已经超过了 100 亿个。

但是，在这一过程中，ARM 的发展并非一帆风顺。ARM 公司的前身 Acorn 早在 1985 年即成立，并继承了英国剑桥大学从图灵以来从事计算机 CPU 研发的传统，但其采用精简指令技术（RISC）研发的通用 CPU 芯片，明显不及 Intel 公司基于 CISC 技术的 X86 系列 CPU。Intel 依靠逐步升级和强化、并向下兼容的 X86 系列 CPU 芯片，以及丰富的配套软件，牢牢占据着高端 CPU 市场。在这种情况下，ARM 公司无法在市场上突破，被迫转型走嵌入式和低功耗路线，并在 20 世纪 90 年代末搭上了无线通信系统在全球迅速发展的快车，最终独辟蹊径，发展成为嵌入式世界的霸主和领头羊。细究 ARM 系列芯片的设计，可以明显地看到许多早期 RISC 设计思想的延续，如流水线技术、寄存器窗口技术、精简指令系统设计等。

从 20 世纪末开始，嵌入式系统的发展进入了黄金期，社会需求的释放极大地促进了嵌入式领域的发展。与此相适应，一些嵌入式底层的技术也相应地做出了调整，如流水线处理（含指令预取分支预测等）、中断、内存保护、启动引导、安全、与嵌入式操作系统的配合、对 Java 的加速、图形和媒体处理指令的引入等。这一阶段，是嵌入式系统需求和技术相互影响的阶段。

2004 年，ARM 公司推出了 Cortex 内核系列。Cortex 的 A、M 和 R 系列分别针对高性能类、微控制器类和实时类应用，既是对过去 ARM 产品线的重新整理，又包含了大量的技术突破，特别是进一步强化了 ARM 在低功耗领域的技术优势。Cortex 的优点也正在逐步为各大厂商和客户所认识，正在代替传统的 ARM 系列内核成为客户的首选技术方案。本书即以 Cortex-M3 内核作为主要介绍对象。

回顾这段历史可以发现，需求是嵌入式技术和系统得以生存和发展的根本动因，但是技术的突破也可能创造出新的需求，两者的发展呈现典型的互动关系。任何产业趋势的动向，都应放到需求拉动和技术驱动的框架下去体味。

1.4 ARM、Cortex 和 STM32 简介

1.4.1 ARM 系列内核

ARM 这个缩写至少有两种含义：一是指 ARM 公司；二是指 ARM 公司设计的低功耗 CPU 内核及其架构，包括 ARM1 ~ ARM11 以及 Cortex，其中获得广泛应用的有 ARM7、ARM9、ARM11 以及正在被广大客户接受的 Cortex 系列。

1. ARM 公司简介

作为全球领先的 32 位嵌入式 RISC 芯片内核设计公司，ARM 的经营模式与众不同。ARM 以出售 ARM 内核的知识产权为主要业务模式，并据此建立了与各大芯片厂商和软件厂商的产业联盟，形成了包括内核设计、芯片制定与生产、开发模式与支撑软件、整机集成等领域的完整产业链，在 32 位高端嵌入式系统领域居于统治地位。

ARM 的前身是成立于 1983 年的英国 Acorn 公司，最初只有 4 名工程师，其第一个产品

Acorn RISC 于 1985 年问世。该产品集成了 25000 个晶体管，是世界上首个商用单芯片处理器，但是市场方面并不成功，无法与 Intel 等大型企业竞争。针对当时的市场形势和发展趋势，公司决定转攻低功耗低成本领域，并于 1990 年 11 月联合苹果电脑和 VLSI Technology 合资成立了 ARM（Advanced RISC Machine 的缩写），技术定位仍然是采用精简指令设计方案。1991 年，公司的 12 个工程设计人员正式开始了 ARM 产品的研发，迅速推出 ARM6 并授权给 VLSI 和夏普公司使用，而且在之后用于 Apple 公司的创新产品 Apple Newton PDA 中。ARM6 是历史上第一个 PDA 产品，是今天各种便携智能终端包括智能手机的鼻祖。1993 年，ARM 推出 ARM7 并授权给 TI 和 Cirrus Logic 公司，本身也开始盈利。值得称道的是，ARM7 系列到今天仍然被广泛使用。1994～1997 年，公司的工程师达到了 100 人，提供了面向低成本应用的 16 位 Thumb 扩展指令集，并在世界各地开设办事处。1998 年在伦敦和纳斯达克成功上市，同年，采用 ARM 公司产品的出货量达到了 5000 万件。ARM9E 系列问世，并推出了针对 Java 字节码的 Jazelle 硬件加速方案，使得在基于 ARM 的手机系统中能够流畅高速有效地运行 Java 程序。1999 年和 2000 年，ARM 的合作伙伴采用 ARM16/32 位处理器解决方案的产品出货量达到了 1.8 亿件。2000 年，Intel 公司宣布推出基于 ARM 芯核的 Xcale 微处理器架构。由于无线通信特别是手机对低功耗芯片的强劲需求，2001 年 ARM 芯片出货量达到 10 亿件，世界顶级的半导体公司和晶圆厂商 Intel、TI、Qualcomm、Motorola、Samsung 及 TSMC（台积电）、UMC（联电）纷纷取得了 ARM 公司的专利授权，ARM 成为 IP 市场最为眩目的一颗明珠。在全球半导体行业业绩大为下滑的 2001 年，ARM 公司的销售收入达到了 1.46 亿英镑（2.25 亿美元），比 2000 年的 1.01 亿英镑增长了 45%，并从 2000 年占全球 18.2% 的份额增长到 20.1%，远远超过了其他竞争对手。2008 年 1 月 24 日，基于 ARM 技术的处理器出货总量已超过 100 亿个，ARM 的迅速发展已经成为 IC 发展史上的一个奇迹。

目前，可以提供 ARM 芯片的著名欧美半导体公司有 Intel、TI、SAMSUNG、Motorola、Philips、Micronas、Silicon、Labs 等。日本的许多著名半导体公司如东芝、三菱半导体、爱普生、富士通半导体、松下半导体等早期都大力投入开发自主的 32 位 CPU 结构，但现在都转向购买 ARM 的内核 IP 进行新产品设计。我国的中兴、华为等大型企业也购买了 ARM 授权用于自主版权专用芯片的设计。追踪 ARM 的发展历史不难发现，ARM 在合适的时间（20 世纪 80 年代）转向低功耗嵌入式领域，并搭上了手机和无线通信的发展浪潮（20 世纪 90 年代），实现了自身的快速发展，同时坚持扶持产业联盟的政策、广泛授权并培养第三方软硬件厂商，确立了难以撼动的竞争优势。

2. ARM 指令集和架构的发展

如果说 ARM 的发展历史是产业趋势的代表，那么从 ARM 指令集和架构的发展则可以了解技术发展的趋势。ARM 处理器进化史如图 1.9 所示。

ARM 的设计具有典型的精简指令系统（RISC）风格，从其诞生起就具有以下 RISC 系统中常见的特征：

- 提供专门的读取/保存指令访问存储器，其他指令主要指对寄存器操作，不允许直接访问，这样可简化指令实现的复杂度，便于提高性能；
- 访存时要求地址对齐（从 ARMv6 开始才开放此限制）；
- CPU 内部设置了大量 16×32 位寄存器；

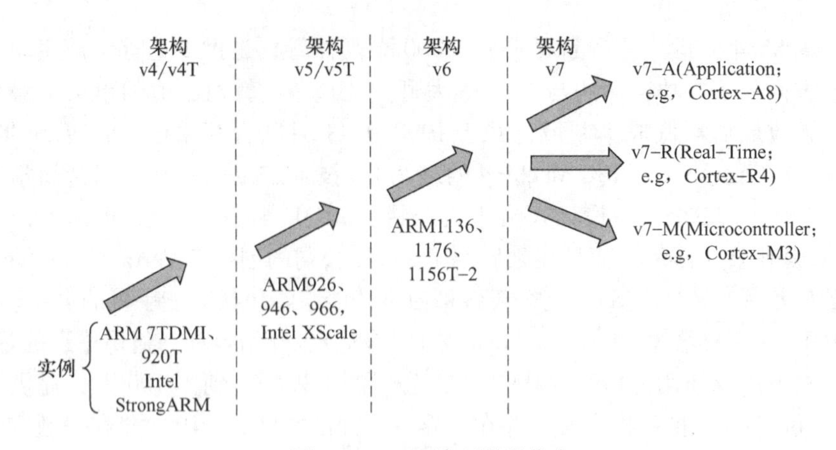

图 1.9　ARM 处理器进化史

- 固定的 32 位指令宽度，且指令结构十分规整，便于存储、传输、解析和执行；
- 大多数指令可在平均一个 CPU 周期内完成。

为了提高效率，早期的 ARM 架构相比于同时代的 CPU，如 Intel 80286 和 Motorola 68020，还增加了以下特征，其中有一些一直延续到今天的 Cortex 设计中。

- 大部分指令可以条件式地执行，即指令本身可以带有 4 位条件头缀，以出现的条件执行指令，这样就不必使用专门的条件判断与跳转指令，可以降低 CPU 指令流水线为处理分支跳转产生的停顿，并弥补传统分支预测器的不足；
- 提供 32 位筒型移位寄存器；
- 强大的索引模式（相比 X86 系统更加简单并且更强大）；
- 精简快速的双中断子系统（快速中断和普通中断），并支持不同模式下寄存器组的自动切换。

以上特征在今天的 Cortex 设计中也大多保留，但早期的双中断子系统已升级为今天专门的支持嵌套和抢断的中断向量控制器 NVIC。

从严格意义上来说，这一时期的 ARM 还在遵循传统的微控制器（MCU）的设计思路，32 位 ARM 和传统的 8 位单片机在成本上相比并无过多优势。为了更好地满足低成本嵌入式系统市场的需求，自 ARM7 开始增加了 Thumb 指令集。Thumb 是一个精简的 16 位指令集，虽然从功能上看，它只能完成 32 位标准 ARM 指令集的大部分而不是全部功能，但是它的 16 位设计可以有效减小最终二进制代码的大小，降低对存储器容量的要求，从而降低成本。

16 位的 Thumb 指令集和 32 位标准 ARM 指令集一起，较好地平衡了性能和成本及低功耗之间的矛盾，但是 Thumb 的引入也使得整个 CPU 体系更加复杂，特别是开发人员必须谨慎处理两类指令模式的切换。这一复杂性直到 Cortex 系列才得到简化和彻底解决。以 Cortex-M3 为例，它仅支持 Thumb-2 指令集，且 Thumb-2 本身就已经是一个 16/32 位混合指令集，因此就可以取消自 ARM7 以来一直存在的两种指令切换。

Thumb-2 指令集首现于 ARMv6，发表于 2003 年，它扩充了 Thumb 原先受限的 16 位 Thumb 指令集，辅以部分 32 位指令，最终目标是使这套指令集能独立工作、保持接近 Thumb 的指令密度以及近乎 32 位标准 ARM 指令集的性能。事实上，这种区分主要是历史传统而非技术必需，故最终走向了统一的 Thumb-2 指令。

以下为几个采用 ARM 指令集实现高效率程序代码编译的例子。在 C 程序语言中，求最大公约数的 gcd 函数

```
Int gcd(int i,int j)
{
While(i! = j)
If(i >j) i-=j;else j-=I;
Return i;
}
```

可被编译器翻译为如下汇编语言，假定参数 i 和 j 已经被放入寄存器 Ri 和 Rj 中：

```
Loop:
CMP Ri,Rj;通过比较设备状态寄存器条件标志，条件标志位有“NE”(不等于)、“GT”(大于)、“LT”(小于)
SUBGT Ri,Ri,Rj;若“GT”(大于) 标志置位，则执行 i =i - j 操作
SUBLT Rj,Rj,Ri;若“LT”(小于) 标志置位，则执行 j =j - i 操作
BNE loop;若“NE”(不等于) 标志置位，则继续循环
```

这种设计可避免 IF 分支判断。

ARM 指令集的另外一个技巧和特点是，能将移位（Shift）和回转（Rotate）等功能与数据处理型指令的执行合并，例如，C 语言中的

```
a + = (j <<2);
```

可被编译成如下一条指令：

```
ADD Ra,Ra,Rj,LSL #2
```

只需要占用一个字的存储空间并在一个周期内执行完毕，不会因为增加了移位操作而消耗额外的周期。

正是由于 ARM 指令集这些精心的设计，使得其既具有类似 CISC 体系强大的指令功能，又具有 RISC 体系的高效特点：

- 作为 RISC CPU 的典型特征，ARM 内核也采用了流水线设计以提高连续指令段的执行效果。例如，ARM7TDMI 采用了三级流水，ARM9 采用了五级流水并增加了分支预测，Cortex-M3 因为定位在中低级成本控制器类应用，所以也采用了三级流水。

- Jazelle：针对手机产业的兴起特别是在手机上运行并下载 Java 程序的需要，ARM 的 ARM926EJ-S 内核支持以硬件方式而不是纯软件的虚拟机程序运行 J2ME 程序，这种技术称之为 Jazelle，它可大幅度提高 Java 程序的运行性能，使得在手机上能够流畅地显示视频和运行游戏。

- 单指令流多数据流支持：为了更好地支持多媒体应用，ARM 的高端版本中加入了单指令多数据流支持（SIMD），它采用 64 位或 128 位 SIMD 指令支持，可同时执行多个动作并有效提高视频的编解码性能。

- 安全性扩充（TrustZone）：TrustZone（TM）技术出现在 ARMv6KZ 以及较晚期的应用核心架构中。它提供了一种低成本的安全支持方案，通过在硬件中加入专用的安全模块，使得内核可以在较可信的核心领域与较不安全的领域间切换并执行，各个领域可以各自独立运作但却仍能使用同一颗内核。该技术有助于在一个缺乏安全性的环境下完整地执行操作系

统，并减少在可信环境中的安全性编码。

可以看出，ARM 指令集的变化不仅仅是技术上的改进，更多的是反映了产业趋势的要求。这也反映了嵌入式系统发展的一个特点，就是与实际紧密结合，一般不作为一个独立的技术领域出现。目前，ARM 体系结构已经经历了六个版本，版本号分别为 1 ~ 6。从 v6 版本开始，各个版本几乎都在实际中获得了广泛应用。各版本中还有一些变种，如支持 Thumb 指令集的 T 变种、长乘法指令（M）变种、ARM 媒体功能扩展（SIMI）变种、支持 JAVA 的 J 变种和增强功能的 E 变种等。例如，ARM7TDMI 就表示该变种支持 Thumb 指令集（T）、片上 Debug（D）、内嵌硬件乘法器（M）、嵌入式 ICE（I）。

需要注意的是，ARM 的各个版本并不完全说明高版本一定应该替换低版本使用，不同版本由于其设计定位和特色不同，因此在实际中应用的领域也有所区分。例如，应用数量最多的 ARM7 实际上是 v4 版本的代表，它采用三级流水、空间统一的指令与数据 Cache，平均功耗为 0.6mW/MHz，时钟速度为 66MHz 或更高，每条指令平均执行 1.9 个时钟周期。由于 ARM7 结构简单、功耗低、可靠性高，因此主要在工业控制、Internet 设备、网络和调制解调器设备等多种嵌入式系统中应用。

ARM9 实际上是 v5 版本，采用五级流水处理以及指令、数据分离的 Cache 结构，平均功耗为 0.7mW/MHz。时钟速度为 120 ~ 200MHz，每条指令平均执行 1.5 个时钟周期。ARM9E 系列微处理器也是可综合的处理器，能够在单一处理器内核上提供微控制器、DSP、Java 应用系统的解决方案，极大地减少了芯片的面积和系统的复杂度。例如，ARM9E 系列微控制器提供了增强的 DSP 处理能力，很适合那些需要同时使用 DSP 和微控制器的场合。与 ARM7 最大的区别之一在于，ARM9 中引入了内存管理单元（MMU），这使得 ARM9 可以更好地支持各种现代操作系统，如 Embedded Linux、Windows CE 等，但也因此使得程序执行中产生额外的不确定。所以，在对实时性可靠性要求较高的监控监测类应用中，AEM7 反而是更加合适的选择。

ARM10 采用了 v5 架构，六级流水处理，平均功耗为 1000mW，时钟频率高达 300MHz，指令 Cache 和数据 Cache 分别为 32K 字节，宽度为 64 位，能够运行多种商用操作系统，适用于高性能手持式因特网设备及数字式消费类应用。相比 ARM9，ARM10 的性能提高了近 50%。

ARM11 发布于 2001 年，采用了 v6 架构，时钟频率为 350 ~ 500MHz，最高可达 1GHz，在提供高性能的同时，也允许在性能和功耗间做权衡以满足某些特殊应用。通过动态调整时钟频率和供电电压，开发者完全可以控制这两者的平衡。在 0.13μm、1.2V 条件下，ARM11 处理器的功耗可以低至 0.4mW/MHz。ARM11 强大的多媒体处理能力，低功耗、高数据吞吐量和高性能的特点使其成为无线和消费类电子产品应用、网络处理类产品应用、汽车类电子产品应用的理想选择。

1.4.2 Cortex 系列内核

Cortex 是 ARM 的新一代处理器内核，它在本质上也是 ARM v7 架构的实现。与前代的向下兼容、逐步升级策略不同，Cortex 系列是全新开发的，见表 1.1，因此在设计上没有包袱，可以大胆采用各种新设计。但由于 Cortex 放弃了向前兼容，老版本的程序必须经过移植才能在 Cortex 上运行，因此对软件和支持环境提出了更高的要求。

表1.1 ARM7TDMI-S 内核和 Cortex-M3 内核的比较

特性	ARM7TDMI-S	Cortex-M3
架构	ARMv4T（冯·诺依曼）	ARMv7-M（哈佛）
ISA 支持	Thumb/ARM	Thumb/ Thumb-2
流水线	3级	3级+分支预测
中断	FIQ/IRQ	NMI+1~240个物理中断
中断延迟	24~42个时钟周期	12个时钟周期
休眠模式	无	内置
存储器保护	无	8段存储器保护单元
Dhrystone	0.95DMIPS/MHz（ARM模式）	1.25DMIPS/MHz
功耗	0.28mW/MHz	0.19mW/MHz
面积	0.62mm^2（仅内核）	0.62mm^2（内核+外设）

Cortex按照三类典型的嵌入式系统应用，即高性能类（High Performance）、微控制器类（Microcontroller）和实时类分成三个系列，即Cortex-A、Cortex-M和Cortex-R。本书主要讲述Cortex-M3系列。ARM的Cortex-M3处理器的开发旨在提供一种高性能、低成本平台，以满足最小存储器实现小引脚数和低功耗的需求，同时提供卓越的计算性能和出色的对中断系统响应。

在设计上，Cortex不再分区ARM标准指令和Thumb指令，而是完全采用Thumb-2指令，达到精简高效的目标。绝大部分厂商提供的基于Cortex内核的微控制器芯片会在内部继承大量Flash（数十KB到数百KB）以及A/D采样、USART、Timer等组件，这样几乎可以用一块芯片就构建一个低成本的监测系统，在实际中使用更加方便，受到广大工程师欢迎。

除了整个体系的全新设计与开发，Cortex全面改革了调试技术及其支持，将调试用的引脚数从5减少到1，这是通过采用新的调试接口技术——单线调试实现的，它可以取代现有的多引脚JTAG端口，更加适合于空间有限的微型电池供电系统。

除了无与伦比的性能、功耗和存储器使用之外，Cortex-M3处理器还首次配备了可嵌入式中断向量控制器（NVIC），实现了出色的中断处理。通过用硬件实现在处理中断时所需要的寄存器操作，这个内核能够以最小的时钟开销进入中断以及在挂起或更高优先级的中断之间进行切换，只需6个时钟周期。这种设计的标准中断通道数是32，但是也能够配置为1~240条通道。

不仅如此，Cortex-M3处理器还包含了一个可选的存储器保护单元（MPU），以便为复杂应用提供特权工作模式，以协助操作系统软件工作或者在对可靠性要求更高的安全软件中应用。

此外，借助更先进的0.35μm和0.25μm集成电路生产工艺，Cortex实现了成本与性能的理想折中。目前，各大厂商基于Cortex内核的芯片正在推出，可以预见，Cortex在未来将获得更广泛的应用。

1.4.3 STM32F103系列微控制器

按照ARM的经营模式，ARM只提供IP核，公司本身并不生产销售集成电路芯片，后者是由大量 ARM 的合作伙伴完成的。以 Cortex 内核为例，截至 2010 年初，已发出 69 份授权，其中 Cortex-M3 内核发出的授权最多，为 29 份，这 29 家客户中包括了 Actel、Broadcom、TI、ST、Fujitsu、NXP 等业界重量级公司。它们在标准 Cortex-M3 内核的基础上，进一步扩充 GIO、USART、Timer、I^2C、SPI、CAN、USB 等外设，以及对 Cortex 内核进行少量定制修改，然后结合各自的技术优势进行生产销售，共同推动基于 Cortex 内核的嵌入式市场的发展。

在诸多公司中，意法半导体（STMicroelectronics）是较早在市场上推出的基于 Cortex 内核的微控制器产品的公司，其设计生产的 STM32 系列产品充分发挥了 Cortex-M3 内核低成本、高性能的优势和 ST 公司长期的技术累积，并且以系列化的方式推出，方便用户选择，在市场上获得了广泛的好评，如图 1.10 所示。本书即是以 STM32 为主进行介绍并选用 STM32F103 进行实验。

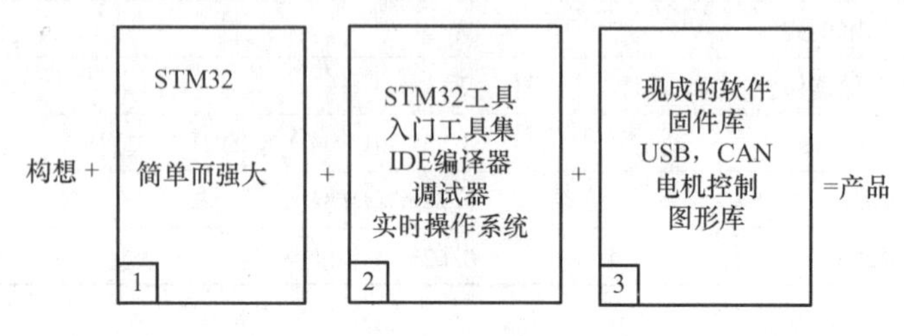

图 1.10　STM32 产品线的设计理念

按照推出时间的先后，STM32 产品线包含 STM32F101、STM32F102、STM32F103、STM32F105、STM32F107，如图 1.11 所示。目前常用的为 103 ~ 107 系列，在每一系列的内部，根据外设配置、存储器容量和封装形式又可分多款芯片以方便用户选用。其比较如图 1.12 和图 1.13 所示。

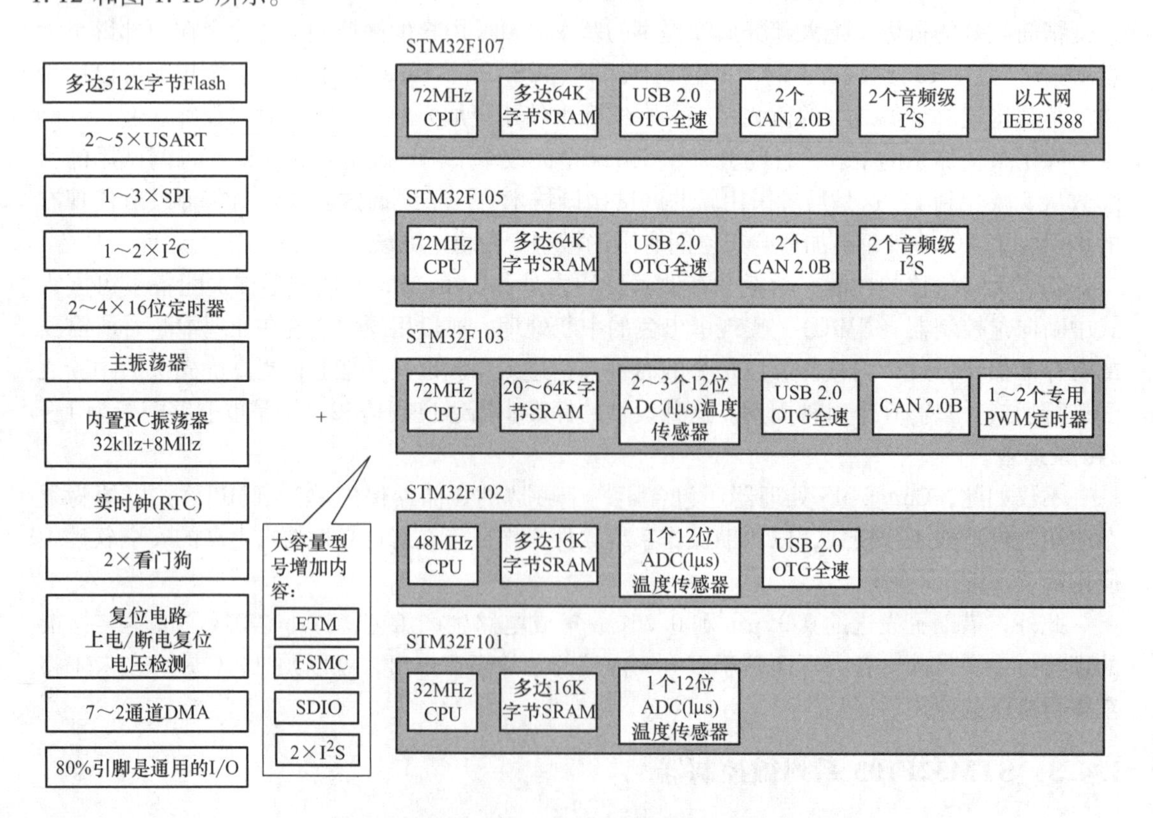

图 1.11　基于 Cortex-M3 内核的 STM32 系列芯片

<table>
<tr><td>STM32 device</td><td colspan="2">Low-density STM32F103xx device</td><td colspan="3">Medium-density STM32F103xx device</td><td colspan="3">High-density STM32F103xx device</td><td colspan="3">STM32F105xx</td><td colspan="2">STM32F107xx</td></tr>
<tr><td>Flssh size /KB</td><td>16</td><td>32</td><td>32</td><td>64</td><td>128</td><td>256</td><td>384</td><td>512</td><td>64</td><td>128</td><td>256</td><td>128</td><td>256</td></tr>
<tr><td>RAM size /KB</td><td>6</td><td>10</td><td>10</td><td>20</td><td>20</td><td>48</td><td>64</td><td>64</td><td>20</td><td>32</td><td>64</td><td>48</td><td>64</td></tr>
<tr><td>144pins</td><td colspan="4" rowspan="2"></td><td></td><td colspan="3" rowspan="3">5×USARTs,
4×16bit timers,
2×basic timers,
3×SPI,
2×I²Cs,
2×I²Ss,
USB，CAN,
2×PWM timer,
3×ADCs,
1×DAC,
1×SDIO,
FSMC(100and144-inpackages)</td><td colspan="3"></td><td colspan="2"></td></tr>
<tr><td>100pins</td><td rowspan="3">3×USARTs,
3×16bit timers,
2×SPI,
2×I²C,
USB，CAN,
1×PWM timer,
2×ADCs</td><td colspan="3" rowspan="2">5×USARTs,
4×16bit timers,
2×basic timers,
3×SPIs,
2×I²Cs,
2×I²Ss,
USB，OTG FS,
2×CANs,
1×PWM timer,
2×ADCs,
1×DAC</td><td colspan="2" rowspan="2">5×USARTs,
4×16bit timers,
2×basic timers,
2×SPIs,
2×I²Cs,
2×I²Ss,
USB，OTG FS,
2×CANs,
1×PWM timer,
2×ADCs,
1×DAC,
Ethernet</td></tr>
<tr><td>64pins</td><td colspan="2" rowspan="3">2×USARTs,
2×16bit timers,
1×SPI,
1×I²C,
USB，CAN,
1×PWM timer,
2×ADCs</td><td colspan="2" rowspan="3">2×USARTs,
2×16bit timers,
1×SPI,
1×I²C,
USB，CAN,
1×PWM timer,
2×ADCs</td></tr>
<tr><td>48pins</td><td colspan="8" rowspan="2"></td></tr>
<tr><td>36pins</td><td></td></tr>
</table>

图 1.12　STM32F103、STM32F105 和 ATM32F107 系列比较

STM32 系列微控制器芯片的突出优点是内部高度集成，且提供高质量的固件库，方便开发：

- 内嵌电源监视器，可减少对外部器件的需求，提供上电复位、低电压监测、掉电监测；
- 自带时钟的看门狗定时器；
- 一个主晶振可驱动整个系统：低成本的 4 ~ 16MHz 晶振即可驱动 CPU、USB 和其他所有外设，不会像某些系统那样为了 USB 或其他外设需要额外提供晶振，内核 PLL 产生多种频率；
- 内嵌出厂前调校的 8MHz *RC* 振荡器，可以用作低成本主时钟源。

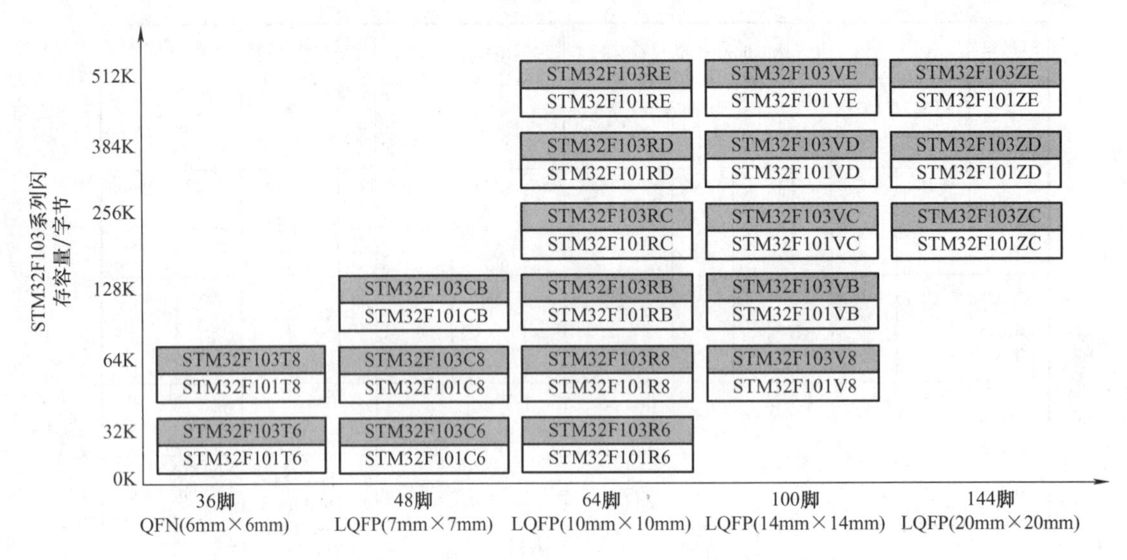

图 1.13　STM32 系列芯片闪存容量比较和封装形式

基于 STM32 的最小系统元器件数最少可为 7 个，大大简化了整个嵌入式系统的设计与生产成本。不仅如此，STM32 内部集成的其他外设模块也极具特色：

- USB：传输速率高达 12Mbit/s；
- USART：传输速率高达 4.5Mbit/s；
- SPI：传输速率高达 18Mbit/s，支持主模式和从模式；
- I2C：工作频率可达 400kHz；
- GPIO：最大翻转频率为 18MHz；
- PWM 定时器：可接收最高 72MHz 时钟输入；
- SDIO：48MHz；
- I2S：采样率可选范围为 8 ~ 48kHz；
- ADC：12 位，最快 AD 转换时间是 1μs；
- DAC：提供两个通道，12 位。
- USART：传输速率高达 4.5Mbit/s；
- SPI：传输速率高达 18Mbit/s，支持主模式和从模式；
- I2C：工作频率可达 400kHz；
- GPIO：最大翻转频率为 18MHz；
- PWM 定时器：可接收最高 72MHz 时钟输入；
- SDIO：48MHz；
- I^2S：采样率可选范围为 8 ~ 48kHz；
- ADC：12 位，最快 AD 转换时间是 1μs；
- DAC：提供两个通道，12 位。

与市场同期产品比较，STM32 内部集成的模块更丰富，性能也更强大，产品线也非常齐全，因此在 2008 年荣获了“2008 年 EDU China 创新奖最佳产品奖”。2009 年，意法半导体再次扩充 STM32 阵营，发布了超低功耗的 STM32L 和自带 2.4G 无线收发器的 STM32W，可以预见，这些新器件将衍生出更多的创新应用和市场。

为了贯彻落实《国家中长期教育改革和发展规划纲要（2010—2020年）》和《国家中长期人才发展规划纲要（2010—2020年）》的重大改革项目，长安大学自动化专业2010年入选国家第一批“卓越工程师教育培养计划”试点专业，并且根据近几年的教学改革及实践的探索，研制了一套用于STM32案例式教学的“CHD1807—STM32F103开发系统”实验装置及配套的实验指导书，如图1.14所示。有关STM32最小系统的介绍见第3章，该实验装置的使用见第10章。

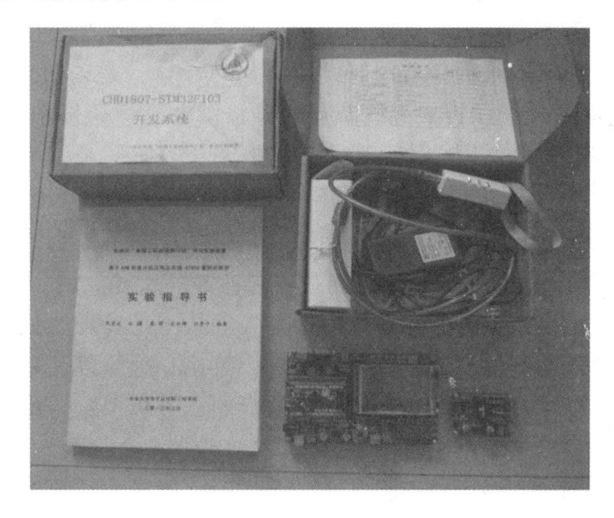

图1.14　STM32案例式教学实验装置及配套的实验指导书

1.5　计算机发展的趋势和工程设计开发

1.5.1　计算机发展的趋势

计算机发展必须结合物联网，物联网体系结构大致被认为有三个层次：底层是用来感知数据的感知层，中层是传输的网络层，最上层则是应用层，如图1.15所示。

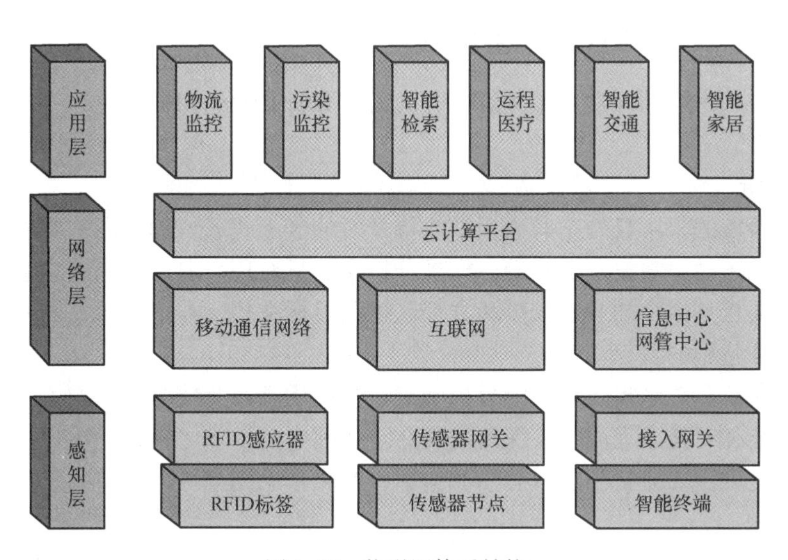

图1.15　物联网体系结构

1）感知层。感知层包括传感器等数据采集设备，包括数据接入到网关之前的传感器网络。感知层是物联网发展和应用的基础，RFID技术、传感和控制技术、短距离无线通信技术是感知层涉及的主要技术，其中又包括芯片研发、通信协议研究、RFID 材料、智能节点供电等细分技术。例如，加利福尼亚大学伯克利分校等研究机构主要研发通信协议，西安优势微电子有限责任公司研发的“唐芯一号”是国内自主研发的首片短距离物联网通信芯片，Perpetuum 公司针对无线节点的自主供电已经研发出通过采集振动能供电的产品，而 Powermat 公司已推出了一种无线充电平台。

2）网络层。物联网的网络层建立在现有的移动通信网和互联网的基础上。物联网通过各种接入设备与移动通信网和互联网相连。例如手机付费系统中，由刷卡设备将内置于手机的 RFID 信息采集并上传到互联网，网络层完成后台鉴权认证并从银行网络划账。

网络层中的感知数据管理与处理技术是实现以数据为中心的物联网的核心技术，其包括传感网数据的存储、查询、分析、挖掘、理解以及基于感知数据决策和行为的理论和技术。云计算平台作为海量感知数据的存储、分析平台，将是物联网网络层的重要组成部分，也是应用层众多应用的基础。

通信网络运营商将在物联网的网络层占据重要地位，而正在高速发展的云计算平台将是物联网发展的基础。

3）应用层。物联网的应用层利用经过分析处理的感知数据为用户提供丰富的特定服务，可分为监控型（物流监控、污染监控）、查询型（智能检索、远程抄表）、控制型（智能交通、智能家居、路灯控制）、扫描型（手机钱包、高速公路不停车收费）等应用类型。

应用层是物联网发展的目的，软件开发、智能控制技术将会为用户提供丰富多彩的物联网应用。各种行业和家庭应用的开发将会推动物联网的普及，也给整个物联网产业链带来了利润。

物联网的感知层要大量使用嵌入传感器的感知设备，因此嵌入式技术是使物联网具有感知能力的基础。

1.5.2 嵌入式系统的工程设计和开发

嵌入式系统和产品的开发过程大致可分为需求分析、架构和概要设计、详细设计和开发与测试反馈。

1. 需求分析

需求分析阶段的根本目的是明确用户对待开发的嵌入式系统和产品的要求，即明确用户需要一个怎样的产品。从技术上来看，需求分析文档是对用户要求的明确总结，从商务角度看，需求分析文档是用户和开发人员两方都认可的目标文档，需求分析文档中的条款往往也就是开发活动需达到的目标。

对需求的凝练和总结需要系统的分析师对目标应用领域有较为深入的了解，与客户具有良好的沟通技能，对技术手段也有深刻的领会。实际中的困难之一，是用户往往不能很好地总结其需求，这就需要分析师加以总结和沟通，并且帮助用户考虑那些用户本人都没有认真考虑的潜在问题。

常见的需求项目包括：

（1）功能性需求

1）基本功能是什么，用在什么地方，使用环境是怎样的？

2）有哪些输入，模拟量还是数字量？如果是模拟量，输入信号的范围和阻抗如何？

3）有哪些输出，作为模拟量还是数字量输出？

4）有哪些人机交互手段？LCD 还是 LED？是否支持蜂鸣器？

5）采用何种手段通信？RS232 串口，RS485 串口，USB 接口还是网络接口？

6）提供何种调试手段、升级手段、自我校正或维护手段？

7）采用何种电源和能量供给手段？用电池、市电，还是 USB 供电？

8）功耗如何？

9）重量和体积如何？

10）外观如何，现场如何安装和布置？

（2）性能需求

1）整体运行速度如何？各模块运行速度又如何？特别是各模块间是否匹配，是否存在瓶颈？

2）内部存储器大小，可存储数据量大小、多少？

（3）可靠性需求

1）抗干扰性和 EMC 特性如何？

2）能承受何种幅度的输入？能承受何种规模的过载输出？

3）整体寿命如何，一些易损元器件如电解电容的最大使用寿命如何？

4）程序跑飞或其他故障情况下能否自我检查并恢复和重新启动？

5）对实时性要求如何？

6）对响应时间（快速性）要求如何？

7）对可靠性还有什么其他期望？

（4）成本

1）总体拥有成本如何？包含元器件成本、制造成本、人力成本、运营成本、维护成本等。

2）供货渠道是否稳定，供货风险是高还是低？

需求分析的结果依具体项目有所区别，对开发而言，需求分析宜详细不宜精简，甚至要把用户潜在的还没有提出的需求考虑在内。

2. 架构和概要设计

架构设计规定了整个系统的大致路线，而概要设计则可以认为是其更加具体的描述。因为嵌入式系统是一个软硬件集成的系统，所以在架构和概要设计阶段，比通常的纯软件系统或纯硬件系统所需考虑的就更多。

1）系统的层次、剖面或模块划分。层次是按照横向对系统进行分层，剖面是按照纵向对系统进行分列，横纵交织的单元就构成一个个模块。这种划分在硬件设计和软件设计中都是存在的，而在软件设计中尤为重要。合理的划分既需要深刻地认识整个目标系统，又带有较多的经验成分。

2）系统软硬件交互的界面放在何处？是采用高性能高成本的硬件加速方案多一些，还是采用性能相对较低但成本也更低的软件实现多一些？

3）硬件上核心关键元器件的选择，例如 MCU 或 CPU 的大致型号，在很大程度上会影响到软件方案的选择。

4）软件的工作量较大，所选软件方案是否可以得到良好的支持？这种支持来自开发人员的水平、厂商的技术支持、第三方软件以及各种可以获得的技术资料。鉴于软件的工作量在整个项目中经常超过硬件部分，良好的软件支持和开发支持对保证进度、降低开发成本是必不可少的。处理上述几个问题，嵌入式操作系统的选择、开发语言、开发平台和工具也应在这个阶段明确下来，以方便对人员展开培训。

5）系统的成本和性能如何平衡？通常总是希望在性能达标的情况下尽可能降低成本，但在综合考虑开发成本、维护成本、升级和扩展成本、制造成本等因素后，这一问题就比较复杂了。

3. 详细设计和开发

详细设计是对概要设计的进一步细化。详细设计除需要明确一切未确定的问题之外，应使工程师在工作中能够具体参照执行。嵌入式系统的开发包括硬件开发、软件开发、也包括两者的集成和联合测试。如果整个系统涉及外设（如电动机、阀门），还需要将具体的外设和物理对象联合在一起进行测试。

在开发阶段，硬件方面的工作相对明确，主要是根据需求和架构设计，选择合适的元器件并设计电路，完成硬件部分的制作、焊接、测试等工作。相比硬件，软件部分由于其复杂度随着模块数量的增加呈指数上升，特别是各模块之间沟通联络协调的困难以及每一个软件模块本身的功能细节不完备性，都将导致软件成为最大的影响进度的因素，且越到开发后期越明显。实际中出现这些问题的常见原因是前期需求分析不明确，架构设计、概要设计不到位，为了赶进度而直接进入开发编码阶段。因此，开发时必须认识到项目的执行过程有其自身规律，前期的工作必须到位，欲速则不达。不论是采用“自顶向下”的开发策略还是采用“快速原型多次迭代”的开发策略，项目管理者都必须能够有效地管控每个阶段的目标、进度和质量。

4. 测试反馈

测试是整个系统开发中必不可少的环节。从严格意义上讲，测试与反馈并不是一个单独的阶段，它应该贯穿于整个项目生命流程周期管理中的每一个环节：在需求阶段，需要随时就需求分析的结果与用户交流，确保在这一过程中用户需求被准确地传递给开发团队；在详细设计和开发阶段，在每一个模块完成之后都要进行单元测试，在模块之间拼接组装时要进行集成测试，在整个系统完成后要进行整体测试。可以说，测试贯穿整个阶段，随时为前一阶段的工作提供反馈，这是保证质量的最基本途径。如果在任何一个环节发现问题，都必须及时修改避免带入后续环节，因为后期更改的成本远远高于先期修正的成本。

系统软硬件完成后的测试属于整体测试范畴，硬件测试主要是确认各种功能是否都已实现，各种技术指标是否能够达到，软硬件和可能的其他设备在一起是否可以协同工作，对外部干扰是否具有足够的鲁棒性等（如 EMC 测试），以及可靠性测试。软件测试从目标上分，主要可分为正确性测试和性能测试（或称压力测试）两大类。正确性主要是提高软件质量，保证软件按照预期的设计路径演进并能得到正确的结果，而性能测试主要用于确认整个系统在面临大数据量和大负载输入时是否依然可以稳定工作。由于现今的软硬件大量采用了第三方开发的独立模块，其质量难以度量，因此对在这样的基础上构建的整个系统只能进行充分的测试，没有太多的好办法可以保证其质量。

虽然测试的结果通常是反馈给局部的开发人员修正，但有些问题也可能导致系统在整体方案上必须做出重大修改，这往往会带来重大损失。因此，需求分析和架构设计的责任尤为重大，因为这两个阶段工作到位至少可以保证后期不会出现重大修改。

1.6 小结

应在掌握单片机系统的基础原理和技术要点的基础上，领悟和理解单片机是如何实现软硬件集成并达到应用需求的。

“单片机”在本质上是一门实践课而非理论课，内容跨度大，知识点多，技能要求高，在有限的时间内难以充分掌握所有相关知识点。因此在学习本课程时，可选择少数应用实例，抽象其需求，从上到下对系统进行分析，然后从下向上搭建整个系统，并在后期实践中体悟基本原理，准确掌握基本概念，培养和锻炼实际的系统开发技能。实际中，切忌贪多求全，而应选择重点进行学习。因为整个开发技能的训练是一个长期的过程，所以入门和举一反三很重要。

习 题

1. 请举例10个以上身边单片机系统的例子。

2. 为什么嵌入式系统的开发在过去10年间成为关注的重点？试从产业发展规律方面进行陈述。

3. 请归纳整理嵌入式系统开发全流程中涉及的知识领域，并思考哪些是属于嵌入式系统初学者应该掌握的关键技能。

4. 嵌入式系统设计中有哪些矛盾需要设计者和开发者解决？

5. 如何理解计算机的计算能力和性能之间的概念差异？

6. 20世纪50～60年代，阿塔纳索夫等人都具备了电子计算机的构思，当时也拥有相应的技术手段，为什么他们都不能最后完成计算机的发明？

7. 如何理解计算机系统软硬件的边界？

第2章

Cortex-M3处理器

对于基于 ARM 的单片机的学习，首先要了解 Cortex-M3。Cortex-M3 是 ARM 推出的新一代 32 位低成本、高性能通用微控制器内核，它放弃了与前代处理器的二进制兼容，引入了大量的最新设计理念，出色地平衡了强计算能力、低功耗和低成本之间的矛盾，代表了目前微控制器内核发展的趋势，已广泛应用于工业控制等各个领域。本章详述该内核的设计原则、内部结构和指令体系。

2.1 Cortex-M3 内核

Cortex-M3 处理器是专门为对成本、低功耗及性能有较高要求的应用而设计的，其核心是基于哈佛结构的三级流水线内核。该内核基于最新的 ARMv7 架构，采用 Thumb-2 指令集，集成了分支预测、单周期乘法、硬件除法等众多功能。

基于 Cortex-M3 内核构建的 Cortex-M3 处理器呈现为一个分级架构，它包括 ARM 本身提供的 Cortex-M3 内核和调试系统，再配置相应的时钟、存储器、外设以及 I/O 组件等部件共同构建了处理器单元，从而系统地实现了内置的中断控制、存储器保护、I/O 访问控制以及系统的调试和跟踪等功能。

经过 ARM 公司授权后，基于 Cortex-M3 内核的调试系统可以由芯片制造商根据需要自由配置必要的部件，进行处理器芯片设计和制造。Cortex-M3 处理器系统架构如图 2.1 所示。不同厂商设计出的芯片会有不同的配置，包括存储器容量、类型、外设等，都各具特色。

Cortex-M3 内核和集成部件已进行了专门的设计，用于实现最小存储容量、减少引脚数目和降低功耗，凭借对代码大小和中断延迟的优化、高度集成的系统部件、灵活多变的系统配置、简单高效的高级语言编程和强大的软件系统，Cortex-M3 处理器已逐步成为嵌入式系统的理想解决方案。

2.1.1 内核体系结构

Cortex-M3 内核是建立在一个高性能哈佛结构的三级流水线技术上的 ARMv7 架构，可满足事件驱动的应用需求。内核的内部数据路径宽度为 32 位，寄存器宽度为 32 位，存储器接口宽度也是 32 位，是典型的 32 位处理器内核。内核拥有独立的指令总线和数据总线，指令和数据访问可同时进行。但指令总线和数据总线共享同一个存储器空间，其寻址能力为 4GB。通过广泛采用时钟选通等技术，改进了每个时钟周期的性能，获得优异的能效比。

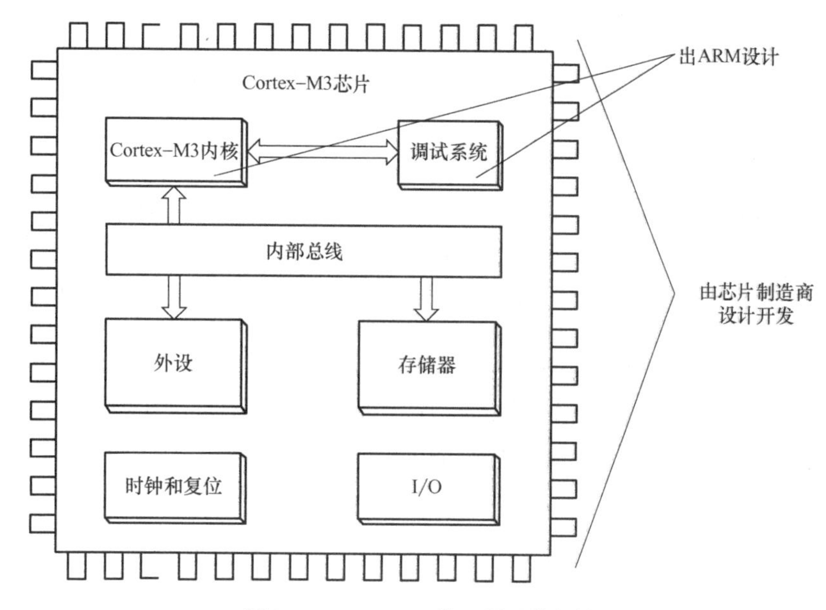

图 2.1　Cortex-M3 处理器系统架构

Cortex-M3 内核实现了 Thumb-2 指令集（传统 Thumb 指令集的超集），既获得了传统 32 位代码的性能，又具有 16 位代码的高代码密度。

Cortex-M3 处理器主要由两大部分组成：Cortex-M3 内核和调试系统。其内核体系结构框图如图 2.2 所示。

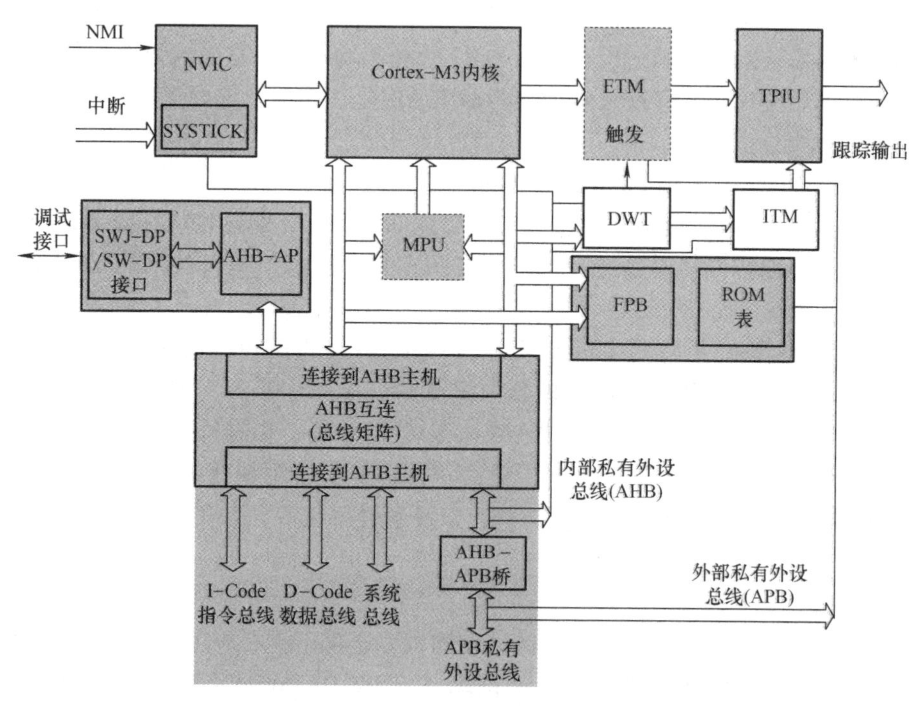

图 2.2　Cortex-M3 内核体系结构框图

注：虚线框所示的 MPU 和 ETM 是可选单元，即在不同的 Cortex-M3 处理器设计中，可视具体应用场合选配这些单元。

图 2.2 中：

NVIC：嵌套向量中断控制器（Nested Vector Interrupt Controller，NVIC）。

SYSTICK：系统时钟。

Cortex-M3 内核：Cortex-M3 处理器核心。

MPU：存储器保护单元（Memory Protection Unit，MPU）。

SW-DP/SWJ-DP：串行线调试端口/串行线 JTAG 调试端口（Debug Port，DP）。

AHB-AP：AHB（Advanced High performance Bus）访问端口（Access Port，AP）。

ETM：嵌入式跟踪宏单元（Embedded Trace Macrocell，ETM）。

DWT：数据观察点触发器（Data Watch Trigger，DWT）。

ITM：指令跟踪宏单元（Instrumentation Trace Macrocell，ITM）。

TPIU：跟踪端口接口单元（Trace Port Interface Unit，TPIU）。

FPB：Flash 重载及断点单元（Flash Patch Breakpoint，FPB）。

1. Cortex-M3 内核

1）Cortex-M3 处理器核心（Cortex-M3 内核）。这是 Cortex-M3 处理器的中央处理核心，即通常所说的 CPU，包括指令提取单元（Instruction Fetch Unit）、译码单元（Decoder）、寄存器组（Register Bank）和运算器（Arithmetic Logic Unit，ALU）等。

2）嵌套向量中断控制器（NVIC）。NVIC 是一个在 Cortex-M3 中内建的中断控制器，与 CPU 核心紧耦合，包含众多控制寄存器，支持中段嵌套模式，提供向量中断处理机制等功能。中断发生时，自动获得服务例程入口地址并直接调用，无需软件判定中断源，大大缩短中断延时。

3）系统时钟（SYSTICK）。由 Cortex-M3 内核提供的一个 24 位倒计时计数器，可产生定时中断，作为系统定时器用。所有 Cortex-M3 处理器均有该计数器，因此系统移植时不必修改系统定时器相关代码，移植效率高。特别注意的是，即使系统处于睡眠模式，该计数器也能正常工作。

4）存储器保护单元（MPU）。MPU 是可选单元，可以视为一个简化的存储器管理单元（Memory Management Unit，MMU），但重点在于存储器保护，即通过将存储器划分为存储区域块，并设置其存取特性（是否缓冲、是否读写、是否执行、是否共享等）对存储区域块进行访问保护。

5）总线矩阵。总线矩阵是 Cortex-M3 内部总线系统的核心，它是一个 32 位的 AMBA AHB Lite 总线互连网络。该网络把处理器内核及调试接口连接到不同类型和功能划分的外部总线，如系统总线、I-Code 指令总线、D-Code 数据总线、私有外设总线等，从而提供数据在不同总线上的并行传输功能。此外，总线矩阵还提供了附加数据传送功能，如写缓冲、位带（Bit Band）等，支持非对齐数据访问，以及通过总线桥（AHB to APB Bridge）支持与 APB 总线的连接。

2. 调试系统

调试系统包括如下模块，它们用于调试和测试，通常不会在应用程序中直接使用。

1）串行线调试端口/串行线 JTAG 调试端口（SW-DP/SWJ-DP）。SW-DP/SWJ-DP 两种端口都与 AHB 访问端口（AHB-AP）协同工作，以使外部调试器可以发起 AHB 上的数据传送，从而执行调试活动。在处理器核心的内部没有 JTAG 扫描链，大多数调试功能都是通过在NVIC控制下的AHB访问来实现的。SWJ-DP支持串行线协议和JTAG协议实现与调试接口的连接，而SW-DP只支持串行线协议。

2）AHB访问端口（AHB-AP）。AHB访问端口通过少量的寄存器，提供了对全部Cortex-M3存储器的访问机能。该功能块由SW-DP/SWJ-DP通过一个通用调试接口（DAP）来控制。当外部调试需要执行动作时，就是通过SW-DP/SWJ-DP来访问AHB-AP，从而产生所需的AHB数据传送。

3）嵌入式跟踪宏单元（ETM）。ETM用于实现实时指令跟踪，但它是一个选配件，所以不是所有的Cortex-M3产品都具有实时指令跟踪能力。ETM的控制寄存器是映射到主地址空间上的，因此调试器可以通过DAP来控制它。

4）数据观察点触发器（DWT）。通过DWT，可以设置数据观察点触发条件，当一个数据地址或数据值匹配观察点条件时，触发一次匹配命令并产生一个观察点事件，从而激活调试器以产生数据跟踪信息，或者让ETM联动以跟踪在哪条指令上发生了一个跟踪数据流。

5）跟踪端口接口单元（TPIU）。TPIU用于和外部的跟踪硬件（如跟踪端口分析仪）交互。在Cortex-M3的内部，跟踪信息都被格式化成“高级跟踪总线（Advanced Trace Bus，ATB）数据报”，TPIU重新格式化这些数据，从而让外设能够捕捉到它们。

6）Flash重载及断点单元（FPB）。FPB提供了Flash地址重载和断点功能。Flash地址重载是指：当CPU访问的某条指令匹配到一个特定的Flash地址时，将把该地址重映射到SRAM中指定的位置，从而取指后返回的是另外的值。匹配的地址还能用来触发断点事件。

7）配置查找表（ROM表）。提供存储器映射信息的查找表。当调试系统定位各调试组件时，它需要找出相关寄存器在存储器的地址，这些信息由此表给出。由于Cortex-M3有固定的存储器映射，因此在绝大多数情况下，各组件都拥有一致的起始地址。然而，有些组件是可选的或者由芯片制造商另行添加的，各芯片制造商可根据需要定制他们芯片的调试功能。在这种情况下，必须在ROM表中给出这些额外的信息，这样调试软件才能判定正确的存储器映射，进而检测可用的调试组件是何种类型。

2.1.2　系统总线结构

在计算机系统中，各个部件之间传送信息的公共通路叫总线（Bus），它是计算机各种功能部件之间传送信息的公共通信干线。按照计算机所传输的信息种类，计算机的总线可以划分为数据总线、地址总线和控制总线，分别用来传输数据、地址和控制信号。主机的各个部件通过总线相连接，外设通过相应的接口电路再与总线相连接，从而形成了计算机硬件系统。

常见的计算机系统一般是采用冯·诺依曼架构，由于在该架构中，程序指令和数据不加以区分，均采用数据总线进行传输，因此，数据访问和指令存取不能同时在总线上传输。Cortex-M3内核是基于哈佛架构构建的，有专门的数据总线和指令总线，使得数据访问和指令存取可以并行处理，效率大大提高。Cortex-M3内核通过总线矩阵对外设提供了多种总线接口。

1）I-Code指令总线。是基于AHB-Lite总线协议的32位总线，默认映射到0x00000000～0x1FFFFFFF内存地址段，主要用于取指操作。取指以字方式操作，即每次取4字节长度指令。即使对16位指令进行取指也是如此。因此CPU内核可以一次取出两条16位的

Thumb 指令。

2）D-Code 数据总线。是基于 AHB-Lite 总线协议的 32 位总线，默认映射到 0x10000000 ~0x1FFFFFFF 内存地址段，主要用于数据访问操作。尽管 Cortex-M3 支持非对齐数据访问，但地址总线上总是对齐的地址。然而，由于对非对齐的数据传送都将转换成多次的对齐数据传送，然后拼装成所需的数据，因此，连接到 D-Code 总线上的任何设备都只需支持 AHB-Lite 的对齐访问，不需要支持非对齐访问。

3）系统总线。是基于 AHB-Lite 总线协议的 32 位总线，默认映射到 0x20000000 ~ 0xDFFFFFFF 和 0xE0100000 ~ 0xFFFFFFFF 两个内存地址段，用于访问内存和外设，即 SRAM、片上外设、片外 RAM、片外扩展设备以及系统级存储区。可以根据需要传送指令和数据。和 D-Code 总线一样，所有的数据传送都是对齐的。

4）外设总线。是基于 APB 总线协议的 32 位总线，用于访问私有外设，默认映射到 0xE0040000 ~ 0xE00FFFFF 内存地址段。由于 TPIU、ETM 以及 ROM 表占用了部分空间，实际可用地址区间为 0xE0042000 ~ 0xE00FF000。在系统连接结构中，通常借助 AHB-APB 桥实现内核内部高速总线到外部低速总线的数据缓冲和转换。

一个典型的 Cortex-M3 总线连接范例如图 2.3 所示。

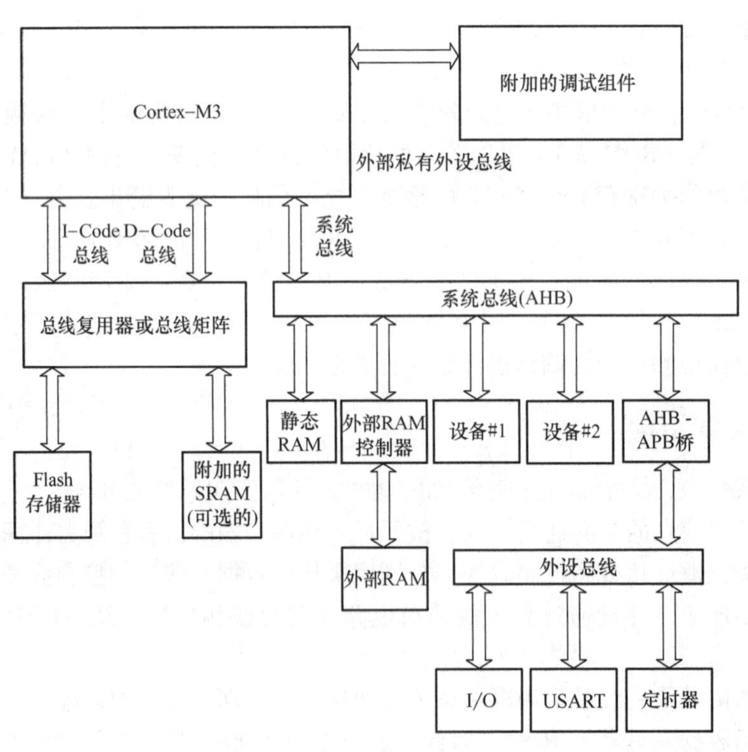

图 2.3　Cortex-M3 总线连接范例

2.2　寄存器

Cortex-M3 拥有通用寄存器（R0 ~ R15）和特殊功能寄存器。其中 R0 ~ R7 是低组寄存器，R8 ~ R12 是高组寄存器，如图 2.4 所示。绝大多数 16 位指令只能使用低组寄存器，32

位 Thumb-2 指令可以访问所有通用寄存器。R13 作为堆栈指针（SP），R14 是连续寄存器（LR），R15 是程序计数器（PC）。特殊功能寄存器有预定义的功能，必须通过专用指令进行访问。

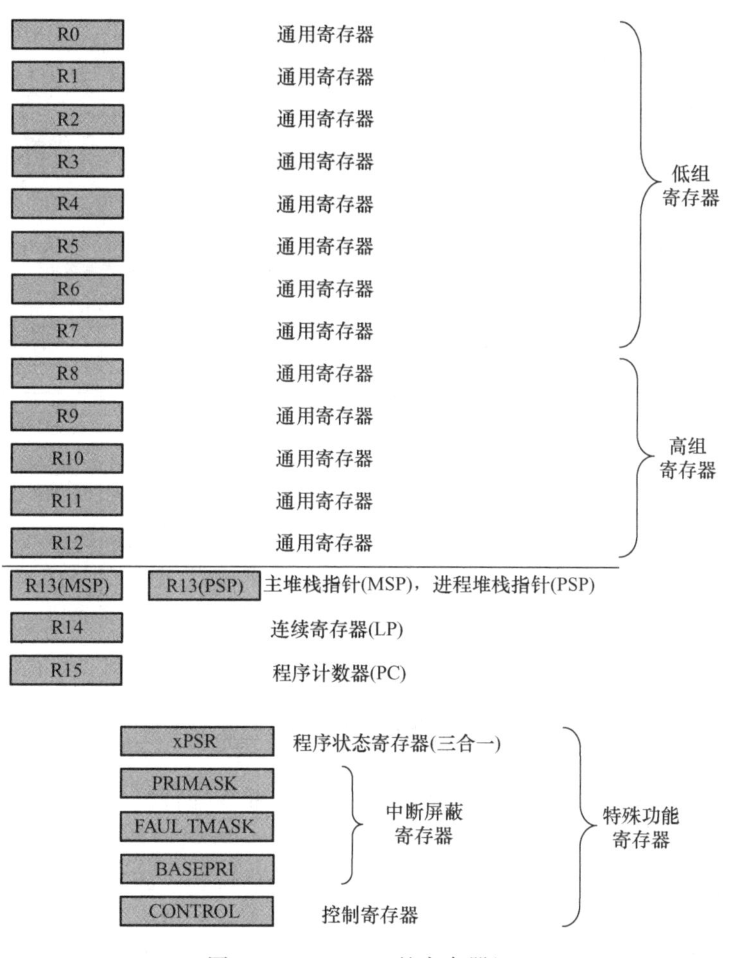

图 2.4　Cortex-M3 的寄存器组

2.2.1　通用寄存器

（1）低组寄存器（R0 ~ R7）

所有指令均能访问，字长为 32 位，复位后的初始值是随机的。绝大多数 16 位 Thumb 指令只能访问 R0 ~ R7。

（2）高组寄存器（R8 ~ R12）

只有很少的 16 位 Thumb 指令能访问，32 位指令则不受限制，字长为 32 位，复位后的初始值是随机的。

（3）堆栈寄存器（R13）

堆栈寄存器又称堆栈指针（Stack Pointer，SP）。当作为堆栈功能 R13（SP）进行引用时，只能引用到当前系统状态确定的堆栈，另一个堆栈寄存器则只能通过特殊的指令进行访问（MRS，MSR 指令）。这两个堆栈指针分别是：

1）主堆栈指针（MSP），或写作 SP_main，默认堆栈指针，它由 OS 内核、异常服务例程以及所有需要特权访问的应用程序代码来使用。

2）进程堆栈指针（PSP），或写作 SP_process，用于常规的应用程序代码（不处于异常服务例程中时）。

堆栈是一种存储器的使用模型，是由一块连续的内存以及一个栈顶指针组成，用于实现“先进先出（First In First Out，FIFO）”的缓冲区，其基本概念如图 2.5 所示。堆栈最典型的应用就是在数据处理前先保存寄存器的值，再在处理任务完成后从中恢复先前保存的这些值。

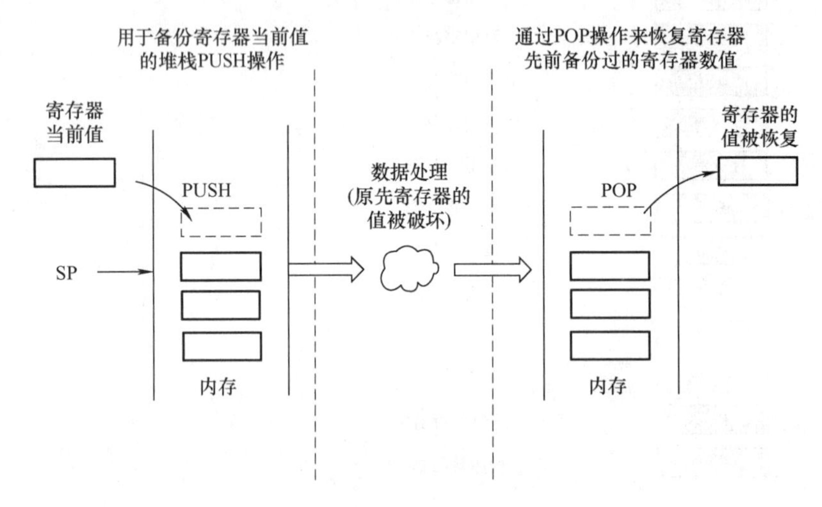

图 2.5　堆栈内存的基本概念

需特别注意，并不是每个应用程序都能用到两个堆栈指针，简单应用程序只使用 MSP 即可。堆栈指针用于访问堆栈，采用专门的 PUSH 指令和 POP 指令进行入栈和出栈操作。在执行这些堆栈操作时，堆栈指针（SP）的内容会自动调整，以避免后续操作破坏先前的数据。例如以下操作：

```
PUSH {R0} ;*(——R13)=R0。R13 是 long* 的指针(32 位字长)
POP {R0} ; R0 = *R13 ++
```

Cortex-M3 中的堆栈是“向下生长的满栈”，因此在 PUSH 新数据入栈时，堆栈指针先减一个单元，然后将数据压入到堆栈指针所指的内存单元。通常在调用并进入一个子程序后，为保证子程序运行过程中不影响调用程序所使用的寄存器内容，第一件事就是把寄存器的值先 PUSH 入堆栈中，并在子程序退出前再将堆栈中保存的值 POP 到原来的寄存器，以恢复调用程序寄存器的原有内容。

PUSH 和 POP 还能一次操作多个寄存器，例如以下操作：

```
Subroutine_1            ;子程序 1
PUSH{R0 ~ R7,R12,R14}   ; 保存寄存器列表
…                       ; 执行处理
POP{R0 ~ R7,R12,R14}    ; 恢复寄存器列表
BX R14                  ; 返回到主调函数
```

MSP 和 PSP 都被称为 R13，但不是在任一时刻都呈现堆栈功能，在程序中可以通过

MRS/MSR 指令来指定访问具体的堆栈指针。由于 R13 的最低两位被硬件连接到 0，因此堆栈的 PUSH 和 POP 操作永远都是 4 字节对齐的，即堆栈指针指向的内存起始地址必定是 0x4、0x8、0xC，诸如此类。

（4）连续寄存器（R14）

Cortex-M3 的连续寄存器（Linked Register，LR）不同于大多数其他处理器。ARM 为减少访问内存的次数，把返回地址直接存储在连接寄存器 R14 中而不是存放在内存的堆栈中，这样，对于只用一级子程序调用时，不需访问堆栈内存就可返回到主调用程序，从而提高子程序调用的效率。

在 ARM 汇编程序中，LR 和 R14 写法可以互换（以下不做区分）。LR 用于在调用子程序时存储返回地址。例如，当使用 BL（Branch and Link，分支并连接）指令时，就自动填充 LR 的值。例如以下操作：

```
Main              ; 主程序
…
BL function1      ; 使用“分支并连接”指令调用 function1
                  ; PC = function1,并且 LR = main 中当前指行指令的下一条地址
…
function1
…                 ; function1 的代码
BX LR             ; 函数返回
```

（5）程序计数寄存器（R15）

程序计数寄存器又称程序计数器（Program Counter，PC），在 ARM 汇编程序中 R15 和 PC 写法可以互换，用以指明指向当前的指令地址。如果修改它的值，即向 PC 中写数据，就会引起一次程序跳动，改变程序的执行流，但此时不更新 LR 寄存器。

由于 ARM 处理器发展的历史原因，PC 的第 0 位（LSB）用于指示 ARM/Thumb 状态。0 表示当前指令环境处于 ARM 状态，而 1 则表示当前指令环境处于 Thumb 状态。Cortex-M3 中的指令是隶属于 Thumb-2 指令集，且至少是半字对齐的，所以 PC 的 LSB 总是读回 0。然而在编写分支指令时，无论是直接写 PC 的值还是使用分支指令，都必须保证加载到 PC 的数值是奇数（即 LSB = 1），用以表明当前指令在 Thumb 状态下执行。倘若写了 0，则视为企图转入 ARM 模式，Cortex-M3 将产生一个 Fault 异常。

因为 Cortex-M3 内部使用了指令流水线，读取 PC 内容时返回的值是当前指令的地址 +4。比如说：

```
0x1000:MOV R0,PC ;R0 = 0x1004
```

即表明当前指令地址为 0x1000，此时读取 PC 内容到 R0 寄存器。执行过程中 PC 的值为 0x1004 = 0x1000 + 4。

2.2.2 特殊功能寄存器

Cortex-M3 内核还有以下三类特殊功能寄存器（见图 2.6）：

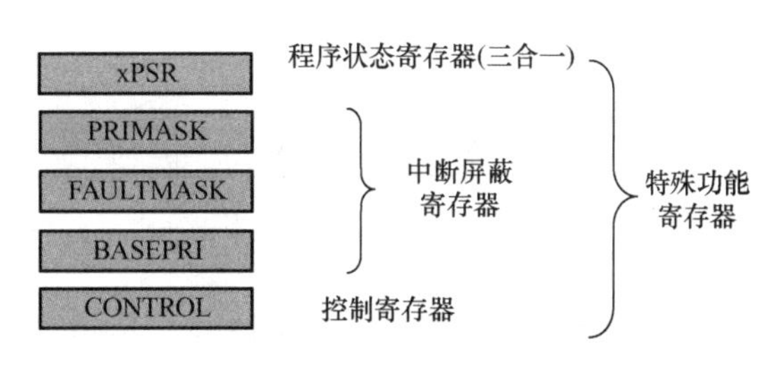

图 2.6 Cortex-M3 中的特殊功能寄存器集合

1）程序状态寄存器（Program Status

Register，PSRs）。

2）中断屏蔽寄存器（PRIMASK、FAULTMASK 和 BASEPRI）。

3）控制寄存器（CONTROL）。

这些寄存器只能采用 MSR 和 MRS 指令进行访问。指令访问的格式如下：

```
MRS <gp_reg>, <special_reg>      ; 读特殊功能寄存器 (special_reg) 的值到通用
                                   寄存器 (gp_reg)
MSR <special_reg>, <gp_reg>      ; 写通用寄存器 (gp_ reg) 的值到特殊功能寄存器
                                   (special_reg)
```

三类特殊寄存器的功能见表 2.1。

表 2.1　特殊寄存器的功能

类　别	寄存器	功　能
程序状态寄存器	xPSR	记录 ALU 标志（零标志、进位标志、负数标志、溢出标志以及饱和标志）、执行状态以及当前正在服务的中断号
中断屏蔽寄存器	PRIMASK	使能所有的中断，但非屏蔽中断除外
	FAULTMASK	使能所有的 Fault，但非屏蔽中断除外。而且被除能的 Faults 会"上访"
	BASEPRI	使能所有优先级不高于某个具体数值的中断
控制寄存器	CONTROL	定义特权状态，并且决定使用哪一个堆栈指针

（1）程序状态寄存器（PSR 或 xPSR）

程序状态寄存器是一个 32 位寄存器，依据位段划分，可分为三个子状态寄存器（见图 2.7）。

1）应用程序 PSR（APSR）：占据第 27 ~32 位。

2）中断号 PSR（IPSR）：占据第 0 ~8 位。

3）执行 PSR（EPSR）：占据第 10 ~15 和 24 ~26 位。

借助 MRS/MSR 指令，这三个状态寄存器既可以单独访问，也可以组合访问（两个或三个组合都可以）。当使用三合一的方式访问时，应使用名字"xPSR"（即 APSR、IPSR 或 EPSR）或者笼统地使用"PSR"，如图 2.8 所示。

	31	30	29	28	27	26:25	24	23:20	19:16	15:10	9	8	7	6	5	4:0
APSR	N	Z	C	V	Q											
IPSR												Exception Number				
EPSR						ICI/T	T			ICI/T						

图 2.7　Cortex-M3 中的程序状态寄存器（xPSR）

	31	30	29	28	27	26:25	24	23:20	19:16	15:10	9	8	7	6	5	4:0
xPSR	N	Z	C	V	Q	ICI/T	T			ICI/T		Exception Number				

图 2.8　合体后的程序状态寄存器（xPSR）

（2）中断屏蔽寄存器（PRIMASK、FAULTMASK 和 BASEPRI）

这三个寄存器用于控制异常的使用和除能，见表 2.2。

表 2.2 Cortex-M3 的屏蔽寄存器

名称	功能描述
PRIMASK	这是个只有1位的寄存器。当它置1时，就关闭所有可屏蔽的异常，只剩下 NMI 和硬 fault 可以响应。它的默认值是0，表示没有中断
FAULTMASK	这是个只有1位的寄存器，当它置1时，只有 NMI 才能响应，所有其他的异常，包括中断和 fault，统统失效。它的默认值也是0，表示没有有关异常
BASEPRI	这个寄存器最多有9位（由优先级的位数决定）。它定义了被屏蔽优先级的阈值。当它被设成某个值后，所有优先级号大于等于此值的中断都被关闭（优先级号越大，优先级越低）。但若被设成0，则不关闭任何中断，0也是默认值

对于时间关键任务而言，PRIMASK 和 BASEPRI 对于暂时关闭中断是非常重要的。而 FAULTMASK 则可以被操作系统用于暂时关闭 Fault 处理机能，这种处理在某个任务崩溃时可能需要，因为在任务崩溃时，常常伴随着一大堆 Faults。在系统料理“后事”时，通常不再需要响应这些 Fault，总之 FAULTMASK 就是专门留给 OS 用的。

要访问 PRIMASK、FAULTMASK 以及 BASEPRI，同样要使用 MRS 和 MSR 指令：

```
MRS R0,BASEPRI            ；读取 BASEPRI 寄存器内容到 R0 中
MRS R0,FAULTMASK          ；读取 FAULTMASK 寄存器内容到 R0 中
MSR BASEPRI,R0            ；写入 R0 寄存器内容到 BASEPRI 中
MSR FAULTMASK,R0          ；写入 R0 寄存器内容到 FAULTMASK 中
MSR PRIMASK,R0            ；写入 R0 寄存器内容到 PRIMASK 中
```

只有在特权级下，才允许访问这三个寄存器。

其实，为了快速的开关中断，Cortex-M3 还专门设置了一条 CPS 指令。该指令有以下四种用法：

```
CPSID I ;PRIMASK =1,      ；关中断
CPSIE I ;PRIMASK =0,      ；开中断
CPSID F ;FAULTMASK =1,    ；关异常
CPSIE F ;FAULTMASK =0     ；开异常
```

（3）控制寄存器（CONTROL）

控制寄存器用于定义特权级别，还用于选择当前使用哪个堆栈指针，见表 2.3。

表 2.3 Cortex-M3 的 CONTROL 寄存器

位	功能描述
CONTROL [1]	堆栈指针选择 0 表示选择主堆栈指针（MSP），复位后默认值 1 表示选择进程堆栈指针（PSP） 在线程或基础级，可以使用 PSP，在 Handler 模式下，只允许使用 MSP，所以此时不得往该位写 1
CONTROL [0]	0 表示特权级的线程模式 1 表示用户级的线程模式 注意：Handler 模式永远都是特权级的

1）CONTROL [1]：在 Cortex-M3 的 Handler 模式中，CONTROL [1] 总是0。在线程模式中则可以为0（特权级）或1（用户级）。

特别注意的是：仅当处于特权级的线程模式下，此位才可写，其他场合下禁止写此位。

2）CONTROL［0］：仅当在特权级下操作时才允许写该位。一旦进入了用户级，唯一返回特权级的途径，就是触发中断异常，再由中断服务例程改写该位。

CONTROL 寄存器就是通过 MRS 和 MSR 指令来操作的：

```
MRS R0,CONTROL
MSR CONTROL,R0
```

2.3 存储器管理

Cortex-M3 是一个 32 位处理器，支持 4GB 存储空间，与前代 ARM 架构相比有如下优点：

1）预定义的存储器映射和总线配置。

2）支持“位带”（Bit Band）操作以实现单一比特的原子操作。

3）支持非对齐访问和互斥访问。

Cortex-M3 只是一个单一固定的存储器映射，如图 2.9 所示。这极大地方便了软件在各种 Cortex-M3 单片机间的移植。例如各款 Cortex-M3 单片机的 NVIC 和 MPU 都在相同的位置布设寄存器，使得它们变得通用。又例如，通过把片上外设的寄存器映射到外设区（0x40000000～0x5FFFFFFF）中的某个位置，就可以简单地以访问内存的方式来访问这些外设的寄存器，从而对外设施加控制。这种预定义的映射关系，使得系统可以针对不同的存储器应用进行访问速度优化，同时针对片上系统应用而言更易集成。尽管如此，Cortex-M3 预定义的存储器映射是粗线条的，它依然允许芯片制造商灵活地分配存储器空间加以改变，以制造出各具特色的单片机产品。

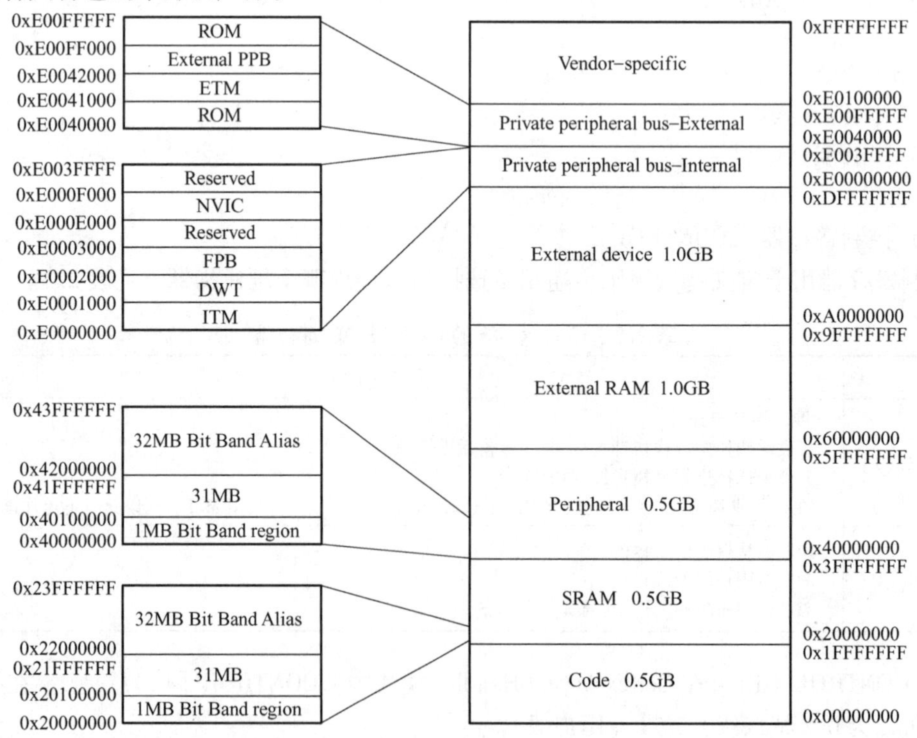

图 2.9 Cortex-M3 预定义的存储器映射

2.3.1 寄存器空间分配

1）代码区（Code，0x0000000～0x1FFFFFFF）。地址范围大小为512MB，主要用于存放程序代码。当然，代码也可存放在内部SRAM区以及外部RAM区。因指令总线与数据总线是分开的，为使取指和数据访问各自使用自己的总线，最理想的是把程序放到代码区。

2）内部SRAM区（SRAM，0x20000000～0x3FFFFFFF，512MB）。内部SRAM的大小是512MB，用于让芯片制造商连接片上的SRAM，这个区通过系统总线来访问。该区最底部1MB地址范围是“位带区”（0x20000000～0x200FFFFF），可存放8M个位（bit）变量。与此对应，该位带区有一个32MB的“位带别名（Alias）区”（0x22000000～0x23FFFFFF），用一个字（4字节）来代表每一个位带区的每一个位（因为Cortex-M3每次存储器操作的数据是一个字）。这样使用地址对位带别名区中每一个字进行读写时，实际上就是对位带区的每一个位进行读写。

位带操作只适用于数据访问，不适用于取指。通过位带的功能，可以把多个布尔型数据打包在单一的字中，却依然可以从位带别名区中，像访问普通内存一样地使用它们。位带别名区的访问操作是原子的，消灭了传统的“读—改—写”三步曲以及由此产生的被中断的可能。该特性可以显著提高位操作的效率和安全性，对许多底层软件开发特别是操作系统和驱动程序具有重要意义。

3）片内外设区（Peripheral，0x40000000～0x5FFFFFFF，512MB）。片内外设区的大小为512MB，主要由片内外设区使用，用于映射其寄存器。同样，该区也有一个32MB的位带别名，以便于快捷地访问外设寄存器。例如，可以方便地访问各种控制位和状态位。特别注意的是，外设区内不允许执行指令。

4）外部RAM区（External RAM，0x60000000～0x9FFFFFFF）和外部设备区（External Device，0xA0000000～0xDFFFFFFF）。外部RAM区大小为1GB，用于连接外部RAM；外部设备区大小为1GB，用于连接外部设备。这两个存储区不包含位带，两者的区别在于外部RAM区允许执行指令，而外部设备区则不允许。

5）私有外设总线区（0xE0000000～0xE00FFFFF）。私有外设总线区由两部分组成：内部私有外设总线区（0xE0000000～0xE003FFFF，256KB）和外部私有外设总线区（0xE0040000～0xE00FFFFF，768KB）。AHB私有外设总线，对应于内部私有外设总线区只用于Cortex-M3内部AHB外设，如NVIC、FPB、DWT和ITM、SYSTICK等。APB私有外设总线，对应于外部私有外设总线区，用于Cortex-M3内部APB设备，如TPIU、ETM、ROM表等。此外，Cortex-M3允许元器件制造商添加其他片上APB外设到APB私有外设总线上并通过APB接口来访问。

其中，内部私有外设总线区里NVIC所处的区域也叫做“系统控制空间（SCS）”，映射有SysTick、MPU以及代码调试控制所用的寄存器，如图2.10所示。

6）提供商指定区。最后，未用的提供商指定区也通过系统总线来访问，但是不允许在其中执行指令。

上述的存储器映射只是个粗线条的模板通过这种存储器映射，使得所有这些设备均使用固定的地址，从而可以保证至少在内核水平上的应用程序的移植。然而，根据具体应用不同，具体的Cortex-M3芯片制造商会进行适当的调整并提供更详细的存储器映射图，来表明

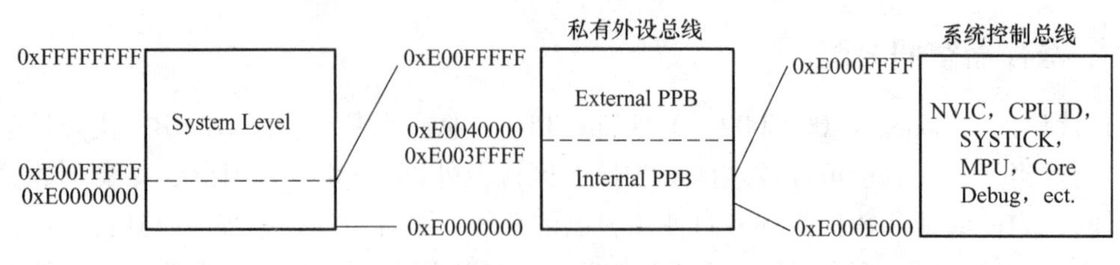

图 2.10　系统控制空间

芯片中片上外设的具体分布，RAM 与 ROM 的容量和位置等信息。

Cortex-M3 的内部拥有一个总线基础设施，专用于优化这种存储器结构的使用。在此之上，Cortex-M3 甚至还允许这些区域之间“越段使用”。例如，数据存储器也可以被放到代码区，而且代码也能够在外部 RAM 区中执行。然而，Cortex-M3 有一个可选的存储器保护单元 MPU。借助 MPU 可以对特权级访问和用户级访问分别施加不同的访问限制。最常见的就是由操作系统使用 MPU，以使特权级代码的数据，包括操作系统本身的数据不被其他用户程序弄坏。当检测到违规的存储位置访问时，MPU 就会产生一个 Fault 异常，可以由 Fault 异常的服务例程来分析该错误，并在可能时改正它。MPU 在保护内存时是按区管理的，它可以把某些内存 Region 设置成只读，从而避免了那里的内容被意外更改；还可以在多任务系统中把不同任务之间的数据区隔离。

2.3.2　位带操作

位带操作可以使用普通的加载/存储指令来对单一的比特进行读写。在 Cortex-M3 中，有两个区中实现了位带，其中一个是内部 SRAM 区的最低 1MB 范围，第二个则是片内外设区的最低 1MB 范围。这两个区中的地址除了可以像普通的 RAM 一样使用外，它们还都有自己的“位带别名区”。位带别名区把每个比特膨胀成一个 32 位的字，当通过位带别名区访问这些字时，就可以达到访问原始比特的目的，如图 2.11 所示。

例如，欲设置地址 0x20000000 中的 bit2，则使用位带操作的设置过程即可，写数据到位带别名区的过程如图 2.12 所示。

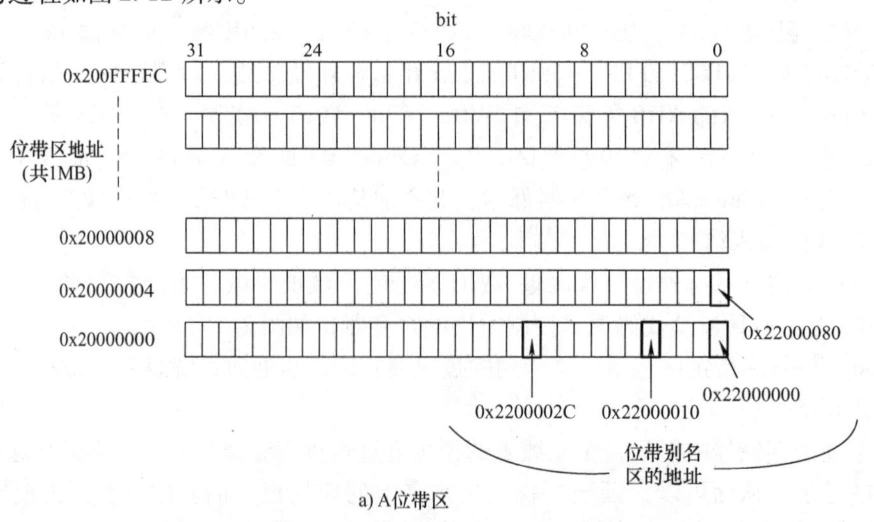

a) A位带区

图 2.11　两个位带区与位带别名区的膨胀映射关系

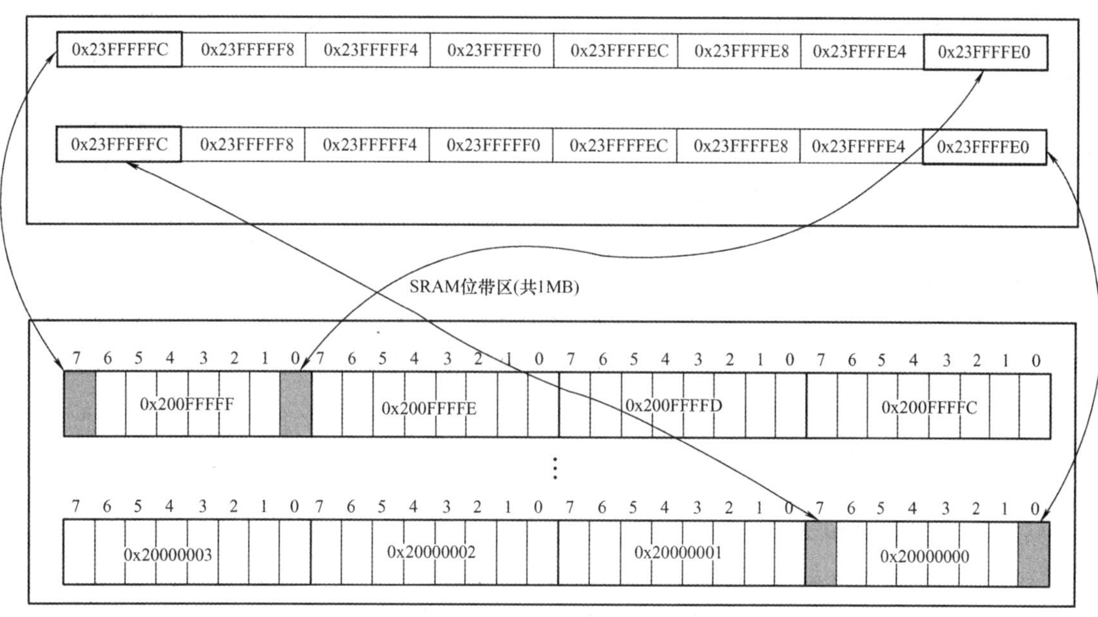

b) 位带区与位带别名区的膨胀映射关系

图 2.11 两个位带区与位带别名区的膨胀映射关系（续）

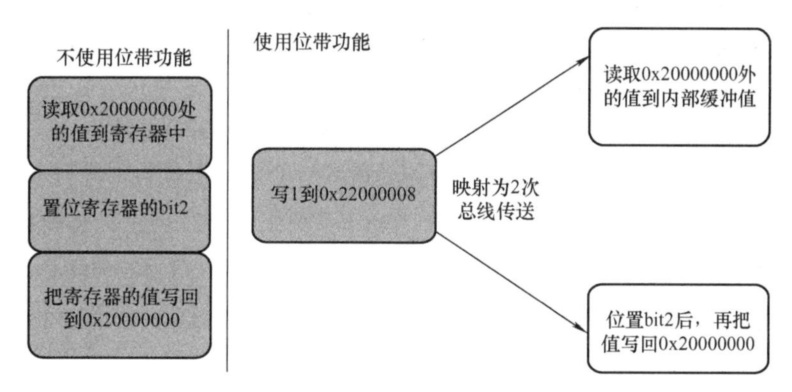

图 2.12 写数据到位带别名区

位带操作与普通操作的对比及对应的汇编代码如图 2.13 所示。

图 2.13 位带操作与普通操作的对比

在汇编程序的角度上位带读操作相对简单些。从位带别名区中读取比特如图 2.14 所示。读取比特时传统方法与位带方法的比较如图 2.15 所示。

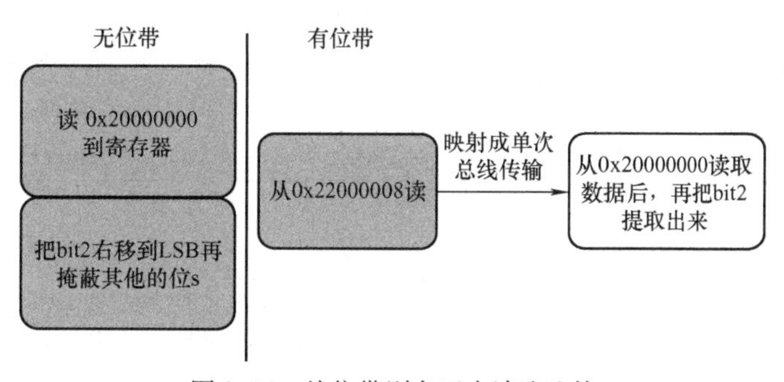

图 2.14 从位带别名区中读取比特

Cortex-M3 使用下列术语来表示位带存储的相关地址：

1）位带区：支持位带操作的地址区。

2）位带别名：位带区中位的别名。对别名的访问最终映射到位带区中某一位的访问上。

在位带区中，每个比特都映射到位带别名地址区的一个字，该字只有最低位有效。当一个别名地址被访问时，会先把该地址变换成位带地址。对于读操作，读取位带地址中的一个字，再把需要的位右移到最低位并把最低位返回。对于写操作，把需要写的位左移至对应的位序号处，然后执行一个原子的“读—改—写”过程。

无位带

```
LDR R0，=0x20000000；建立地址
LDR R1，R［0］      ；读
UBFX.W R1，R2，#2，#1，；提取bit2
```

有位带

```
LDR R0，=0x22000008；建立地址
LDR R1，［R0］      ；读
```

图 2.15　读取比特时传统方法与位带方法的比较

支持位带操作的两个内存区的范围如下：

1）0x20000000 ~ 0x200FFFFF（内部 SRAM 区中的最低 1MB）。

2）0x40000000 ~ 0x400FFFFF（片内外设区中的最低 1MB）。

对于内部 SRAM 位带区的某个比特，记它所在字节地址为 A，位序号为 n（$0 \leqslant n \leqslant 7$），则该比特在别名区的地址为

$$\begin{aligned}\text{AliasAddr} &= 0\text{x}22000000 + ((A - 0\text{x}20000000) \times 8 + n) \times 4 \\ &= 0\text{x}22000000 + (A - 0\text{x}20000000) \times 32 + n \times 4\end{aligned}$$

对于片内外设位带区的某个比特，记它所在字节的地址为 A，位序号为 n（$0 \leqslant n \leqslant 7$），则该比特在别名区的地址为

$$\begin{aligned}\text{AliasAddr} &= 0\text{x}42000000 + ((A - 0\text{x}40000000) \times 8 + n) \times 4 \\ &= 0\text{x}42000000 + (A - 0\text{x}40000000) \times 32 + n \times 4\end{aligned}$$

式中，“×4”是因为一个字为 4 个字节，“×8”表示一个字节中有 8 个比特。

对于内部 SRAM 区，位带别名的重映射见表 2.4。对于片内外设区，映射关系见表 2.5。

表 2.4　SRAM 区的位带地址映射

位带区	等效的位带别名地址
0x20000000. 0	0x22000000. 0
0x20000000. 1	0x22000004. 0
0x20000000. 2	0x220000008. 0
…	
0x20000000. 31	0x2200007C. 0
0x20000004. 0	0x22000080. 0
0x20000004. 1	0x22000084. 0
0x20000004. 2	0x22000088. 0
…	
0x200FFFFC. 31	0x23FFFFFC. 0

表 2.5　SRAM 区中的位带地址映射

位带区	等效的位带别名地址
0x4000000. 0	0x4000000. 0
0x4000000. 1	0x4000004. 0
0x4000000. 2	0x40000008. 0
…	
0x4000000. 31	0x400007C. 0
0x4000004. 0	0x4000080. 0
0x4000004. 1	0x4000084. 0
0x4000004. 2	0x4000088. 0
…	
0x40FFFFC. 31	0x4FFFFFC. 0

位带区操作示例：

1）在地址 0x20000000 处写入 0x3355 AACC。

2）读写地址 0x22000008。本次读访问将读取 0x20000000，并提取 bit2，值为 1。

3）往地址0x22000008处写0。本次操作将被映射成对地址0x20000000的“读—改—写”操作（原子操作），把bit2清0。

4）现在再读取0x20000000，将返回0x3355AACC8（bit2清零）。

位带操作可以为Cortex-M3通过GPIO的引脚来单独控制每盏LED的点亮与熄灭，也为操作串行接口器件提供了很大的方便。总之，位带操作对于硬件I/O密集型的底层程序极为有用。

位带操作还能用来化简跳转的判断。当跳转依据是某个位时，以前必须这样做：①读取整个寄存器；②掩蔽不需要的位；③比较并跳转。比较并跳转现在只需：①从位带别名区读取状态区；②比较并跳转。

位带操作因为其原子操作模式，还有一个重要的好处是在多任务中，用于实现共享资源在任务间的“互锁”访问。多任务的共享资源必须满足一次只有一个任务访问它，也即所谓的“原子操作”。以前的“读—改—写”需要三条指令，指令执行期间可能会被中断，这对于某些高可靠应用会带来潜在的风险，特别是在涉及操作系统和驱动程序底层开发时。

例如，如下程序执行过程：

1）主程序读取输出端口值到寄存器，取得值0x01。

2）主程序准备清除取得值的bit0，这时出现中断，主程序挂起。中断服务程序ISR也读出输出端口值。取得值0x01（注意，这时可能被更高优先级中断服务再次中断）。

3）中断服务程序设置取得值的bit1，值变为0x03。

4）中断服务程序写回修改后的值到输出端口，输出端口得到值0x03。

5）中断服务程序返回。

6）主程序继续执行，清除主程序所取得值的bit0，值变为0x00。

7）主程序写回修改后的值到输出端口，主端口得到值0x00；此时，中断服务程序对端口值的修改全部丢失。

整个执行过程如图2.16所示。

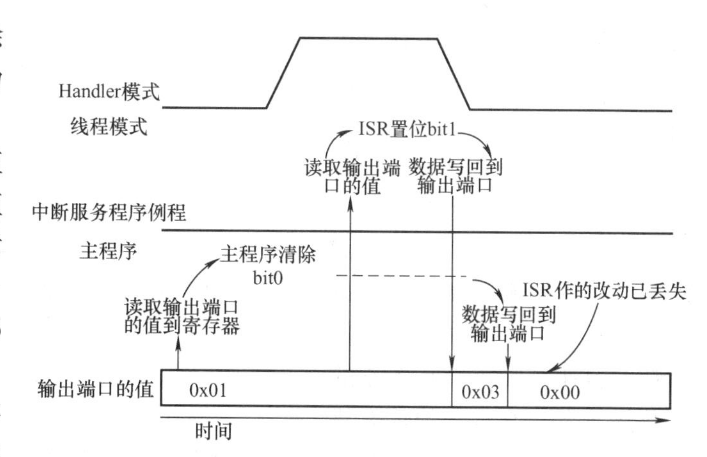

图2.16 非原子操作的整个执行过程

同样的情况可以出现在多任务的执行环境中，如可将主程序视为一个任务，ISR是另一个任务，这两个任务并发执行。

通过使用Cortex-M3的位带操作，就可以避免上例情况。Cortex-M3把这个“读—改—写”做成一个硬件级别支持的原子操作，不能被中断。

同样，上例的指令执行序列如下：

1）主程序执行“读—改—写”的位带操作来读取输出端口（该端口已经被映射到位带区）的值到寄存器。

2）这时出现中断，因为是原子操作，不能被中断。主程序取出值0x01，清除bit0，并返回。这时输出端口值变为0x00。

3）主程序的“读—改—写”的位带操作完成，开始响应中断，中断服务程序 ISR 读取输出端口值，取得值0x00。

4）中断服务程序也开始执行“读—改—写”的位带操作来读取输出端口，取出值0x00，设置bit1，并返回，这时输出端口值变为0x02。

5）此时，中断服务程序对端口值的修改得以保留。

整个执行过程如图 2.17 所示。

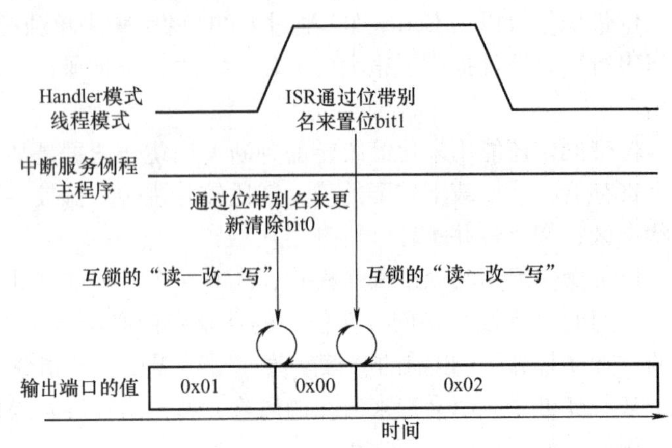

图 2.17　通过位带操作实现互锁访问，从而避免紊乱的执行过程

同样道理，多任务环境中的数据处理也可以通过“读—改—写”的位带操作来避免。

位带操作并不只限于以字为单位的传送：以字为单位的数据传送地址的最低两位必须是0；以半字为单位的数据传送地址的最低位必须是0；以字节为单位的传送则无所谓对齐。非对齐传送的五个例子如图2.18a ~ e 所示（图中假设 Address N 的地址最低两位为0）。对于字的传送而言，任何一个不能被4整除的地址都是非对齐的。而对于半字，任何不能被2整除的地址（也就是奇数地址）都是非对齐的。

	Byte 3	Byte 2	Byte 1	Byte 0
Address N+4				[31:24]
Address N	[23:16]	[15:8]	[7:0]	

a) 非对齐传送示例1

	Byte 3	Byte 2	Byte 1	Byte 0
Address N+4			[31:24]	[23:16]
Address N	[15:8]	[7:0]		

b) 非对齐传送示例2

	Byte 3	Byte 2	Byte 1	Byte 0
Address N+4		[31:24]	[23:16]	[15:8]
Address N	[7:0]			

c) 非对齐传送示例3

	Byte 3	Byte 2	Byte 1	Byte 0
Address N+4				
Address N		[15:8]	[7:0]	

d) 非对齐传送示例4

	Byte 3	Byte 2	Byte 1	Byte 0
Address N+4				[15:8]
Address N	[7:0]			

e) 非对齐传送示例5

图 2.18　非对齐传送实例

在 Cortex-M3 中，非对齐的数据传送只发生在常规的数据传送指令中，如 LDR/LDRH/LDRSH。其他指令则不支持，包括：

- 多个数据的加载/存储（LDM/STM）；
- 堆栈操作 PUSH/POP；
- 互斥访问（LDREX/STREX）；
- 位带操作。

因为只有最低位有效，非对齐的访问会导致不可预料的结果。

事实上，在内部是把非对齐的访问转换成若干个对齐的访问的。这种转换动作由处理器总线单元来完成，这个转换过程对程序员是透明的，但是，因为它通过若干个对齐的访问来实现一个非对齐的访问，会需要更多的总线周期。

为此，可以通过对 NVIC 进行编程，使之监督地址对齐，当发现非对齐访问时触发一个错误（Fault）。

2.3.3 互斥访问

互斥体在多任务环境中使用，也在中断服务例程和主程序之间使用，用于给任务申请共享资源（如一起共享内存）。在某个（排他型）共享资源被一个任务拥有后，直到这个任务释放它之前，其他任务是不得再访问它的。为建立一个互斥体，需要建立一个标志变量，用于指示其对应的共享资源是否已经被某任务拥有。当另一个任务欲取得此共享资源时，它要先检查这个互斥体，以获知共享资源是否无人使用。

在传统的 ARM 处理器中，这种互斥检查操作是通过 SWP 指令来实现的。SWP 保证互斥体检查是原子操作的，从而避免了一个共享资源同时被两个任务占有。然而在新版的 ARM 处理器中，读/写访问往往使用不同的总线，导致 SWP 无法再保证操作的原子性，因为只有在同一条总线上的读/写能实现一个互锁的传送，互锁传送必须用另外的机制实现。因此 Cortex-M3 引入了“互斥访问”。

互斥访问的理论同 SWP 非常相似，不同之处在于：在互斥访问操作下，允许互斥体所在的地址被其他总线控制访问，也允许被运行在本机上的其他任务访问，但是 Cortex-M3 能够“驳回”有可能导致竞态条件的互斥写操作。

互斥访问分为加载和存储，相应的指令对为 LDREX/STREX、LDREXH/STREXH、LDREXB/STREXB，分别对应于字/半字/字节。下面以 LDREX/STREX 为例讲述它们的使用方法。

LDREX/STREX 的语法格式如下：

```
LDREX Rxf,[Rn,#offset]
STREX Rd,Rxf,[Rn,#offset]
```

LDREX 的语法同 LDR 相同，这里不再赘述。而 STREX 则不同，STREX 指令的执行是可以被“驳回”的。当处理器同意执行 STREX 时，Rxf 的值被存储到（Rn + offset）处，并且把 Rd 的值更新为 0。但若处理器驳回了 STREX 的执行，则不会发生存储动作，并且把 Rd 的值更新为 1。

互斥访问的“驳回”规则可宽可严，最严格的规则如下：

当遇到 STREX 指令时，仅当在这之前执行过 LDREX 指令，且在 LSREX 指令执行后没有执行过其他的 STR/STREX 指令，才允许执行 STREX 指令，即只有在 LDREX 执行后最近一条 STREX 才能成功执行。其他情况下，驳回此 STREX，包括：

- 中途有其他的 STR 指令执行；
- 中途有其他的 STREX 指令执行。

在使用互斥访问时，LDREX/STREX 必须成对使用。下面的例子说明了互斥访问的使用方法。

例如，该程序由一个主程序和一个中断服务例程组成。主程序尝试对 R0 所指向的内存单元（R0）自增两次，中断服务例程则把（R0）bit5 置位，设（R0）的初始值为 0。操作指令如下：

```
MainProgram          ; 主程序
                     ; 进入互斥，第一次自增
LDREX R2,[R0]
ADD R2,#1
                     ; 执行到这里时，处理器接收到外中断 3 请求，于是转到其中段服务程序 IS-
                       REx3 中
STREX R1,R2,[R0]     ; STREX 被驳回，R1 =1;(R0) =0x20
                     ; 第二次互斥自增
LDREX R2,[R0]
ADD R2,#1
STREX R1,R2,[R0]     ; STREX 得到执行，R1 =0,(R0) =0x21
…ISREx3              ; 中断服务程序
                     ; 处理器已经自动把 R0 ~R3,R12,LR,PC,PSR 压入栈
LDR R2,[R0]
ORR R2,#0x20
STR R2,[R0]          ; 在 ISREx3 中设置了（R0）的 bit5
BX LR                ; 返回时，处理器会自动把 R0 ~R3，R12，LR，PC，PSR 弹出堆栈
```

在上例中，主程序在即将执行第一条 STREX 时，产生了外部中断#3。处理器打断主程序的执行，进入其服务例程 ISREx3，它对（R0）执行了一个写操作（STR），因此在 ISREx3 返回后，STREX 不再是 LDREX 执行后的第一条存储指令，故而被驳回。从而 ISREx3 对（R0）的改动就不会遭到破坏。随后主程序再次尝试自增运算，这一次在 STREX 执行前没有其他任何形式的存储指令，所有 STREX 成功执行。

如果主程序使用普通的 STR，对于第一次自增，主程序的 R2 =1，于是执行后(R0) = 1，中断服务程序对（R0）的改动在此丢失!

上例是为演示方便才写了第 2 次自增尝试。实际情况是用循环实现，以保证第一次自增操作能顺利完成：

```
TryInc
LDREX R2,[R0]
ADD R2,#1
STREX R1,R2,[R0]
CMP R1,#1            ; 检查 STREX 是否驳回
BEQ TryInc           ; 如果发现 STREX 被驳回，则重试
```

LDREX/STREX 的工作原理其实很简单。仍然以上面这段程序为例，当执行了 LDREX 后，处理器会在内部标记出一段地址。原则上，这段地址从 R0 开始，范围由芯片制造商定义。技术手册推荐的范围是在 4B ~4KB 之间，但是很多芯片制造商会标记整个 4GB 的地址。在标记以后，对于第一个执行到的 STR/STREX 指令，只要其存储的地址落在标记范围内就会清除此标记（对于整个 4GB 地址都被标记的情况，则任何存储指令都会清除此标记）。如果先后执行了两次 LDREX，则以后一个 LDREX 标记的地址为准。执行 STREX 时，

会先检查有没有做出过标记，如果有，还要检查地址是否落在标记范围内。只有满足这两个条件，STREX 才会执行，否则，就驳回 STREX。

当使用互斥访问时，在 Cortex-M3 总线接口上的内部写缓冲会被旁路，即使是 MPU 规定此区是可以缓冲的也不行。这保证了互斥体的更新总能在第一时间内完成，从而保证数据在各个总线控制器之间是一致的。如果是多核系统，则系统保证各核之间看到的数据也是一致的。

2.3.4 端模式

Cortex-M3 同时支持小端模式和大端模式。但是在绝大多数情况下，基于 Cortex-M3 的单片机都使用小端模式，见表 2.6。

表 2.6 Cortex-M3 的小端模式：存储器视图

地址，长度	bit31 ~ 24	bit23 ~ 16	bit15 ~ 8	bit7 ~ 0
0x1000，字	D [31:24]	D [23:16]	D [15:8]	D [7:0]
0x1000，半字			D [15:8]	D [7:0]
0x1002，半字	D [15:8]	D [7:0]		
0x1000，半字				D [7:0]
0x1001，半字			D [7:0]	
0x1002，半字		D [7:0]		
0x1003，半字	D [7:0]			

Cortex-M3 中对大端模式的定义还与 ARM7 的不同（小端的定义都是相同的）。在 ARM7 中，大端的方式被称为“字不变大端”，而在 Cortex-M3 的存储器中，使用的是“字节不变大端”，即第一个字节总是存放在字的最高地址，第二字节总是存放在次高地址，第三字节总是存放在次低地址，第四字节总是存放在最低地址，见表 2.7。

在 Cortex-M3 中，是在复位时确定使用哪种端模式的，且运行时不得更改。指令预取永远使用小端模式，在配置控制存储空间的访问时也永远使用小端模式（包括 NVIC、FPB 之流）。另外，私有外设总线区 0Xe0000000 ~ 0xE00FFFFF 也永远使用小端模式。针对采用大端模式工作的外设时，可以使用 REV/REVH 指令来完成端模式的转换。

表 2.7 Cortex-M3 的大端模式：存储器视图

地址，长度	bit31 ~ 24	bit23 ~ 16	bit15 ~ 8	bit7 ~ 0
0x1000，字	D [7:0]	D [15:8]	D [23:16]	D [31:24]
0x1000，半字	D [7:0]	D [15:8]		
0x1002，半字			D [7:0]	D [15:8]
0x1000，半字	D [7:0]			
0x1001，半字		D [7:0]		
0x1002，半字			D [7:0]	
0x1003，半字				D [7:0]

2.3.5 存储保护单元

在 Cortex-M3 处理器中可以选配一个存储器保护单元（MPU），它可以增加对存储器（主要是内存和外设寄存器）的保护，以使软件更具鲁棒性和可靠性。在使用前，必须根据需要对 MPU 设置。如果没有启用 MPU，则等同于系统之后没有配置 MPU。MPU 可以提供以下功能：

- 阻止用户应用程序破坏操作系统使用的数据；
- 阻止一个任务访问其他任务的数据区，从而把任务隔开；
- 可以把关键数据区设置为只读，从根本上消除了被破坏的可能；
- 检测意外的存储访问，如堆栈溢出、数组越界；
- MPU 设置存储器区段的访问属性。

MPU 在执行其功能时，是以存储区段为单元的。一个存储区段就是一段连续的地址，只是它们的位置和范围都要满足一些限制（如对齐方式，最小容量等）。Cortex-M3 的 MPU 共支持 8 个存储区段，并允许把每个存储区段进一步划分成最小的子区段。此外，还允许启用一个后台存储区段（即没有 MPU 时的全部地址空间），不过它是只能由特权级享用。在启用 MPU 后，就不得再访问定义之外的地址空间，也不得访问未经授权的存储区段，否则将以“访问违规”处理，触发 MemManage Fault。

MPU 定义的存储区段可以相互交叠，如果某块内存落在多个存储区段中，则访问属性和权限将由编号最大的存储区段决定，比如，若 1 号存储区段与 4 号存储区段交叠，则交叠的部分受 4 号存储区段控制。

在典型的情况下，当需要阻止用户程序访问特权级的数据和代码时，可以启用 MPU。在设计 MPU 存储区段时，需要考虑到下列存储区段：

- 代码存储区段：—特权级代码，包括初始的向量表；—用户级代码。
- SRAM 存储区段：—特权级数据，包括主堆栈；—用户级数据，包括进程堆栈；—特权级位带别名区；—用户级位带别名区。
- 外设：—特权级外设；—用户级外设；—特权级外设的位带别名区；—用户级外设的位带别名区。
- 系统控制空间（NVIC 以及调试组件）：—仅允许特权级访问。

上述划分给出 11 个存储区段，已经超出了 MPU 支持的最多 8 个，这时就可把所有的特权级存储区段都归入特权级的后台存储区段中，因此用户级的存储区段只有 5 个。

2.3.6 存储器访问属性

Cortex-M3 为存储器规定了四种属性：①可否缓冲（Bufferable）；②可否缓存（Cacheable）；③可否执行（Executable）；④可否共享（Sharable）。

如果有 MPU，则可以通过它配置不同的存储区，并且覆盖默认的访问属性。Cortex-M3 片内没有配备缓存，也没有缓存控制器，但是允许在外部添加缓存。通常，如果提供了外部内存，芯片制造商还要附加一个内存控制器，它可以根据可否缓存的设置，来管理对片内和片外 RAM 的访问操作。

2.3.7　存储器的默认访问许可

Cortex-M3 有一个默认的存储访问许可，它能防止使用用户代码访问系统控制存储空间，保护 NVIC、MPU 等关键部件。默认访问许可在下列条件时生效：

1）没有配置 MPU。

2）配置了 MPU，但是 MPU 被除能。

如果启用了 MPU，则 MPU 可以在地址空间中划出若干个存储区段，并为不同的存储区段规定不同的访问许可限制。

默认的存储器访问许可权限见表 2. 8。

表 2. 8　存储器的默认访问许可

存储区段	地址范围	用户级许可权限
代码区	00000000 ~ 1FFFFFFF	无限制
片内 SRAM	20000000 ~ 3FFFFFFF	无限制
片上外设	40000000 ~ 5FFFFFFF	无限制
外部 RAM	60000000 ~ 9FFFFFFF	无限制
外部外设	A0000000 ~ DFFFFFFF	无限制
ITM	E0000000 ~ E0000FFF	可以读，对于写操作，除了用户级下允许时的 Stimulus 端口外，全部忽略
DWT	E0001000 ~ E0001FFF	阻止访问，访问会引发一个总线 Fault
FPB	E0002000 ~ E0003FFF	阻止访问，访问会引发一个总线 Fault
NVIC	E000E000 ~ E000EFFF	阻止访问，访问会引发一个总线 Fault。但有个例外：软件触发中断寄存器可以被编程为允许用户级访问
内部 PPB	E000F000 ~ E003FFFF	阻止访问，访问会引发一个总线 Fault
TPIU	E0040000 ~ E0040FFF	阻止访问，访问会引发一个总线 Fault
ETM	E0041000 ~ E0041FFF	阻止访问，访问会引发一个总线 Fault
外部 PPB	E0042000 ~ E0042FFF	阻止访问，访问会引发一个总线 Fault
ROM 表	E00FF000 ~ E00FFFFF	阻止访问，访问会引发一个总线 Fault
供应商指定	E0100000 ~ FFFFFFFF	无限制

当一个用户访问被阻止时，会立即产生一个总线 Fault。

2.4　工作模式

Cortex-M3 支持两种模式和两个工作等级，如图 2. 19 所示。

	特权级	用户级
异常Handler的代码	Handler模式	错误的用法
主应用程序的代码	线程模式	线程模式

图 2. 19　操作模式和特权等级

Cortex-M3 的工作模式和特权等级共有三种配合：

- 线程模式 + 用户级；
- 线程模式 + 特权级；
- Handler 模式 + 特权级。

复位后，Cortex-M3 首先进入线程模式 + 特权级。

在“线程模式 + 用户级”下，禁止访问包含配置寄存器以及调试组件的寄存器的系统控制空间（SCS），禁止使用 MSR 访问除 APSR 外的特殊功能寄存器。

在特权级下，可通过置位 CONTROL［0］来进入用户级。而不管是任何原因产生了任何异常，Cortex-M3 都将以特权级来运行其服务例程，异常返回后将回到产生异常之前的工作级。用户级下的代码不能再试图修改 CONTROL［0］来回到特权级，它必须通过产生异常，并通过异常处理程序（处于特权级下）来修改 CONTROL［0］，才能在返回到线程模式后拿到特权级。上述几种等级的切换过程如图 2. 20 所示。

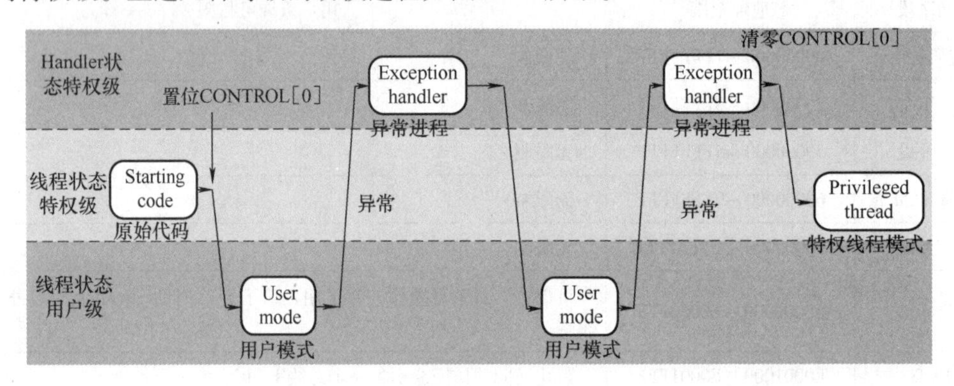

图 2. 20　特权级和处理器模式的改变

按特权级和用户级区分代码，有利于架构的安全和鲁棒性。例如，当用户代码出问题时，因其被禁止写特殊功能寄存器和 NVIC 中寄存器，不会影响系统中其他代码的正常运行。另外，如果还配有 MPU，保护力度就更大，甚至可以阻止用户代码访问不属于它的内存区域。

为了避免系统堆栈因应用程序的错误使用而毁坏，可以给应用程序专门配一个堆栈，不让它共享操作系统内核的堆栈。在这个管理制度下，运行在线程模式的用户代码使用 PSP，而异常服务例程则使用 MSP。这两个堆栈指针的切换是全自动的，就在出入异常服务例程时由硬件处理。

如前所述，特权等级如果此时发生异常，处理器将由“线程模式 + 特权级”状态切换到“Handler 模式 + 特权级”状态。注意，只能在特权级进行 CONTROL 寄存器的设置，因此，在异常处理的始末，处理器始终处于特权级，且仅仅进行处理器模式的转换，如图 2. 21所示。

但若 CONTROL[0] =1（线程模式 + 用户级），则在中断响应的始末，处理器模式和特权等级都要发生变化，如图 2. 22 所示。

CONTROL［0］只有在特权级下才能访问。用户级的程序如想进入特权级，通常都是使用一条“系统服务调用指令（SVC）”来触发“SVC 异常”，该异常的服务例程可以选择修改 CONTROL［0］。

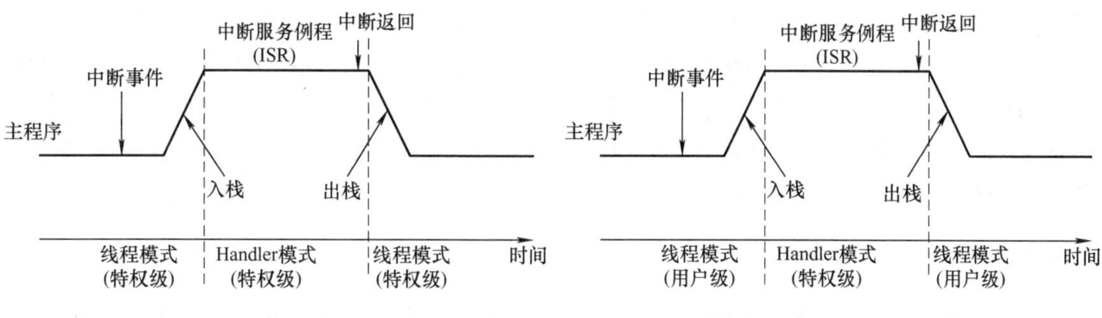

图2.21 中断前后的状态转换

图2.22 中断前后的状态转换＋特权等级切换

2.5 异常与中断

在ARM编程领域中，凡是打断程序顺序执行的事件，都被称为异常（Exception）。由于异常的处理过程是通过中断进行的，因此，本书对异常和中断不加以特别的区分。另外，程序代码也可以通过系统调用主动请求进入异常状态。常见的异常如下：

- 外部中断；
- 非法指令操作；
- 非法数据访问；
- 错误；
- 不可屏蔽中断等。

Cortex-M3内核集成了中断控制器——嵌套向量中断控制器（Nested Vectored Interrupt Controller，NVIC）。NVIC具有以下功能：

1）可嵌套中断支持。通过赋予中断优先级而提供可嵌套中断支持，即当一个异常发生时，硬件会自动比较该异常的优先级是否比当前正在运行的程序的优先级更高，如果发生存在更高优先级的异常，处理器就会中断当前的程序，而服务于新来的异常。

2）向量中断支持。中断发生并开始响应后，Cortex-M3自动定位一张向量表，并根据中断号从表中找出中断服务程序ISR的入口地址，然后跳转过去执行。

3）动态优先级调整支持。软件可以在运行时期更改中断的优先级，即如果在某ISR中修改了自己所对应中断的优先级，而且这个中断又有新的实例处于挂起（Pending）中，也不会自己打断自己，从而没有重入（Reentry）风险。

4）中断延迟大大缩短。Cortex-M3为了缩短中断延迟，引入了好几个新特性，包括自动的现场保护和恢复，以及其他的措施，用于缩短中断嵌套时的ISR间延迟。详情请见后面关于“咬尾中断”和“晚到中断”的讲述。

5）中断可屏蔽。既可以屏蔽优先级低于某个阈值的中断/异常（设置BASEPR1寄存器），也可以全体封杀（设置PRIMASK和FAULTMASK寄存器），这是为了让时间苛求（Time Critical）的任务能在截止期（Deadline）到来前完成，而不被干扰。

Cortex-M3内核中的NVIC支持总共256种异常和中断，其中中断的编号为1～15的对应系统异常，大于等于16的则全部是外部中断。通常外部中断写作IRQs。此外，NVIC还有一个非屏蔽中断（NMI）输入。因为芯片设计商可以修改Cortex-M3的硬件描述源代码，所以最终芯片支持的中断源数目常常不到 240 个，且优先级的位数也由芯片设计商最终决定。

NVIC 的访问地址是 0xE000E000，除软件触发中断寄存器可以在用户级下访问外，其他所有 NVIC 的中断控制/状态寄存器都只能在特权级下访问。所有的中断控制/状态寄存器均可按字/半字/字节的方式访问。此外，中断控制还涉及中断屏蔽寄存器的内容设置，这些特殊功能寄存器只能通过 MRS/MSR 及 CPS 指令来访问。

2.5.1 中断号与优先级

Cortex-M3 在内核水平上支持为数众多的系统异常和外部中断。终端编号为 1 ~ 15 的对应系统异常，见表 2.9（注意：没有编号为 0 的异常）；大于等于 16 的则全部是外部中断，见表 2.10。除了个别异常的优先级被固定外，其他异常的优先级都是可编程的。

表 2.9 系统异常清单

编号	类型	优先级	简　介
0	N/A	N/A	没有异常在运行，此为正常状态
1	复位	-3（最高）	复位
2	NMI	-2	不可屏蔽中断（来自外部 NMI 输入脚）
3	硬（Hard）Fault	-1	所有被除能的 Fault，都将“上访”（Escalation）成硬 Fault。只要 FAULTMASK 没有置位，硬 Fault 服务例程就强制执行。Fault 被除能的原因包括被禁止，或者 FAULTMASK 被置位
4	MemManage Fault	可编程	存储器管理 Fault，MPU 访问犯规以及访问非法位置均可触发。企图在“非执行区”取指也会引发此 Fault
5	总线 Fault	可编程	从总线系统收到错误响应，原因可以是预取中止（Abort）或数据中止，或者企图访问协处理器
6	用法（Usage）Fault	可编程	由于程序错误导致的异常。通常是使用了一种无效指令，或者是非法的状态转换，例如尝试切换到 ARM 状态
7 ~ 10	保留	N/A	N/A
11	SVCall	可编程	执行系统服务调用指令（SVC）引发的异常
12	调试监视器	可编程	调试监视器（断点，数据观察点，或者是外部调试请求）
13	保留	N/A	N/A
14	PendSV	可编程	为系统设备而设的“可悬挂请求”（Pendable Request）
15	SysTick	可编程	系统滴答定时器（注：也就是周期性溢出的时基定时器）

表 2.10 外部中断清单

编　号	类　型	优 先 级	简　介
16	IRQ #0	可编程	外部中断#0
17	IRQ #1	可编程	外部中断#1
…	…	…	…
255	IRQ #239	可编程	外部中断#239

在 Cortex-M3 中，优先级对于异常来说是很关键的，它会影响一个异常是否能被响应，以及何时可以响应。优先级的数值越小，则优先级越高。Cortex-M3 支持中断嵌套，使得高

优先级异常会抢占低优先级异常。有 3 个系统异常：复位、NMI 以及硬 Fault（有硬 Fault 状态寄存器 HFSR 指出原因），它们有固定的优先级，并且它们的优先级号是负数，从而高于所有其他异常。所有其他异常的优先级则都是可编程的，但不能编程为负数。

原则上，Cortex-M3 支持 3 个固定的高优先级和多达 256 级的可编程优先级，并且支持 128 级抢占。但是，绝大所数 Cortex-M3 芯片都会精简设计，以致实际上支持的优先级数会更少，如 8 级、16 级、32 级等。它们在设计时会裁掉表达优先级的几个低端有效位，以达到减少优先级数的目的。若只使用了 3 个位来表达优先级，则优先级配置寄存器的结构见表 2. 11。

表 2. 11　使用 3 个位来表达优先级的情况

bit 7	bit 6	bit 5	bit 4	bit 3	bit 2	bit 1	bit 0
用户表达优先级			没有实现，读回零				

在表 2. 11 中，bit ［4:0］没有被实现，所以读它们总是返回零，写它们则忽略写入的值。因此 8 个优先级为 0x00（优先级最高）、0x20、0x40、0x60、0x80、0xA0、0xC0 以及 0xE0（优先级最低）。Cortex-M3 允许的最小使用位数为 3 位，也即至少要支持 8 级优先级。图 2. 23 给出 3 位表达的优先级和 4 位表达的优先级的对比。

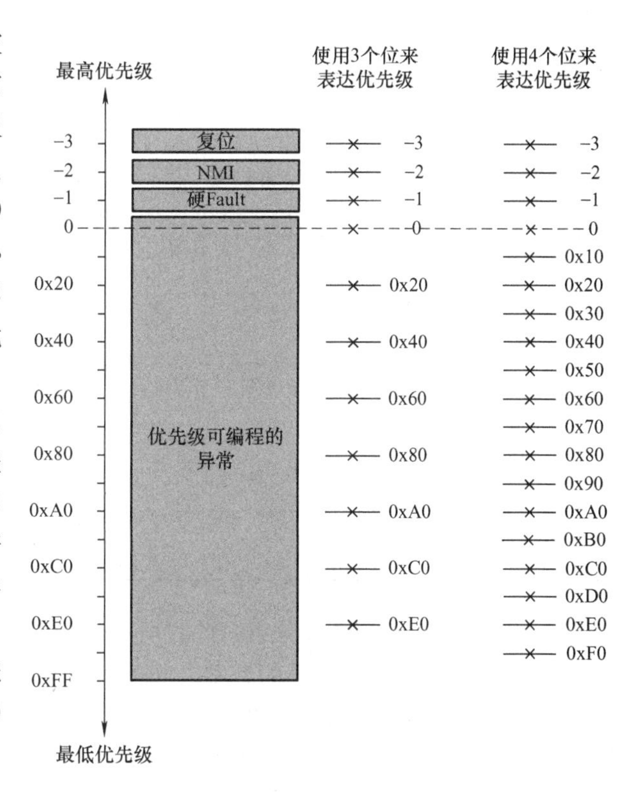

图 2. 23　3 位表达的优先级和 4 位表达的优先级的对比

通过让优先级以 MSB 对齐，可以简化程序的移植，例如，如果一个程序支持 4 位优先级，在移植为支持 3 位优先级后，其功能不受影响。但若是对齐到 LSB，则会使 MSB 丢失，导致数值大于 7 的低优先级级别升高，甚至出现优先级反转。例如 8 号优先级因为损失了 MSB，现在反而变成 0 号了！如果支持的优先级位数为 8 位，则优先级数目就可达到 256 级。

Cortex-M3 除配置优先级外，还通过把 256 级优先级分为抢占优先级和亚优先级支持最多 128 个抢占优先级。抢占优先级决定了抢占行为，即当系统正在响应某异常 E5 时，如果来了抢占优先级更高的异常 E2，则 E2 可以抢占 E5。亚优先级则处理“内务”，即当抢占优先级相同的异常有不止一个挂起时，在当前任务完成后就优先响应亚优先级最高的异常，即使当前正在执行的任务的亚优先级比较低。优先级分组规定：亚优先级至少是 1 位，因此抢占优先级最多是 7 位，有 128 级抢占优先级，见表 2. 12。

表 2.12 抢占优先级和亚优先级的表达，位数与分组位置的关系

优先级组	表达抢占优先级的位段	表达亚优先级的位置
0	[7:1]	[0:0]
1	[7:2]	[1:0]
2	[7:3]	[2:0]
3	[7:4]	[3:0]
4	[7:5]	[4:0]
5	[7:6]	[5:0]
6	[7:7]	[6:0]
7	无	[7:0]（所有位）

NVIC 中有一个寄存器是“应用程序中断及复位控制寄存器 AIRCR”（内容见表 2.13），它里面有一个位段名为“优先级组（PRIGROUP）”，其值对每一个优先级可配置的异常都有影响。

表 2.13 应用程序中断及复位控制寄存器（AIRCR）（地址：0xE000ED00）

	名称	读写类型	复位值	描　　述
31:16	VECTKEY	RW	—	访问钥匙：任何对该寄存器的写操作，都必须同时把 0x05FA 写入此段，否则，写操作被忽略。若读取此半字，则 0xFA05
15	ENDIANESS	R	—	指示端设置 • 1：大端 • 0：小端 此值是在复位时确定的，不能更改
10:8	PRIGROUP	RW	0	优先级分组，表示当前从第几位开始分组
2	SYSRESETREQ	W	—	请求芯片控制逻辑产生一次复位
1	VECTCLRACTIVE	W	—	清零所有异常的活动状态信息。通常只在调试时用，或者在 OS 从错误中恢复使用
0	VECTRESET	W	—	复位 Cortex-M3 处理器内核（调试逻辑除外），但是此复位不影响芯片上在内核以外的电路

Cortex-M3 允许从 bit7 处分组，此时所有的位都表达亚优先级，没有任何位表达抢占优先级，因而所有优先级可编程的异常之间就不会发生抢占，这意味着 Cortex-M3 的中断嵌套机制失败。当然这对于复位、NMI 和硬 Fault 三个最高优先级无效，即它们无论何时出现，都立即无条件抢占所有优先级可编程的异常。

在计算抢占优先级和亚优先级的有效位数时，必须先求出下列值：

- 芯片实际使用了多少位来表达优先级；
- 优先级组是如何划分的。

例如，采用 3 位来表示优先级（[7:5]），并且优先级组的值是 5（从 bit5 处分组），则可得到 4 级抢占优先级，且在每个抢占优先级的内部有两个亚优先级，见表 2.14。

表 2.14 优先级位段的划分

bit7	bit6	bit5	bit4	bit3	bit2	bit1	bit0
抢占优先级		亚优先级					

根据表 2.14 中的设置，可用优先级的具体情况如图 2.24 所示。

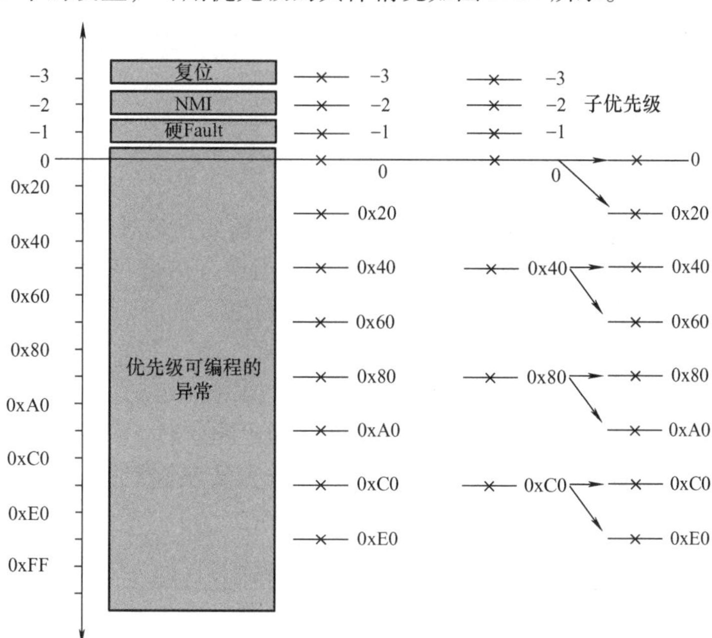

图 2.24　3 位优先级，从 bit5 处分组

在上例中，分组位置在 bit5，其实也可在未用的 bit［4∶0］中设置分组。例如，如果优先级组设为 bit1，则所有可用的 8 个优先级都是抢占优先级，见表 2.15。可用优先级（亚优先级未使用时）的具体情况如图 2.25 所示。

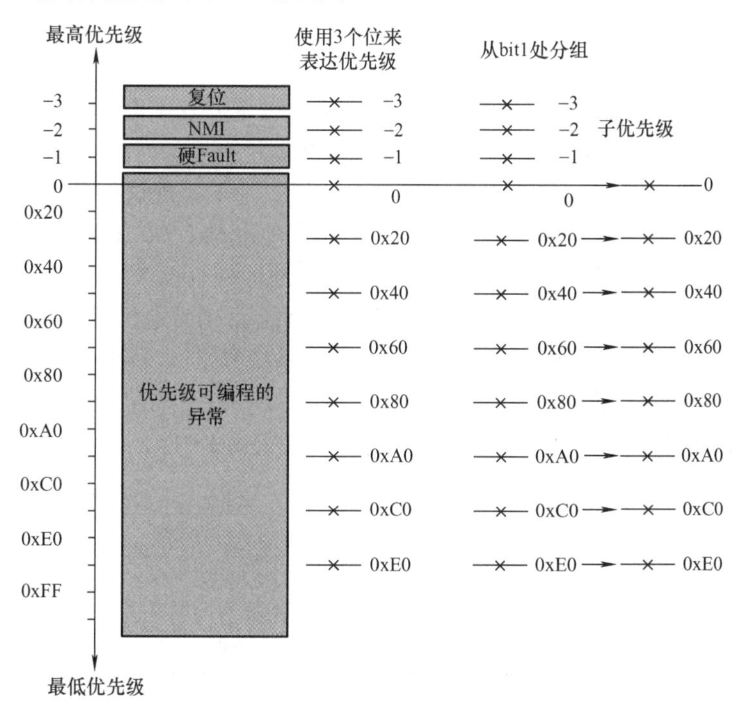

图 2.25　3 位优先级，从 bit1 处分组，但亚优先级未使用时的具体情况

表 2.15　bit 处分组优先级位段的划分

bit7	bit6	bit5	bit4	bit3	bit2	bit1	bit0
抢占优先级［7:5］			未使用			亚优先级［1:0］（未使用）	

虽然优先级分组的功能很强大，但需要认真对待，若设计不当，常常会改变系统的响应特性，导致某些关键任务有可能得不到及时响应。因此，优先级的分组都要预先经过计算论证，并且在开机初始化时一次性地设置好。只有在绝对需要且绝对有把握时，才可以小心地更改，并且要经过尽可能充分的测试。另外，优先级组所在的寄存器 AIRCR 也应基本上一次性设置好，只是需要手工产生复位时才写里面相应的位。

2.5.2　向量表

Cortex-M3 拥有一张向量表，用于在发生中断并做出响应时，从表中查询与中断对应的处理例程的入口地址向量。默认情况下，Cortex-M3 认为该表位于零地址处，且各向量占用 4 字节。因此，每个表项占用 4 的倍数字节，见表 2.16。

表 2.16　上电后的向量表

地址	异常编号	值（32 位整数）
0x00000000	—	MSP 的初始值
0x00000004	1	复位向量（PC 初始值） NMI 服务例程的入口地址
0x00000008	2	硬 Fault 服务例程的入口地址
0x0000000C	3	硬 Fault 服务例程的入口地址
…	…	其他异常服务例程的入口地址

因为地址 0 处应该存储引导代码（BootStrap），所以它通常是 Flash 或者是 ROM 器件，并且它们的值不得在运行时改变。然而，为了实现动态重分发中断，Cortex-M3 允许向量表重定位——从其他地址处开始定位各异常向量。这些地址对应的区域可以是代码区，也可以是 RAM 区。在 RAM 区就可以修改向量的入口地址了。为了实现这个功能，NVIC 中有一个寄存器，称为“向量表偏移量寄存器（VTOR）”（在地址 0xE000ED08 处），通过修改它的值就能定位向量表。但必须注意的是，向量表的起始地址是有要求的：必须先求出系统中共有多少个向量，再把这个数字向上增大到 2 的整次幂，而起始地址必须对齐到后者的边界上。例如，如果一共有 32 个中断，则共有 32 + 16（系统异常）=48 个向量，向上增大到 2 的整次幂后，值为 64，因此地址必须能被 64 × 4 = 256 整除，从而合法的起始地址可以是 0x0、0x100、0x200 等。向量表偏移量寄存器的定义见表 2.17。

表 2.17　向量表偏移量寄存器（VTOR）（地址：0xE000ED08）

位段	名称	类型	复位值	描述
29	TBLBASE	R/W	0	0：向量表在 Code 区 1：向量表在 RAM 区
28:7	TBLOFF	R/W	0	向量表相对于 Code 区或 RAM 区的偏移地址

如果需要动态地更改向量表，则对于任何器件来说，向量表的起始处都必须包含以下

向量：

- 主堆栈指针（MSP）的初始值；
- 复位向量；
- NMI；
- 硬 Fault 服务例程。

后两者也是必需的，因为有可能在引导过程中发生这两种异常。可以在 SRAM 中开出一块用于存储向量表，然后在引导完成后，就可以启用内存中的向量表，从而实现向量可动态调整的功能。

2.5.3　中断输入及挂起

若当前中断优先级较低，该中断就被挂起，并对其挂起状态进行标记。即使后来中断源取消了中断请求，在系统所有中断中它的优先级最高，也会因为其挂起状态标记而得到响应，如图 2.26 所示。

但是，如果中断得到响应之前，其挂起状态被清除了（例如，在 PRIMASK 或 FAULTMASK 置位的时候软件清除了挂起状态标志），则中断被取消，如图 2.27 所示。

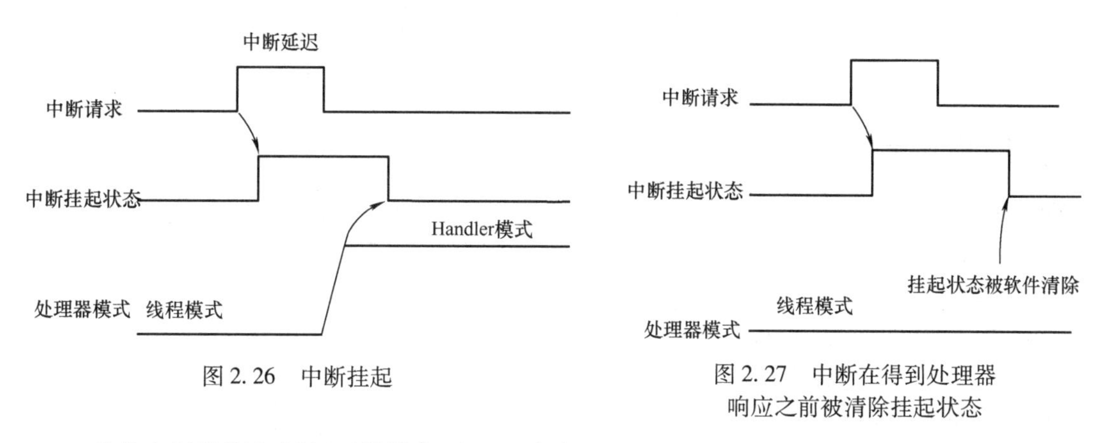

图 2.26　中断挂起

图 2.27　中断在得到处理器响应之前被清除挂起状态

当某中断的服务例程开始执行时，此中断进入“活跃”状态，并且其挂起标志位会被硬件自动清除，如图 2.28 所示。中断服务例程执行完毕且中断返回后，才能对该中断的新请求予以响应（即单实例）。当然，新请求的响应也是由硬件自动清零挂起标志位。中断服务例程也可以在执行过程中把自己对应的中断重新挂起。

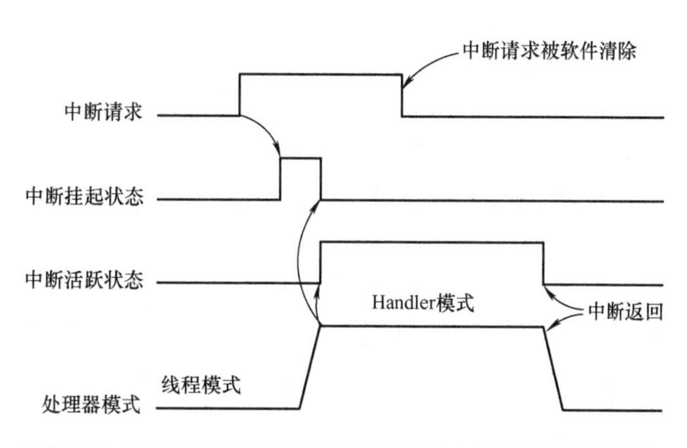

图 2.28　在处理器进入服务例程后的对中断活跃状态的设置

如果中断请求信号一直保持，则该中断就会在其上次服务例程返回后再次被置为挂起状态，如图 2.29 所示。

如果某个中断在得到响应之前，其请求信号以多个脉冲形式呈现，则被视为只有一次中断请求，多出的请求脉冲全部错失，如图 2.30 所示。

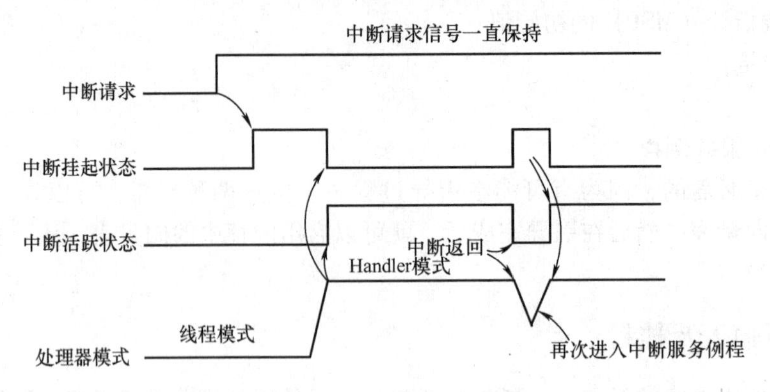

图 2.29　一直维持的中断请求导致服务例程返回后再次挂起该中断

如果在服务例程执行时，中断请求释放了，但是在服务例程返回前又重新被置为有效，则 Cortex-M3 会记住此动作，重新挂起该中断，如图 2.31 所示。

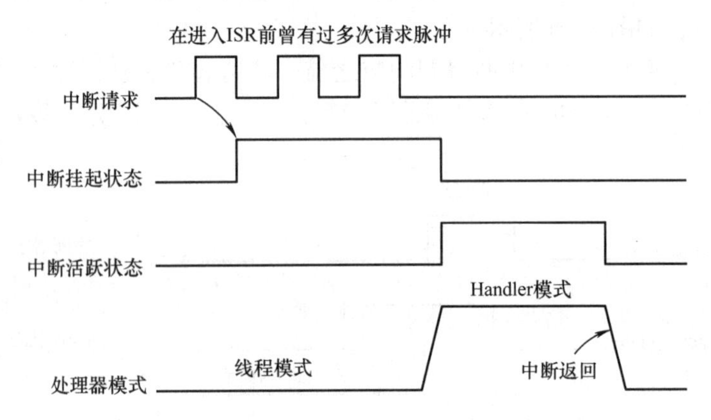

图 2.30　中断请求过快导致一部分请求错失的情况

2.5.4　Fault 类异常

Cortex-M3 中的 Fault 可分为以下几类：

1）总线 Fault。当 AHB 接口上正在传送数据时，如果回复了一个错误信号，则会产生总线 Fault，如指令预取中止、数据读写中止，入栈错误、出栈错误，无效存储区段访问、设备数据传送未准备好等。

2）存储器管理 Fault。存储器管理 Fault 多与 MPU 有关，其诱因常常是某次访问触犯了 MPU 设置的保护策略。另外，某些非法访问也会触发该 Fault，如在不可执行的存储器区域试图取指（没有 MPU 也会触发），以及访问了 MPU 设置区域覆盖范围之外的地址、访问了没有存储器与之对应的空地址、只读 Region 写数据、用户级下访问了只允许在特权级下访问的地址等。

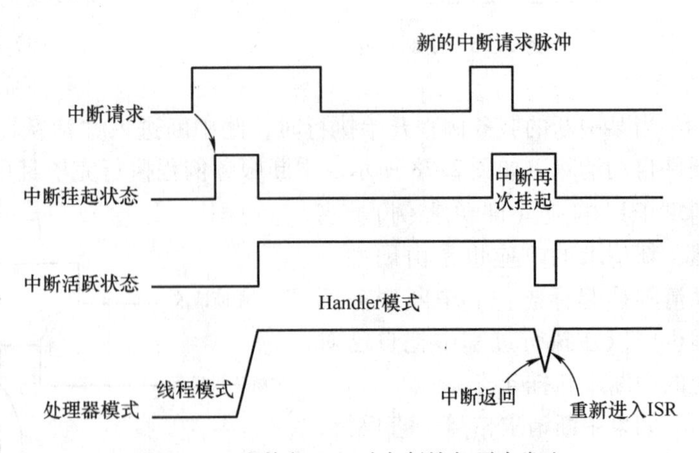

图 2.31　在执行 ISR 时中断挂起再次发生

3）用法 Fault。若执行了未定义的指令、执行了协处理器指令（Cortex-M3 不支持协处理器，但是可以通过 Fault 异常机制来使用软件模拟协处理器的功能，从而可以方便地在其他 Cortex 处理期间移植）、尝试进入 ARM 状态（因为 Cortex-M3 不支持 ARM 状态，所以用法 Fault 会在切换时产生，软件可以利用此机制来测试某处理器是否支持 ARM 状态）、存在无效的中断返回（LR 中包含了无效/错误的值）、使用多重加载/存储指令时，以及没有对齐地址等都会触发用法 Fault。

4）硬 Fault。硬 Fault 是上文讨论的总线 Fault、存储器管理 Fault 和用法 Fault 上访的结果。如果这些 Fault 的服务例程无法执行，它们就会成为"硬伤"——上访（Escalation）成硬 Fault。在取向量（异常处理是对异常向量表的读取）时产生的总线 Fault 也按硬 Fault 处理。另外，NVIC 中有一个硬 Fault 状态寄存器（HFSR），由它指出产生硬 Fault 的原因。如果不是由于取向量造成的，则硬 Fault 服务例程必须检查其他的 Fault 状态寄存器，以最终决定是谁上访的。

在软件开发过程中，可以根据各种 Fault 状态寄存器的值来判断程序错误，并且改正它们。然而在一个实时系统中，情况则大不相同。Fault 如果不加以处理常会危及系统的运行。因此在找出了导致 Fault 的原因后，软件必须决定下一步该怎么办。不同的目标应用对 Fault 恢复的要求也不同，采取适当的策略有利于软件更具鲁棒性。下面就给出一些应付 Fault 的常用方法。

- 复位：设置 NVIC "应用程序中断及复位控制寄存器"中的 VECTRESET 位，将只复位处理器内核而不复位其他片上设施，有些 Cortex-M3 芯片的复位设计可以使用该寄存器的 SYSRESETREQ 位来复位。这种只限于内核中的复位，不会复位其他系统部件。
- 恢复：在一些场合下，还是有希望解决产生 Fault 的问题的。例如，如果程序尝试访问了协处理器，可以通过一个协处理器的软件模拟器来解决此问题。
- 中止相关任务：如果系统运行了一个 RTOS，则相关的任务可以被终结或者重新开始。

各个 Fault 状态寄存器（FSR）都会保持住它的状态，直到手工清除为止，因此 Fault 服务例程在处理了相应的 Fault 后不要忘记清除这些状态，否则当下次又有新的 Fault 发生时，服务例程检视 Fault 源又将看到早先已经处理的 Fault 状态标志，无法判断哪个 Fault 是新发生的。FSR 采用写时清除机制，即写 1 时清除，芯片厂商可以再添加自己的 FSR，以表示其他 Fault 情况。

2.5.5　中断的具体行为

当 Cortex-M3 开始响应一个中断时，将依次执行以下操作：

- 取向量：从向量表中找出对应的服务程序入口地址。
- 选择堆栈指针 MSP/PSP，更新堆栈指针（SP），更新连接寄存器（LR），更新程序计数器（PC）。
- 入栈操作：自动保存现场是入栈操作的必要部分，即依次把 xPSR、PC、LR、R12、以及 R3 ~ R0 等 8 个寄存器内容由硬件自动压入适当的堆栈中。当响应异常时，如果当前的代码正在使用 PSP，则压入 PSP，即使用线程堆栈；否则压入 MSP，使用主堆栈。一旦进入了服务例程，就将一直使用主堆栈。

假设入栈开始时，SP 的值为 N，则在入栈后，堆栈内部的变化见表 2.1。由于 AHB 接口上的流水线操作本质，因此地址和数据都在经过一个流水线周期之后才进入堆栈。同时，由于 Cortex-M3 的入栈操作是在内核内完成的，并不是严格按堆栈操作的顺序的，因此表中的寄存器内保存的顺序与地址顺序有所不同。但是，Cortex-M3 可保证正确的寄存器被保存到正确的栈地址位置，如图 2.32 所示及见表 2.18 的第 3 列。

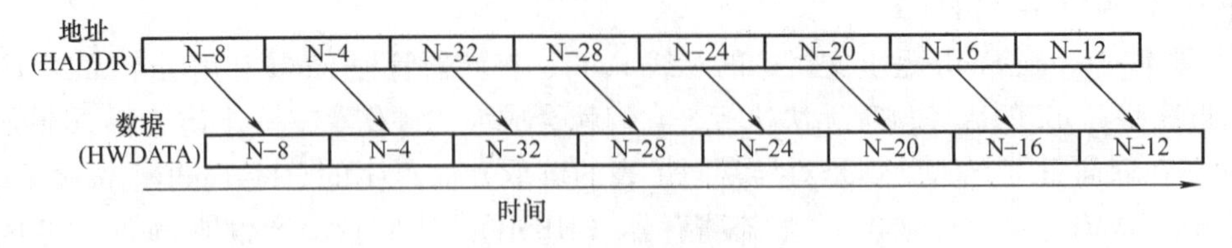

图 2.32　内部入栈序列

表 2.18　入栈顺序以及入栈后堆栈中内容

地址	寄存器	被保存的顺序
旧 SP（N 0）	原先已压入的内容	—
（N 4）	xPSR	2
（N 8）	PC	1
（N 12）	LR	8
（N 16）	R12	7
（N 20）	R3	6
（N 24）	R2	5
（N 28）	R1	4
新 SP（N 32）	R0	3

操作过程如下：

1）取向量。当数据总线（系统总线）开始入栈操作时，指令总线（I-Code 总线）也启动响应中断流程，开始从向量表中找出正确的异常向量，随后在中断服务程序的入口处预取指令。此时，入栈与取指这两个工作能同时进行。

2）更新寄存器。在入栈和取向量操作完毕、中断服务例程执行之前，有一系列的寄存器内容需要更新：

• SP：在入栈中会把堆栈指针（PSP 或 MSP）更新到新的位置，在执行服务例程后，将由 MSP 负责对堆栈的访问；

• PSR：IPSR 位段（地处 PSR 的最低部分）会被更新为新响应的异常编号；

• PC：在向量取出完毕后，PC 将指向服务例程的入口地址；

• LR：LR 的用法将被重新解释，其值也被更新成一种特殊的值，称为“EX_ RETURN”，并且在异常返回时使用。EX_ RETURN 的二进制值除了最低 4 位外全为 1，而其最低 4 位则有特殊含义。

同时，NVIC 也会更新相关的寄存器。例如，新响应异常的挂起位将被清除，同时其活动位将被置位。

3）异常返回。在异常服务例程执行完毕后，借助“异常返回”操作恢复先前的系统状态，使先前被中断的程序得以继续执行。有三种途径可以触发异常返回操作，见表 2.19。

不管使用哪一种，都需要用到先前存储的 LR 值。

表 2.19 触发中断返回的指令

指令	工 作 原 理
BX <reg>	当 LR 存储 EX_RETURN 时，使用 BX_LR 即可返回
POP {PC} 和 POP {…, PC}	在服务例程中，LR 的值常常会被压入栈。此时即可使用 POP 指令把 LR 存储的 EX_RETURN 往 PC 里弹，从而激起处理器做中断返回
LDR 与 LDM	把 PC 作为目的寄存器，也可启动中断返回序列

Cortex-M3 中，是通过把 EX_ RETURN 往 PC 里写来识别返回动作的。因此，在 C 语言中，无需使用特殊的编译器命令（如_ interrupt 关键词）就可以编写中断服务例程。

4）出栈。恢复压入栈中的寄存器内容。内容的出栈顺序与入栈时的相对应，堆栈指针的值也改回去。

5）更新 NVIC 寄存器。中断返回后，NVIC 的活动位也被硬件清除。

对于外部中断，倘若中断输入再次被置为有效，挂起位也将再次置位，新一次的中断响应序列也将再次开始。

2.5.6 中断嵌套控制

Cortex-M3 内核配合 NVIC 提供了完备的中断嵌套控制。在程序中，通过为每个中断建立适当的优先级，就可以实施中断嵌套控制：

1）通过对 NVIC 以及 Cortex-M3 处理器相关寄存器的设置，可以方便地确定中断源的优先级。系统正在响应某个异常时，所有优先级不高于它的异常都不能抢占它，且它自己也不能抢占自己。

2）自动入栈和出栈能及时保护相关寄存器内容，不至于中断嵌套发生时寄存器内容受损。

但是需要注意堆栈溢出现象。由于所有服务例程都只使用主堆栈，每嵌套一级，就至少再需要 8 个字，即 32 字节的堆栈空间（不包括中断服务程序自身状态保存对堆栈的额外需求），因此当中断嵌套层次很深时，对主堆栈的容量空间压力会增大，甚至出现堆栈容量用光而导致堆栈溢出的情况。堆栈溢出对系统运行是很致命的，因为入栈数据会持续入栈而越过栈底，使入栈数据与主堆栈前面的数据区发生混叠而破坏数据区内容。这样，在中断返回后，系统极可能功能紊乱，造成程序跑飞或死机。

同时还需注意相同异常的不可重入特性。因为每个异常都有自己的优先级，并且在异常处理期间，同级或低优先级的异常是要阻塞的，所以对于同一个异常，只有在上次实例的服务例程执行完毕后，方可继续响应新的请求。

2.5.7 高级中断操作

1. 咬尾中断

Cortex-M3 为缩短中断延迟做了很多努力，特别新增了“咬尾中断”（Tail_ Chaining）机制。

当处理器在响应某异常时，如果又发生其他中断，当它们优先级不高，则被阻塞。那么中断返回时正常操作流程如下：

1）执行 POP 操作以恢复系统现场。

2）系统处理挂起的异常。

3）执行 PUSH 操作以保护系统现场。

显然，POP 和 PUSH 操作所涉及的系统现场是一样的，这个操作会白白浪费 CPU 时间。正因为如此，Cortex-M3 提供了“咬尾中断”来缩短这些不必要的操作，通过继续使用上一个异常已经 PUSH 好的系统现场，在本次异常完成后才执行现场恢复操作。形象一点地讲，后一个异常把前一个的尾巴咬掉了，前前后后只执行了入栈/出栈操作，如图 2.33 所示。

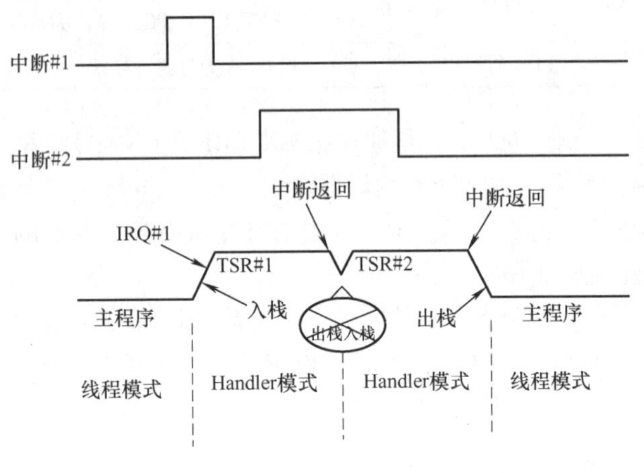

图 2.33　异常咬尾

通过与 ARM7TDMI 的中断操作对比，可以看出 Cortex-M3 提供的“咬尾中断”大大缩短了系统响应时间，如图 2.34 所示。

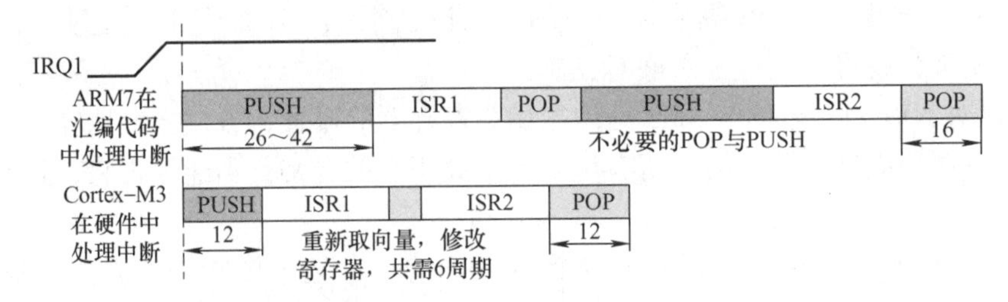

图 2.34　异常咬尾与常规处理的比较（与 ARM7TDMI 比较）

2. 晚到异常处理

“咬尾中断”是在中断结束出栈时起作用的，与之对应，Cortex-M3 在入栈时也提供一种高效的操作模式，称为“晚到异常”。当 Cortex-M3 对某异常的响应序列还处在入栈的阶段，且尚未执行其服务例程时，如果此时收到高优先级异常的请求，则本次入栈就成为高优先级中断所做的入栈操作，并进一步执行高优先级异常的服务例程。可见该操作强调了异常优先级在中断服务入栈阶段的作用。

如图 2.35 所示，若在响应某低优先级异常#1 的早期检测到了高优先级异常#2，则只要#2 没有太晚，就能以“晚到中断”的方式处理，在入栈完毕后再执行

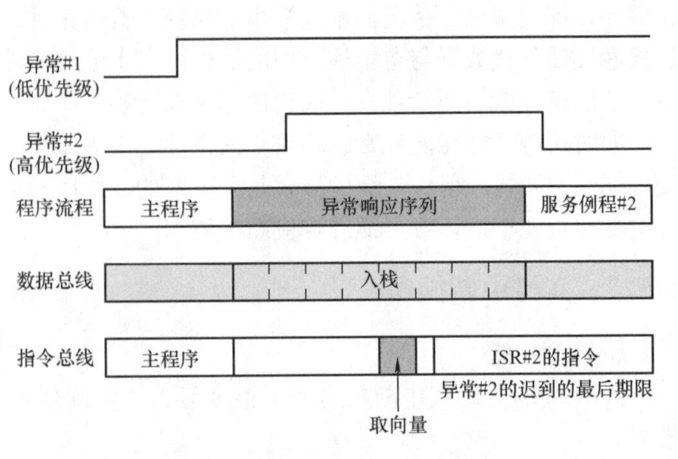

图 2.35　晚到异常的处理模式

ISR#2。若异常#2 来得太晚，以至于 ISR#1 的指令已经开始执行，则以按普通的抢占处理，但这会需要更多的处理器时间和额外 32 字节的堆栈空间。

在 ISR#2 执行完毕后，则以刚刚讲过的“咬尾中断”方式，来启用 ISR#1 的执行。

2.5.8 异常返回值

进入异常服务程序后，LR 的值被自动更新为特殊的 EXC_ RETURN，这是一个高 32 位全为 1 的值，只有［3:0］的值有特殊含义，见表 2.20。当异常服务例程把这个值送往 PC 时，就会启动处理器的中断返回序列。因为 LR 的值是由 Cortex-M3 自动设置的，所以只要没有特殊需求，就不要改动它。

表 2.20 EXC_RETURN 位段详解

位段	定义
［31:4］	EX_RETURN 的标识：必须全为 1
3	• 0：返回后进入 Handler 模式 • 1：返回后进入线程模式
2	• 0：从主堆栈中做出栈操作，返回后使用 MSP • 1：从进程堆栈中做出栈操作，返回后使用 MSP
1	保留，必须为 0
0	• 0：返回后 ARM 状态 • 1：返回后 Thumb 状态。在 Cortex-M3 中必须为 1

合法的 EXC_RETURN 值共三个，见表 2.21。

表 2.21 合法的 EXC_RETURN 值及其功能

EXC_RETURN 数值	功　　能
0xFFFFFFF1	返回 handler 模式
0xFFFFFFF9	返回线程模式，并使用主堆栈（SP = MSP）
0xFFFFFFFD	返回线程模式，并使用线程堆栈（SP = MSP）

如果主程序在线程模式下运行，并且在使用 MSP 时被中断，则在服务例程中 LR =0xFFFFFFF9（主程序被打断前的 LR 已被自动入栈），如图 2.36 所示。如果主程序在线程模式下运行，并且在使用 PSP 时被中断，则在服务例程中 LR = 0xFFFFFFFD（主程序被打断前的 LR 已被自动入栈）。

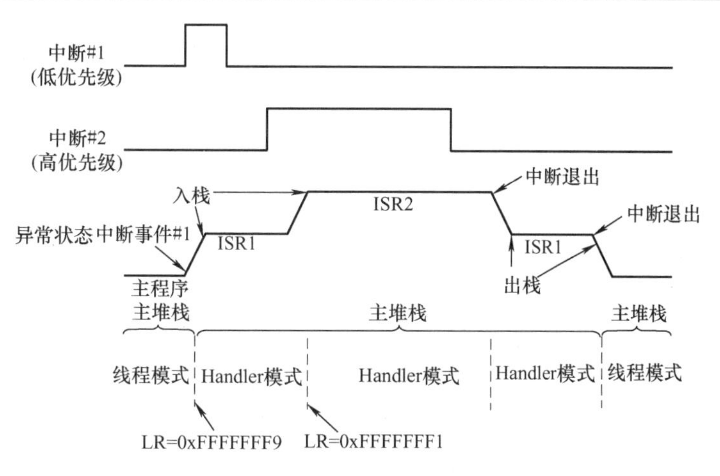

图 2.36 LR 的值在异常期间被置位为 EXC_RETURN（线程模式使用主堆栈）

如果主程序在 Handler

模式下运行，则在服务例程中 LR = 0xFFFFFFF1（主程序被打断前的 LR 已被自动入栈），这时的“主程序”，其实更可能是被抢占的服务例程。事实上，在嵌套时，更深层 ISR 所看到的 LR 总是 0xFFFFFFF1，如图 2.37 所示。

由 EXC_RETURN 的格式可见，不能把 0xFFFFFFF0 ~ 0xFFFFFFFF 中的地址作为任何返回地址。其实也不用担心会弄错，因为 Cortex-M3 已经把这个范围标记成“取指不可取”了。

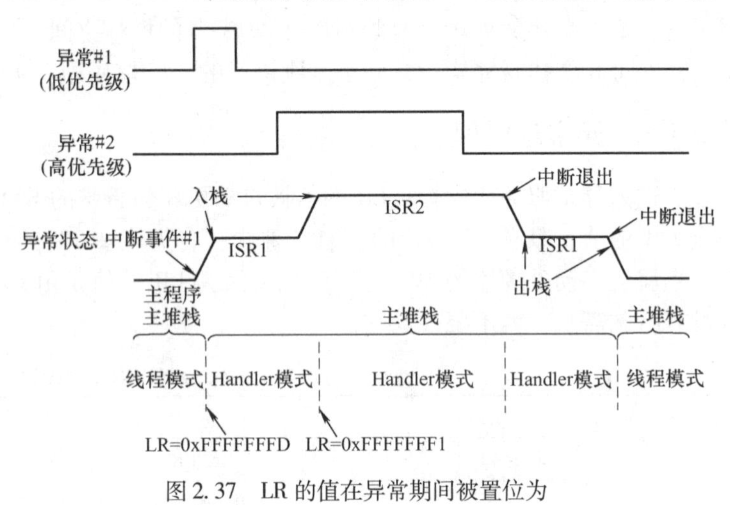

图 2.37 LR 的值在异常期间被置位为 EXC_RETURN（线程模式使用进程堆栈）

2.6 堆栈

2.6.1 堆栈的基本操作

堆栈操作就是对内存的读写操作，但是其地址由专门的寄存器——堆栈指针（SP）给出，其数据操作模式满足先进后出（First In Last Out，FILO）的规则。寄存器的数据通过入栈（PUSH）操作存入堆栈，以后用出栈（POP）操作从堆栈中取回。在 PUSH 与 POP 的操作中，SP 的值会按堆栈的使用法则自动调整，以保证后续的 PUSH 不会破坏先前 PUSH 进去的内容。正常情况下，PUSH 与 POP 必须成对使用，而且还要特别注意进出栈数据的顺序。当 PUSH/POP 指令执行时，SP 指针的值也跟着自减/自增。

例如，主程序调用子程序（调用完成后不影响保存在栈内的主程序寄存器内容）。

```
··main(主程序)
; R0 = X,R1 = Y,R2 = Z
BL Fx1

…Fx1(子程序)
PUSH{R0}       ; 把 R0 存入栈并调整 SP
PUSH{R1}       ; 把 R1 存入栈并调整 SP
PUSH{R2}       ; 把 R2 存入栈并调整 SP
…              ; 执行 Fx1 的功能，中途可以改变 R0 ~ R2 的值
POP{R2}        ; 恢复 R2 早先的值并再次调整 SP
POP{R1}        ; 恢复 R1 早先的值并再次调整 SP
POP{R0}        ; 恢复 R0 早先的值并再次调整 SP
BX LR          ; 返回
               ; 回到主程序; R0 = X, R1 = Y, R2 = Z (调整 Fx1 的前后 R0 ~ R2 的值没有被改变)
```

如果需要保护的寄存器较多，可以采用另一种 PUSH/POP 指令，以实现一次操作多个

寄存器。操作过程如下：

```
PUSH{R0 - R2}              ; 压入 R0 ~ R2
PUSH{R3 - R5,R8,R12}       ; 压入 R3 ~ R5、R8 以及 R12
```

在 POP 时，可以如下操作：

```
POP{R0 - R2}               ; 弹出 R0 ~ R2
POP{R3 - R5,R8,R12}        ; 弹出 R3 ~ R5、R8 以及 R12
```

注意：不管在寄存器列表中寄存器的序号是以什么顺序给出的，汇编器都将把它们以升序排序。然后 PUSH 指令按照从大到小的顺序依次入栈，POP 则按从小到大的顺序依次出栈。

PUSH/POP 对此还有这样一种特殊形式：

```
PUSH{R0-R3,LR}POP{ R0-R3,PC}
```

注意：POP 的最后寄存器是 PC，并不是先前 PUSH 的 LR。这其实是一个调用返回的小技巧，因为总要把先前 LR 的值弹出来，再使用此值返回地址，所以干脆绕过 LR，直接传给 PC。也因为 LR 在子程序返回时的唯一用处就是提供返回地址，在返回后，先前保存的返回地址就没有利用价值了，所以只要 PC 得到了正确的值，不恢复也没关系。

2.6.2　Cortex-M3 堆栈操作

Cortex-M3 使用的是"向下生长的满栈"模型。堆栈是按字操作的，即每次入栈和出栈都是 32 位数据，因此 SP 值总是执行自增/减操作。堆栈指针指向最后一个被压入堆栈的 32 位数值。

PUSH 操作时，SP 先自减 4，再存入数据到 SP 所指存储器位置，如图 2.38 所示。POP 操作刚好相反：先从 SP 所指存储器位置读出数据，SP 再自增 4，如图 2.39 所示。

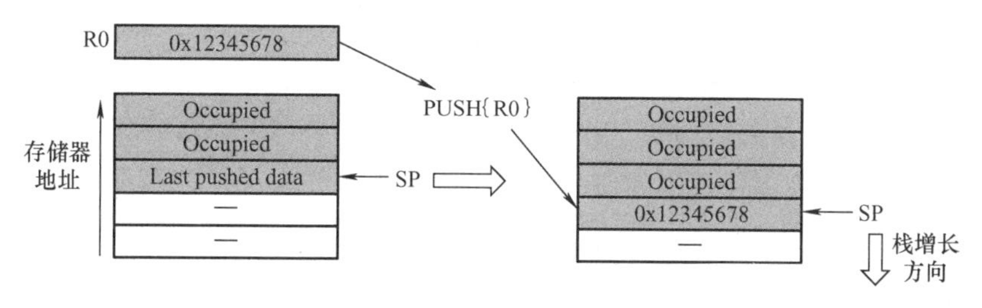

图 2.38　Cortex-M3 的 PUSH 操作

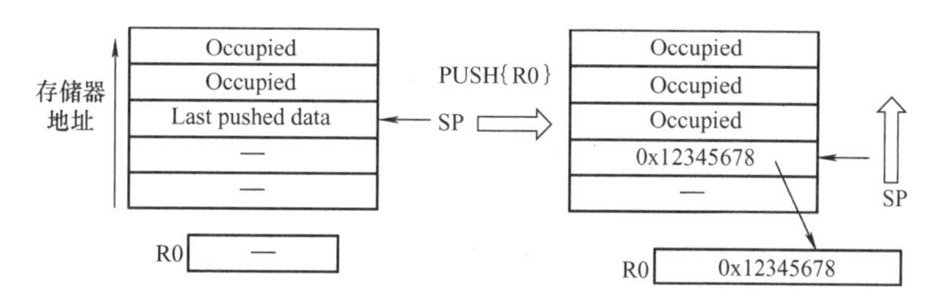

图 2.39　Cortex-M3 的 POP 操作

在进入 ISR 时，Cortex-M3 会自动把一些寄存器压栈，这里使用的是进入 ISR 之前使用的 SP 指针（MSP 或者是 PSP）。离开 ISR 后，只要 ISR 没有更改过 CONTROL［1］，就依次使用先前的 SP 指针来执行出栈操作。

2.6.3　Cortex-M3 的双堆栈机制

Cortex-M3 的堆栈有两个：主堆栈（MSP）和进程堆栈（PSP），由 CONTROL［1］来控制堆栈的选择。

1）当 CONTROL[1] =0 时，只使用 MSP，此时用户程序和异常 Handler 共享同一个堆栈。这也是复位后的默认使用方式，如图 2.40 所示。

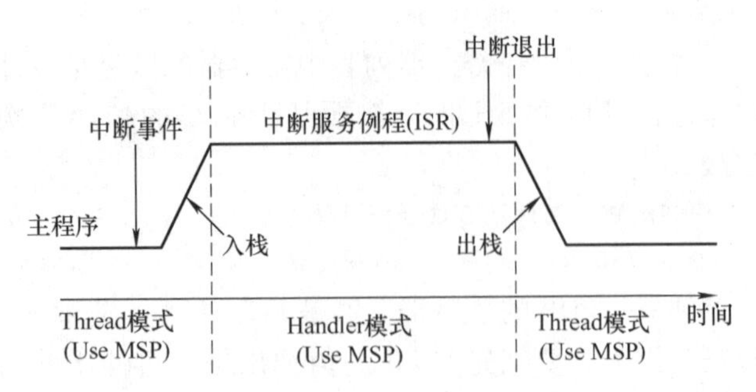

图 2.40　CONTROL[1] =0 时的堆栈使用情况

2）当 CONTROL[1] =1 时，进入异常时的自动压栈使用的是进程堆栈（PSP），进入异常 Handler 后才自动改为 MSP，退出异常时切换回 PSP，并且从进程堆栈上弹出数据，如图 2.41 所示。

在特权级下，可以指定具体的堆栈指针，而不受当前使用堆栈的限制，具体操作如下：

```
MRS R0,MSP    ; 读取主堆栈指针到 R0
MSR MSP,R0    ; 写入 R0 的值到主堆栈中
MRS R0,PSP    ; 读取进程堆栈指针到 R0
MSR PSP,R0    ; 写入 R0 的值到进程堆栈中
```

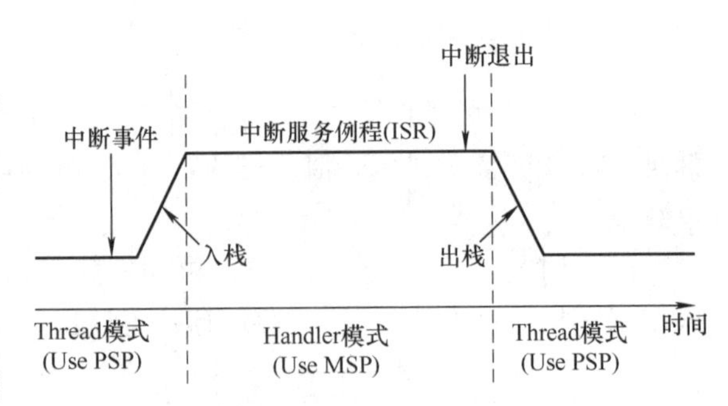

图 2.41　CONTROL[1] =0 时的堆栈切换情况

通过读取 PSP 的值，操作系统 OS 就能够获取用户应用程序使用的堆栈，进而知道发生异常时被入栈寄存器的内容。OS 还可以修改 PSP，用于实现多任务中的任务上下文切换。

2.7　小结

掌握 Cortex-M3 的基础原理和技术，领悟和理解 Cortex-M3 是如何实现软硬件集成的。同时，掌握 Cortex-M3 内核的设计原则、内部结构和指令体系。

习　题

1. 画出 Cortex-M3 内核体系结构。
2. Cortex-M3 内核的存储器类型有什么？
3. Cortex-M3 内核有几种工作模式？并叙述。
4. 异常和中断有什么不同？Cortex-M3 内核中的 NVIC 总共有多少种异常和中断？
5. Cortex-M3 使用的堆栈模型是什么？举例完成主程序调用子程序的堆栈操作。

第 3 章

STM32最小系统的设计

本章以实例说明 STM32 最小系统的设计思想和流程。

3.1 STM32F103 最小系统的设计方案

1. 设计目标

本章以 STM32F103C 为例设计一个最低成本的 Cortex M3 开发系统。

2. 设计要求

系统至少包含以下功能：

1）TTL 电平串口。为了更好地控制开发系统的成本，可采用串口下载的方式。下载线采用 USB 转 TTL 串口，并带有 +5V 电源，这样既可以节省 JTAG 下载器，也可以节省一个 +5V 的稳压电源，更好地控制系统的 PCB 面积。

2）3.3V 稳压电源、晶体振荡器、启动模式跳线。

3）1 个复位按钮、1 个电源指示灯、2 个用户按钮、3 个用户指示灯。

4）32 个通用 I/O 口。

3. 微处理器的选择

选用 STM32F103 系列作为介绍 Cortex-M3 ARM 开发的微处理器，主要基于以下因素的考虑：

1）该系列微处理器性能高，成本低，易开发并且种类齐全。

2）带有 12 位的 ADC，方便进行数据采集。

3）带有 3 个 USART 通用串口，方便同时提供与变频器、PLC、HMI 终端、GSM/GPRS 透明传输模块等 USART 接口设备的连接。

4）带有 CAN 接口，可实现现场总线连接功能。

5）适应工业级工作温度范围。

6）GCC 功能强大，是一款开源和免费的编译器，并且支持 STM32F103 系列微处理器的 C 与 C++ 程序编译。

STM32F103xC、STM32F103xD 和 STM32F103xE 增强型系列微处理器构建于高性能的 Cortex-M3（32 位 RISC）内核，工作频率为 72MHz，内置高速存储器（最高可达 512KB 的闪存和 64KB 的 SRAM），丰富的增强型 I/O 端口和连接到两条 APB 总线的外设。增强型器件都包含 2 ~3 个 12 位的 ADC、4 个通用 16 位定时器和 2 个 PWM 定时器。还包含标准和先进的通信接口：多达5个USART接口、3个SPI接口、2个I^2C接口、2个I^2S、1个SDIO接口、一个USB接口和一个CAN接口。

STM32F103xx是一个完整的系列，其成员之间引脚对引脚完全兼容，软件和功能也兼容，其配置见表3.1。

表3.1　STM32F103系列的配置

<table>
<tr><th rowspan="3">引脚数目</th><th colspan="2">小容量产品</th><th colspan="2">中等容量产品</th><th colspan="3">大容量产品</th></tr>
<tr><th>16KB 闪存</th><th>32KB 闪存</th><th>64KB 闪存</th><th>128KB 闪存</th><th>256KB 闪存</th><th>384KB 闪存</th><th>512KB 闪存</th></tr>
<tr><th>6KB RAM</th><th>10KB RAM</th><th>20KB RAM</th><th>20KB RAM</th><th>48KB 或
64KB① RAM</th><th>64</th><th>64</th></tr>
<tr><td>144</td><td></td><td></td><td></td><td></td><td colspan="3" rowspan="3">3个USART+2个UART
4个16位定时器、2个基本定时器
3个SPI、2个I^2C、2个I^2S、USB、CAN、2个PWM定时器、3个ADC、1个DAC、1个SDIO FSMC（100和144脚封装②）</td></tr>
<tr><td>100</td><td></td><td></td><td colspan="2" rowspan="3">3个USART
3个16位定时器
2个SPI、2个I^2C、USB、CAN、1个PWM定时器
2个ADC</td></tr>
<tr><td>64</td><td colspan="2" rowspan="3">2个USART
2个16位定时器
1个SPI、1个I^2C、USB、CAN、1个PWM定时器
2个ADC</td></tr>
<tr><td>48</td><td></td><td></td><td></td></tr>
<tr><td>36</td><td></td><td></td><td></td><td></td><td></td></tr>
</table>

① 只有CSP封装的带256KB闪存的产品，才具有64KB的RAM。
② 100脚封装的产品中没有端口F和端口G。

4. 最小系统型微处理器的选择

最小系统选用了中等容量增强型微处理器中的STM32F103CBT6。考虑如下：

1）小体积，LQFP48封装。可把该最小系统的面积压缩到最小，以便应用到小体积产品中。例如智能继电器、微型水位控制器、恒温控制器等。

2）低成本。该最小系统用的微处理器基本与常见的8位、16位单片机价格接近。STM32F103CBT6可直接代替8位、16位单片机应用于一些小型控制系统中。

3）STM32F103CBT6微处理器主频为72MHz，128KB内部Flash，20KB RAM，12位ADC，是中等容量微处理器中Flash和RAM最大的一款，可应用在程序较为复杂的系统中。

5. STM32F103CBT6的特点

STM32F103CBT6是中等容量增强型，基于ARM内核，带128KB闪存的32位微控制器，包括USB、CAN、2个ADC、7个定时器、9个通信接口。基本特点如下：

1）内核：ARM 32位的Cortex-M3 CPU。

① 最高72MHz工作频率（在存储器的0等待周期访问时可达）。

② 单周期乘法和硬件除法。

2）存储器：

① 128KB的闪存程序存储器。

② 高达20KB的SRAM。

3）时钟、复位和电源管理：

① 2.0~3.6V供电和I/O引脚。

② 上电/断电复位（POR/PDR）、可编程电压监测器（PVD）。

③ 4~16MHz晶体振荡器。

④ 内嵌经出厂调校的 8MHz 的 RC 振荡器。
⑤ 内嵌带校准的 40kHz 的 RC 振荡器。
⑥ 产生 CPU 时钟的 PLL。
⑦ 带校准功能的 32kHz RTC 振荡器。
4）低功耗：
① 睡眠、停机和待机模式。
② VBAT 为 RTC 和后备寄存器供电。
5）模/数转换：2 个 12 位模/数转换器，1μs 转换时间（多达 16 个输入通道）。
① 转换范围：0～3.6V。
② 双采样和保持功能。
③ 温度传感器。
6）DMA：
① 7 通道 DMA 控制器。
② 支持的外设：定时器、ADC、SPI、I^2C 和 USART。
7）快速 I/O 端口。
8）调试模式：串口单线调试（SWD）和 JTAG 接口。
9）7 个定时器：
① 3 个 16 位定时器，每个定时器有多达 4 个用于输入捕获/输出比较/PWM 或脉冲计数的通道和增量编码器输入。
② 1 个 16 位带死区控制和紧急刹车、用于电动机控制的 PWM 高级控制定时器。
③ 2 个看门狗定时器（独立的和窗口型的）。
④ 系统时间定时器：24 位自减型计数器。
10）9 个通信接口：
① 2 个 I^2C 接口（支持 SMBus/PMBus）。
② 3 个 USART 接口（支持 ISO7816 接口，LIN、IrDA 接口和调制解调控制）。
③ 2 个 SPI 接口（18Mbit/s）。
④ CAN 接口（2.0B 主动）。
⑤ USB2.0 全速接口。
11）CRC 计算单元，96 位的芯片唯一代码。

6. 程序下载与供电方案

为了设计一款最低成本（与 8 位、16 位单片机相当）的 ARM 32 位开发系统，采用 USB 转 TTL 串口线下载程序和供电。这样既可以解决在调试阶段的供电问题，又可以解决程序下载问题，还可以实现串口供电通信功能。另外，可以减小系统板的面积，从而把整个最小系统板当成一个单片机芯片嵌入到其他开发板上（实际上该最小系统板也就相当于一片双列直插 DIP40 封装的 8 位单片机的面积）。

3.2　最小系统设计的要素

STM32F103CBT6 最小系统可以分解为五个部分，而每个部分具有各自的特点。

STM32F103CBT6 最小系统核心电路原理图如图 3.1 所示，主要包括复位、晶体振荡器、TTL 电平串口、通用 I/O 口、电源与接地等。

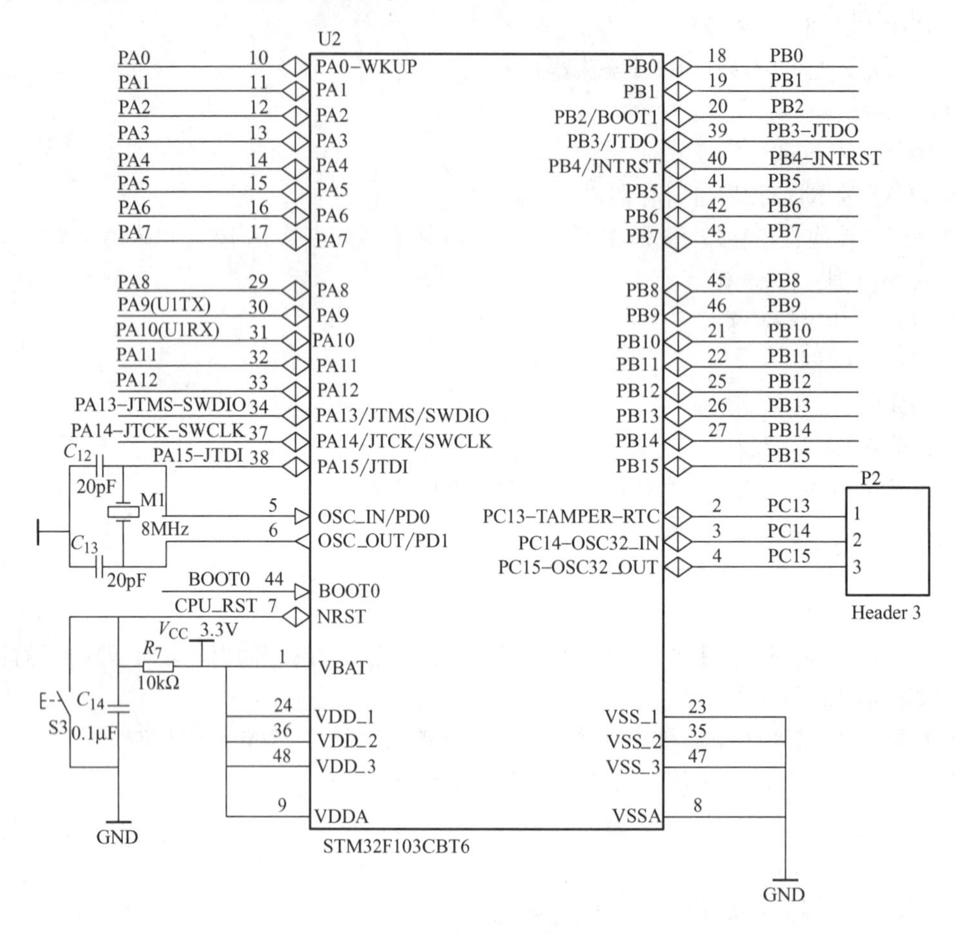

图 3.1 核心电路原理图

3.2.1 STM32 晶体振荡器

STM32 可外接两个晶体振荡器为其内部系统提供时钟源：一个是高速外部时钟（HSE），用于为系统提供较为精确的主频：另一个是低速外部时钟（LSE），接频率为 32.768kHz 的石英晶体，用于为系统提供精准的日历时钟功能。LES 可用来通过程序选择驱动 RTC（RTCCLK），它为实时时钟或者其他定时功能提供一个低功耗且精确的时钟源，只要 VBAT 维持供电，即使 VDD 供电被切断，RTC 仍继续工作。

本系统采用 STM32 系统中最典型的 8MHz 晶体振荡器。为了让结构更加简单，成本更低，没有采用外接的低速外部时钟，而是采用内部的低速外接时钟（LSI）。

STM32 高速外部时钟可以使用一个 4 ~ 16MHz 的晶体/陶瓷谐振器构成的振荡器产生。在实际应用中，谐振器和负载电容必须尽可能地靠近振荡器的引脚，以减少输出失真和启动时的稳定时间。STM 建议的高速外部时钟晶体振荡器电路如图 3.2 所示。

R_{EXT}数值由晶体的特性决定。典型值是 R_S 的 5 ~ 6 倍。R_S 是负载电容与对应的晶体串

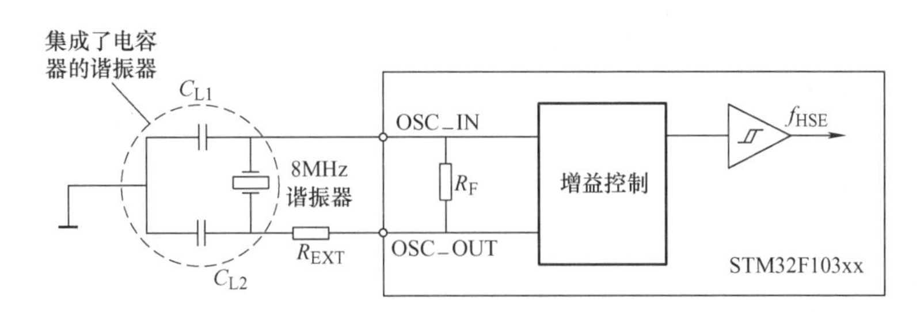

图3.2　STM建议的高速外部时钟晶体振荡器电路

行阻抗，通常 R_S 为30Ω，那么 R_{EXT} 可以选择150～180Ω。对于要求不严格的应用系统，R_{EXT} 可以不用。

对于 C_{L1} 和 C_{L2}，建议使用高质量的（典型值为5～25pF）瓷介电容器，并挑选符合要求的晶体或谐振器。通常 C_{L1} 和 C_{L2} 具有相同参数，晶体制造商通常以 C_{L1} 和 C_{L2} 的串行组合给出负载电容的参数。在选择 C_{L1} 和 C_{L2} 时，PCB和MCU引脚的容抗应该考虑在内（引脚与PCB的电容选用10pF）。

对于普通的应用，R_F 的影响一般可以不考虑，相对较低的 R_F 电阻值，能够为在潮湿环境下使用时所产生的问题提供保护，这种环境下产生的泄漏和偏置条件都发生了变化，设计时需要把这个参数考虑进去。

注意：如果编写STM32程序需要用STM32固件库和外部高速时钟，而外部晶体振荡器却不是8MHz，则还需要配置STM32固件。

3.2.2　复位电路

STM32F103的NRST引脚输入驱动使用CMOS工艺，它连接了一个不能断开的上拉电阻 R_{PU}，电阻值见表3.2。

表3.2　NRST引脚内部上拉电阻 R_{PU} 的电阻值

符号	参数	条件	最小值	典型值	最大值
R_{PU}	弱上拉等效电阻	$V_{IN}=V_{SS}$	30kΩ	40kΩ	50kΩ

上拉电阻设计为一个真正的电阻串联一个可开关的PMOS实现。这个PMON/NMOS开关的电阻很小（约占10%）。STM32建议的复位电路如图3.3所示，由此可见，核心电路原理图中的电阻 R_7 也可以不用。

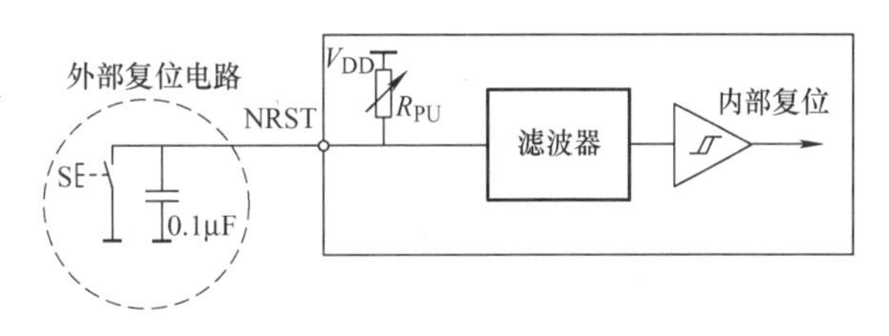

图3.3　STM32建议的复位电路

STM32F10xxx支持以下三种复位形式：

1. 系统复位

系统复位将复位除时钟控制寄存器CSR中的复位标志和备份区域中的寄存器以外的所有寄存器。当以下事件之一发生时，产生系统复位：

1）NRST引脚上的低电平（外部复位）。

2）窗口看门狗计数终止（WWDG 复位）。

3）独立看门狗计数终止（IWDG 复位）。

4）软件复位（SW 复位）。

5）低功耗管理复位。

可通过查看 RCC_CSR 控制状态寄存器中的复位状态标志位识别复位事件来源。

STM32 也可以进行软件复位，通过将 Cortex-M3 中断应用和复杂控制寄存器中的 SYSRESETREQ 位置“1”，可实现软件复位。

在以下两种情况下可产生低功耗管理复位：

1）在进入待机模式时产生低功耗管理复位。通过将用户选择字节中的 nRST_ STDBY 位置“1”将使能该复位，这时即使执行了进入待机模式的过程，系统将被复位而不是进入待机模式。

2）在进入停止模式时产生低功耗管理复位。通过将用户选择字节中的 nRST_ STOP 位置“1”将使能该复位，这时，即使执行了进入停机模式的过程，系统将被复位而不是进入停机模式。

2. 电源复位

当以下事件发生时，产生电源复位：

1）上电/掉电复位（POR/PDR）。

2）从待机模式中返回。

电源复位将复位除了备份区域外的所有寄存器。STM32 复位引脚的内部结构如图 3.4 所示。

图 3.4 中，复位源将最终作用于 RESET 引脚，并在复位过程中保持低电平。复位入口向量被固定在地址 0x0000_0004。

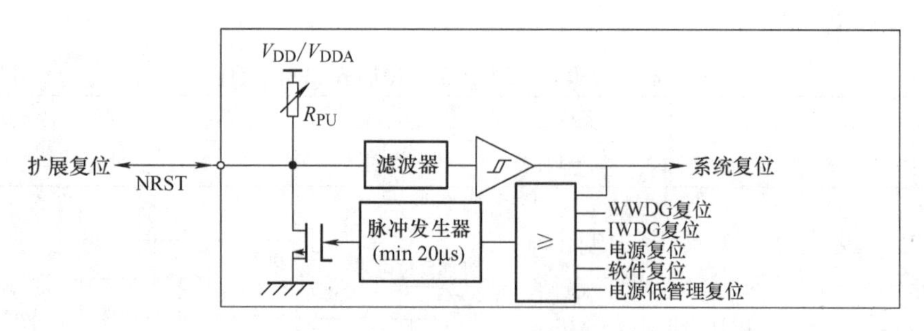

图 3.4　复位电路的内部结构

3. 备份域复位

当以下事件之一发生时，产生备份区域复位：

1）软件复位后，备份区域复位可由设置备份区域控制寄存器 RCC_BDCR 中的 BDRST 位产生。

2）在 V_{DD} 和 V_{BAT} 两者掉电的前提下，V_{DD} 或 V_{BAT} 上电将引发备份区域复位。

3.2.3　LED、Key 及 BOOT 跳线

LED、Key 及 BOOT 跳线如图 3.5 所示。一定要设计有 BOOT 跳线，以方便系统可配置

成 ISP 程序下载和系统正常启动。

在设计 LED 驱动电路时，应注意 LED 的压降和正常工作电源。普通 LED 的正常工作电流一般是 5～10mA，如果作为指示用，一般为 2～5mA，可以按照具体需要设计；对于贴片 LED，只要 1～2mA 即可。普通的 LED 正偏压降：红色为 1.6V 左右，黄色为 1.4V 左右，蓝和白色为 2.5V 左右。

PB2 引脚同时又是 BOOT1 功能引脚，由于 BOOT1 功能只在复位或上电之时及程序正常运行之前，由系统来读取 BOOT1 功能引脚的电平，而启动完成后这个引脚电平不再影响工作模式，因此 PB2 引脚可作它用，例如用于驱动 LED。

根据需要，通过 BOOT1［1∶0］引脚的跳线，可以选择主闪存存储器、系统存储器或 SRAM 等三种启动模式之中的一种，见表 3.3。

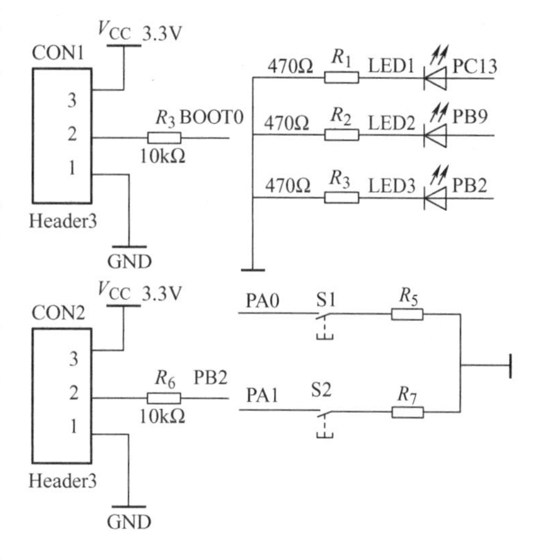

图 3.5　LED、Key 及 BOOT 跳线

表 3.3　BOOT1［1∶0］引脚选择

启动模式选择引脚		启动模式	说　明
BOOT	BOOT0		
×	0	用户闪存存储器	用户闪存存储器被选为启动区域
0	1	系统存储器	系统存储器被选为启动区域
1	1	内嵌 SRAM	内嵌 SRAM 被选为启动区域

3.2.4　稳压电源及 ISP 下载口

1. ISP 下载口及稳压电源电路原理图

ISP 下载口及稳压电源电路原理图如图 3.6 所示，JP1 连接 USB 到 TTL 串口线，可以从 PC 下载程序，同时由 PC 的 USB 接口的电源线给开发板提供 5V 电源。

2. LM1117

LM1117 是一个低压差电源调节器系列，其压差在大于 1.2V 产生输出，负载电流为 800mA 时为 1.2V，与 LM317 有相同的引脚排列。LM1117 有可调电压的版本，通过两个外部电阻可实现 1.25～13.8V 输出电压。

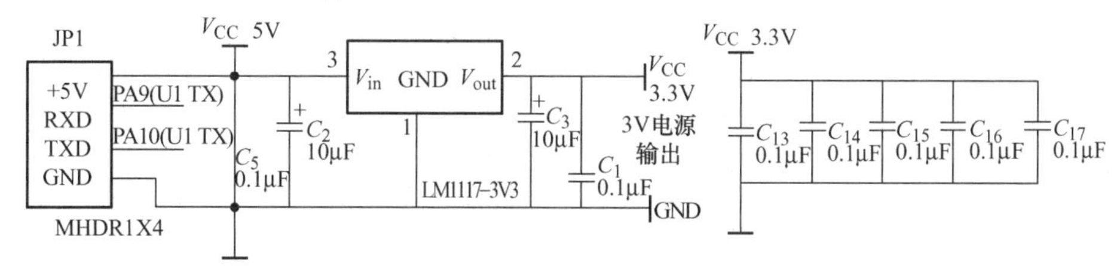

图 3.6　ISP 下载口及稳压电源电路原理图

LM1117 提供电流限制和热保护。电路包含一个齐纳调节的带隙参考电压以确保输出电压的精度在 ±1% 以内。输出端需要至少一个 10μF（通常采用 47 ~ 470μF 就能满足要求）的钽电容来改善瞬态响应和稳定性。

1）LM1117 的主要特性。

- 提供 1.8V、2.5V、2.85V、3.3V、5V 和可调电压的型号；
- 节省空间的 SOT-233 和 LLP 封装；
- 电流限制和热保护功能；
- 输出电流可达 800mA；
- 线性调整率：0.2%（max）；
- 负载调整率：0.4%（max）；
- 温度范围：民用级（商用级）：0 ~ 125℃；工业级：-40 ~ 125℃。

2）LM1117 的内部功能框图如图 3.7 所示。

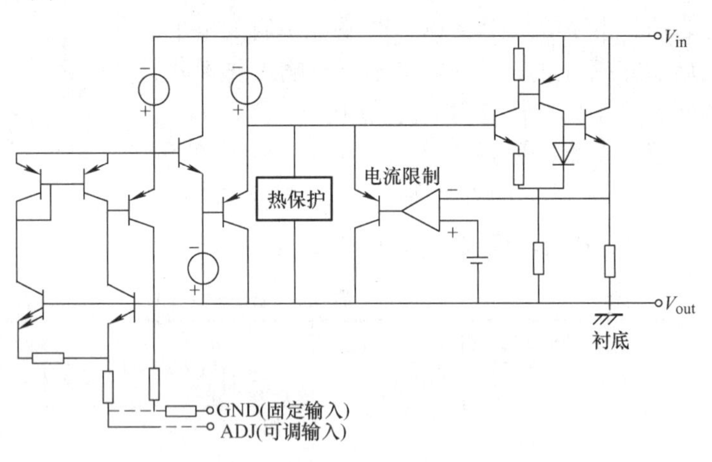

图 3.7 LM1117 的内部功能框图

输出电压可调型 LM1117，在输出端和调节端之间有一个 1.25V 的参考电压 V_{REF}，如图 3.8所示。该电压通过跨接电阻 R_1 产生一个恒定的电流 I_1。调节端输出的电流会使输出端产生误差，但由于它与 I_1 相比非常小（60μA），并在线路和负载变化时保持恒定，因此该误差可以忽略。恒定电流 I_1 流向输出端，通过调节 R_2 可得到所需要的输出电压。另外，对于输出电压固定（例如 3.3V、1.5V）的型号，R_1 和 R_2 都以固定电阻值集成在器件的内部。

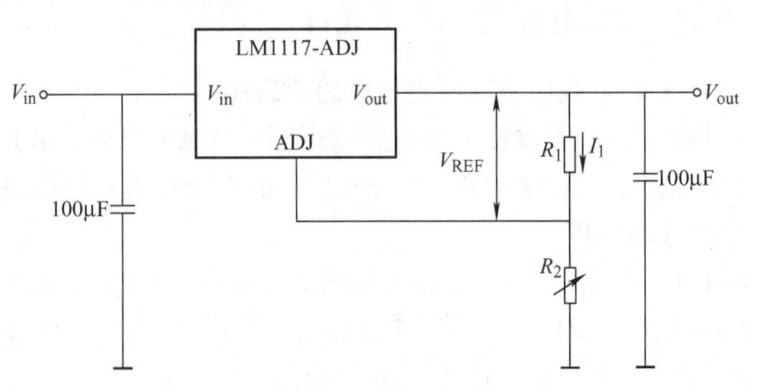

图 3.8 输出电压可调型 LM1117

注：$V_{out} = V_{REF}(1 + R_2/R_1) + I_{ADJ}R_2$

在 STM32 最小系统中采用的固定电压输出的稳压芯片是 LM1117MPX（SOT223 封装）。此外，与 LM1117 相兼容的稳压芯片还有很多，也可以采用 SPX1117、AMS1117、BM1117、SE8117、ST1117 以及 AP1117 等代替。不过在使用代替芯片时，需要注意不同器件不同封装以及该封装下所能提供的最大电流，以确保安全、可靠、稳定的供电。

3. STM32 电源控制（PWR）

STM32 的工作电压（V_{DD}）为 2.0 ~ 3.6V。通过内置的电压调节器提供所需的 1.8V 电源。当主电源 V_{DD} 掉电后，通过 VBAT 脚为实时时钟（RTC）和备份寄存器提供电源。

STM32 电源控制框图如图 3.9 所示。V_{DD}为 2.0～3.6V，V_{DD}引脚为 I/O 引脚和内部调压器供电。V_{SSA}和 V_{DDA}为 2.0～3.6V，为 ADC、复位模块、*RC* 振荡器和 PPL 的模拟部分供电。使用 ADC 时，V_{DDA}不得小于 2.4V。

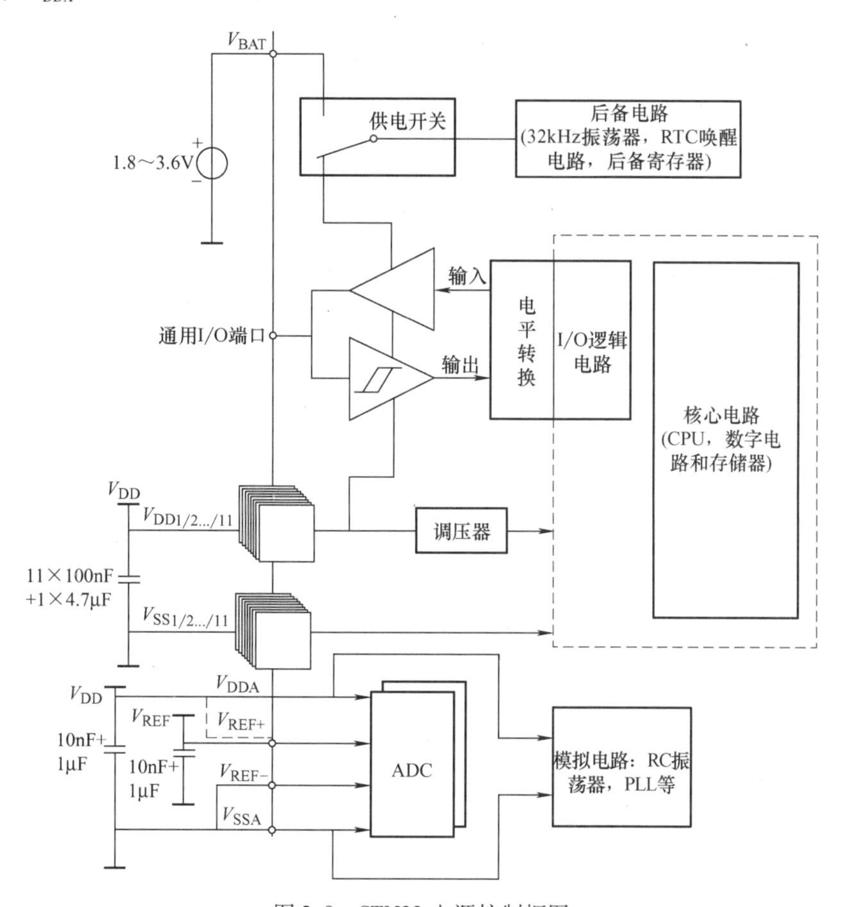

图 3.9　STM32 电源控制框图

注：V_{DDA}和 V_{SSA}必须分别连到 V_{DD}和 V_{SS}，4.7μF 电容必须连接到 V_{DD3}。

V_{DDA}和 V_{SSA}必须分别接到 V_{DD}和 V_{SS}。V_{BAT}为 1.8～3.6V，当关闭 V_{DD}时（通过内部电源切换器）为 RTC、外部 32kHz 振荡器和后备寄存器供电。

1）独立的 A-D 转换器供电和参考电压。为了提高转换的精确度，ADC 使用一个独立的电源供电，过滤和屏蔽来自 PCB 上的毛刺干扰。ADC 的电源引脚为 V_{DDA}，独立的电源地为 V_{SSA}。如果有 V_{REF-}引脚（根据封装而定），它必须连接到 V_{SSA}。

① 100 引脚和 144 引脚封装：为了确保输入为低压时获得更好精度，用户可以连接一个独立的外部参考电压 ADC 到 V_{REF+}和 V_{REF-}引脚上，在 V_{REF+}的电压范围为 2.4V～V_{DDA}。

② 64 引脚或更少封装：没有 V_{REF+}和 V_{REF-}引脚，它们在芯片内部与 ADC 的电源（V_{DDA}）和地（V_{SSA}）相连。

2）电池备份区域。使用电源或其他电源连接到 V_{BAT}引脚上，当 V_{DDA}断电时，可以保存备份寄存器的内容并维持 RTC 的功能。V_{BAT}引脚也为 RTC、LSE 振荡器和 PC13～PC15 供电，这保证当主要电源被切断时 RTC 能继续工作。切换到 V_{BAT}供电由复位模块中的掉电复位功能控制。

如果应用中没有使用外部电源，V_{BAT}必须连接到 V_{DD}引脚上。

3）低功耗模式。在系统或电源复位以后，微控制器处于运行状态。运行状态下的 HCLK 为 CPU 提供时钟，内核执行程序代码。当 CPU 不需继续运行时，可以利用多个低功耗模式来节省功耗，如等待某个外部事件时。用户需要根据最低电源消耗、最快速启动时间和可用的唤醒源等条件，选择一个最佳的低功耗模式。STM32F10xxx 有三种低功耗模式：①睡眠模式（Cortex-M3 内核停止，外设仍在运行）；②停机模式（所有的时钟都以停止）；③待机模式（1.8V 电源关闭）。

此外，在运行模式下，可以通过以下方式之一降低功耗：①降低系统时钟；②关闭 APB 和 AHB 总线上未被使用的外设时钟。

4）睡眠模式。进入睡眠模式，通过执行 WFI 或 WFE 指令进入睡眠状态。根据 Cortex-M3 系统控制寄存器中的 SLEEPONEXIT 位的值，有两种选项可用于选择睡眠模式进入机制：

① SLLEP-NOW：如果 SLEEPONEXIT 位被清除，当 WRI 或 WFE 被执行时，微控制器立即进入睡眠模式。

② SLEEP-ON-EXIT：如果 SLEEPONEXIT 位被置位，系统从最低优先级的中断处理程序中退出时，微控制器就立即进入睡眠模式。

5）停止模式。停止模式是在 Cortex-M3 的深睡眠模式基础上结合了外设的时钟控制机制。在停止模式下电压调节器可运行在正常或低功耗模式。此时在 1.8V 供电区域的所有时钟都被停止，PLL、HIS 和 HSE RC 振荡器的功能被禁止，SRAM 和寄存器内容被保留下来。

6）待机模式。待机模式可实现系统的最低功耗，该模式是在 Cortex-M3 深睡眠模式时关闭电压调节器。此时，整个 1.8V 供电区域被断电，PLL、HIS 和 HSE 振荡器也被断电，SRAM 和寄存器内容丢失，只有备份的寄存器和待机电路维持供电。

3.2.5 I/O 端口

STM32 的 I/O 端口具有稳定的功能，为连接到其他外部模块提供标准的接口。

1. I/O 排列

为了方便扩展，把所有 I/O 口都引出来。按 GPIO_A、GPIO_B 分类引出，并按 GPIO_A0 ~ GPIO_A15、GPIO_B0 ~ GPIO_B15 的顺序排列。GPIO_C 口只有三个引脚，功能特殊，因此单独引出。PC13、PC14 和 PC15 引脚通过电源开关进行供电，而这个电源开关只能够吸收有限的电流（3mA），因此这三个引脚作为输出引脚时有以下限制：在同一时间只有一个引脚作为输出，作为输出脚时只能工作在 2MHz 模式下，最大驱动负载为 30pF，并且不能作为电流源（如驱动 LED）。

2. 特性

每个 GPIO 引脚都可以由软件配置成输出（推挽或开漏）、输入（带或不带上拉或下拉）或复用的外设功能端口。多数 GPIO 引脚都与数字或模拟的复用外设共用。除了具有模拟输入功能的端口，所有的 GPIO 引脚都有大电流通过能力。I/O 引脚的外设功能可以通过一个特定的操作锁定，以避免意外地写入 I/O 寄存器。在 APB2 上的 I/O 脚可达 18MHz 的翻转速度。

3. 输入驱动电流

GPIO（通用输入/输出端口）可以输入或输出 ±8mA 电流。在实际应用中，I/O 脚的数目必须保证驱动电流不能超过绝对最大额定值：

1）所有 I/O 端口从 V_{DD}上获得的电流总和，加上 MCU 在 V_{DD}上获取的最大运行电流，不能超过绝对最大额定值 I_{VDD}。

2）所有 I/O 端口吸收并从 V_{SS}上流出的电流总和，加上 MCU 在 V_{SS}上流出的最大运行电流，不能超过绝对最大额定值 I_{VSS}。

3.3 PCB 图设计

1. PCB 布局

随着电路系统复杂度的不断加大，如今的 PCB 图设计也变得越来越困难。一个好的 PCB 图，每一个元器件都会精确地布置到它最佳位置，每一根走线都会考虑到走向、长度、宽度、与相邻线间隔等因素，以及排除干扰、噪声、延时不一致等危害。

2. 全局观

PCB 图设计基本思路是：从全局观念安排元器件布局，并安全可靠地安排电源和地线走线，最后精细入微地绘制每一条线路。

按工业级的要求设计 PCB 图（和 PCB），要求稳定可靠、板整体面积小、元器件布置合格整洁、走线合理。在设计 PCB 图时，还应该注意以下细节：

1）微控制器焊盘长度应该加长，宽度适当比间隔宽一些，例如焊盘宽度为 12mil（非法定计量单位，$1\text{mil}=25.4\times10^{-6}\text{m}$），焊盘间隔为 8mil，这样比两者都选择 10mil 要好一些，以方便手工焊接。

2）对于两层 PCB 的设计，一般一层多走横线，另一层多走竖线；一层多走电源，另一层多走地线。

3）要充分利用和发挥立方体空间的观念，可以适当把一些元器件放到底层，也可以适当加一些过孔以解决走线过长问题。

3. 电源与地线布局

1）电源布线要宽。利用 PCB 的一层作为电源平面层，至少有一层作为地平面，每一层只能提供一种电源电压，通过 PCB 上的过孔将电源电压引到元器件上。

2）加去耦电容。在直流供电电路中，负载的变化会引起电源噪声并通过电源及配线对电路产生干扰。为抑制这种干扰，可在单元电路的供电端接一个 10～100μF 的电解电容器；可在集成电路的供电端配置一个 680pF～0.1μF 的陶瓷电容器或 4～10 个芯片配置一个 1～10μF 的电解电容器；对 ROM、RAM 等芯片应在电源线（VCC）和地线（-GND）间直接接入去耦电容等。

3）地线环绕。作为母线中的地线可以不等宽，但宽窄过渡要平滑，以避免产生噪声，地线要靠近供电电源母线和信号线，因电流沿路径传输会产生回路电感，地线靠近回路面积减小，电感量减小，回路阻抗减小，从而减小电磁干扰耦合。

4. 信号线布局

1）合理布设导线。印制导线应远离干扰源且不能切割磁力线；避免平行走线，双面板可以交叉通过，印制导线的拐弯应成圆角，各层电路板的导线应相互垂直、斜交（或弯曲走线）；印制导线应避免成环，防止产生环形天线效应。

时钟信号布线应与地线靠近，对于数据总线的布线应在每两根之间夹根地线或紧挨着地址引线放置；为了抑制出现在印制导线终端的反射干扰，可在传输线的末端对地和电源端各加接一个相同阻值的匹配电阻。

2）抑制容性耦合。要增大两布线导线间的距离（大于干扰信号最大波长的1/4）；减小信号线与地之间的距离。

3）抑制感性干扰耦合，增大信号线与信号线之间的距离，以减少互感，原因是互感系数与距离成反比；减小信号线与地之间的距离，以减小信号线与地之间围成的磁通面积；除减小线地距离外，还应尽量避免信号线的平行布设。

4）印制导线尽可能短而宽。

3.4 小结

掌握最小系统设计的整个流程和思想，达到设计和制作的目标。

第 4 章

MDK-ARM软件入门

本章介绍 MDK-ARM 软件的使用，并学习建立一个自己的 MDK 工程；同时还介绍 MDK-ARM 软件的一些使用技巧，以及 STM32 软件仿真、下载和硬件调试的具体操作方法。通过本章的学习，读者能够对 MDK-ARM 软件有比较全面的了解。

4.1 MDK-ARM 4.70 简介

Keil MDK-ARM 是适用于基于 Cortex-M、Cortex-R4、ARM7 和 ARM9 处理器的设备的完整软件开发环境。MDK-ARM 是专为微控制器应用程序开发而设计，它易于学习和使用，同时具有强大的功能，适用于多数要求苛刻的嵌入式应用程序开发。MDK-ARM 是目前最流行的嵌入式开发工具，集成了业内最领先的技术，包括 μVision4 集成开发环境与 ARM 编译器，具有自动配置启动代码、集成 Flash 烧写模块、强大的 Simulation 设备模拟、性能分析等功能。

目前 MDK-ARM 的最新版本是 4.70。4.0 以上版本的 MDK-ARM 的 IDE 界面有了很大的改变，并且支持 Cortex-M0 内核的处理器。MDK-ARM 4.70 界面简洁、美观，实用性更强，对于使用过 Keil 的读者来说，更容易上手。MDK-ARM 软件主要特点如下：

1）完全支持 ARM Cortex-M 系列、Cortex-R4、ARM7 和 ARM9 设备。

2）行业领先的 ARM C/C ++ 编译工具链。

3）μVision4 IDE、调试器和模拟环境。

4）支持来自 20 多个供应商的 1200 多种设备。

5）Keil RTX 确定性、占用空间小的实时操作系统（具有源代码）。

6）TCP/IP 网络套件提供多个协议和各种应用程序。

7）USB 设备和 USB 主机堆栈配备标准驱动程序类。

8）ULINKpro 支持对正在运行的应用程序进行即时分析并记录执行的每条 Cortex-M 指令。

9）有关程序执行的完整代码覆盖率信息。

10）执行性能分析器和性能分析器支持程序优化。

11）有大量示例项目，可快速熟悉强大的内置功能。

12）符合 CMSIS（Cortex 微控制器软件接口标准）。

本书选择 MDK-ARM 4.70 版本的开发工具作为学习 STM32 的软件。当然，读者也可以根据自己的喜好换用其他版本如 3.80A 等软件。

4.2 新建 MDK 工程

4.2.1 下载外设库

STM32F 系列微控制器基于 ARM Cortex-M3 内核的 32 位 CPU，内部寄存器设置比较复杂，为了简化编程，ST 官网提供了固件库下载。该库是一个固件函数包，由程序、数据结构和宏组成，包括微控制器所有外设的性能特征，还包括每一个外设的驱动描述和应用实例。通过使用固件函数库，初学者无需掌握细节也可以轻松操作每一个外设。因此，使用固件库可以大大缩短用户程序编写时间。

每个外设驱动都由一组函数组成，这组函数覆盖了该外设所有功能。每个器件的开发都由一个通用应用编程界面（Application Programming Interface，API）驱动，API 对该驱动程序的结构、函数和参数名称都进行了标准化。所有的驱动源代码都符合 Strict ANSI-C 标准。厂商已经把驱动源代码文档化，同时兼容 MISRA-C 2004 标准。由于整个固件函数库按照 Strict ANSI-C 标准编写，因此不受开发环境影响。

该固件库通过校验所有库函数的输入值来实现实时错误检测，且该动态校验提高了软件的鲁棒性。同时，实时监测适合于用户应用程序的开发和调试。由于固件库函数是通用的，并且包涵了所有外设功能，这会影响应用程序代码的大小和执行速度，因此对于代码大小和执行速度有严格要求的用户可以尝试直接对寄存器操作来达到要求。

读者可到 http：//www.st.com/web/en/catalog/tools/FM147/CL1794/SC961 去下载最新的外设库，版本为 3.5.0，其下载界面如图 4.1 所示。

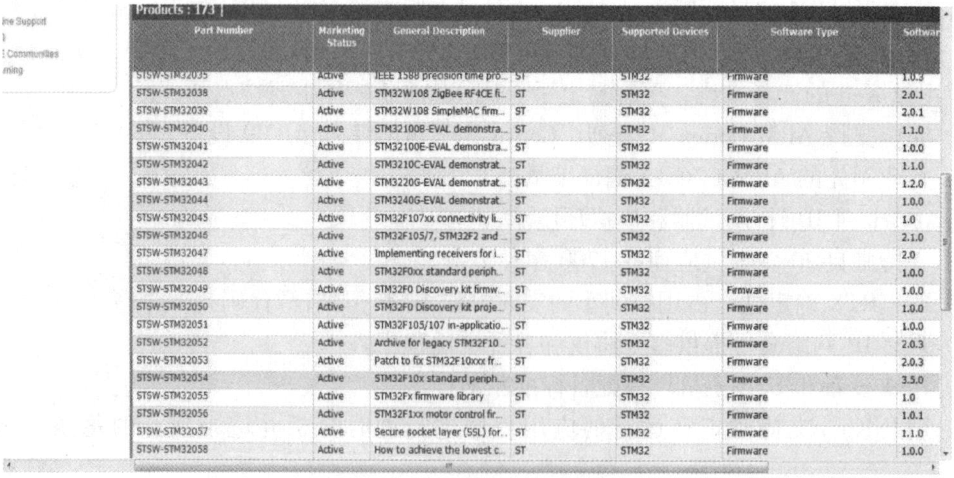

Products : 173

Part Number	Marketing Status	General Description	Supplier	Supported Devices	Software Type	Softwar
STSW-STM32035	Active	IEEE 1588 precision time pro...	ST	STM32	Firmware	1.0.3
STSW-STM32038	Active	STM32W108 ZigBee RF4CE fi...	ST	STM32	Firmware	2.0.1
STSW-STM32039	Active	STM32W108 SimpleMAC firm...	ST	STM32	Firmware	2.0.1
STSW-STM32040	Active	STM32100B-EVAL demonstra...	ST	STM32	Firmware	1.1.0
STSW-STM32041	Active	STM32100E-EVAL demonstra...	ST	STM32	Firmware	1.0.0
STSW-STM32042	Active	STM3210C-EVAL demonstrat...	ST	STM32	Firmware	1.1.0
STSW-STM32043	Active	STM3220G-EVAL demonstrat...	ST	STM32	Firmware	1.2.0
STSW-STM32044	Active	STM3240G-EVAL demonstrat...	ST	STM32	Firmware	1.0.0
STSW-STM32045	Active	STM32F107xx connectivity li...	ST	STM32	Firmware	1.0
STSW-STM32046	Active	STM32F105/7, STM32F2 and ...	ST	STM32	Firmware	2.1.0
STSW-STM32047	Active	Implementing receivers for i...	ST	STM32	Firmware	2.0
STSW-STM32048	Active	STM32F0xx standard periph...	ST	STM32	Firmware	1.0.0
STSW-STM32049	Active	STM32F0 Discovery kit firmw...	ST	STM32	Firmware	1.0.0
STSW-STM32050	Active	STM32F0 Discovery kit proje...	ST	STM32	Firmware	1.0.0
STSW-STM32051	Active	STM32F105/107 in-applicatio...	ST	STM32	Firmware	1.0.0
STSW-STM32052	Active	Archive for legacy STM32F10...	ST	STM32	Firmware	2.0.3
STSW-STM32053	Active	Patch to fix STM32F10xxx fr...	ST	STM32	Firmware	2.0.3
STSW-STM32054	Active	STM32F10x standard periph...	ST	STM32	Firmware	3.5.0
STSW-STM32055	Active	STM32Fx firmware library	ST	STM32	Firmware	1.0
STSW-STM32056	Active	STM32F1xx motor control fir...	ST	STM32	Firmware	1.0.1
STSW-STM32057	Active	Secure socket layer (SSL) for...	ST	STM32	Firmware	1.1.0
STSW-STM32058	Active	How to achieve the lowest c...	ST	STM32	Firmware	1.0.0

图 4.1　外设库下载界面

MDK-ARM 开发工具最新版本读者可以到 Keil 公司网站下载 https：//www.keil.com/demo/eval/arm.htm。

在计算机上任选一位置建立文件夹 STM32Works，将下载的外设库文件中的 Libraries 文件夹复制到这个文件夹中。在 STM32Works 文件夹中建立 List、Object、User、Project 四个子文件夹，如图4.2所示。其中，User文件夹存放用户自定义程序，Project用于存放建立工程时的相关文件，List文件夹用于存放编译时产生的list文件和map文件。

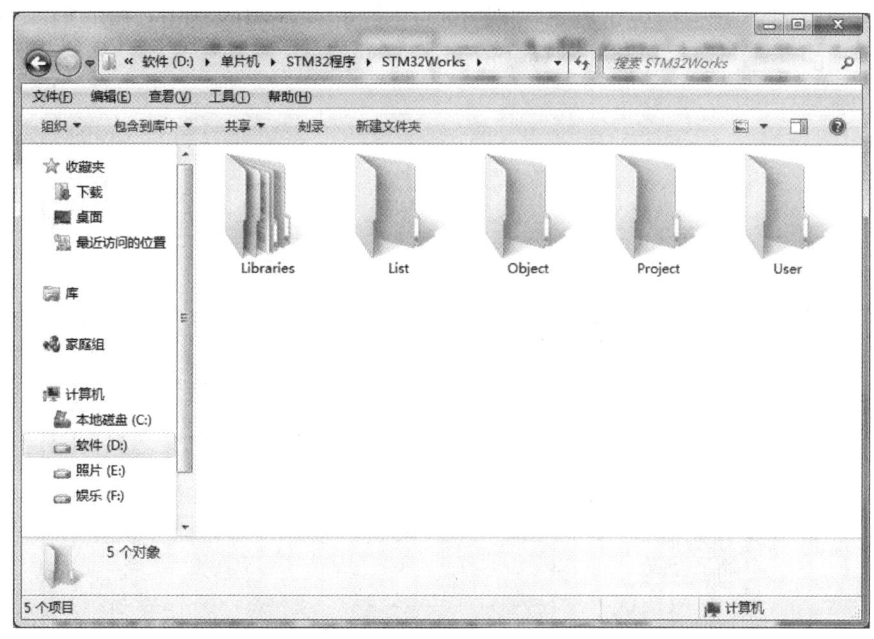

图4.2　目录文件夹

4.2.2　建立新工程

1）打开MDK软件，选择Project→New μVision Project菜单项，则弹出如图4.3所示保存工程界面。

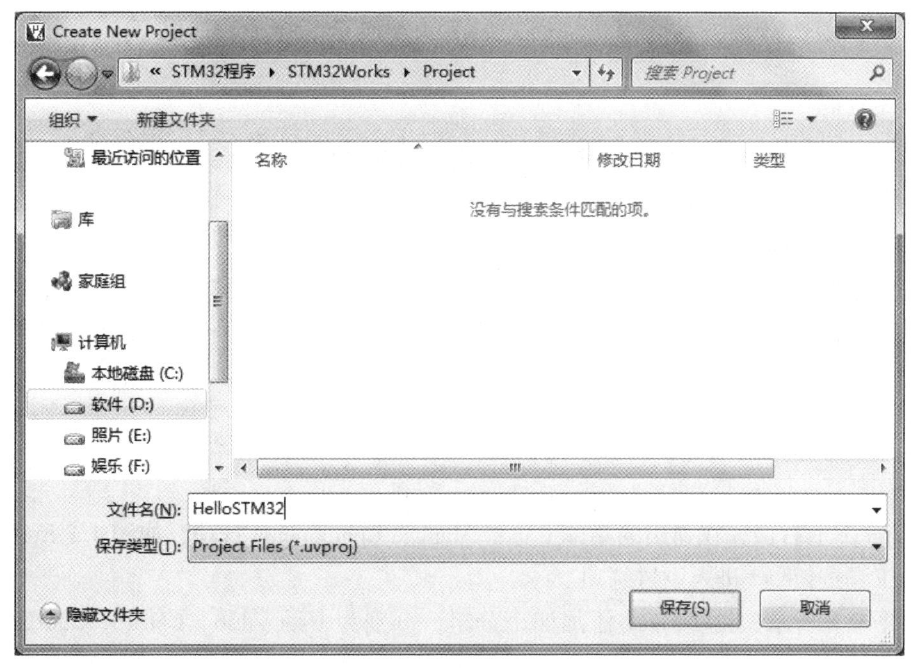

图4.3　保存工程界面

根据需要给工程取名并保存在刚才建立好的 Project 文件夹中。单击“保存”按钮，则弹出器件选择对话框，如图 4.4 所示。因为 ALIENTEK MiniSTM32 开发板所使用的 STM32 型号为 STM32F103VET6，所以可以选择 STMicroelectronics 下面的 STM32F103VE（如果使用的是其他系列的芯片，选择相应的型号就可以了）。

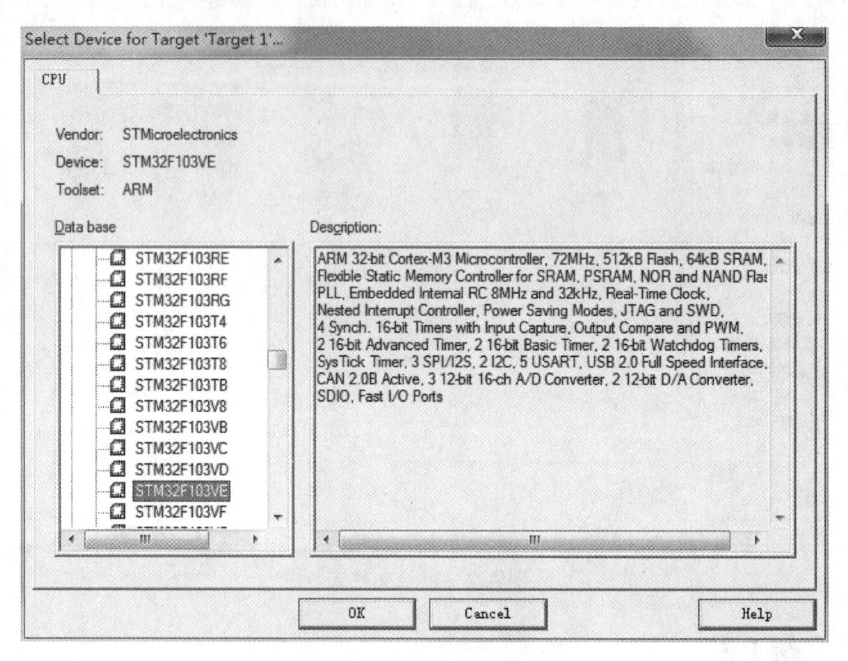

图 4.4　器件选择对话框

单击“OK”按钮，则 MDK 弹出一个对话框，问用户是否加载启动代码到当前工程里面。若需要，则选择是，本例中选择否，如图 4.5 所示。完成以上步骤后，新建工程如图 4.6所示。

图 4.5　提示界面

在 Target1 上右击，在弹出的菜单上选择 Manage Components 选项，如图 4.7 所示，或者直接单击工具按钮 进入设置选项。

按照图 4.8 所示，给 Target1 添加四个分组，分别为 User、Lib、CMSIS、StartUp，配置后如图 4.9 所示。

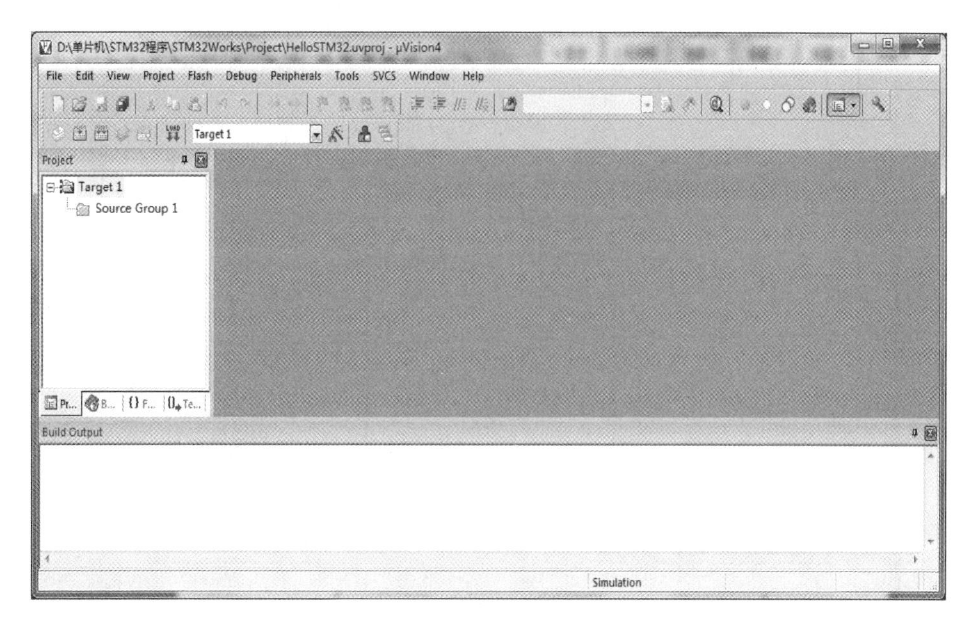

图 4.6　新建工程

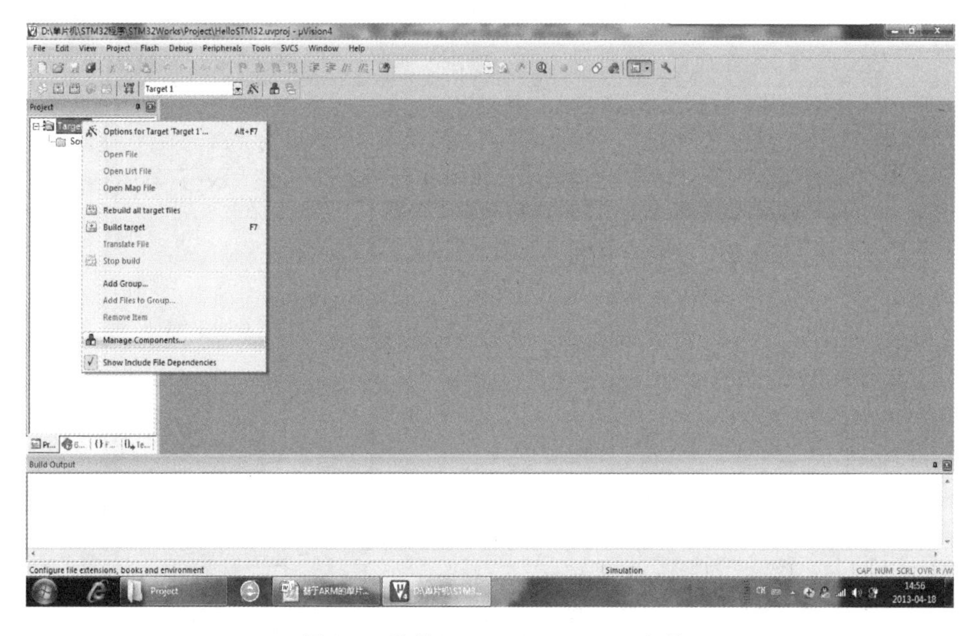

图 4.7　选择 Manage Components 选项

下面给建立的四个分组目录里添加相应的文件。首先，将固件库 Project \ STM32F10x_StdPeriph_Examples \ TIM \ 6Steps 文件夹中的 main. c、stm32f10x_conf. h、stm32f10x_it. c、system_stm32f10x. c、stm32f10x_it. h 几个文件复制到 User 文件夹中。在 Manage Components 选项中选择 User，再单击“Add Files”按钮，弹出添加文件对话框如图 4. 10 所示。将文件 main. c 和 stm32f10x_it. c 加入到 User 文件夹中，添加后的界面如图 4. 11 所示。

2）在 Lib 文件夹添加文件。重复 1）中添加文件的步骤，把固件库中 Libraries \ STM32F10x_StdPeriph_Driver \ src 文件夹下所有文件添加到 Lib 目录中。

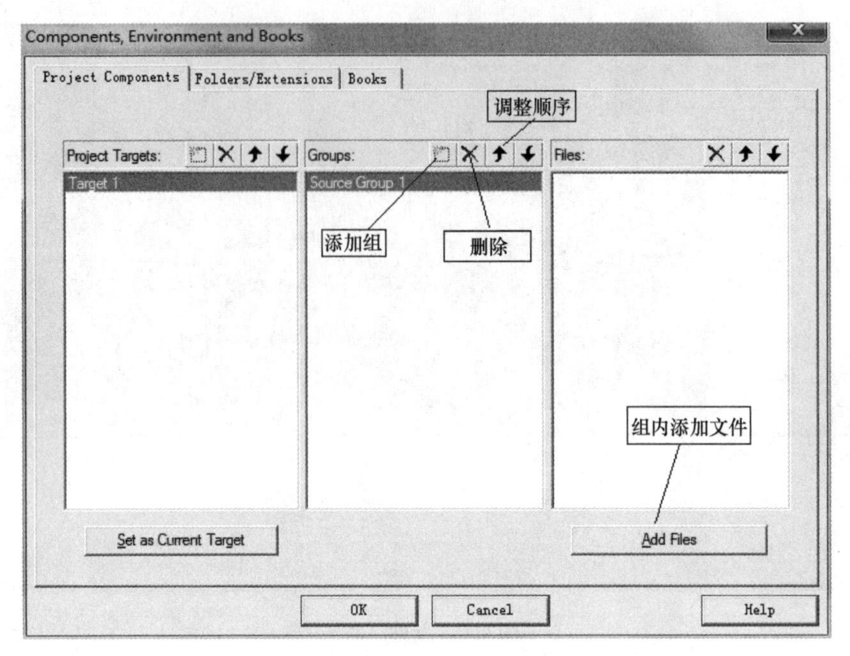

图 4.8　Manage Components 选项

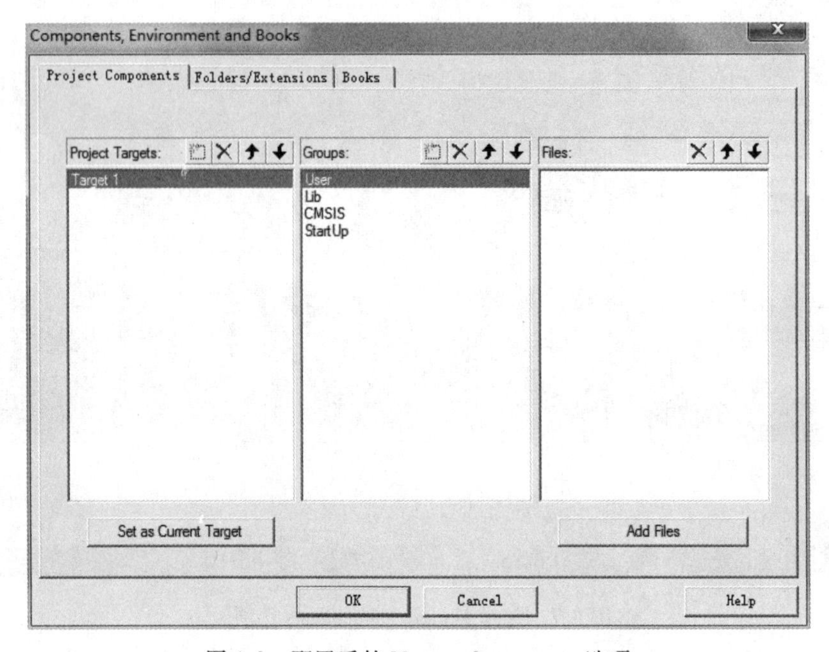

图 4.9　配置后的 Manage Components 选项

注意：这里之所以全部添加是避免初学者不确定需要哪些具体配置文件，有相关基础的读者根据需要添加相关文件即可。添加文件后的界面如图 4.12 所示。

3）在 CMSIS 文件夹中添加相关内核文件。选中 CMSIS 目录，单击“Add Files”按钮，将 Libraries \ CMSIS \ CM3 \ DeviceSupport \ ST \ STM32F10x 文件夹中的 system_stm32f10x. c 文件和 Libraries \ CMSIS \ CM3 \ CoreSupport 文件夹中的 core_cm3. c 文件添加进来。添加完成后的界面如图 4.13 所示。

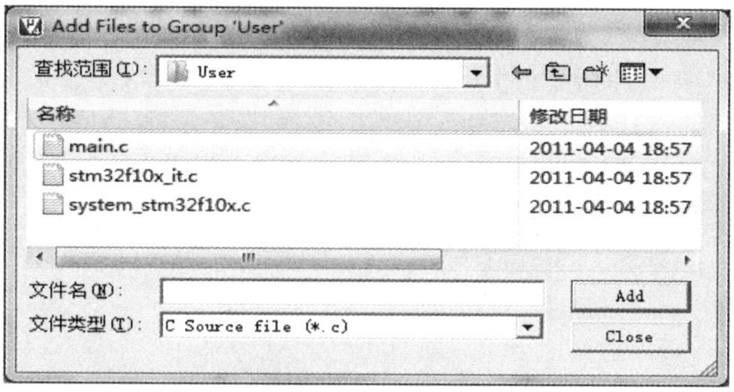

Add Files to Group 'User'
查找范围(I): User
名称
修改日期
main.c
2011-04-04 18:57
stm32f10x_it.c
2011-04-04 18:57
system_stm32f10x.c
2011-04-04 18:57
文件名(N):
Add
文件类型(T): C Source file (*.c)
Close

图 4.10　添加文件对话框

Components, Environment and Books
Project Components
Folders/Extensions
Books
Project Targets:
Target 1
Groups:
User
Lib
CMSIS
StartUp
Files:
main.c
stm32f10x_it.c
Set as Current Target
Add Files
OK
Cancel
Help

图 4.11　User 文件夹添加文件后的界面

Components, Environment and Books
Project Components
Folders/Extensions
Books
Project Targets:
Target 1
Groups:
User
Lib
CMSIS
StartUp
Files:
misc.c
stm32f10x_adc.c
stm32f10x_bkp.c
stm32f10x_can.c
stm32f10x_cec.c
stm32f10x_crc.c
stm32f10x_dac.c
stm32f10x_dbgmcu.c
stm32f10x_dma.c
stm32f10x_exti.c
stm32f10x_flash.c
stm32f10x_fsmc.c
stm32f10x_gpio.c
stm32f10x_i2c.c
stm32f10x_iwdg.c
stm32f10x_pwr.c
stm32f10x_rcc.c
stm32f10x_rtc.c
stm32f10x_sdio.c
Set as Current Target
Add Files
OK
Cancel
Help

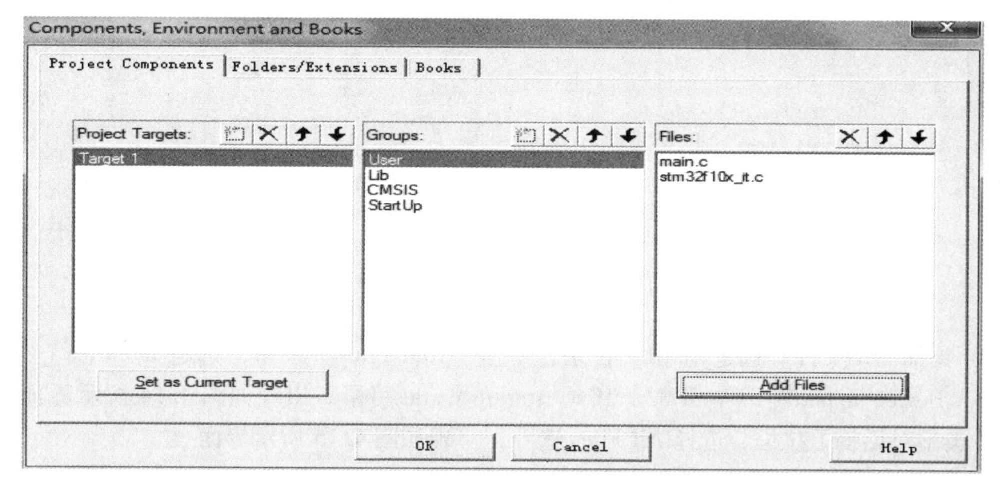

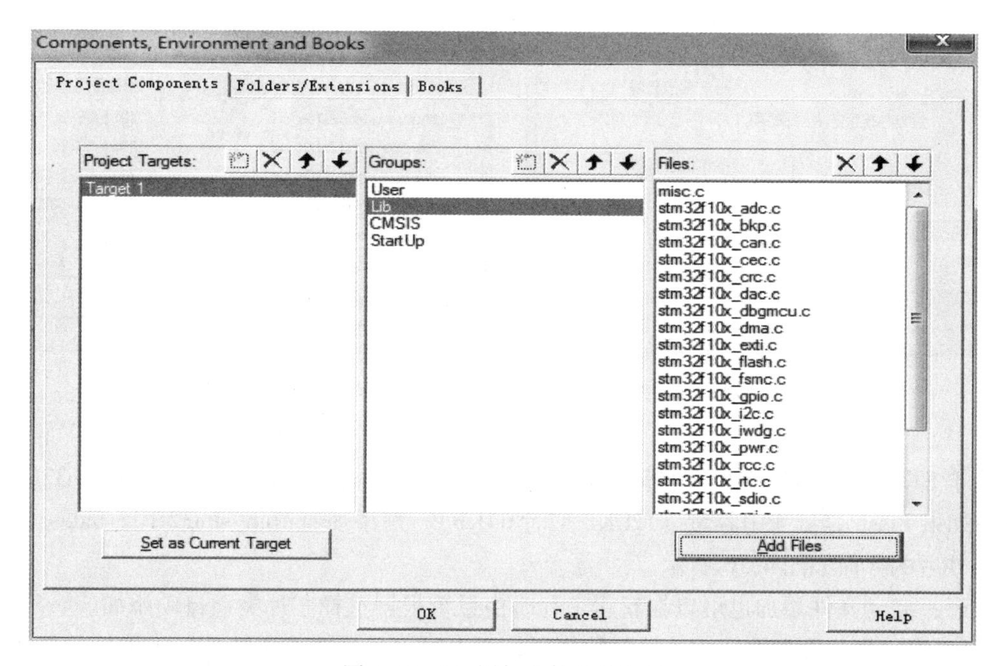

图 4.12　Lib 添加文件后的界面

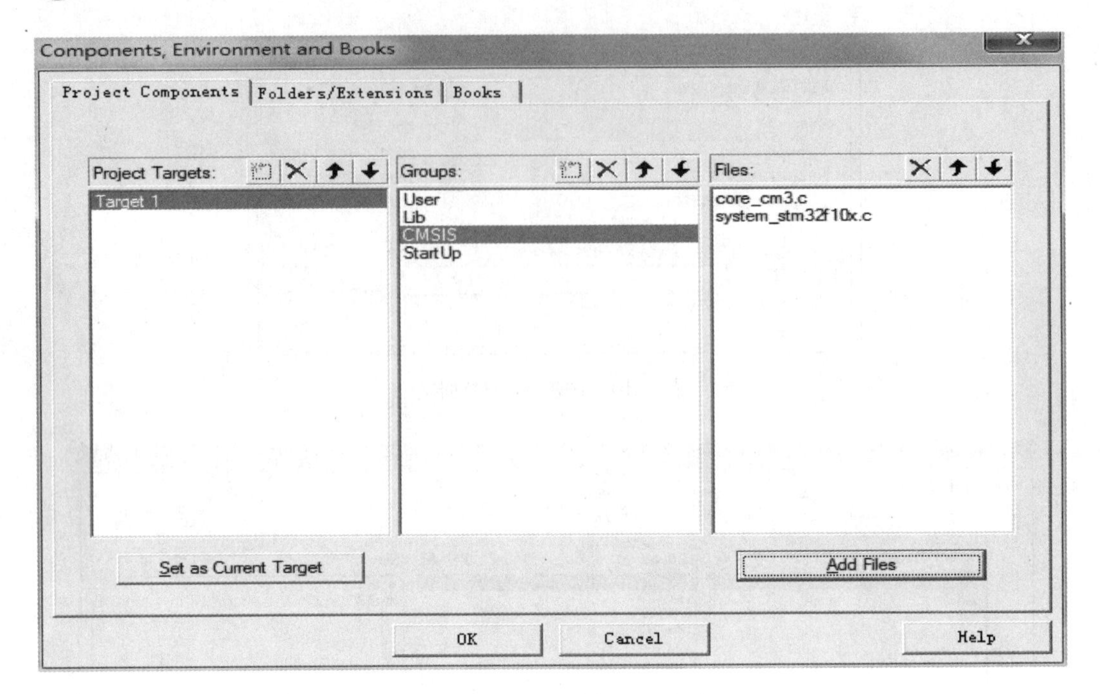

图 4. 13 CMSIS 添加完成后的界面

4）添加启动文件。选定 StartUp 目录，单击“Add Files”按钮，选定 Libraries \ CMSIS \ CM3 \ DeviceSupport \ ST \ STM32F10x \ startup \ arm 目录，出现如图 4. 14 所示界面。单击文件类型对话框下拉框，选择 All Files 选项，出现如图 4. 15 所示界面。

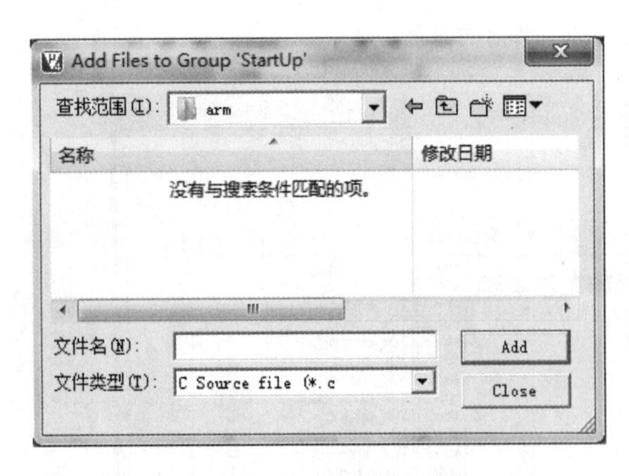

图 4. 14 启动文件目录

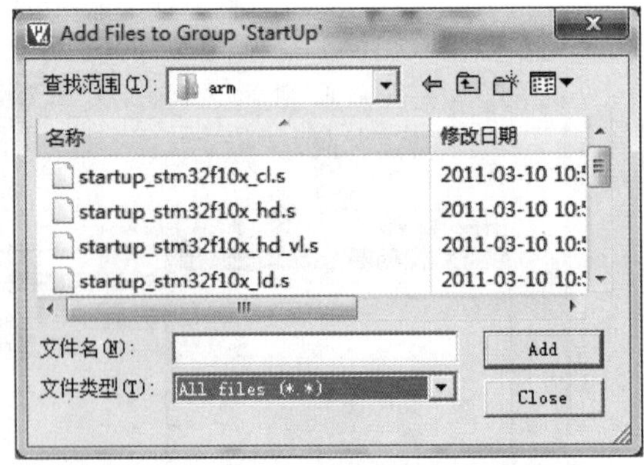

图 4. 15 启动文件夹显示文件

由于 STM32F103VET6 为大容量 Flash（512KB），所以在此添加文件 startup_stm32f10x_hd. s，如果 Flash 容量为中容量（128KB 或者 64KB），则添加 startup_stm32f10x_md. s，添加启动文件后的界面如图 4. 16 所示。

注意：启动文件添加也可以在新建工程时由系统根据选择芯片类型自动添加。

启动代码是一段和硬件相关的汇编代码，必不可少，具体作用如下：①堆栈的初始化；②向量表定义；③地址重映射及中断向量表的转移；④设置系统时钟频率；⑤中断寄存器的

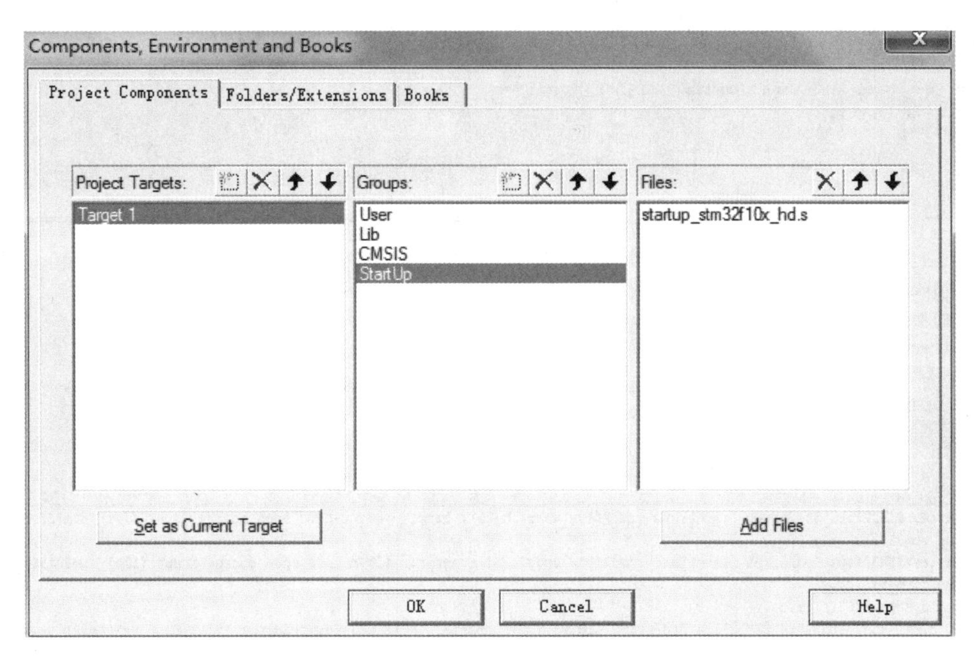

图 4.16　添加启动文件后的界面

初始化。感兴趣的读者可以自行分析这部分代码。

添加完各目录文件的工程如图 4.17 所示。这时读者可以单击“编译”按钮，对所建立的工程进行编译，编译结果如图 4.18 所示，有错误发生暂时不用管它。

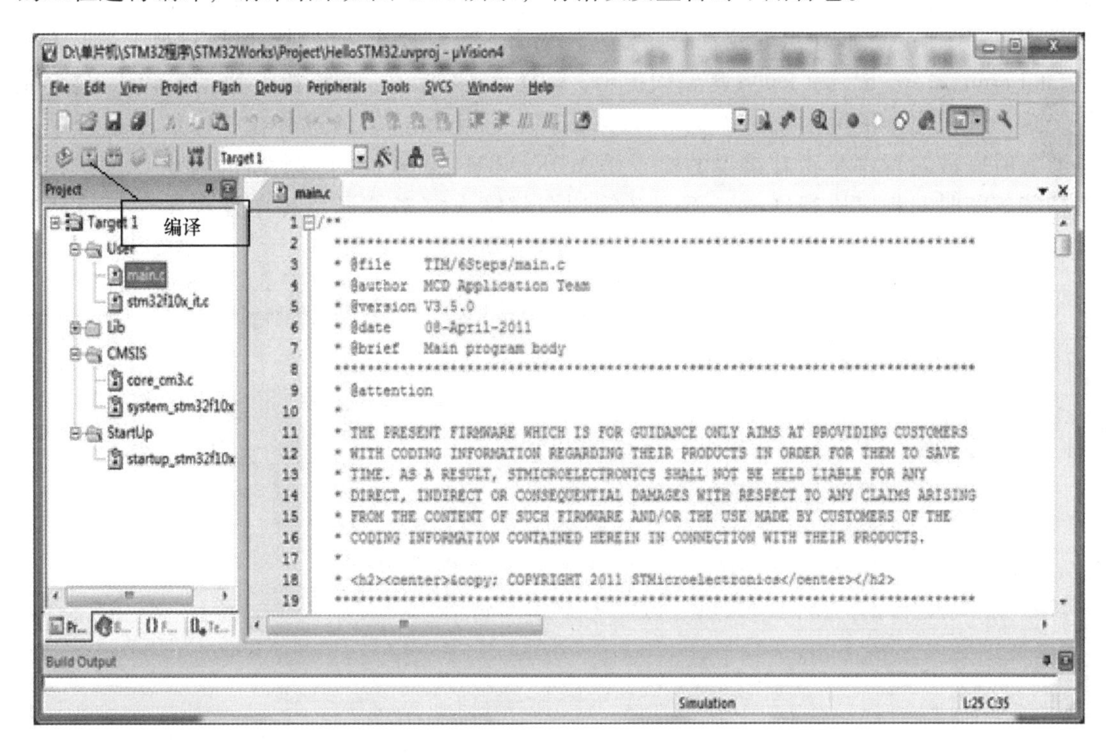

图 4.17　添加完各目录文件的工程

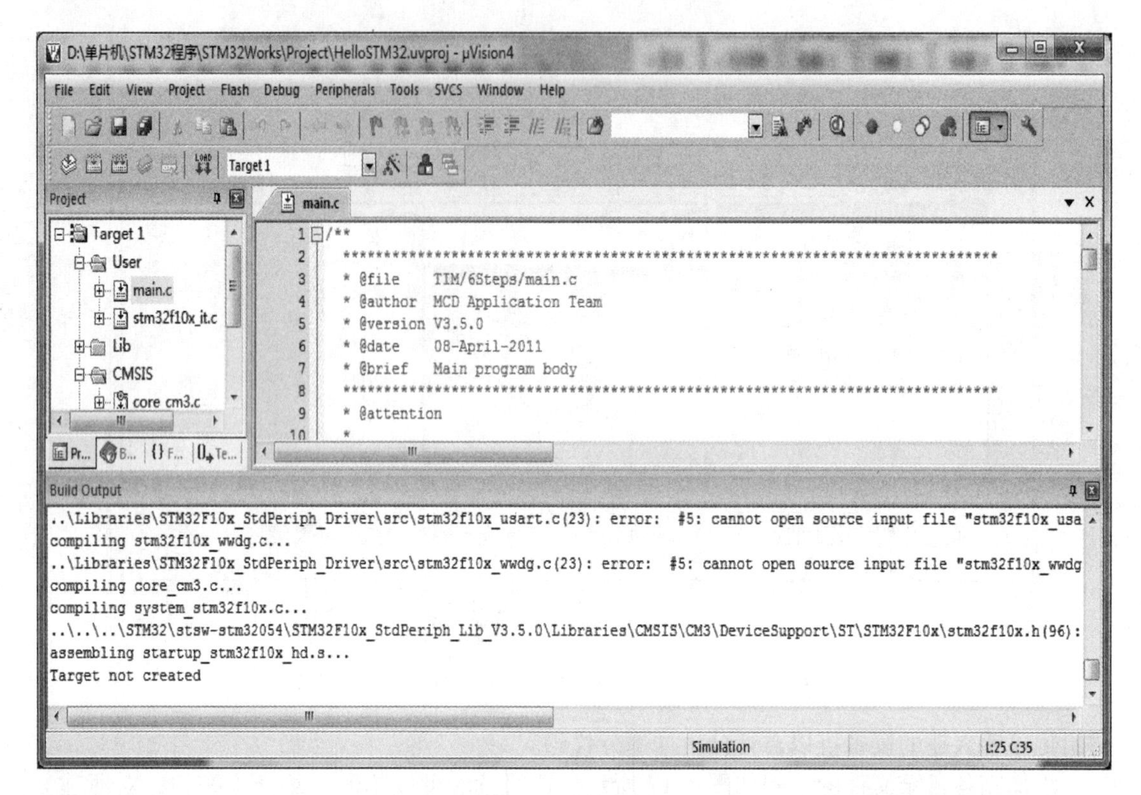

图 4.18 编译结果

在主程序输入过程中会看到在程序框左侧会有一个红色小叉出现，鼠标移至小叉上方会有 fatal error：‘sys. h’ not found 等错误提示，如图 4.19 所示。系统找不到‘sys. h’这个文件，这个错误出现的原因就是因为 include 的路径没有加进去。这种在程序编写过程中就能够实时完成对程序是否有错误的检查是 MDK-ARM4. 7 软件的一个新的特点。这样程序员就能够随时对程序进行修改，而不必等到全部输入完毕编译过程中发现错误再返回来修改。

```
main.c
25 /** @addtogroup STM32F10x_StdPeriph_Examples
26   * @{
27   */
28
29 /** @addtogroup TIM_6Steps
30   * @{
31   */
32
33 /* Private typedef -----------------------------------------------------------*/
34 /* Private define ------------------------------------------------------------*/
35 /* Private macro -------------------------------------------------------------*/
36 /* Private variables ---------------------------------------------------------*/
37 TIM_TimeBaseInitTypeDef  TIM_TimeBaseStructure;
38 TIM_OCInitTypeDef  TIM_OCInitStructure;
39 TIM_BDTRInitTypeDef TIM_BDTRInitStructure;
40 uint16_t CCR1_Val = 32767;
41 uint16_t CCR2_Val = 24575;
42 uint16_t CCR3_Val = 16383;
43 uint16_t CCR4_Val = 8191;
44
45 /* Private function prototypes -----------------------------------------------*/
46 void RCC_Configuration(void);
47 void GPIO_Configuration(void);
48 void SysTick_Configuration(void);
49 void NVIC_Configuration(void);
50
51 /* Private functions ---------------------------------------------------------*/
52
53 /**
```

图 4.19 错误提示

4.2.3 工程编译环境设置

为了解决新建工程出现的错误，需要对所建立工程的相关环境变量进行设置。

1）Target 选项设置。单击选项（Target Options）按钮，如图 4.20 所示，则弹出 Options for Target ‘Target 1’对话框，可进行 Target 选项设置，如图 4.21 所示。

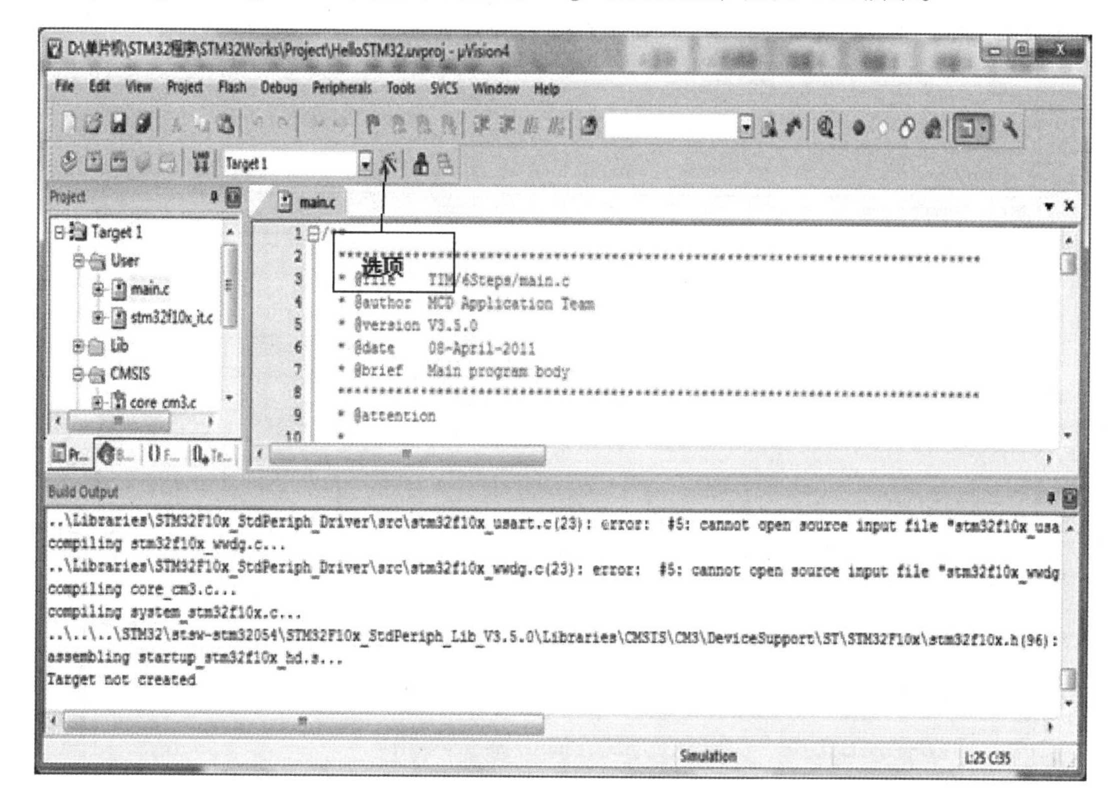

图 4.20 选项按钮位置

2）产生 HEX 文件。单击 Output 标签，打开 Output 选项卡，按照图 4.22 所示勾选“Creat HEX File”方框，这样在编译完成没有错误的情况下就可以生成 STM32 单片机的可执行文件格式，即 .hex 格式。

3）选择目标文件（Object）输出的文件夹路径。按照图 4.23 所示步骤添加目标文件输出文件夹路径。

4）选择列表文件（List）输出的文件夹路径。单击 Listing 标签，在 Listing 选项卡中按照图 4.24 所示步骤添加目标文件输出文件夹路径。

5）C/C ++ 选项卡设置。单击 C/C ++ 标签，在 C/C ++ 选项卡的 Define 文本框中输入代码 USE_STDPERIPH_DRIVER，STM32F10X_HD。其中，第一个 USE_STDPERIPH_DRIVER 定义了使用外设库，定义此项会包涵 * _conf. h 文件，从而使用外设库；第二个 STM32F10X_ HD 对应启动文件 startup_stm32f10x_hd. s，即大容量 Flash，设置后的界面如图 4.25 所示。

6）添加头文件路径。按照图 4.26 所示步骤添加相关头文件路径，否则编写程序时会出现错误提示。路径添加完成后的界面如图 4.27 所示。

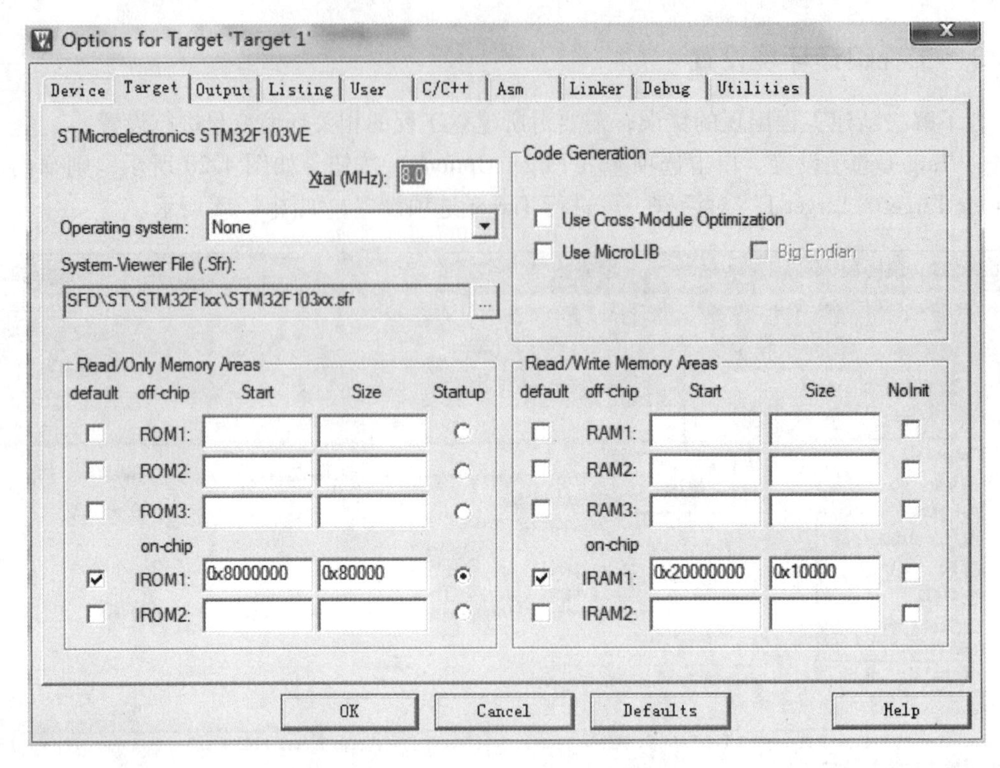

图 4. 21　Target 选项设置对话框

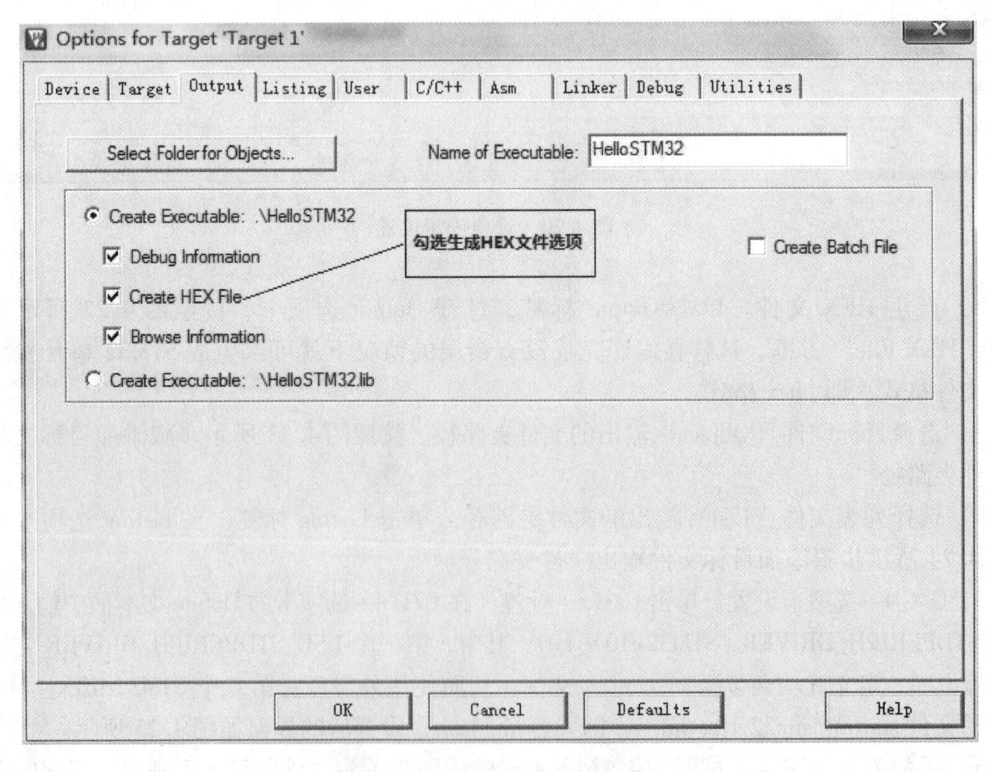

图 4. 22　勾选产生 HEX 选项

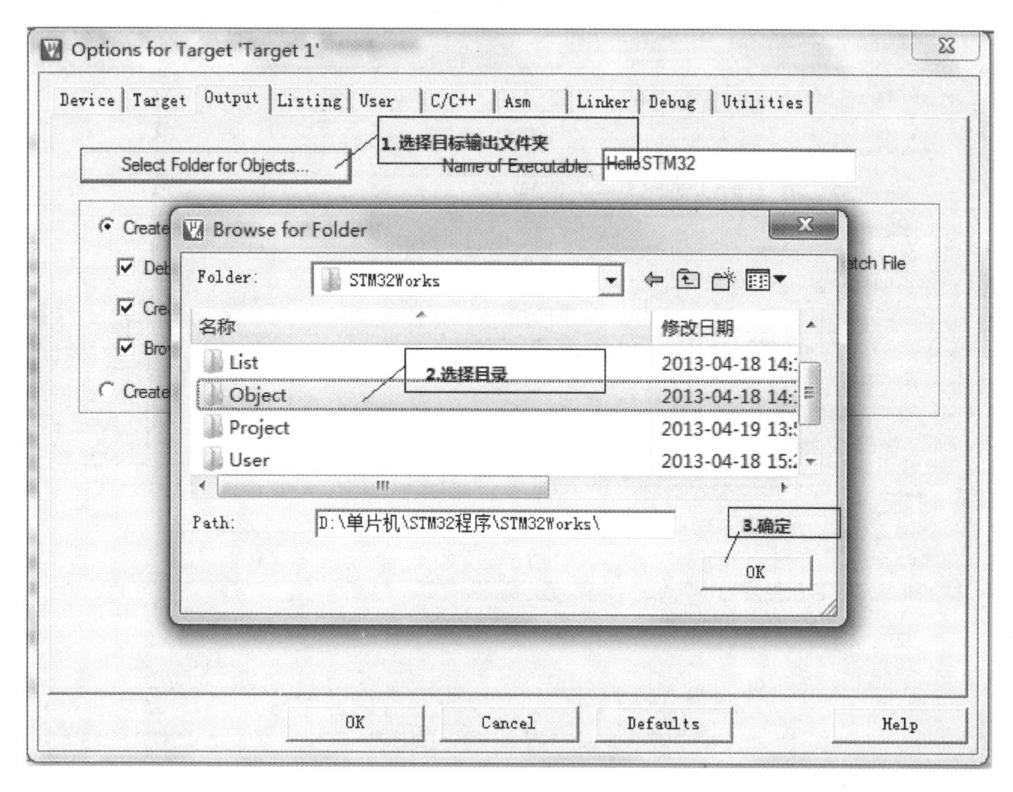

图 4.23　目标文件夹路径设置

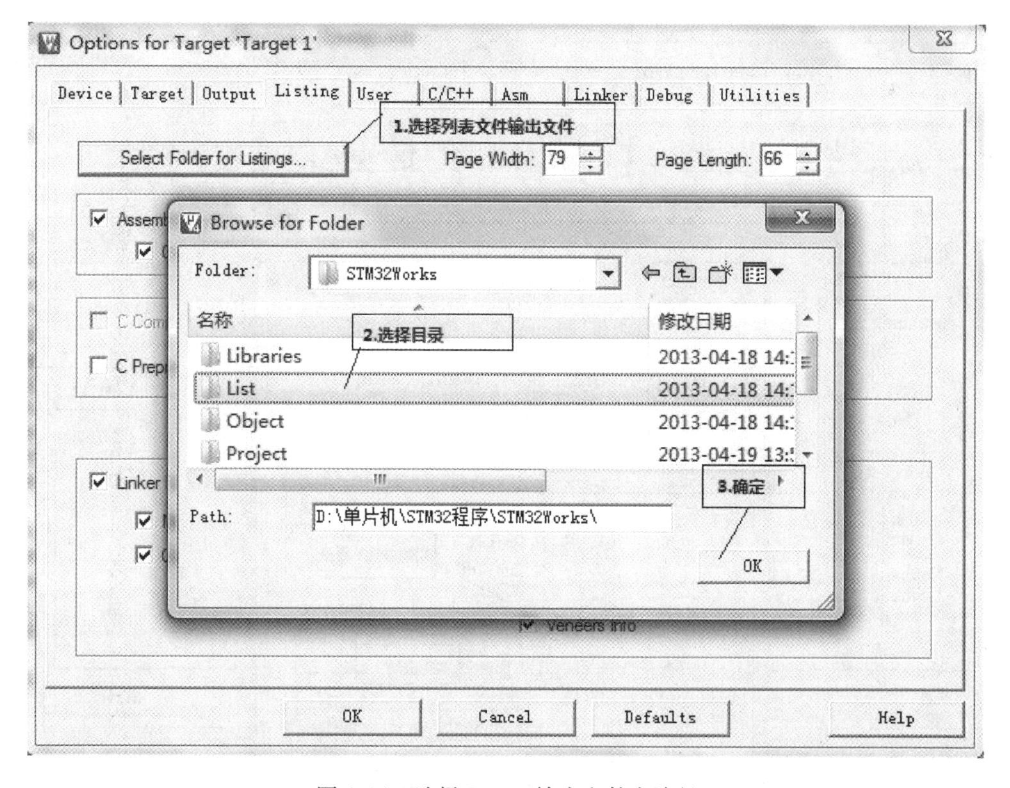

图 4.24　选择 Listing 输出文件夹路径

Options for Target 'Target 1'

Device | Target | Output | Listing | User | C/C++ | Asm | Linker | Debug | Utilities

Preprocessor Symbols

Define: USE_STDPERIPH_DRIVER,STM32F10X_HD

Undefine:

Language / Code Generation

Optimization: Level 0 (-O0)

Optimize for Time

Split Load and Store Multiple

One ELF Section per Function

Strict ANSI C

Enum Container always int

Plain Char is Signed

Read-Only Position Independent

Read-Write Position Independent

Warnings: <unspecified>

Thumb Mode

No Auto Includes

Include Paths

Misc Controls

Compiler control string: -c --cpu Cortex-M3 -D__EVAL -g -O0 --apcs=interwork -I C:\Keil\ARM\RV31\INC

OK | Cancel | Defaults | Help

图 4.25　C/C ++ 选项卡设置后的界面

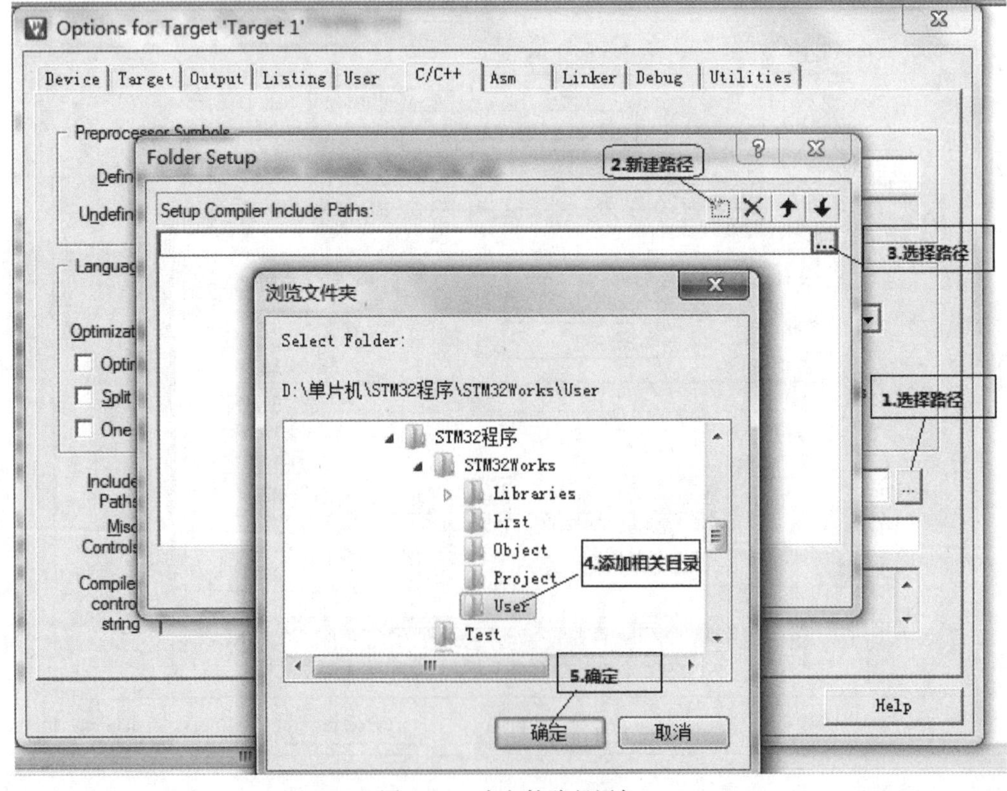

图 4.26　头文件路径添加

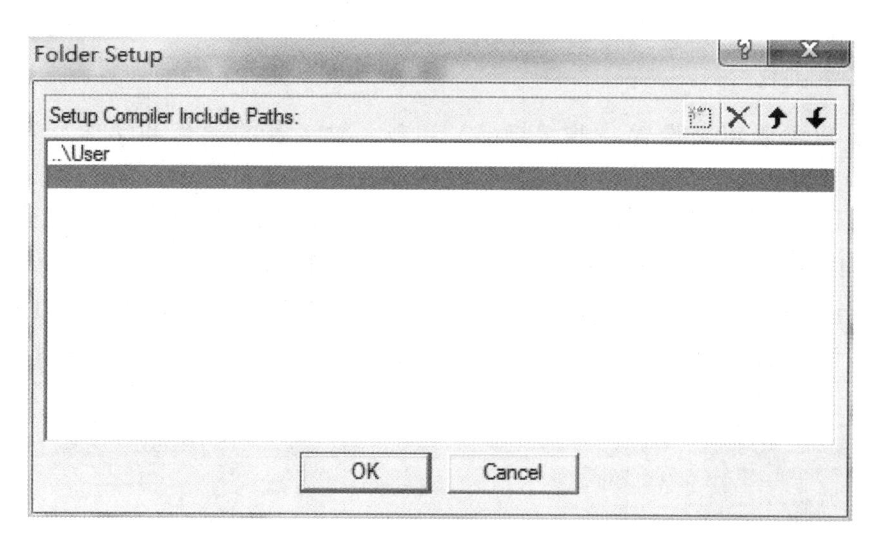

图 4.27 路径添加完成后的界面

7）添加库文件路径。添加路径 Libraries \ STM32F10x_StdPeriph_Driver \ inc、Libraries \ CMSIS \ CM3 \ CoreSupport 及 Libraries \ CMSIS \ CM3 \ DeviceSupport \ ST \ STM32F10x，库文件路径添加完成后的界面如图 4.28 所示。

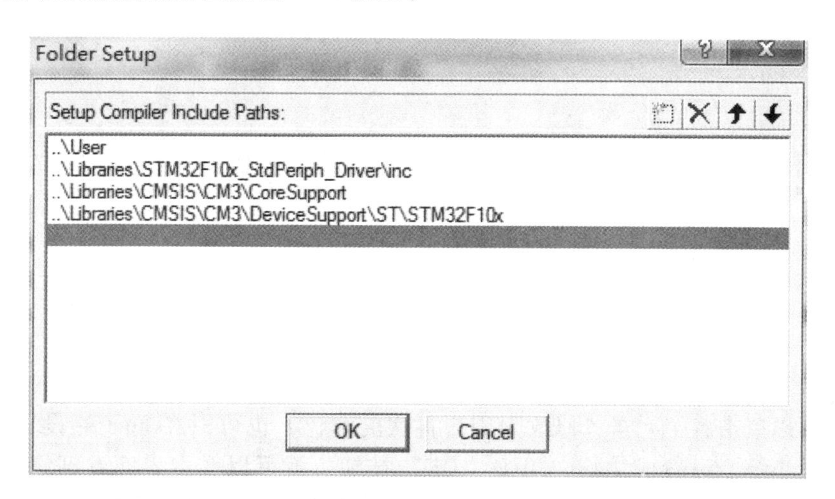

图 4.28 库文件路径添加完成后的界面

至此，一个完整的 STM32 开发工程在 MDK 下建立完成，接下来就可以进行代码下载和仿真调试了。

4.3 RVMDK 使用技巧

通过前面的学习已经了解了如何在 MDK 开发套件的 μVision4.70 软件里面建立属于自己的工程。下面介绍该软件的一些使用技巧，这些技巧在代码的编辑方面非常有用，希望读者能够掌握，最好实际操作一下，加深印象。

4.3.1 文本美化

文本美化主要用来设置一些关键字、注释、数字等的颜色和字体。前面在介绍 μVision4.70 新建工程时看到的界面如图 4.29 所示。这是 MDK 默认的设置，可以看到，其中的关键字和注释等字体的颜色不是很漂亮。对此，MDK 提供了自定义字体颜色的功能。编辑时，可以在工具条上单击 🔧（编辑配置对话框）按钮，弹出如图 4.30 所示对话框。在图 4.30 中选择 Colors&Fonts 选项卡，在该选项卡内就可以设置代码的字体和颜色。由于使用的是 C 语言，故在 Window 栏选择 C/C ++ Editor Files，在右边就可以看到相应的元素了，如图 4.31 所示。

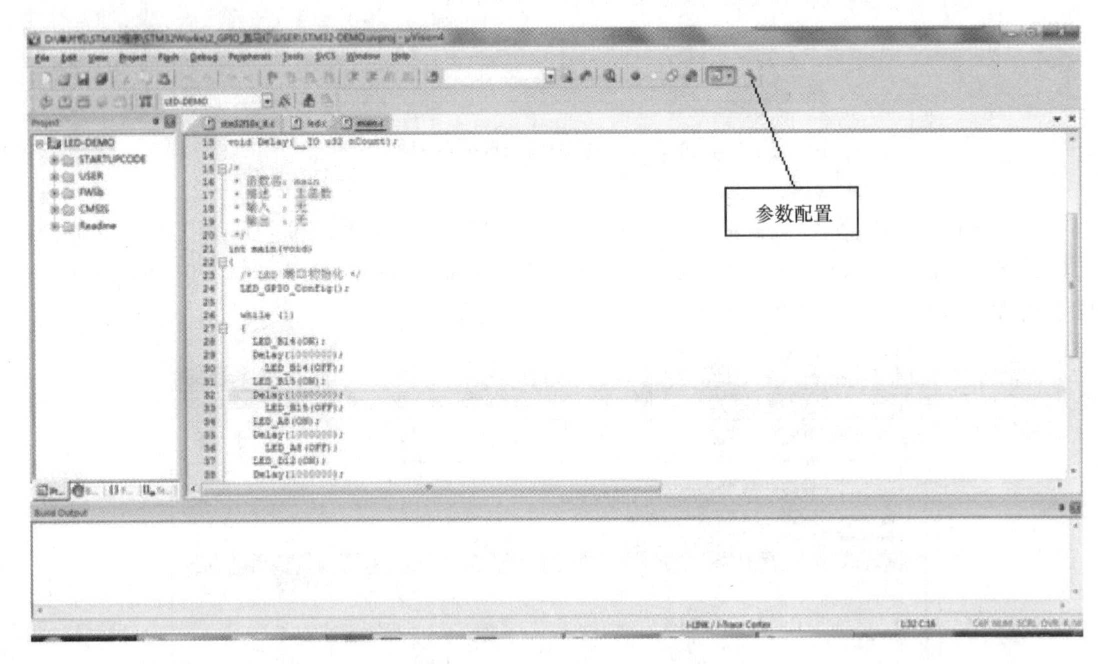

图 4.29 MDK 新建工程界面

然后，可以单击各个元素，修改为用户喜欢的颜色，也可以在 Font 栏设置字体的类型以及字体的大小等。设置成之后，单击“OK”按钮，就可以在主界面看到修改后的结果，如图 4.32 所示，与未修改前相比效果好多了。如果字体小，可以在该对话框的 Font 栏设置得大一点，如果字体大，也可以设置得小一点。

图 4.32 所示编辑配置对话框里面还可以设置很多功能，比如按 TAB 键右移多少位、快捷键修改等，有兴趣的读者可以自行摸索。

4.3.2 代码编辑技巧

本小节介绍几个常用的技巧，这些小技巧能给代码的编辑带来很大的方便。

1. TAB 键的妙用

TAB 键在一般编译器里是用来空位的，即每按一下移空几个位，如果经常编写程序，则对 TAB 键的这个功能一定再熟悉不过了。但是 MDK 的 TAB 键的使用和一般编译器的

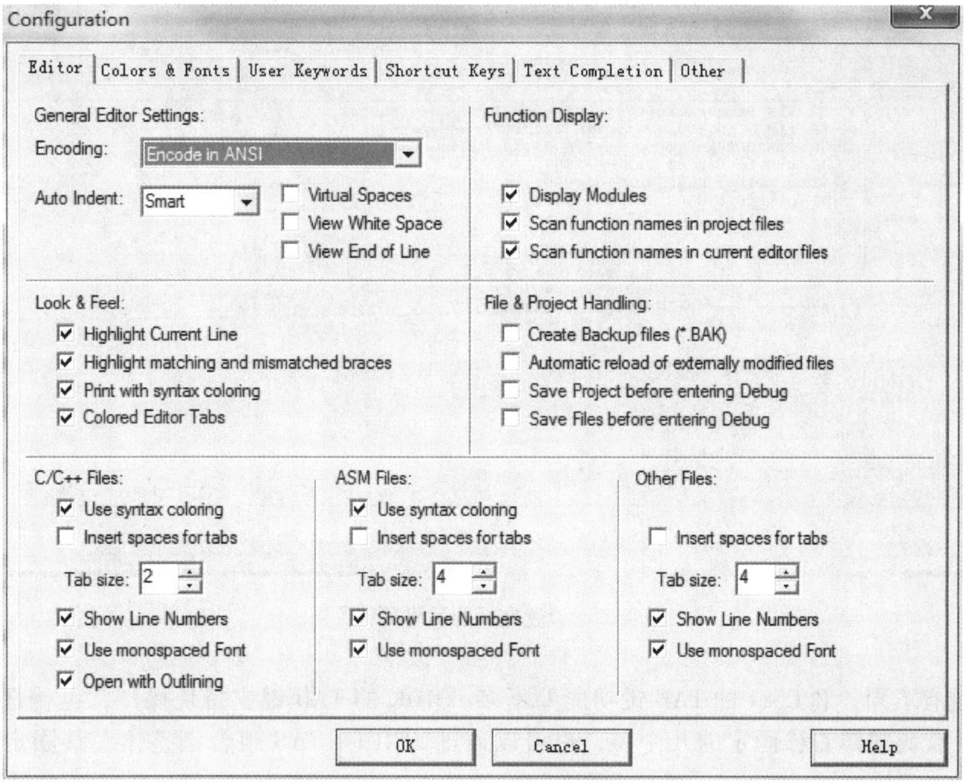

图 4.30　编辑配置对话框

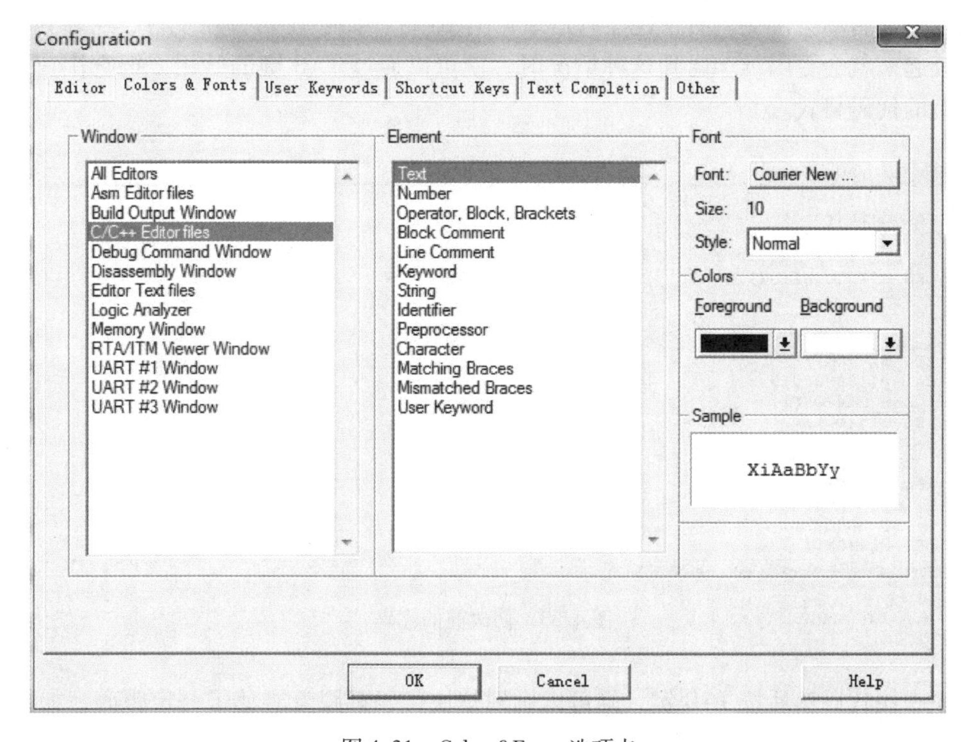

图 4.31　Colors&Fonts 选项卡

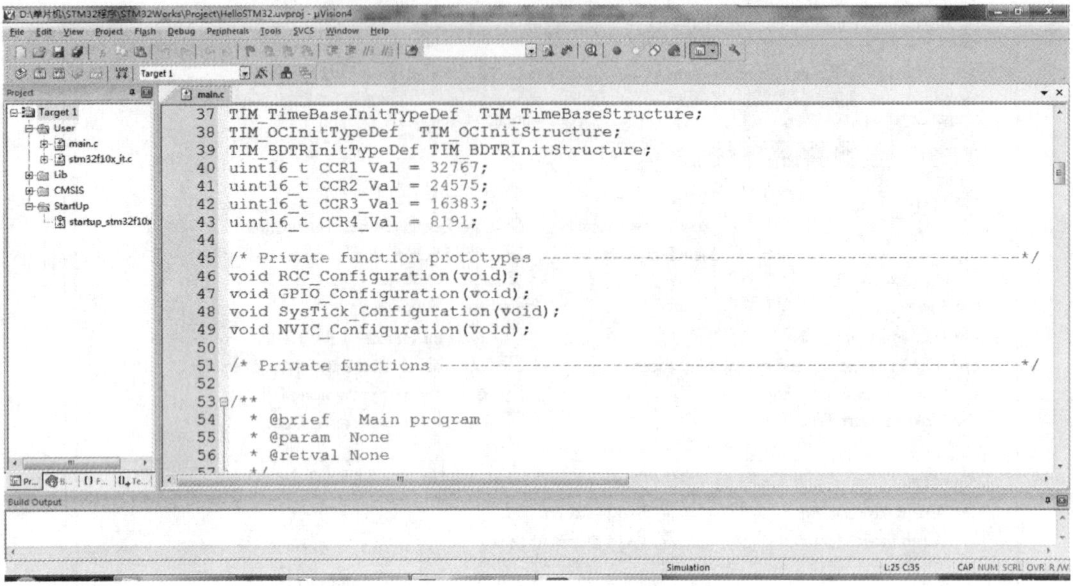

```
37 TIM_TimeBaseInitTypeDef  TIM_TimeBaseStructure;
38 TIM_OCInitTypeDef  TIM_OCInitStructure;
39 TIM_BDTRInitTypeDef TIM_BDTRInitStructure;
40 uint16_t CCR1_Val = 32767;
41 uint16_t CCR2_Val = 24575;
42 uint16_t CCR3_Val = 16383;
43 uint16_t CCR4_Val = 8191;
44
45 /* Private function prototypes -----------------------------------------------*/
46 void RCC_Configuration(void);
47 void GPIO_Configuration(void);
48 void SysTick_Configuration(void);
49 void NVIC_Configuration(void);
50
51 /* Private functions ---------------------------------------------------------*/
52
53 /**
54   * @brief   Main program
55   * @param  None
56   * @retval None
```

图 4.32　设置完后的代码显示效果

TAB 键有不同，和 C ++ 的 TAB 键功能差不多。MDK 的 TAB 键支持块操作，也就是可以让一片代码整体右移固定的几个位，也可以通过 SHIFT + TAB 组合键整体左移固定的几个位。

如果跑马灯程序主函数（修改前的代码）如图 4.33 所示，层次不清，阅读困难，那么图中的代码读者不会接受。而且这还只是短短的 26 行，如果代码有几千行，通篇如此，则读者阅读起来就会更困难。遇到这种情况时，就可以通过 TAB 键的妙用，把它快速修改为比较规范的代码格式。

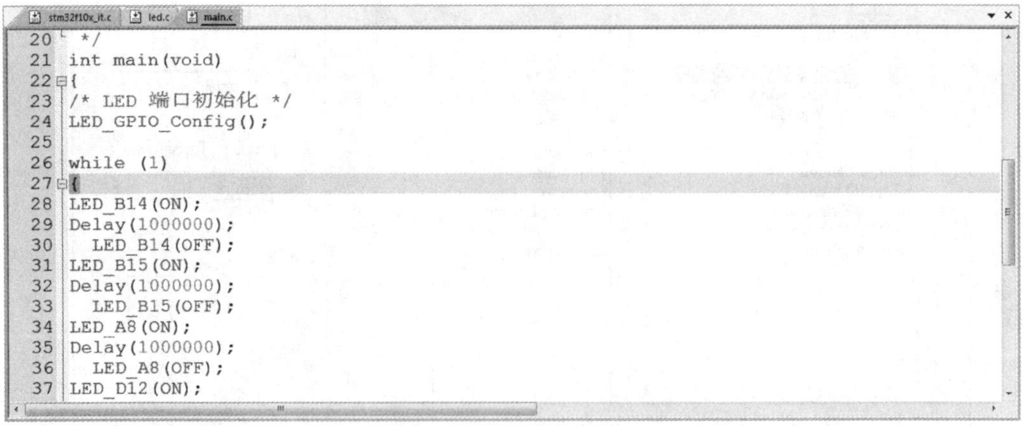

```
20  */
21 int main(void)
22 {
23 /* LED 端口初始化 */
24 LED_GPIO_Config();
25
26 while (1)
27 {
28 LED_B14(ON);
29 Delay(1000000);
30   LED_B14(OFF);
31 LED_B15(ON);
32 Delay(1000000);
33   LED_B15(OFF);
34 LED_A8(ON);
35 Delay(1000000);
36   LED_A8(OFF);
37 LED_D12(ON);
```

图 4.33　修改前的代码

选中一块代码然后按 TAB 键，则可以看到整块代码都跟着右移了一定距离，如图 4.34 所示。

```
21 int main(void)
22 {
23     /* LED 端口初始化 */
24     LED_GPIO_Config();
25
26     while (1)
27     {
28     LED_B14(ON);
29     Delay(1000000);
30       LED_B14(OFF);
31     LED_B15(ON);
32     Delay(1000000);
33       LED_B15(OFF);
34     LED_A8(ON);
35     Delay(1000000);
36       LED_A8(OFF);
37     LED_D12(ON);
38     Delay(1000000);
```

图 4.34 代码整体偏移

接下来就是要多选几次，然后多按几次 TAB 键就可以达到迅速使代码规范化的目的。最终效果（修改后的代码）如图 4.35 所示。相对于图 4.33，效果明显，经过这样的整理，整个代码既有条理又美观。

```
19  * 输出    : 无
20  */
21 int main(void)
22 {
23     /* LED 端口初始化 */
24     LED_GPIO_Config();
25
26     while (1)
27     {
28         LED_B14(ON);
29         Delay(1000000);
30           LED_B14(OFF);
31         LED_B15(ON);
32         Delay(1000000);
33           LED_B15(OFF);
34         LED_A8(ON);
35         Delay(1000000);
36           LED_A8(OFF);
```

图 4.35 修改后的代码

2. 快速定位函数/变量被定义的地方

在调试代码或编写代码时，一定想知道某个函数是在何处定义的、具体内容是什么，也可能想知道某个变量或数组是在何处定义的等。尤其在调试代码或者阅读别人所编辑的代码时，如果编译器没有快速定位的功能，则只能慢慢找。代码量比较少还好，如果代码量一大，那就要花很长时间来找这个函数到底在哪里。幸好 MDK 提供了快速定位功能。例如，把光标放到想要查看的函数/变量（XXX）的上面（XXX 为函数或变量的名字），然后单击右键，弹出如图 4.36 所示的菜单栏。在图 4.36 中选择 Go to Definition Of ‘XXX’，就可以快速跳到 XXX 函数的定义处（注意要先在 Options for Target 的 Output 选项卡里面选中 Browse Information 选项，再编译，再定位，否则无法定位）。下面选择跑马灯程序主函数里的 LED_B14 进行演示，其定位结果如图 4.37 所示。

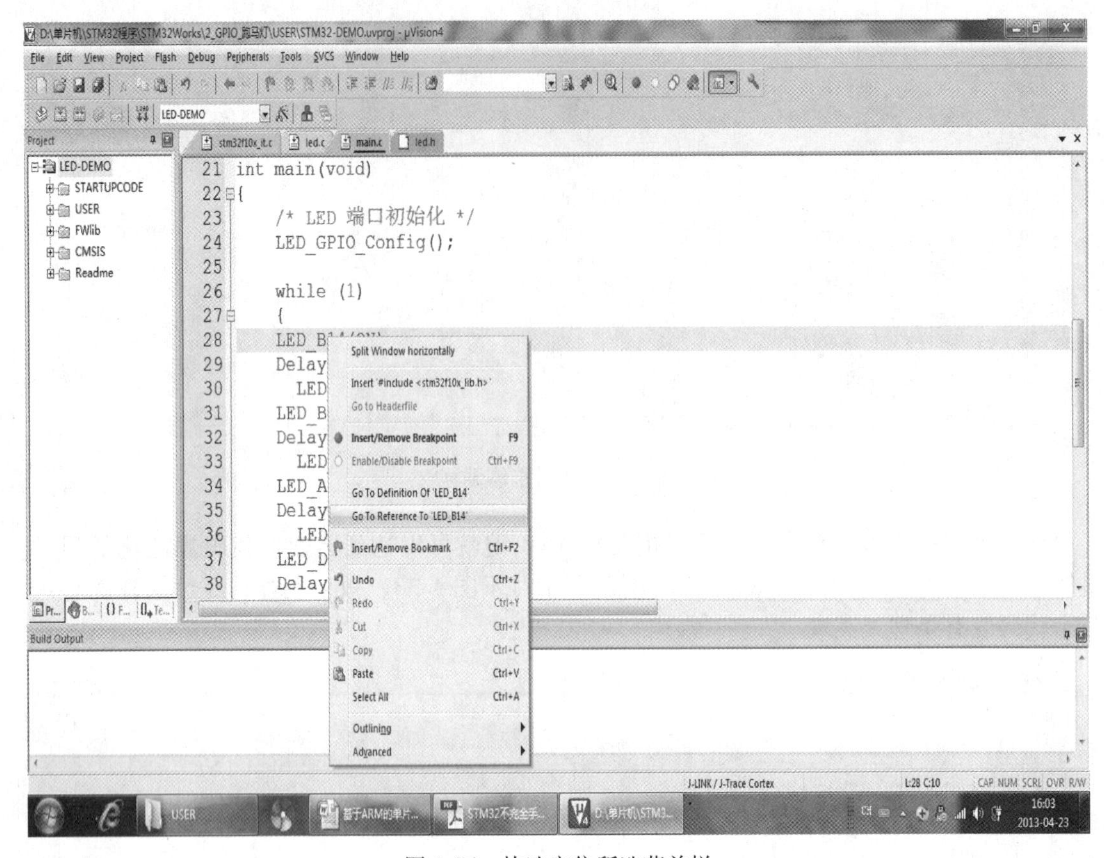

图 4.36　快速定位所选菜单栏

```
10 #define ON   0
11 #define OFF 1
12
13 //带参宏，可以像内联函数一样使用
14
15 #define LED_B14(a)  if (a)  \
16           GPIO_SetBits(GPIOB,GPIO_Pin_14);\
17           else    \
18           GPIO_ResetBits(GPIOB,GPIO_Pin_14)
19
20 #define LED_B15(a)  if (a)  \
21           GPIO_SetBits(GPIOB,GPIO_Pin_15);\
22           else    \
23           GPIO_ResetBits(GPIOB,GPIO_Pin_15)
24 #define LED_D12(a)  if (a)  \
25           GPIO_SetBits(GPIOD,GPIO_Pin_12);\
26           else    \
27           GPIO_ResetBits(GPIOD,GPIO_Pin_12)
```

图 4.37　定位结果

对于变量，也可以按这样的操作来快速定位其被定义的地方，大大缩短查找代码的时间。细心的读者会发现，上面还有一个类似的选项，就是 Go to Reference To ‘LED_B14’，这个选项的功能是快速跳到该函数被声明的地方，有时候也会用到，但不如前者使用得多。

3. 快速注释与快速消注释

调试代码时，可能会需要注释某一段代码，了解其执行的情况，MDK 则提供了这样的快速注释/消注释块代码的功能。该功能操作比较简单，先选中要注释的代码区，然后右击，选择 Advanced→Comment Selection 选项就可以了。

还是以跑马灯程序主函数为例。如果要注释掉图 4.38 中所选中区域的代码，则只要在选中了之后单击右键，再选择 Advanced→Comment Selection 选项就可以把这段代码注释掉。注释完毕的结果如图 4.39 所示。

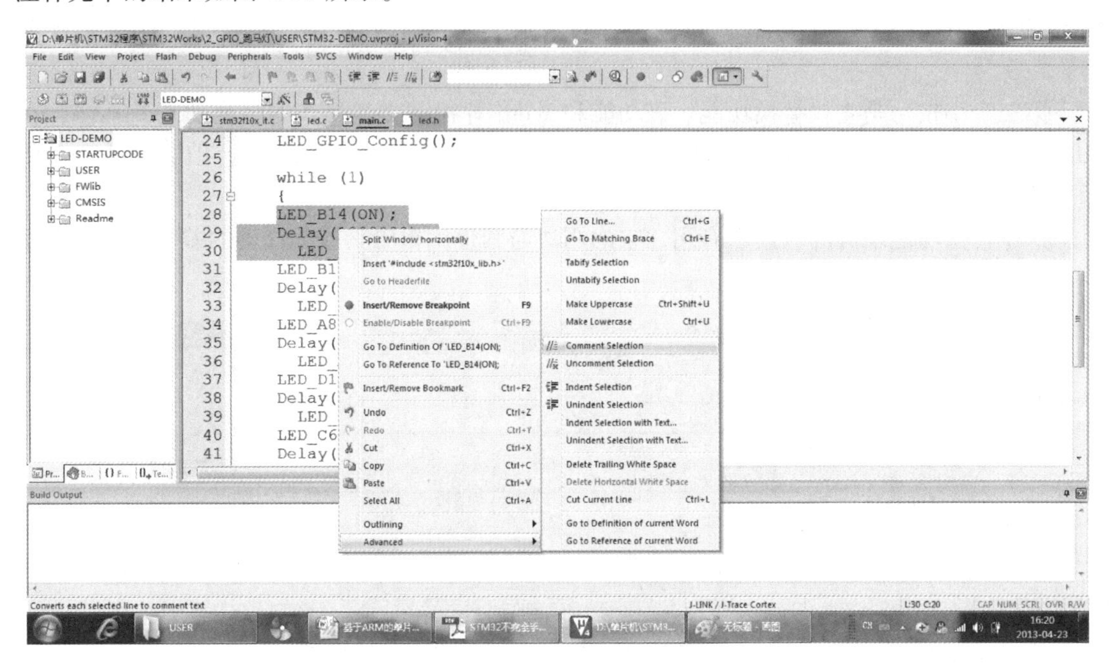

图 4.38 选中要注释的区域

```
stm32f10x_it.c | led.c | main.c | led.h
24      LED_GPIO_Config();
25
26      while (1)
27      {
28  //    LED_B14(ON);
29  //    Delay(1000000);
30  //      LED_B14(OFF);
31      LED_B15(ON);
32      Delay(1000000);
33        LED_B15(OFF);
34      LED_A8(ON);
35      Delay(1000000);
36        LED_A8(OFF);
37      LED_D12(ON);
38      Delay(1000000);
39        LED_D12(OFF);
40      LED_C6(ON);
41      Delay(1000000);
```

图 4.39 注释完毕的结果

应用上述方法可快速地注释掉一些代码，但在某些时候，又希望这段注释的代码能快速取消注释。MDK 同时提供了快速消注释功能。与注释类似，先选中被注释掉的地方，然后通过单击右键，再选择 Advanced→Uncomment Selection 选项，取消注释。

4.3.3 其他小技巧

除了前面介绍的几个比较常用的技巧，这里再介绍几个其他的小技巧。利用它们，代码的编写会更加顺利。

第一个小技巧是快速打开头文件。将光标放到要打开的引用头文件上，然后右键选择 Open Document“XXX”选项，就可以快速打开这个文件（XXX 是用户要打开的头文件名字）。

第二个小技巧是查找替换功能。该功能和 Word 等很多文档操作的替换功能差不多，在 MDK 里面查找替换的快捷键是 CTRL + H 组合键，只要按下该组合键就会调出如图 4.40 所示对话框。

这个替换功能在有的时候很有用，它的用法与其他编辑工具或编译器的差不多，这里就不再详述了。

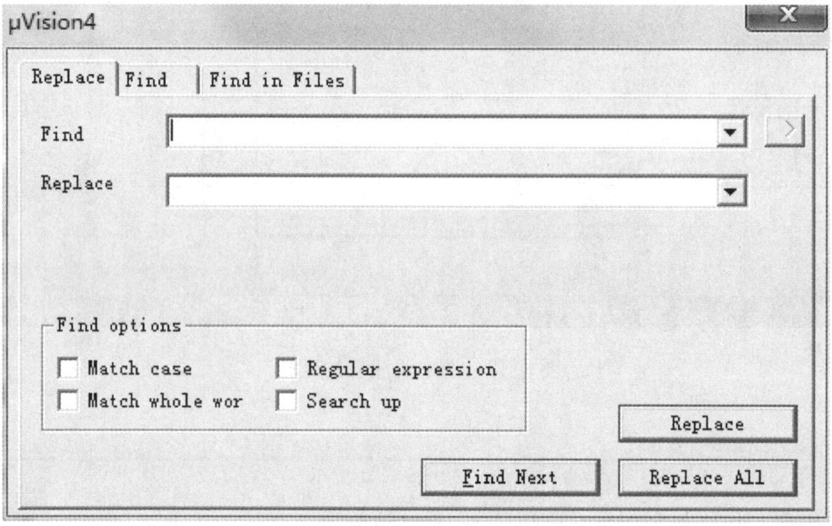

图 4.40　替换文本对话框

4.4 调试与下载

本节介绍 STM32 的代码下载以及调试。调试包括软件仿真和硬件调试（在线调试），通过本节的学习可以掌握：①STM32 的程序下载；②STM32 在 MDK 下的软件仿真；③利用 J-Link 对 STM32 进行在线调试。

4.4.1 STM32 软件仿真

MDK 的一个强大功能就是提供软件仿真，通过软件仿真可以发现很多将要出现的问题，避免下载到 STM32 后再来查这些错误。这样做最大的好处是能很方便地检查程序存在的问题，因为在 MDK 的仿真下面可以查看很多硬件相关的寄存器，通过观察这些寄存器，可以知道代码是不是真正有效。另外一个优点是不必频繁地刷机，从而延长了 STM32 的 Flash 的寿命。当然，软件仿真不是万能的，很多问题还是要到在线调试才能发现。下面举例进行软件仿真，验证代码的正确性。

在开始软件仿真之前，先检查一下配置是不是正确。单击选项图标，进行 Target 选项设置，参见图 4.20，选择 Debug 选项卡，并按照图 4.41 所示步骤操作。

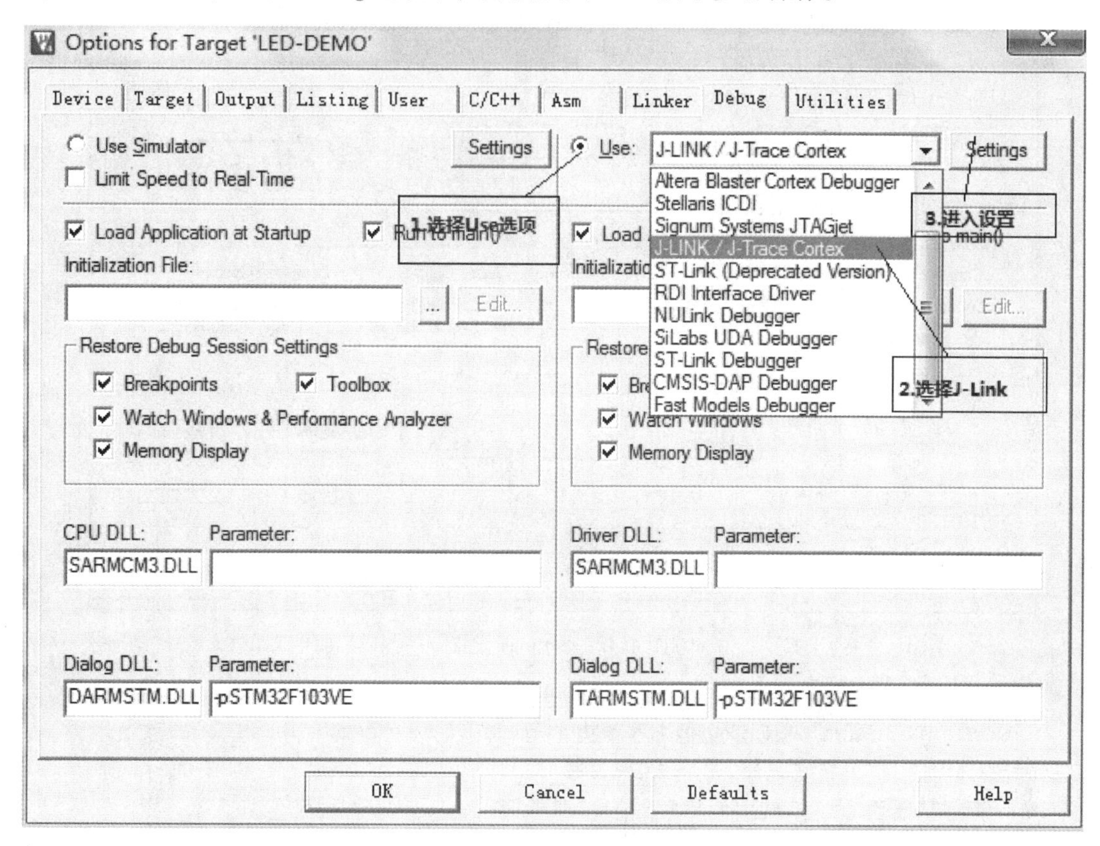

图 4.41　Debug 选项卡设置

如果使用了其他调试工具，则在图 4.41 第 2 步选择相应调试工具即可。单击 Settings 选项后，设置 J-Link 的参数，如图 4.42 所示。本例使用 SWD 调试模式。Max Clock 栏可单击 Auto Clk 自动设置。

按照图 4.43 所示步骤添加 Flash，本实验装置采用 STM32F103VET6，其 Flash 大小为 512KB。

添加完 Flash 后单击“OK”按钮确认。然后设置 Utilities 选项卡，如图 4.44 所示，设置完成后单击“OK”按钮退出选项设置。单击工具条上的编译按钮，若编译通过则提示 0 Error（s）、0 Warning（s）。设置完成编译界面如图 4.45 所示。

以上步骤是设置仿真调试选项的具体参数，下面开始软件仿真。打开选项设置功能（参见图 4.20），选择 Debug 选项卡安装，如图 4.46 进行设置。设置完成后单击“OK”按钮，在工具条上单击“开始/停止仿真”按钮，出现如图 4.47 所示界面。从图 4.47 可以看出，多出了一个 Debug 工具条，如图 4.48 所示。Debug 工具条在仿真时是非常有用的，下面简单介绍该工具条相关按钮的功能。

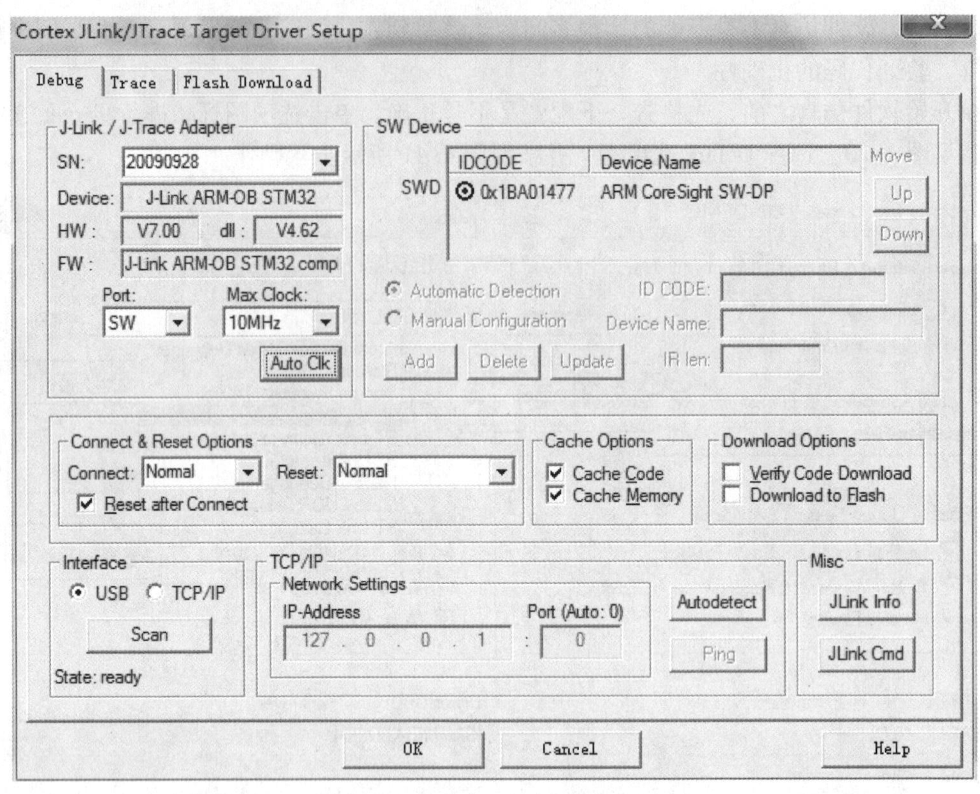

图 4.42　Settings 设置

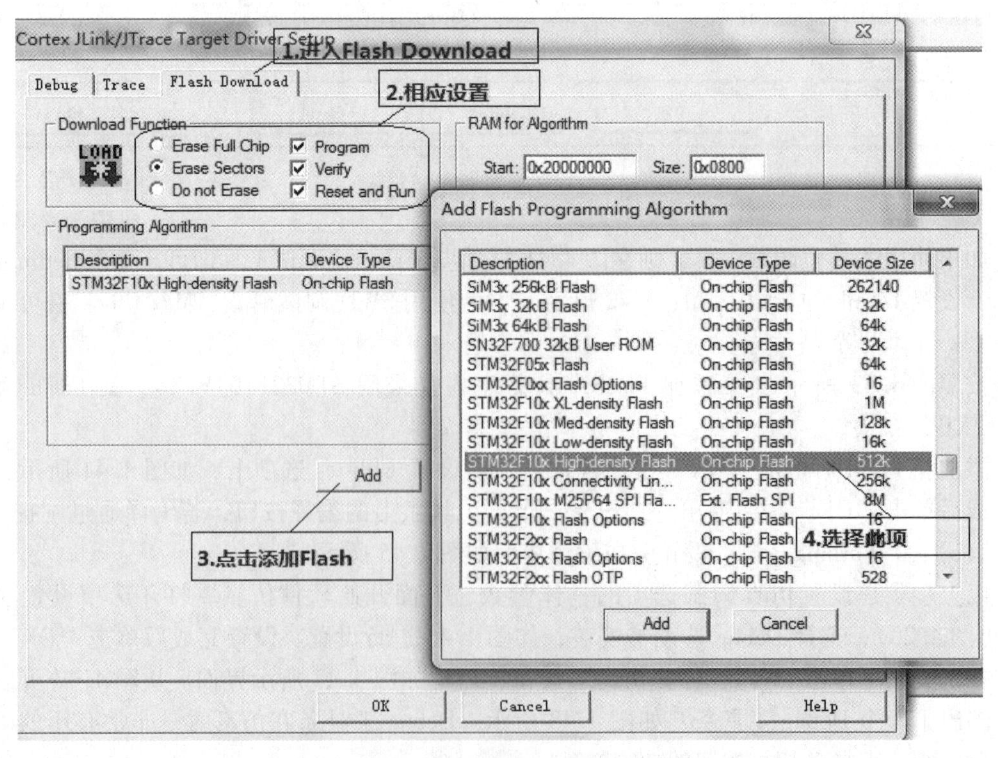

图 4.43　添加相应 Flash

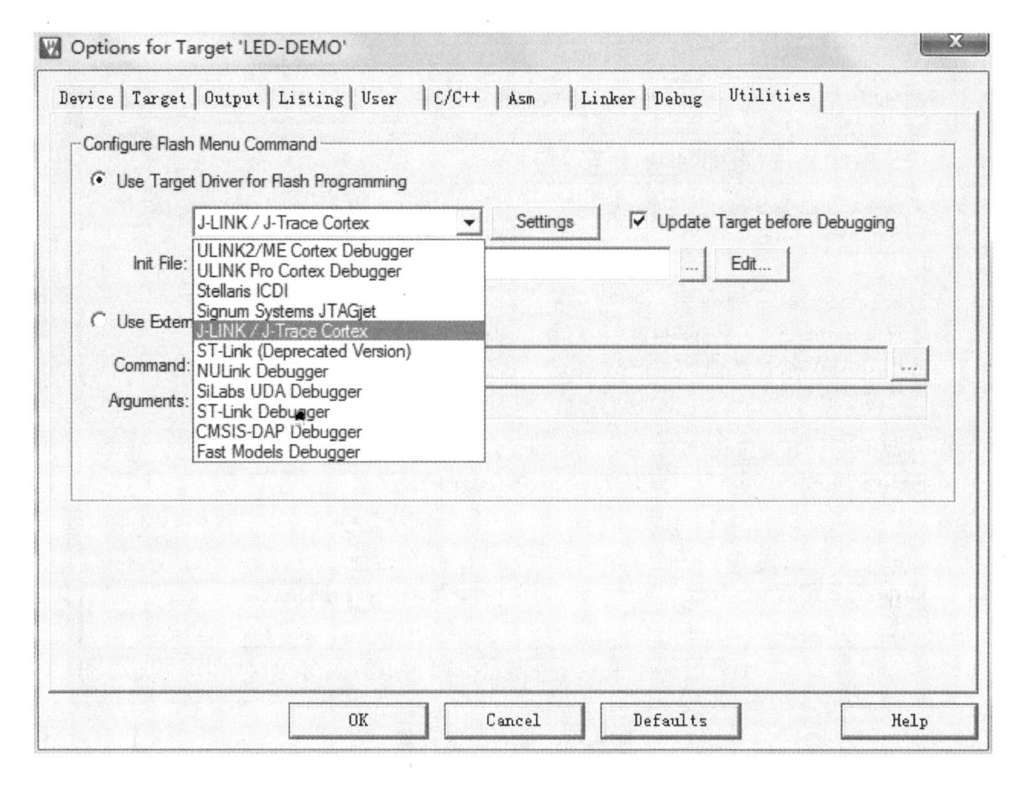

图 4.44　Utilities 设置

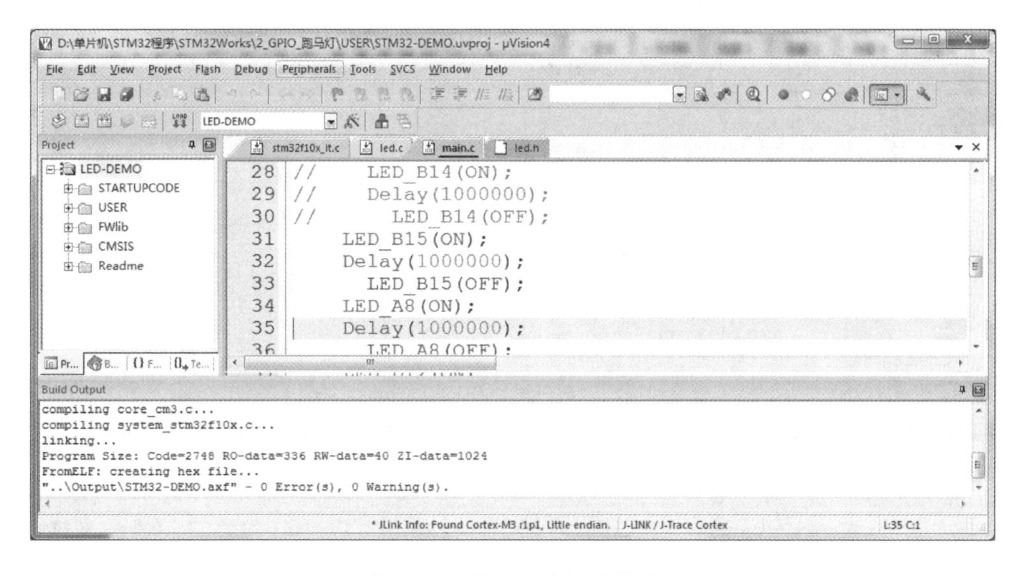

图 4.45　设置完成编译界面

复位：其功能等同于硬件上按复位按钮，相当于实现了一次硬复位。单击此按钮之后，代码会从头开始执行。

执行到断点处：此按钮用来快速执行到断点处，有时用户并不需要观看每一步是怎么执

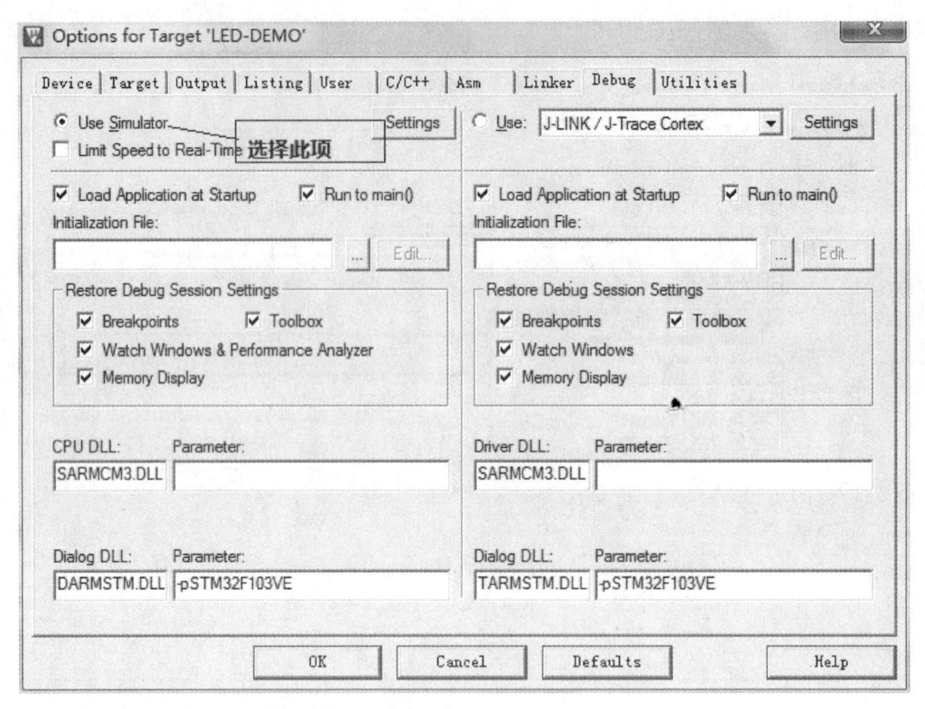

图 4.46　软件仿真设置

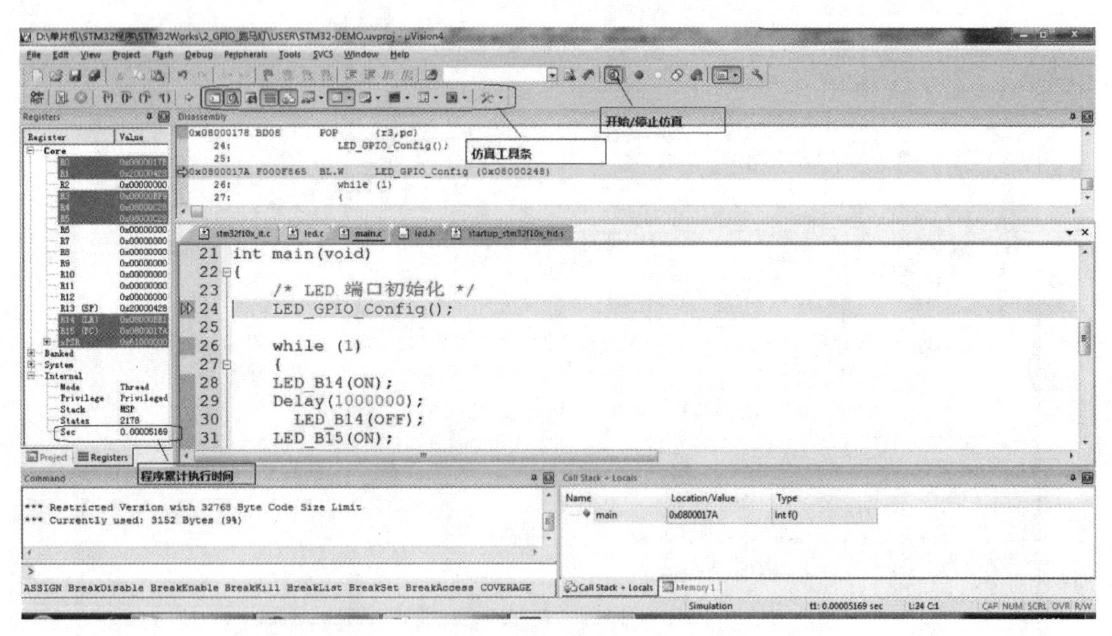

图 4.47　软件仿真开始界面

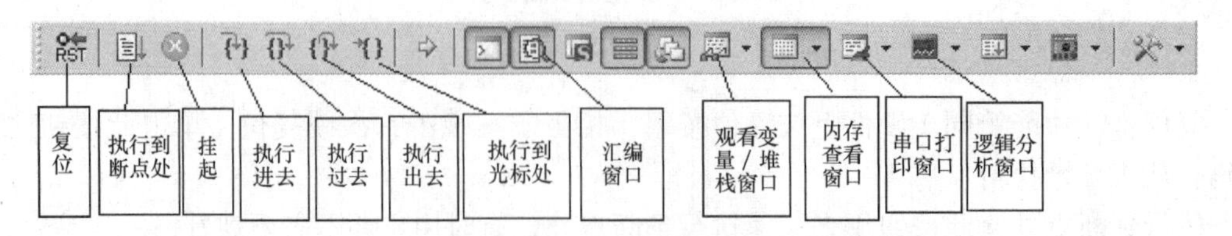

图 4.48　Debug 工具条

行的，而是需要快速执行到程序的某个地方看结果，这个按钮就可以实现这样的功能。当然，其前提是已在需查看的地方设置了断点。

挂起：此按钮在程序一直执行时变为有效，通过按此按钮可以使程序停止下来，进入到单步调试状态。

执行进去：此按钮用来实现执行到某个函数的功能，在没有函数的情况下，等同于“执行过去”按钮。

执行过去：在碰到有函数的地方，通过此按钮就可以单步执行这个函数，而不进入这个函数单步执行。

执行出去：在进入了函数单步调试时，有时可能不必再继续单步执行该函数的剩余部分，通过此按钮就可一步连续执行完该函数余下的部分，并跳出函数回到函数被调用的位置。

执行到光标处：此按钮可以迅速使程序运行到光标处。其功能有点像执行到断点处按钮的功能，但是两者是有区别的：断点可以有多个，但是光标所在处只有一个。

汇编窗口：通过此按钮可以查看汇编代码，这对分析程序很有用。

观看变量/堆栈窗口：单击此按钮就会弹出一个显示变量的窗口，在窗口中可以查看各种变量值，这是很常用的一个调试窗口。

串口打印窗口：单击此按钮就会弹出一个类似串口调试助手界面的窗口，用来显示从串口打印出来的内容。

内存查看窗口：单击此按钮就会弹出一个内存查看窗口，可以输入待查看的内存地址，然后观察这一地址内存的变化情况。这是很常用的一个调试窗口。

逻辑分析窗口：单击此按钮会弹出一个逻辑分析窗口，通过“SETUP”按钮新建一些I/O口，就可以观察这些I/O口的电平变化情况，并以多种形式显示出来，比较直观。

Debug工具条上的其他几个按钮用得比较少，在这里就不介绍了。读者可以把鼠标滑动到相应按钮上，这时会有提示窗口弹出，窗口里内容就是对相关按钮功能的介绍。

例如，在跑马灯程序中，用到了PB14、PB15、PD12等六个I/O端口，下面观察这三个I/O口的状态变化。单击“逻辑分析窗口”，按照图4.49所示步骤进行操作。

加入PB14、PB15、PD12三个端口后，按图4.50进行设置。在相应的Display Range选项中将Max选项调整为0x1，否则显示上限过大，将观察不到相应端口电平变化。设置完成后单击“Close”按钮关闭窗口，出现图4.51所示设置完成界面。

这时，可以单击 {} {} {} {} 按钮，单步或者多步执行程序，或者设置断点让程序执行到断点处，可以观察到相应端口电平变化。这样的操作，步骤相对繁琐，也可以直接单击按钮执行程序，执行一段时间后单击按钮停止执行，这时在逻辑分析窗口就可以观察到PB14、PB15、PD12三个端口的方波波形。单击逻辑分析窗口中的方波波形，可以显示方波频率等信息，如图4.52所示。

至此，软件仿真过程结束。

通过软件仿真，在MDK中验证了代码的正确性，接下来可下载程序到硬件上，验证程序在硬件上是否也是可行的。

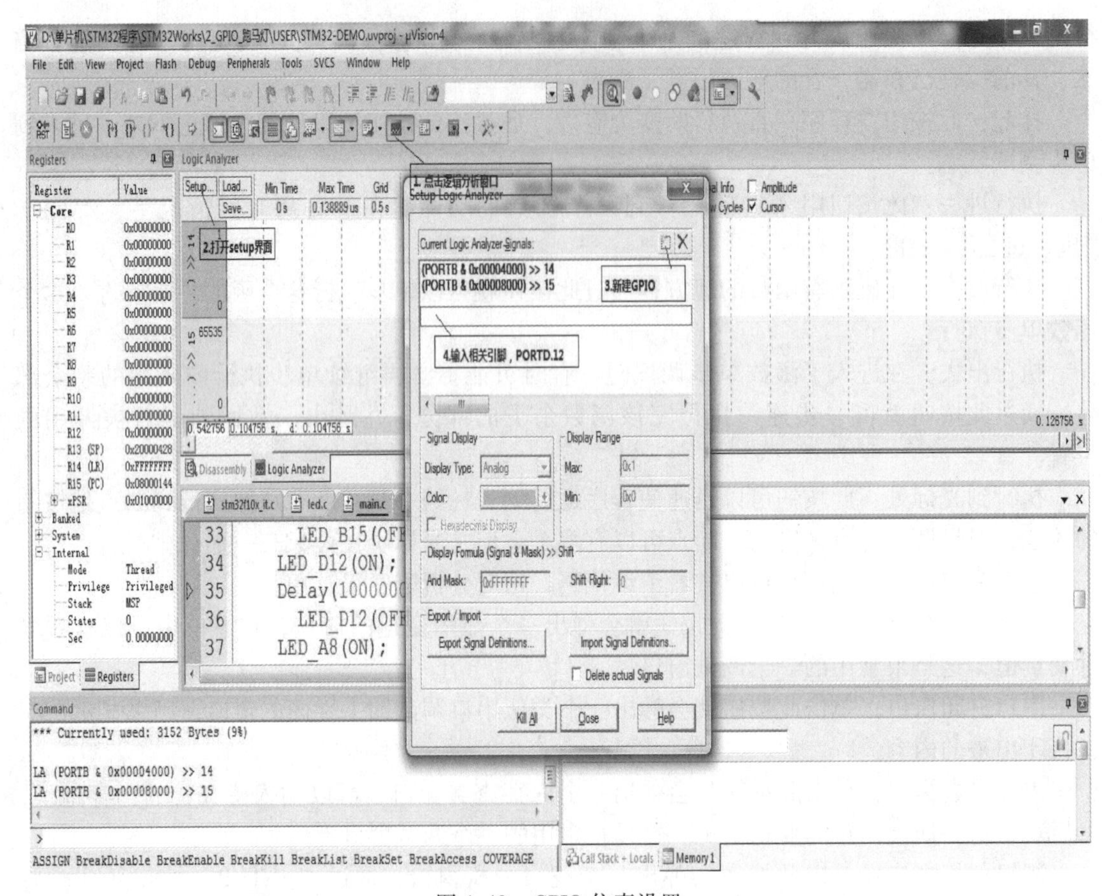

图 4.49　GPIO 仿真设置

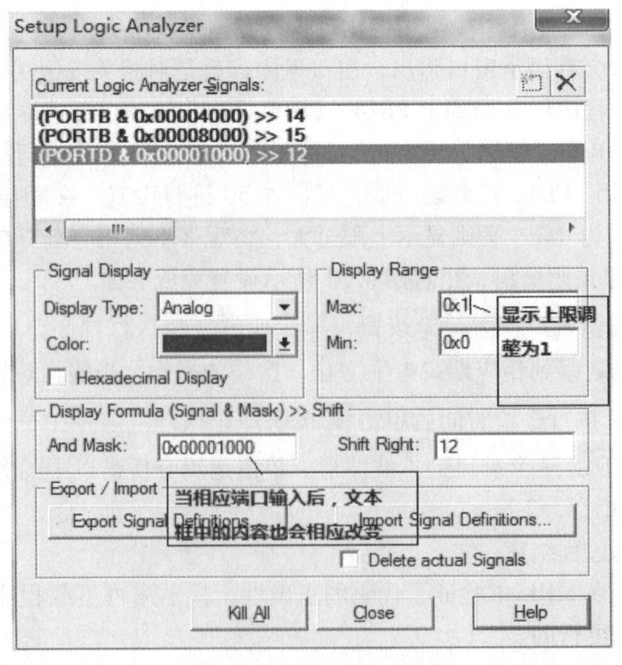

图 4.50　GPIO 设置界面

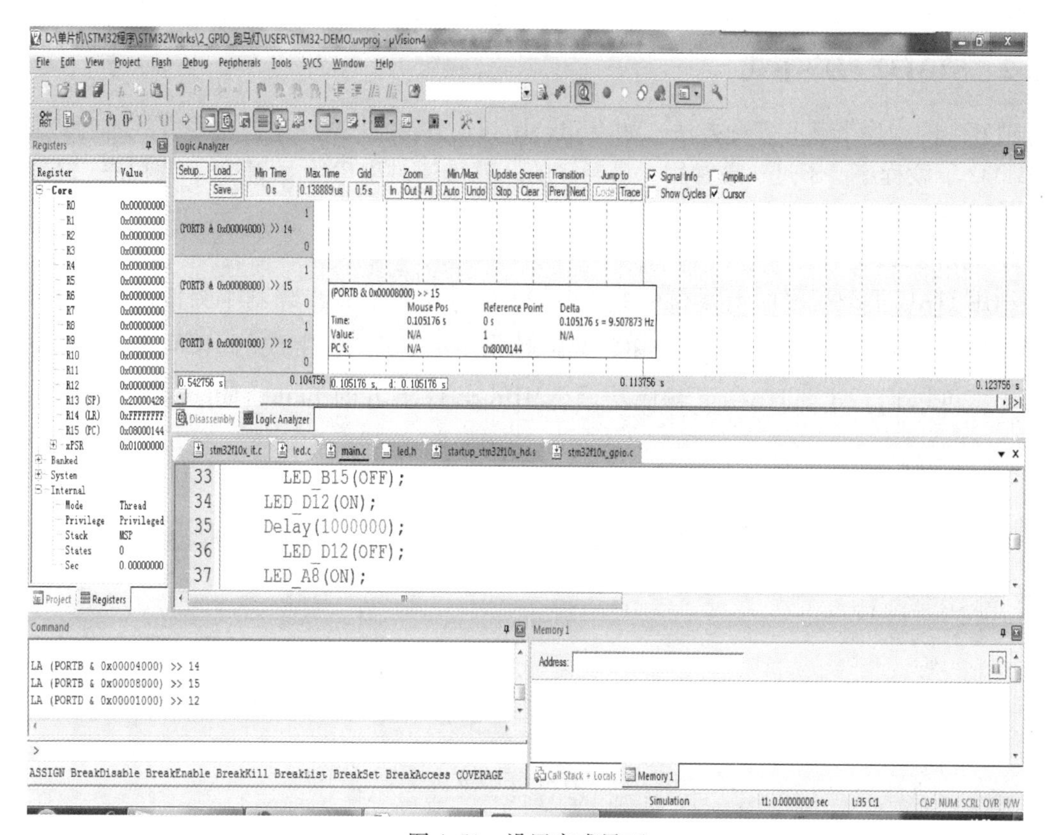

图 4.51　设置完成界面

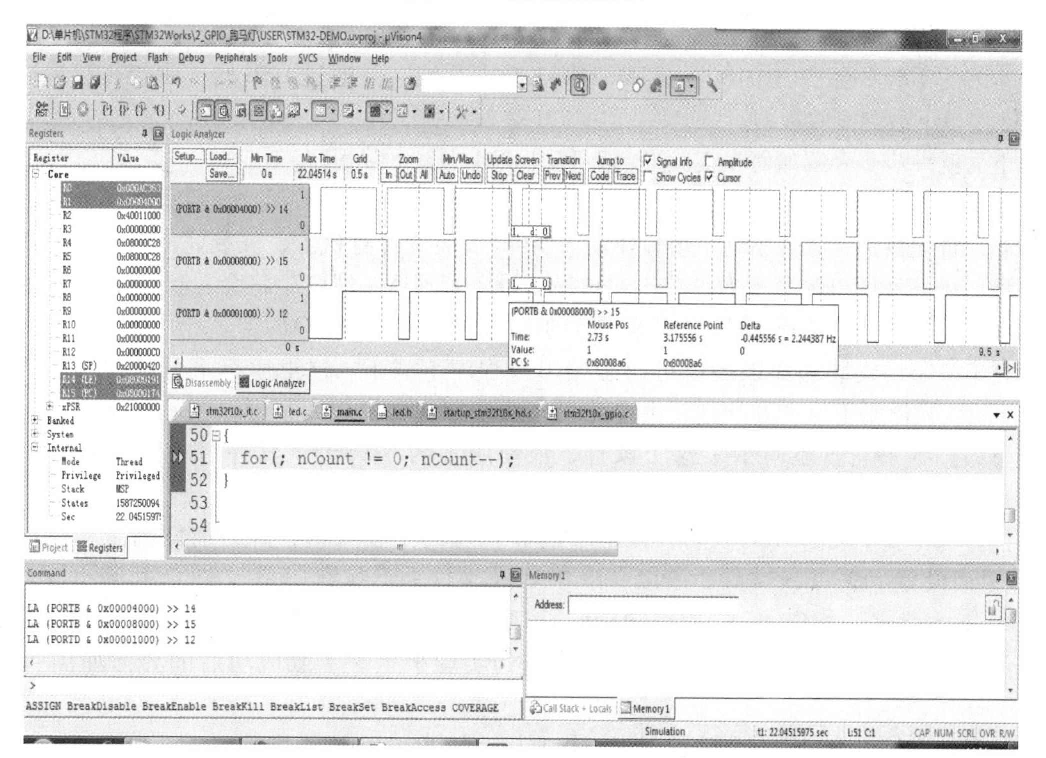

图 4.52　GPIO 端口方波显示

4.4.2 STM32 程序下载

STM32 的程序下载有多种方法，如 USB、串口、JTAG、SWD 等，这些方式都可以用来给 STM32 下载程序。不过，最常用、最经济的，就是通过串口给 STM32 下载程序。本节介绍如何利用 JTAG 和串口给 STM32 下载程序。

1. 利用 JTAG 下载程序

利用 JTAG 下载程序的步骤和 4.4.1 小节中软件仿真设置步骤基本类似，只是在程序编译完成后，不用单击“调试”按钮，只需单击 LOAD 按钮，将生成的 HEX 文件下载到实验板上就可以运行了。JTAG 下载成功后，MDK 软件下方的 Build Output 界面如图 4.53 所示。

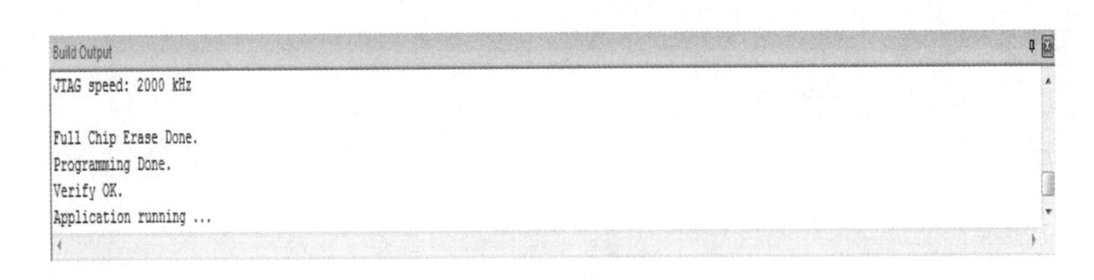

图 4.53　JTAG 下载成功界面

2. 利用串口下载程序

本书的实验平台“CHD1807—STM32F103 开发系统”是通过 USB 转成串口，然后通过 RS232 串口下载到实验板的。

下面就一步步介绍如何在实验平台上利用 USB 串口下载程序。

首先将 USB 串口线连接到计算机串口上，这时计算机将提示无法识别设备。此时，不用担心，将光盘中→软件驱动→串口驱动 HL-340 安装在计算机上，安装完成后系统将识别到串口。在“我的电脑”上右键单击，选择“设备管理器→端口”将会看到如图 4.54 所示界面。具体串口号（COM 编号）根据连接的不同计算机的 USB 口而定。

在串口驱动安装完成以后就可以开始串口程序下载了。这里串口下载软件选择的是 mcuisp。该软件属于第三方软件，由单片机在线编程网提供，大家可以在 www.mcuisp.com 免费下载。本书光盘也附带了这个软件，最新版本为 V0.993。软件启动界面如图 4.55 所示。

然后选择要下载的 HEX 文件。以本章前面新建的工程为例，因为前面的工程已经在 MDK 里面设置生成 .hex 文件，所以可以在 User 文件夹下找到 .hex 文件。用 mcuisp 软件打开 User 文件夹，找到 .hex 文件，打开并按照图 4.55 进行相应设置，选择好 COM 口后单击开始编程，就可以将编译好的程序下载到实验板上。下载成功后的界面如图 4.56 所示。

注意：在使用串口下载程序的时候，核心板上的 BOOT0 端要和 VCC 端短接。

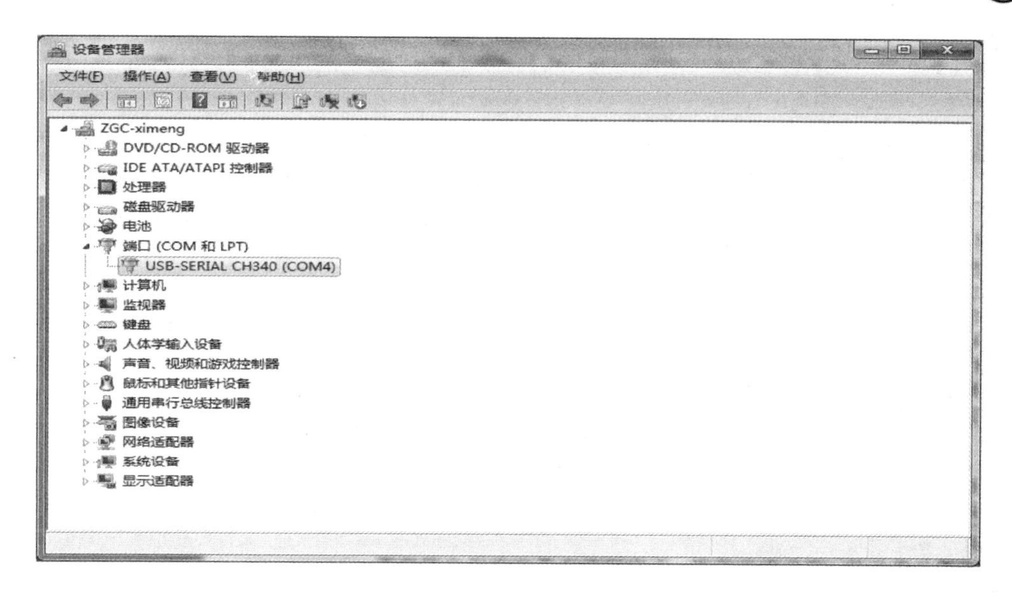

图 4.54　串口显示界面

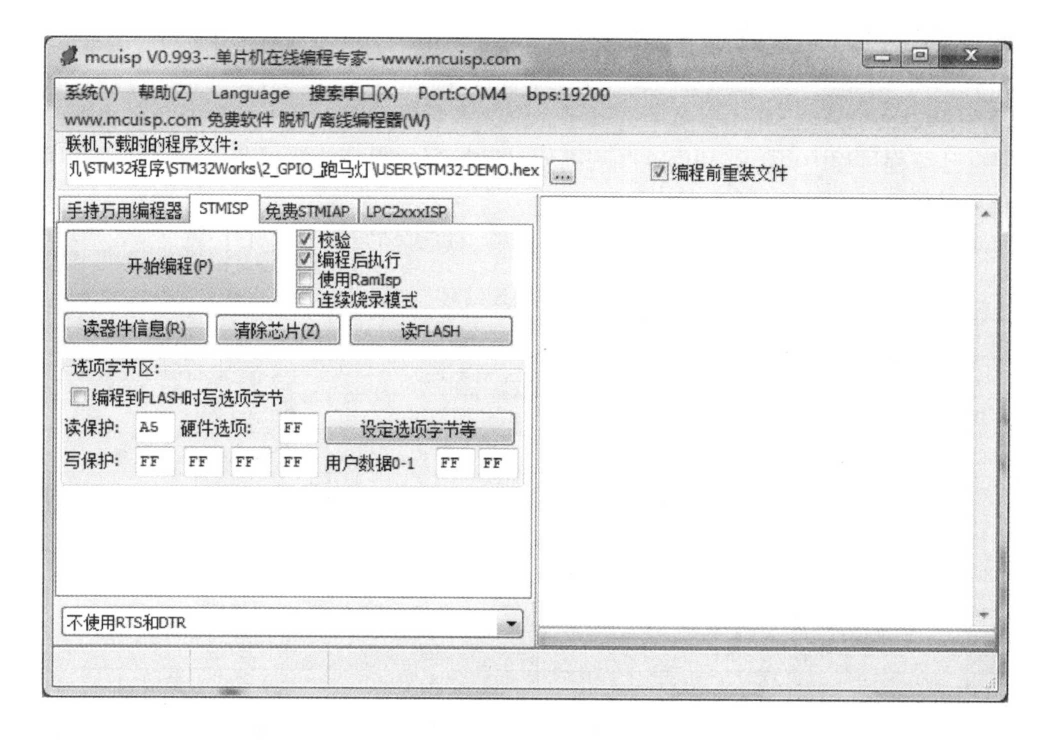

图 4.55　mcuisp 启动界面

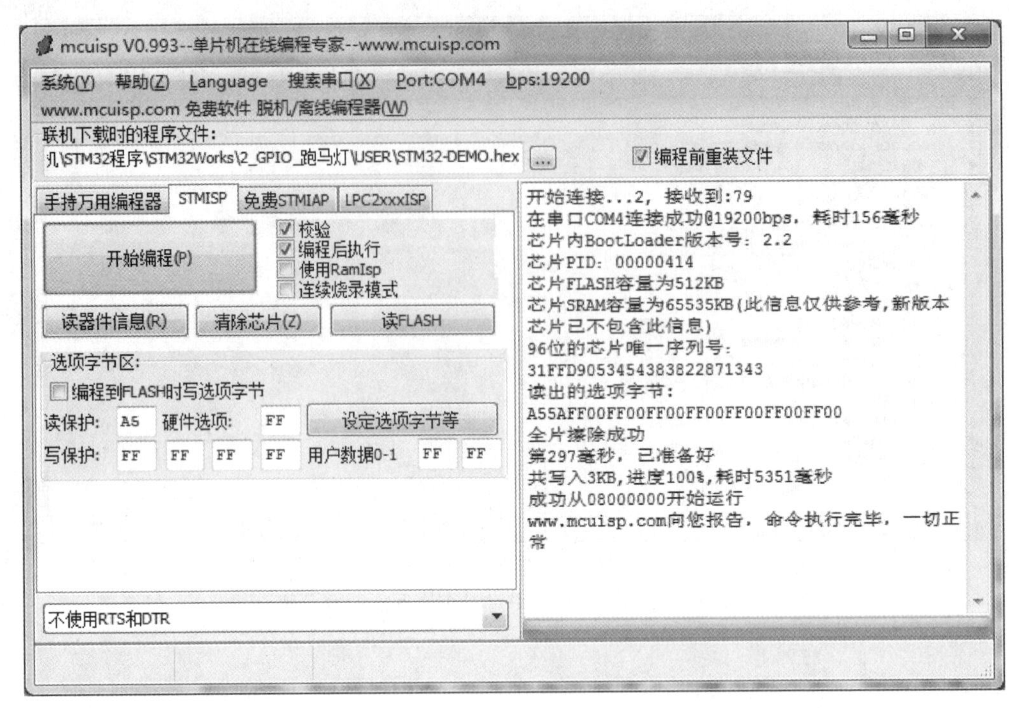

图 4.56　串口程序下载成功后的界面

4.5　固件函数库函数命名规则

固件函数库的特点已在 4.2 节中进行了介绍，本节再介绍一下库函数的命名规则，希望读者在自己编程过程中也能够利用这些规则使自己编写的程序能够规范化。固件函数库遵从以下命名规则：

1）PPP 表示任一外设缩写，如 ADC、CAN 等。更多缩写详见表 4.1。

表 4.1　外设缩写

缩　写	外设名称	缩　写	外设名称
ADC	A/D 转换器	I^2S	I^2S 总线接口
BKP	备份寄存器	IWDG	独立看门狗
CAN	控制器局域网	NVIC	嵌套向量中断控制器
CRC	CRC 计算单元	PWR	电源控制
DAC	D/A 转换器	RCC	复位和时钟控制器
DBGMCU	MCU 调试模块	RTC	实时时钟
DMA	DMA 控制器	SDIO	SDIO 接口
EXTI	外部中断/事件寄存器	SPI	串行外设接口
FSMC	灵活的静态存储器控制器	SysTick	系统定时器
FLASH	闪存	TIM	高级、通用或基本定时器
GPIO	通用 I/O 端口	USART	通用同步/异步收发器
I^2C	I^2C 总线接口	WWDG	窗口看门狗

2）系统、源程序文件和头文件命名都以“stm32f10x_”作为开头，如 stm32f10x_conf. h。

3）常量仅被应用于一个文件的，定义于该文件中；被应用于多个文件的，在对应头文件中定义。所有常量都由英文字母大写书写。

4）寄存器作为常量处理。它们的命名都由英文字母大写书写。

5）外设函数的命名以该外设的缩写加下划线为开头。每个单词的第一个字母都由英文字母大写书写，如 SPI_SendData。在函数名中，只允许存在一个下划线，用以分隔外设缩写和函数名的其他部分。

6）名为 PPP_Init 的函数，其功能是根据 PPP_InitTypeDef 中指定的参数初始化外设 PPP，如 TIM_Init. 。

7）名为 PPP_Delnit 的函数，其功能是复位外设 PPP 的所有寄存器至默认值，如 TIM_DeInit。

8）名为 PPP_StructInit 的函数，其功能是通过设置 PPP_InitTypeDef 结构中的各种参数来定义外设的功能，如 USART_StructInit。

9）名为 PPP_Cmd 的函数，其功能是使能或失能外设 PPP，如 SPI_cmd。

10）名为 PPP_ITConfig 的函数，其功能是使能或失能来自外设 PPP 的某中断源，如 RCC_ITConfig。

11）名为 PPP_DMAConfig 的函数，其功能是使能或失能外设 PPP 的 DMA 接口，如 TIMl_DMAConfig。用以配置外设功能的函数，总是以字符串“Config”结尾，如 GPIO_Pin-RemapConfig。

12）名为 PPP_GetFlagStatus 的函数，其功能是检查外设 PPP 某标志位被设置与否，如 12C GetFlagStatus。

13）名为 PPP_ClearFlag 的函数，其功能是清除外设 PPP 标志位，如 12C_ClearFlag。

14）名为 PPP_GetITStatus 的函数，其功能是判断来自外设 PPP 的中断发生与否，如 12C GetITStatus。

15）名为 PPP_clearITPendingBit 的函数，其功能是清除外设 PPP 中断待处理标志位，如 12C_ClearITPendingBit。

常用固件函数库文件描述见表 4. 2。

表 4. 2　常用固件函数库文件描述

文件名	描　述
stm32f1 0x_conf . h	参数设置文件。起到应用和库之间界面的作用，用户必须在运行自己的程序前修改该文件。用户可以利用模板使能或失能外设，可以修改外部晶体振荡器的参数，也可以使用该文件在编译前使能 DEBuG 或 RELEAsE 模式
main. c	主函数体
stm32f10x it. h	头文件。包含所有中断处理函数
stm32f10x_it. c	外设中断函数文件。用户可以加入自己的中断程序代码，对于指向同一个中断向量的多个不同中断请求，可以利用函数通过判断外设的中断标志位来确定准确的中断源。固件函数库提供了这些函数的名称
stm32f10x_lib. h	包含了所有外设的头文件。它是唯一一个用户需要包括在自己应用中的文件，起到应用和库之间界面的作用

（续）

文件名	描　述
stm32f10x_lib. c	Debug 模式初始化文件。它包括多个指针的定义，每个指针指向特定外设的首地址，以及在 Debug 模式被使能时，被调用的函数的定义
stmTl32f10x_map. h	该文件包含了存储器映像和所有寄存器物理地址的声明，既可以用于 Debug 模式也可以用于 release 模式。所有外设都使用该文件
stm32fl0x_type. h	通用声明文件。包含所有外设驱动使用的通用类型和常数
stm32f10x_ppp. c	由 C 语言编写的外设 PPP 的驱动源程序文件
stml32f10x_ppp. h	外设 PPP 的头文件。包含外设 PPP 函数的定义和这些函数使用的变量

4.6 小结

本章详细介绍了 STM32 最常用的编程软件 MDK-ARM 的使用过程。通过本章的学习应能独立完成工程的建立、编译、软件仿真和下载。另外，应掌握本章所提及的程序命名规则及编程技巧，使编制的程序更加规范及美观。

习　题

1. 建立 Test 工程并导入一例程主程序，编译并软件仿真观察其输出。
2. 简述 STM32 程序命名规则。

第5章

GPIO及外部中断的使用

GPIO（General Purpose IO），即通用I/O，是嵌入式系统中最常用的外部接口。本章将通过点亮LED等一系列基础实验说明GPIO的使用。同时，作为Cortex-M3不可分割的一部分，本章还将对STM32的外部中断及其向量中断控制器NVIC进行介绍，说明STM32中断的处理方式及中断优先级等概念。

另外，在本章及后续章节中多处操作均涉及时钟操作，具体步骤详见附录。

5.1 综述

STM32F10x系列有丰富的端口可供使用，包括26、37、51、80、112个多功能双向5V兼容的快速I/O口，所有I/O口都可以映射到16个外部中断。每个通用I/O（GPIO）端口都有两个32位配置寄存器(GPIOx_CRL、GPIOx_CRH)、两个32位数据寄存器(GPIOx_IDR、GPIOx_ODR)、一个32位置位/复位寄存器(GPIOx_BSRR)、一个16位复位寄存器(GPIOx_BRR)和一个32位锁定寄存器(GPIOx_LCKR)。I/O端口的每个位都可以由软件配置成多种模式，如输入浮空、输入上拉、输入下拉、模拟输入、开漏输出、推挽式输出、推挽式复用功能和开漏复用功能。

每个I/O端口位都可以自由编程，I/O端口寄存器必须按32位字被访问（不允许半字或字节访问）。GPIOx_BSRR和GPIOx_BRR寄存器允许对任何I/O端口寄存器的读/更改的独立访问。这样，在读和更改访问之间产生IRQ时不会发生危险。图5.1所示为一个I/O端口位的基本结构。

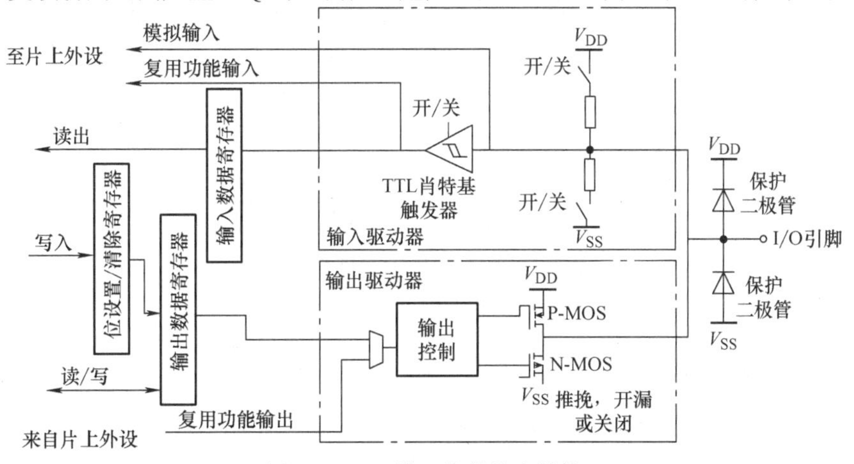

图5.1　I/O端口位的基本结构

5.1.1 通用 I/O

复位期间和复位后，复用功能未开启，I/O 端口被配置成浮空输入模式。复位后，JTAG 引脚被置于输入上拉或下拉模式。

- PA15：JTDI 置于上拉模式；
- PA14：JTCK 置于下拉模式；
- PA13：JTMS 置于上拉模式；
- PB4：JNTRST 置于上拉模式。

当 I/O 引脚作为输出配置时，写到输出数据寄存器上的值（GPIOx_ODR）输出到相应的 I/O 引脚，可以以推挽模式或开漏模式（当输出 0 时，只有 N-MOS 被打开）使用输出驱动器。输入数据寄存器（GPIOx_IDR）在每个 APB2 时钟周期捕捉 I/O 引脚上的数据。所有 GPIO 引脚都有一个内部弱上拉和弱下拉，当配置为输入时，它们可以被激活，也可以被断开。

5.1.2 单独的位设置或位清除

当对 GPIOx_ODR 的个别位编程时，软件不需要禁止中断。在单次 APB2 写操作中，可以只更改一个或多个位。这是通过对置位/复位寄存器（GPIOx_BSRR/GPIOx_BRR）中想要更改的位写 1 来实现的。没被选择的位将不被更改。

5.1.3 外部中断/唤醒线

所有端口都有外部中断能力。为了使用外部中断线，端口必须配置成输入模式。

5.1.4 复用功能

使用默认复用功能前必须对端口位配置寄存器编程。对于复用的输入功能，端口必须配置成输入模式（浮空、上拉或下拉），且输入引脚必须由外部驱动；对于复用输出功能，端口必须配置成复用功能输出模式（推挽或开漏）；对于双向复用功能，端口位必须配置复用功能输出模式（推挽或开漏）。这时，输入驱动器被配置成浮空输入模式。

如果把端口配置成复用输出功能，则引脚和输出寄存器断开，并和片上外设的输出信号连接。如果软件把一个 GPIO 引脚配置成复用输出功能，但是外设没有被激活，那么它的输出将不确定。

5.1.5 软件重新映射 I/O 复用功能

为了使不同器件封装的外设 I/O 功能的数量达到最优，可以把一些复用功能重新映射到其他一些引脚上，这可以通过软件配置相应的寄存器来完成（参考 AFIO 寄存器描述）。这时，复用功能就不再映射到它们的原始引脚上。

5.1.6 GPIO 锁定机制

I/O 端口的锁定机制允许冻结 I/O 配置。当在一个端口位上执行了锁定（LOCK）程序，在下一次复位之前，将不能再更改端口位的配置。这个功能主要用在一些关键引脚的配置上，防止程序跑飞引起灾难性后果。例如，在驱动功率模块的配置上，应该使用锁定机制，以冻结I/O口配置，这样即使程序跑飞，也不会改变这些引脚的配置。

5.1.7　输入配置

当I/O端口配置为输入时，在图5.1所示的I/O端口位的基本结构中会有如下变化：

1）输出缓冲器被禁止。

2）施密特触发输入被激活。

3）根据输入配置（上拉、下拉或浮动）的不同，弱上拉和下拉电阻被连接。

4）出现在I/O引脚上的数据在每个APB2时钟被采样到输入数据寄存器。

5）对输入数据寄存器的读访问可得到I/O状态。

5.1.8　输出配置

当I/O端口被配置为输出时，在图5.1所示的I/O端口位的基本结构中会有以下变化：

1）输出缓冲器被激活。

- 开漏模式：输出寄存器上的0激活N-MOS，而输出寄存器上的1将端口置于高阻状态（P-MOS从不被激活）；
- 推挽模式：输出寄存器上的0激活N-MOS，而输出寄存器上的1将激活P-MOS。

2）施密特触发输入被激活。

3）弱上拉和下拉电阻被禁止。

4）出现在I/O引脚上的数据在每个APB2时钟被采样到输入数据寄存器。

5）在开漏模式时，对输入数据寄存器的读访问可得到I/O状态。

6）在推挽模式时，对输出数据寄存器的读访问得到最后一次写的值。

5.1.9　复用功能配置

当I/O端口被配置为复用功能时，在图5.1所示的I/O端口位的基本结构中会有如下变化：

1）在开漏或推挽模式配置中，输出缓冲器被打开。

2）内置外设的信号驱动输出缓冲器（复用功能输出）。

3）施密特触发输入被激活。

4）弱上拉和下拉电阻被禁止。

5）在每个APB2时钟周期，出现在I/O引脚上的数据被采样到输入数据寄存器。

6）开漏模式时，读输入数据寄存器时可得到I/O口状态。

7）在推挽模式时，读输出数据寄存器时可得到最后一次写的值。

一组复用功能I/O寄存器允许用户把一些复用功能重新映射到不同的引脚。

5.1.10　模拟输入配置

当I/O端口被配置为模拟输入配置时，在图5.1所示的I/O端口位的基本结构中会有如下变化：

1）输出缓冲器被禁止。

2）禁止施密特触发输入，实现了每个模拟 I/O 引脚上的零消耗。施密特触发输出值被强置为 0。

3）弱上拉和下拉电阻被禁止。

4）读取输入数据寄存器时数值为 0。

5.2 库函数

本节将介绍与 GPIO 有关的常用库函数的用法及其参数定义。本书中所涉及的库函数都是 V3.5.0 版本的函数库。

- GPIO_Init 函数：初始化外设端口；
- GPIO_SetBits 函数：置位所选定端口的一个或多个所选定的位为高；
- GPIO_ResetBits 函数：设置所选定端口的一个或多个所选定的位为低；
- GPIO_WriteBit 函数：置位或清除所选定端口的特定位；
- GPIO_Write 函数：向指定的外设端口写入数据；
- GPIO_ReadOutputDataBit 函数：读取指定外设端 VI 的指定引脚的输出值；
- GPIO_ReadOutputData 函数：读取指定外设端 EI 的输出值，为一个 16 位数据；
- GPIO_ReadInputDataBit 函数：读取指定外设端口的指定引脚的输入值，每次读取一个位；
- GPIO_ReadInputData 函数：读取外设端口输入的值，为一个 16 位数据。

下面分别介绍这些库函数。

5.2.1 函数 GPIO_Init

函数 GPIO_Init 的功能是设定 A、B、C、D、E 端口的任一个 I/O 口的输入和输出的配置信息，通过该函数可以按需要初始化芯片的 I/O 口。表 5.1 描述了该函数。

表 5.1 函数 GPIO_Init

函数名	GPIO_Init
函数原形	void(GPIC)_Init(GPIO_TypeDef * GPIOx. GPIO_InitTypeDef * GPIO InitStruct)
功能描述	根梶 GPIO_InitStruct 中指定的参数初始化外设 GPIOx 寄存器
输入参数 1	GPIOx：x 可以是 A、B、C、D 或 E，用于选择 GPIO 外设
输入参数 2	GPIO_InitStruct：指向结构 GPIO_InitTypeDef 的指针，包含了外设 GPIO 的配置信息
输出参数	无
返回值	无
先决条件	无
被调用函数	无

GPIO_InitTypeDef 结构体定义在文件"stm32f10x_gpio. h"中，其内容如下：

```
typedef Struct
{
    u16 GPIO_Pinj
```

```
    GPIOSpeed_TypeDef GPIO_Speed;
    GPIOMode_TypeDef GPIO_Mode;
} GPIO_InitTypeDef;
```

1）GPIO_Pin：用于选择待设置的 GPIO 引脚号，如 PA0。使用操作符“|”可以一次选中多个引脚，可以使用表 5.2 中的任意组合。

表 5.2 GPIO_Pin 可取的值

GPIO_Pin 可取的值	描述	GPIO_Pin 可取的值	描述
GPIO_Pin_None	无引脚被选中	GPIO_Pin_8	选中引脚 8
GPIO_Pin_0	选中引脚 0	GPIO_Pin_9	选中引脚 9
GPIO_Pin_1	选中引脚 1	GPIO_Pin_10	选中引脚 10
GPIO_Pin_2	选中引脚 2	GPIO_Pin_11	选中引脚 11
GPIO_Pin_3	选中引脚 3	GPIO_Pin_12	选中引脚 12
GPIO_Pin_4	选中引脚 4	GPIO_Pin_13	选中引脚 13
GPIO_Pin_5	选中引脚 5	GPIO_Pin_14	选中引脚 14
GPIO_Pin_6	选中引脚 6	GPIO_Pin_15	选中引脚 15
GPIO_Pin_7	选中引脚 7	GPIO_Pin_All	选中全部引脚

2）GPIO_Speed：用于设置选中引脚的速率。表 5.3 给出了该参数可取的值。

表 5.3 GPIO_Speed 可取的值

GPIO_Speed 可取的值	描 述
GPIO_Speed 10MHz	最高输出速率 10MHz
GPIO_Speed 2MHz	最高输出速率 2MHz
GPIO_Speed 50MHz	最高输出速率 50MHz

3）GPIO_Mode：用于设置选中引脚的工作状态。表 5.4 给出了该参数可取的值。

表 5-4 GPIO_Mode 可取的值

GPIO_Mode 可取的值	功能描述
GPIO_Mode AIN	模拟输入
GPIO_Mode_IN_FLOATING	浮空输入
GPIO_Mode_IPD	下拉输入
GPIO_Mode_IPU	上拉输入
GPIO_Mode_Out_OD	开漏输出
GPIO_Mode_Out_PP	推挽输出
GPIO_Mode_AF_OD	复用开漏输出
GPIO_Mode_AF_PP	复用推挽输出

STM32F 系列芯片的 I/O 口可以有 8 种工作状态，包括 4 种输入和 4 种输出，每一个 I/O 口只能是这 8 种状态中的一种。

例如，配置端口 A 的 0、1、6 引脚为推挽输出，最大速率为 10MHz。

```
GPIO_InitTypeDef GPIO_InitStructure;//定义结构体
GPIO_InitStructure.GPIO_Pin=GPIO_Pin_0 |GPIO_Pin_1 |GPIO_Pin_6;
GPIO_InitStructure.GPIO_Speed=GPIO_Speed_10MHz;
GPIO_InitStructure.GPIO_Mode=GPIO_Mode_Out_PP;
GPIO_Init(GPIOA,&GPIO_InitStructure);
```

5.2.2 函数 GPIO_SetBits

函数 GPIO_SetBits 的功能是置位所选定端口的一个或多个所选定的位为高。表 5.5 描述了该函数。

表 5.5 函数 GPIO_SetBits

函数名	GPIO_SetBits
函数原形	void GPIO_SetBits(GPIO_TypeDef * GPIOx, u16 GPIO_Pin)
功能描述	设置指定数据端口位
输入参数 1	GPIOx：x 可以是 A、B、C、D 或 E,用于选择 GPIO 外设
输入参数 2	GPIO_Pin：待设置的端口位
输出参数	无
返回值	无
先决条件	无
被调用函数	无

例如，要置位外设数据端口 PA12、PA14 和 PA15 为高电平。

```
GPIO_SetBits(GPIOA,GPIO_Pin_12 |GPIO_Pin_14 |GPIO_Pin_15);
```

5.2.3 函数 GPIO_ResetBits

函数 GPIO_ResetBits 的功能是设置所选定端口的一个或多个所选定的位为低。表 5.6 描述了该函数。

表 5.6 函数 GPIO_ResetBits

函数名	GPIO_ResetBits
函数原形	void GPIO_SetBits(GPIO_TypeDef * GPIOx, u16 GPIO_Pin)
功能描述	设置指定数据端口位
输入参数 1	GPIOx：x 可以是 A、B、C、D 或 E,用于选择 GPIO 外设
输入参数 2	GPIO_Pin：待清除的端口位
输出参数	无
返回值	无
先决条件	无
被调用函数	无

例如，要清除外设数据端口 PD2、PD10 和 PD15 位。

```
GPIO_ResetBits(GPIOD,GPIO_Pin_2 |GPIO_Pin_10 |GPIO_Pin_15);
```

5.2.4　函数 GPIO-WriteBit

函数 GPIO_WriteBit 的功能是设置或清除所选定端口的特定位。表 5.7 描述了该函数。

表 5.7　函数 GPIO_WriteBit

函数名	WriteBit
函数原形	void GPIO_WriteBit(GPIO_TypeDef * GPIOx,u16 GPIO_Pin,BitAction_BitVal)
功能描述	设置指定数据端口位
输入参数 1	GPIOx：x 可以是 A、B、C、D 或 E，用于选择 GPIO 外设
输入参数 2	GPIO_ Pin：待设置或清除的端口位
输入参数 3	BitVal：该参数指定了待写入的值，可以有以下两个取值： Bit_RESET：清除数据端口位 Bit_SET：设置数据端口位
输出参数	无
返回值	无
先决条件	无
被调用函数	无

例如，要置位外设数据端口 PE2 为高。

```
GPIO_WriteBit(GPIOE,GPIO_Pin_2,Bit_SET);
```

例如，要清除外设数据端口 PE6。

```
GPIO_WriteBit(GPIOE, GPIO_Pin_6, Bit_RESET);
```

5.2.5　函数 GPIO_Write

函数 GPIO_Write 的功能是向指定的外设端口写入数据。表 5.8 描述了该函数。

表 5.8　函数 GPIO_Write

函数名	GPIO_Write
函数原形	void GPIO_Write(GPIO_TypeDef * GPIOx,u16 PortVal)
功能描述	向指定 GPIO 数据端口写入数据
输入参数 1	GPIOx：x 可以是 A、B、C、D 或 E，用于选择 GPIO 外设
输入参数 2	PortVal：待写入端口数据寄存器的值
输出参数	无
返回值	无
先决条件	无
被调用函数	无

例如，要向外设端口 C 写入 0x3A4B。

```
GPIO_Write(GPIOC,0x3A4B);
```

5.2.6　函数 GPIO_ReadOutputDataBit

函数 GPIO_ReadOutputDataBit 的功能是读取指定外设端口的指定引脚的输出值。表 5.9

描述了该函数。

表 5.9　函数 GPIO_ReadOutputDataBit

函数名	GPIO_ReadOutputDataBit
函数原形	u8 GPIO_ReadOutputDataBit(GPIO_TypeDef * GPIOx,u16 GPIO_Pin)
功能描述	读取指定端口引脚的输出
输入参数 1	GPIOx:x 可以是 A、B、C、D 或 E,用于选择 GPIO 外设
输入参数 2	GPIO_Pin:待读取的端口位
输出参数	无
返回值	输出端口引脚值
先决条件	无
被调用函数	无

例如，要读取输出引脚 PB14 的值。

```
u8 ReadValue;
ReadValue = GPIO_ReadOutputDataBit(GPIOB,GPIO_Pin_14)j
```

5.2.7　函数 GPIO_ReadOutputData

函数 GPIO_ ReadOutputData 的功能是读取指定外设端口的输出值，为一个 16 位数据。表 5.10 描述了该函数。

表 5.10　函数 GPIO_ReadOutputData

函数名	GPIO_ReadOutputData
函数原形	u16 GPIO_ReadOutautData(GPIO_TypeDef * GPIOx)
功能描述	读取指定的 GPIO 端口输出
输入参数	GPIOx: x 可以是 A、B、C、D 或 E，用于选择 GPIO 外设
输出参数	无
返回值	GPIO 输出数据端口值
先决条件	无
被调用函数	无

例如，要读取输出外设端口 C 的值。

```
u16 ReadValue;
ReadValue = GPIO_ReadOutputData(GPIOC);
```

5.2.8　函数 GPIO_ReadInputDataBit

函数 GPIO_ReadInputDataBit 的功能是读取指定外设端口的指定引脚的输入值，每次读取一个位，高电平为 1，低电平为 0。表 5.11 描述了该函数。

例如，要读取外设端口 PB7 脚的值。

```
u8 ReadValue;
ReadValue = GPIO_ReadInputDataBit(GPIOB,GPIO_Pin_7);
```

表 5.11　函数 GPIO_ReadInputDataBit

函数名	GPIO_ReadInputDataBit
函数原形	u8 GPIO_ReadInputDataBit(GPIO_TypeDef* GPIOx,u16(GPIO_Pin))
功能描述	读取指定端口引脚的输入
输入参数1	GPIOx:x可以是A、B、C、D或E,用于选择GPIO外设
输入参数2	GPIO_Pin:待读取的端口位
输出参数	无
返回值	输入端口引脚值
先决条件	无
被调用函数	无

如果PB7是高电平，则返回的值为1；如果PB7为低电平，则返回的值为0。

5.2.9　函数 GPIO_ReadInputData

函数GPIO_ReadInputData的功能是读取外设端口输入的值，为一个16位数据。表5.12描述了该函数。

表 5.12　函数 GPIO_ReadInputData

函数名	GPIO_ReadInputData
函数原形	u16 GPIO_ReadInputData(GPIO_TypeDef * GPIOx)
功能描述	读取指定的GPIO端口输入
输入参数	GPIOx：x可以是A、B、C、D或E，用于选择GPIO外设
输出参数	无
返回值	GPIO输入数据端口值
先决条件	无
被调用函数	无

例如，要读取外设D的I/O口值。

```
u16 ReadValue;
ReadValue = GPIO_ReadInputData(GPIOD);
```

5.3　I/O端口的外设映射

为了优化外设数目，可以把一些复用功能重新映射到其他引脚上，然后通过设置复用重映射和调试I/O配置寄存器（AFIO_MAPR）实现引脚的重新映射。这时，复用功能不再映射到它们的原始分配上。使用默认复用功能前必须对端口位配置寄存器编程。

对于复用的输入功能，端口必须配置成输入模式（浮空、上拉或下拉），且输入引脚必须由外部驱动。也可以通过软件来模拟复用功能输入引脚，这种模拟可以通过对GPIO控制器编程来实现，此时，端口应当被设置为复用功能输出模式，显然，这时相应的引脚不再由外部驱动，而是通过GPIO控制器由软件来驱动。

对于复用输出功能，端口必须配置成复用功能输出模式（推挽或开漏）。

对于双向复用功能，端口位必须配置成复用功能输出模式（推挽或开漏），这时，输入驱动器被配置成浮空输入模式。如果把端口配置成复用输出功能，则引脚和输出寄存器断开，并和片上外设的输出信号连接。如果软件把一个 GPIO 引脚配置成复用输出功能，但是外设没有被激活，它的输出将不确定。

5.3.1 将 OSC_32 IN/OSC_32 OUT 作为 PC14/PC15 端口

当 LSE 振荡器关闭时，LSE 振荡器引脚 OSC_32 IN/OSC_32 OUT 可以分别用作 GPIO 的 PC14/PC15，LSE 功能始终优先于通用 I/O 口的功能。

注意：当关闭 1.8V 电压区（进入待机模式）或后备区域使用 VBAT 端供电（不再由 VDD 端供电）时，不能使用 PC14/PC15 的 GPIO 口功能。

5.3.2 将 OSC_IN/OSC_OUT 作为 PD0/PD1 端口

外部振荡器引脚 OSC_IN/OSC_OUT 可以用作 GPIO 的 PD0/PD1，通过设置复用重映射和调试 I/O 配置寄存器（AFIO_MAPR）实现。这个重映射只适用于 36、48 和 64 引脚的封装（100 引脚和 144 引脚的封装上有单独的 PD0 和 PD1 的引脚，不必重映射）。

注意：外部中断/事件功能没有被重映射。在 36、48 和 64 引脚的封装上，PD0 和 PD1 不能用来产生外部中断/事件。

5.3.3 CAN 复用功能重映射

CAN 信号可以被映射到端口 A、端口 B 或端口 D 上，见表 5.13。对于端口 D，在 36、48 和 64 引脚的封装上没有重映射功能。

表 5.13 CAN 复用功能重映射

复用功能	没有重映射	重映射 1	重映射 2
CAN_RX	PA11	PB8	PD0
CAN_TX	PA12	PB9	PD1

注：重映射 1——不适于 36 引脚的封装；重映射 2——当 PD0 和 PD1 没有被重映射到 OSC_IN 和 OSC_OUT 时，重映射功能只适用于 100 引脚和 144 引脚的封装上。

5.3.4 JTAG/SWD 复用功能重映射

调试接口信号被映射到 GPIO 端口上，见表 5.14。

表 5.14 调试接口所映射的 GPIO 端口

复用功能	GPIO 端口	复用功能	GPIO 端口
JTMS/SWDIO	PA13	TRACECK	PE2
JTCK/SWCLK	PA14	TRACED0	PE3
JTDI	PA15	TRACED1	PE4
JTDO/TRACESWO	PB3	TRACED2	PE5
JNTRST	PB4	TRACED3	PE6

为了在调试期间可以使用更多GPIOs，通过设置复用重映射和调试I/O配置寄存器(AFIO_MAPR)的SWJ_CFG[2:0]位，可以改变上述重映射配置，见表5.15。

表5.15 调试接口映射

可能的调试端口	SWJ I/O引脚分配				
	PA13/JTMS/SWDIO	PA14/TCK/SWCLK	PA15/JTDI	PB3/JTDO/TRACESWO	PB4/JNTRST
完全WJ(JTAG_DP+SW_DP)(复位)	I/O不可用	I/O不可用	I/O不可用	I/O不可用	I/O不可用
除JTRST外SWJ完全使能(JTAG+SW_DP)	I/O不可用	I/O不可用	I/O不可用	I/O不可用	I/O可用
JTAG_DP使能，+SW_DP使能	I/O不可用	I/O不可用	I/O可用	I/O可用	I/O可用
SWJ完全使能(JTAG+SW_DO)	I/O可用	I/O可用	I/O可用	I/O可用	I/O可用

5.3.5 ADC复用功能重映射

ADC的复用功能重映射见表5.16~表5.19。

表5.16 ADC1外部触发注入转换复用功能重映射

复用功能	ADC1_ETRGINJ_REMAP=0	ADC1_ETRGINJ_REMAP=0
ADC1外部触发注入转换	ADC1外部触发注入转换与EXTI15相连	ADC1外部触发注入转换与TIM8_CH4相连

表5.17 ADC1外部触发规则转换复用功能重映射

复用功能	ADC1_ETRGINJ_REMAP=0	ADC1_ETRGINJ_REMAP=0
ADC1外部触发规则转换	ADC1外部触发注入转换与EXTI11相连	ADC1外部触发注入转换与TIM8_TRGO相连

表5.18 ADC2外部触发注入转换复用功能重映射

复用功能	ADC1_ETRGINJ_REMAP=0	ADC1_ETRGINJ_REMAP=0
ADC2外部触发注入转换	ADC1外部触发注入转换与EXTI15相连	ADC1外部触发注入转换与TIM8_CH4相连

表5.19 ADC2外部触发规则转换复用功能重映射

复用功能	ADC1_ ETRGINJ_ REMAP=0	ADC1_ ETRGINJ_ REMAP=0
ADC2外部触发规则转换	ADC1外部触发注入转换与EXTI11相连	ADC1外部触发注入转换与TIM8_ TRGO相连

5.3.6 定时器复用功能重映射

定时器4的通道1~通道4可以从端口B重映射到端口D，见表5.20。

表5.20 定时器4复用功能重映射

复用功能	TIM4_REMAP=0	TIM4_REMAP=1①
TIM4_ CH1	PB6	PD12
TIM4_ CH2	PB7	PD13
TIM4_ CH3	PB8	PD14
TIM4_ CH4	PB9	PD15

① 重映射只适用于64引脚和100引脚的封装。

定时器3的通道1～通道4可以从端口A/B重映射到端口B或端口C，见表5.21。

表5.21　定时器3复用功能重映射

<table>
<tr><th>复用功能</th><th>没有重映射</th><th>部分重映射</th><th>完全重映射①</th></tr>
<tr><td>TIM3_CH1</td><td>PA6</td><td>PB4</td><td>PC6</td></tr>
<tr><td>TIM3_CH2</td><td>PA7</td><td>PB5</td><td>PC7</td></tr>
<tr><td>TIM3_CH3</td><td colspan="2">PB0</td><td>PC8</td></tr>
<tr><td>TIM3_CH4</td><td colspan="2">PB1</td><td>PC9</td></tr>
</table>

①重映射只适用于64引脚和100引脚的封装。

定时器2的通道1～通道4可以从端口A重映射到端口B或端口A，见表5.22。

表5.22　定时器2复用功能重映射

<table>
<tr><th>复用功能</th><th>没有重映射</th><th>部分重映射1</th><th>部分重映射2</th><th>完全重映射①</th></tr>
<tr><td>TIM2_CH1_ETR②</td><td>PA0</td><td>PA15</td><td>PA0</td><td>PA15</td></tr>
<tr><td>TIM2_CH2</td><td>PA1</td><td>PB3</td><td>PA1</td><td>PB3</td></tr>
<tr><td>TIM2_CH3</td><td colspan="2">PA2</td><td colspan="2">PB10</td></tr>
<tr><td>TIM2_CH4</td><td colspan="2">PA3</td><td colspan="2">PB11</td></tr>
</table>

① 重映射不适用于36引脚的封装。
② TIM_CH1和TIM_ETR共享一个引脚，但不能同时使用（这也正是在此处使用表达式TIM2_CH1_ETR的原因）。

定时器1的8个通道可以从端口A/B重映射到端口B/A或端口E，见表5.23。

表5.23　定时器1复用功能重映射

<table>
<tr><th>复用功能</th><th>没有重映射</th><th>部分重映射</th><th>完全重映射①</th></tr>
<tr><td>TIM1_ETR</td><td colspan="2">PA12</td><td>PE7</td></tr>
<tr><td>TIM1_CH1</td><td colspan="2">PA8</td><td>PE9</td></tr>
<tr><td>TIM1_CH2</td><td colspan="2">PA9</td><td>PE11</td></tr>
<tr><td>TIM1_CH3</td><td colspan="2">PA10</td><td>PE13</td></tr>
<tr><td>TIM1_CH4</td><td colspan="2">PA11</td><td>PE14</td></tr>
<tr><td>TIM1_BKIN</td><td>PB12②</td><td>PA6</td><td>PE15</td></tr>
<tr><td>TIM1_CH1N</td><td>PB13②</td><td>PA7</td><td>PE8</td></tr>
<tr><td>TIM1_CH2N</td><td>PB14②</td><td>PB0</td><td>PE10</td></tr>
<tr><td>TIM1_CH3N</td><td>PB15②</td><td>PB1</td><td>PE12</td></tr>
</table>

① 重映射只适用于100引脚的封装。
② 重映射不适用于36引脚的封装。

5.3.7　USART复用功能重映射

USART1～USART3串口的复用功能重映射见表5.24～表5.26。

表 5.24 USART3 复用功能重映射

复用功能	没有重映射	部分重映射①	完全重映射②
USART3_TX	PB10	PC10	PD8
USART3_RX	PD11	PC11	PD9
USART3_CK	PB12	PC12	PD10
USART3_CTS	PB13		PD11
USART3_RTS	PB14		PD12

① 部分重映射只适用于64引脚和100引脚的封装。
② 完全重映射只适用于100引脚的封装。

表 5.25 USART2 复用功能重映射

复用功能	没有重映射 USART2_REMAP = 0	重映射 USART2_REMAP = 1①
USART2_CTS	PA0	PD3
USART2_RTS	PA1	PD4
USART2_TX	PA2	PD5
USART2_RX	PA3	PD6
USART2_CK	PA4	PD7

① 重映射只适用于100引脚的封装。

表 5.26 USART1 复用功能重映射

复用功能	没有重映射	重映射
USART1_TX	PA9	PB6
USART1_RX	PA10	PB7

5.3.8 I²C1 复用功能重映射

I²C1 复用功能重映射见表 5.27。

表 5.27 I²C1 复用功能重映射

复用功能	没有重映射	重映射
I²C1_SCL	PB6	PB8
I²C1_SDA	PB7	PB9

注:不适用于36引脚封装。

5.3.9 SPI1 复用功能重映射

SPI1 复用功能重映射见表 5.28。

表 5.28 SPI1 复用功能重映射

复用功能	没有重映射	重映射
SPI1_NSS	PA4	PA15
SPI1_SCK	PA5	PB3
SPI1_MISO	PA6	PB4
SPI1_MOSI	PA7	PB5

5.4　位运算

C 语言是为描述系统而设计的，因此它具有汇编语言所能完成的功能，且有很好的位操作能力。在控制领域，经常需要控制某一个二进制位，需要对位进行操作。相信很多人在学习 C 语言时，对于位运算通常是随便看看，毕竟在以上位机为基础的 C 语言应用中，对位的控制和操作没有很现实的意义。

在嵌入式应用中，需要与各种字节、字、双字，也就是以 8 位、16 位、32 位长为单位的寄存器打交道，这些寄存器绝大多都是以一些二进制的位为单位进行单个控制，或几个二进制位来进行组合控制。这时往往要求只对寄存器中的某一个位或某几个位进行操作，而不能改变其他位的值，如果离开了位运算，那将是一件非常难办的事。可以这么说，对于系统外设的配置，都是通过位运算来完成的。

5.4.1　移位运算

在 C 语言中，移位运算符（ << 和 >> ）的操作符号能很直观地表达该运算符所要表达的内容。

“ << ”为左移运算符，是一个双目运算符，通常的表达式为 temp << *n*。在这个表达式中，temp、*n* 必须是无符号的整数，左移运算的结果是：将 temp 以二进制的方式，整体向左移动 *n* 位。下面用一个例子来说明这个问题。

例如，定义 temp 为一个 unsigned char 型变量，也就是说 temp 是由 8 位二进制数组成，设定 temp = 0x01，其二进制为 0b 0000 0001。执行 temp << *n* 操作。

当 *n* = 0 时，数值没有发生变化。

当 *n* = 1 时，左移运算 temp << *n* 的结果为 0b 0000 0010。

当 *n* = 2 时，左移运算 temp << *n* 的结果为 0b 0000 0100。

当 *n* = 3 时，左移运算 temp << *n* 的结果为 0b 0000 1000。

当 *n* = 4 时，左移运算 temp << *n* 的结果为 0b 0001 0000。

当 *n* = 5 时，左移运算 temp << *n* 的结果为 0b 0010 0000。

当 *n* = 6 时，左移运算 temp << *n* 的结果为 0b 0100 0000。

当 *n* = 7 时，左移运算 temp << *n* 的结果为 0b 1000 0000。

当 *n* = 8 时，左移运算 temp << *n* 的结果为 0b 0000 0000。

当 *n* = 9 时，左移运算 temp << *n* 的结果为 0b 0000 0000。

当 *n* 在 0 ~ 7 之间时，可以很直观地看出执行左移后的结果，而且还可以看到当大于 7 时，结果始终为 0b 0000 0000。不用怀疑机器出现了问题，在每次左移操作时，高位被舍弃掉了，称之为溢出，低位被自动补入 0。每次左移高位都会溢出，只是不关心 0 的溢出，而关心 1 的溢出。再看下面的例子，可以清楚地了解左移的特点。

例如，定义 temp 为一个 unsigned long 型变量，也就是说 temp 是由 32 位二进制数组成，设定 temp：0x000000FF，其二进制为 0b 0000 0000 0000 0000 0000 0000 1111 1111。执行 temp << *n* 操作。

当 *n* = 0 时，数值没有发生变化。

当 $n=1$ 时，左移运算 temp << n 的结果为 0b 0000 0000 0000 0000 0000 0001 1111 1110。

当 $n=2$ 时，左移运算 temp << n 的结果为 0b 0000 0000 0000 0000 0000 0011 1111 1100。

…

当 $n=8$ 时，左移运算 temp << n 的结果为 0b 0000 0000 0000 0000 1111 1111 0000 0000。

当 $n=9$ 时，左移运算 temp << n 的结果为 0b 0000 0000 0000 0001 1111 1110 0000 0000。

当 $n=10$ 时，左移运算 temp << n 的结果为 0b 0000 0000 0000 0011 1111 1100 00000000。

…

当 $n=16$ 时，左移运算 temp << n 的结果为 0b 0000 0000 1111 1111 000000000000 0000。

当 $n=17$ 时，左移运算 temp << n 的结果为 0b 0000 0001 1111 11100000 0000 0000 0000。

…

当 $n=24$ 时，左移运算 temp << n 的结果为 0b 1111 1111 0000000000000000 00000000。

当 $n=25$ 时，左移运算 temp << n 的结果为 0b 1111 1110 0000 0000 0000 0000 0000 0000。

…

当 $n=31$ 时，左移运算 temp << n 的结果为 0b 1000 0000 0000 0000 0000 0000 0000 0000。

当 $n=32$ 时，左移运算 temp << n 的结果为 0b 0000 0000 0000 0000 0000 0000 0000 0000。

当 $n=33$ 时，左移运算 temp << n 的结果为 0b 0000 0000 0000 0000 0000 0000 0000 0000。

从上例中可以更加清晰地看到左移的实质内容。

“>>”为右移运算符，其表达式为 temp >> n。与左移运算符一样，在这个表达式中，temp、n 必须是无符号的整数，右移运算的结果是：将 temp 以二进制的方式，整体向右移动 n 位。

下面用一个例子来说明这个问题。

例如 unsigned char temp = 0x8c，其二进制数为 0b 1000 1100。执行 temp >> n 操作。

当 $n=0$ 时，数值没有发生变化。

当 $n=1$ 时，右移运算 temp >> n 的结果为 0b 0100 0110。

当 $n=2$ 时，右移运算 temp >> n 的结果为 0b 0010 0011。

当 $n=3$ 时，右移运算 temp >> n 的结果为 0b 0001 0001。

当 $n=4$ 时，右移运算 temp >> n 的结果为 0b 0000 1000。

当 $n=5$ 时，右移运算 temp >> n 的结果为 0b 0000 0100。

当 $n=6$ 时，右移运算 temp >> n 的结果为 0b 0000 0010。

当 $n=7$ 时，右移运算 temp >> n 的结果为 0b 0000 0001。

当 $n=8$ 时，右移运算 temp >> n 的结果为 0b 0000 0000。

当 $n=9$ 时，右移运算 temp >> n 的结果为 0b 0000 0000。

通过右移操作可以看出，每次右移时，低位被舍弃，高位自动补 0。

左移一位相当于该数被乘以 2，左移 n 位相当于该数乘以 2 的 n 次方，右移一位相当于该数被除以 2，右移 n 位，相当于该数除以 2 的 n 次方。在嵌入式系统芯片中，移位操作执行的速度非常快、效率很高。许多算法充分利用移位运算的高效率，提高单片机的运算速度和效率，如在做平均运算时，有意选择 2 的 n 次方个样本相加，然后把结果右移 n 位即可得到结果。

移位运算除了在乘除法中提供等效运算外，在数据处理中还有很重要的作用。例如，当把一个 32 位的数据存放到外部的 Flash 中时，只能一个字节一个字节地存放，这时可以用到移位操作。比如存入数据 0x12345678，第一次向右移 24 位，得到 0x12，第二次右移 16 位，然后与 0x00FF 相与得到 0x34，第三次右移 8 位，与 0xFF 相与得到 0x56，最后直接与 0xFF 相与得到 0x78，这样就把一个 32 位数据拆解成 4 个字节（4B），直接存放到外部 Flash 中了。相反，从外部 Flash 中读取到 4 个字节的数据也可以拼接成一个 32 位数据。比如读到的 a1、a2、a3 和 a4 分别是一个 32 位数据的高位字节、次高位字节、次低位字节、低位字节，则可以定义一个 32 位变量 Temp，进行如下操作，将 4 个字节数据拼接成一个 32 位数据：

```
Temp = a1;
Temp << =8;
Temp | =a2;
Temp << =8;
Temp | =a3;
Temp << =8;
Temp | =a4;
```

也可以不用这么麻烦，直接用下面的表达式：

```
Temp = (a1≤24)J(a2≤16)f(a3≤8) | a4;
```

有兴趣的读者可以试一试，最后的结果是什么，是不是想要的？

在使用左移运算时，一定要注意左移后数据上溢所产生的结果，因为往往是不希望数据上溢的。在上面的表达式中，a1 为字节数据，左移 24 位，数据全部溢出，结果只能是 0，最后得不到正确的结果，那么怎么办呢？可以在数据进行移位操作前，通过类型转换运算符，把 8 位的字节数据强制换成 32 位数据。表达式如下：

```
Temp = (((unsigned long)a1)≤24)I(((unsigned long)a2)≤16)|
(((unsigned long)a3)≤8)|((unsigned long)a4));
```

注意：在实际使用中，如果遇到表达式间的关系复杂，运算符之间的优先级别和结合方向不十分清楚时，建议多用（），使表达式更清楚和明白。一个好的程序员，不是看他写的代码多么简洁，而是要看他的代码结构的清晰度和可读性的好坏。

5.4.2 按位与运算

参与按位与运算（&）的两个运算数，从低位开始，对齐每一位，逐位进行与操作运算，只有当对应位上的数据都为 1 时，该位结果为 1，否则该位为 0。

例如，定义 unsigned char 型变量 a 和 b，初始值分别为 0b 1011 0100 和 0b 0101 0110，执行 a&b 操作。a&b 的结果如下：

```
      0b 1011 0100
&     0b 0101 0110
------------------
      0b 0001 0100
```

从与运算的特点可以看出，参与运算的两个数，不论 a 数据是什么，只要其 b 数据对应位上为 0，则与运算后该位的结果一定为 0。当然，如果 a 数据中的某一个或某几个位为 0，那么不论 b 数据对应的位是什么，位相与后结果都为 0。按位与运算常有以下用途：

1）清 0 某一位或某几位，其他位保持不变：

```
temp&0xf7;              //清 temp 变量的 bit3 位为 0，其他位保持不变
tpa &0xb5;              //清 tpa 变量的 bit6、bit3 和 bit1 位为 0，其他位保持不变
tpa &0xf0;              //清 tpa 变量的低 4 位为 0，高 4 位不变
```

当然，这种表达方式不是很直观，可以用下面的表达式更清晰地表达运算符的运算目的：

```
temp&(~0x08);           //清 temp 变量的 bit3 位为 0，其他位保持不变
tpa&(~0x49);            //清 tpa 变量的 bit6、bit3 和 bit1 位为 0，其他位保持不变
```

2）用于检查某一位的状态值：

```
PORTB&0x40;             //检查端口 B 的 bit6 位是否为 1
temp&0x08;              //检查全局变量 bit3 位是否为 1
```

这种操作常用于检查某一位的值是1还是0。在判断语句中经常用到，根据不同的值进入不同的程序分支部分。

3）保留某位的状态，其余位清0：

```
temp&0x10;              //保留 temp 变量的 bit4 位，其余清 0
tpa&0x03;               //保留 temp 变量的 bit0、bit1 位，其余清 0
tpa&=0xf0;              //保留 temp 变量的高 4 位，低 4 位全部清 0
```

5.4.3　按位或运算

参与按位或运算（|）的两个运算数，从低位开始，对齐每一位，逐位进行或操作运算，只要对应位上的数据有一个为1时，该位结果为1，只有都为0时，结果才为0。

例如，定义unsigned char型变量a和b，初始值分别为0b 1011 0100和0b 0101 0110，执行a|b操作。a|b的结果如下：

```
   0b 1011 0100
|  0b 0101 0110
---------------
   0b 1111 0110
```

从或运算的特点可以看出，参与运算的两个数，不论a数据是什么，只要其b数据对应位上为1，则或运算后该位的结果一定为1。当然，如果a数据中的某一位或某几位为1，那么不论b数据对应的位是什么数据，位相或后结果都为1。按位或运算常用于置位指定的某一位或多位：

```
PORTB I=0x40;           //置位端口 B 的 bit6 位为 1
temp |=0x08;            //置位 temp 变量 bit3 位为 1
tpa |=0x03;             //置位 tpa 变量 bit0、bit1 位为 1
```

注意：按位或常用于点亮某一个或几个LED（不论其亮或灭）、置高某一个或几个I/O口电平、标记某一位或几位标志位等。

5.4.4　取反运算

取反运算（~）是一个单目运算符，就是将参与运算的数按位逐个取反，是1则变成0，是0则变成1。按位取反，常与按位与运算一起使用，用于清0某一位或几位：

```
PORTB&=~0x40;           //清 0 端口 B 的 bit6 位为 0
temp&=~0x08;            //清 0 变量 bit3 位为 0
tpa&=~0x03;             //清 0 变量 bit0、bit1 位为 0
```

注意：这种操作组合与按位或运算使用的地方相似，只是功能相反，用于拉低某一个I/O口线电平、熄灭一个LED、清某一位或几位标志位等。

5.4.5 异或运算

参与按位异或运算（^）的两个运算数，从低位开始，对齐每一位，逐位进行异或操作，只要对应位上的数据相同，该位结果为0，不相同，则结果为1。

例如，定义 unsigned char 型变量 a 和 b，初始值分别为 0b 1011 0100 和 0b 0101 0110，执行 a^b 操作。a^b 的结果如下：

```
    0b 1011 0100
^   0b 0101 0110
----------------
    0b 1110 0010
```

按位异或用于翻转某一位或几位：

```
PORTB^=0x40;          //翻转端口 B 的 bit6 位的值,为 0 则变成 1,为 1 则变成 0
temp^=0x08;           //翻转 temp 变量 bit3 位的值
tpa^=0x03;            //翻转 tpa 变量 bit0、bit1 位的值
```

注意：这种操作常用于对 LED 状态的改变，如执行某个操作后，翻转一次 LED 状态，而不必知道它先前的状态是什么，通常用在程序调试中对某种操作进入与否的指示。

5.5 GPIO 控制实例

本节将通过三个控制实例一步步地说明 STM32 的 GPIO 功能，使读者能够掌握最基本的 GPIO 输入输出控制功能。

5.5.1 实例 1——控制 LED 闪烁

1. 硬件设计

在本书配套的 CHD1807 开发板上共有 6 个 LED，分别由 6 个 I/O 口控制，本实例的目的就是控制其中一个 LED 不停闪烁。开发板上 LED4 的控制电路如图 5.2 所示。

从图 5.2 所示电路可以看出，LED4 由 PB14 控制，当 PB14 为低电平时，LED4 点亮；当 PB14 为高电平时，LED4 熄灭。R_{23} 为限流电阻，改变 R_{23} 的值可以改变 LED4 的亮度。对于一般 3.3V 系统，R_{23} 采用 400Ω ~ 1kΩ 电阻可以获得良好的效果。

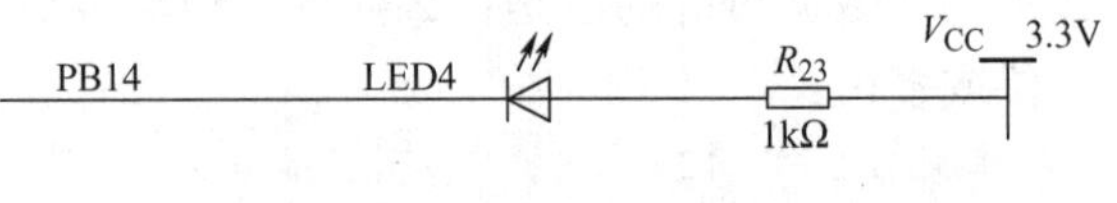

图 5.2 LED4 的控制电路

2. 软件设计

根据对 LED4 电路分析可知，在本实例中只需要控制 PB14 口不停地输出高电平和低电平，就可以实现 LED4 不停地闪烁。在软件设计中，首先要初始化系统时钟，然后配置 PB14 为输出模式，打开外设时钟，最后控制 PB14 输出为高、低电平交替。LED4 控制程序流程如图 5.3所示。

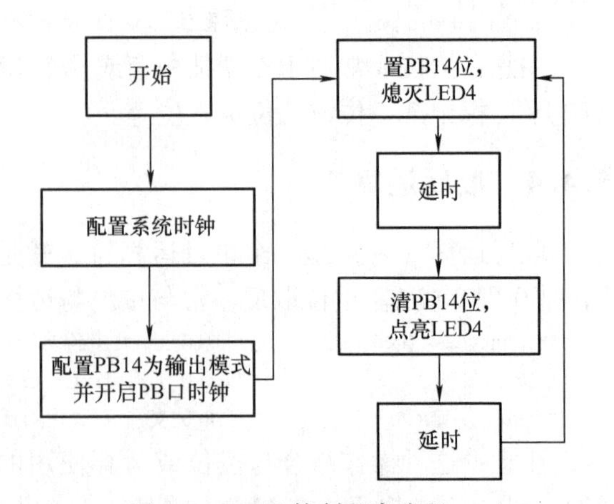

图 5.3 LED4 控制程序流程

1）建立工程 LEDShining（具体步骤见

4.2节)。要把固件库相关文件复制进来，工程头文件路径设置也要注意。

2）主函数编写。在建立好新的工程后在工程的USER文件夹中新建main.c、led.c、led.h文件，并将这个文件加入到工程中。

led.h文件中主要是对相关变量及函数的声明。具体代码如下：

```
#ifndef __LED_H              //头文件名
#define__LED_H
#include "stm32f10x.h"        //使用新的v3.5.0版本库函数包含这个文件，老版本的要包含
                               stm32f10x_lib.h
#define ON 0                 //宏定义ON、OFF变量
#define OFF 1
#define LED_B14(a)if (a)\  //宏定义LED_B14()函数
    GPIO_SetBits(GPIOB,GPIO_Pin_14);\
    else\
    GPIO_ResetBits(GPIOB,GPIO_Pin_14)
void LED_GPIO_Config(void); //LED_GPIO_Config()函数声明
#endif
```

led.c文件具体实现I/O端口配置及时钟控制。具体代码如下：

```
#include "led.h" //包含led.h头文件
void LED_GPIO_Config(void)
{
    /*定义一个GPIO_InitTypeDef类型的结构体*/
    GPIO_InitTypeDef GPIO_InitStructure;
    /*开启GPIOB的时钟*/
    RCC_APB2PeriphClockCmd( RCC_APB2Periph_GPIOB, ENABLE);
    /*设定要控制的具体I/O口*/
    GPIO_InitStructure.GPIO_Pin =GPIO_Pin_14;
    /*设置引脚输出模式为通用推挽输出*/
    GPIO_InitStructure.GPIO_Mode = GPIO_Mode_Out_PP;
    /*设定引脚速率为50MHz */
    GPIO_InitStructure.GPIO_Speed = GPIO_Speed_50MHz;
    /*调用库函数初始化GPIOB*/
    GPIO_Init(GPIOB, &GPIO_InitStructure);
}
```

main.c文件为本实例的主函数。具体代码如下：

```
#include "stm32f10x.h"               //使用固件库必须包含此头文件
#include "led.h"                     //声明的led变量头文件
void Delay(u32 nCount)               //延时函数声明
{
    for(; nCount != 0; nCount --);//空循环实现延时
}
int main(void)
{
          /* LED端口初始化*/
          LED_GPIO_Config();
          while (1) //保持程序一直运行
          {
          LED_B14(ON);//点亮LED4
```

```
        Delay(1000000); //延时
        LED_B14(OFF); //熄灭 LED4
        }
}
```

程序编写完成后，单击“编译”按钮检查有无错误，如无错误则会生成 .hex 可执行文件，利用 mcuisp 将该文件下载到 CHD1807 开发板上就将看到，LED4 会不停地闪烁。

在本实例中，需要注意以下几个关键点：

- 熟悉建立工程及配置工程。
- 如何配置 GPIO。
- 如何使用 GPIO 库函数。

5.5.2 实例 2——跑马灯

跑马灯程序是自动化专业的单片机、PLC 等课程中最常见的一个题目，本实例以 STM32 实现跑马灯的控制。

1. 硬件设计

CHD1807 开发板上有六个可以用于实验控制的 LED，分别由六个 I/O 口控制。由这六个 LED 能够组成多种亮灯方式，本实例选择其中较简单的一种顺序点亮方式进行介绍。LED 的驱动电路如图 5.4 所示。

根据开发板设计可以看出，LED4 ~ LED9 分别由 PB14、PB15、PD12、PA8、PC6、PC7 控制。这样设计主要是为了让读者能够进一步熟悉 GPIO 各个端子的配置和使用，只要控制这六个端口按照一定顺序输出高电平和低电平，就能够实现对跑马灯的控制要求。

2. 软件设计

根据硬件设计分析，只要控制 PB14、PB15、PD12、PA8、PC6、PC7 六个 I/O 口按照 LED4→LED5→⋯→LED9 的顺序依次点亮就可以实现对跑马灯的控制要求。程序流程如图 5.5所示。

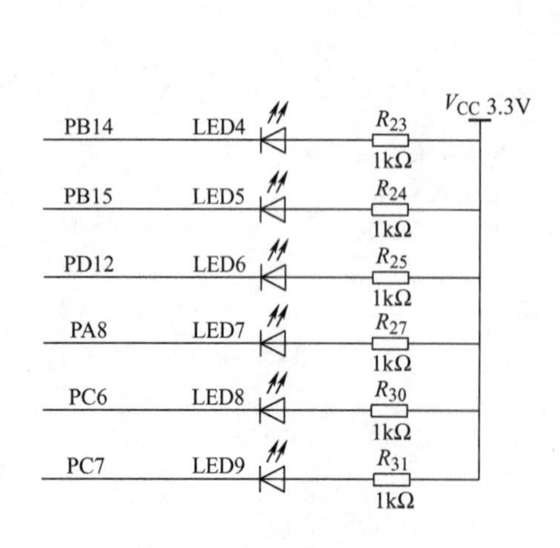

图 5.4 LED 的驱动电路

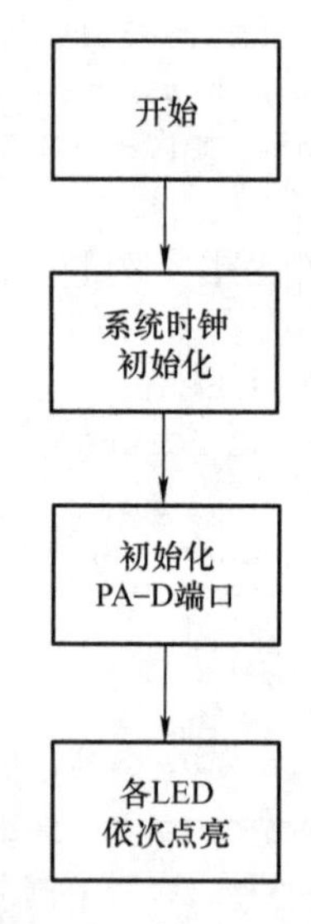

图 5.5 跑马灯程序流程

跑马灯程序可以看成是实例1点亮LED的扩展，可以在实例1程序的基础上进行改进，只需要在led.h中对除了PB14以外的其他I/O口控制程序进行声明就可以了。另外，在led.c中对除了PB14以外的其他I/O口进行相关配置并开启时钟，main.c中主函数只需要按照跑马灯顺序控制各I/O口输出高低电平就能够实现跑马灯控制要求。

led.h文件中主要是对相关变量及函数的声明，这里对其进行改进，改进后其代码如下：

```
#ifndef __LED_H                    //头文件名
#define__LED_H
#include "stm32f10x.h"             //使用新的v3.5.0版本库函数包含这个文件，老版本的要
                                     包含stm32f10x_lib.h
#define ON 0                       //宏定义ON,OFF变量
#define OFF 1
#define LED_B14(a)if (a)  \        //宏定义LED_B14()函数
   GPIO_SetBits(GPIOB,GPIO_Pin_14);\
   else    \
   GPIO_ResetBits(GPIOB,GPIO_Pin_14)
#define LED_B15(a)if (a)  \        //宏定义LED_B15()函数
   GPIO_SetBits(GPIOB,GPIO_Pin_15);\
   else  \
   GPIO_ResetBits(GPIOB,GPIO_Pin_15)
#define LED_D12(a)if (a)\          //宏定义LED_D12()函数
   GPIO_SetBits(GPIOD,GPIO_Pin_12);\
   else  \
   GPIO_ResetBits(GPIOD,GPIO_Pin_12)
#define LED_A8(a)if (a)\           //宏定义LED_A8()函数
   GPIO_SetBits(GPIOA,GPIO_Pin_8);\
   else  \
   GPIO_ResetBits(GPIOA,GPIO_Pin_8)
#define LED_C6(a)if (a)\           //宏定义LED_C6()函数
   GPIO_SetBits(GPIOC,GPIO_Pin_6);\
   else  \
   GPIO_ResetBits(GPIOC,GPIO_Pin_6)
   #define LED_C7(a)if (a)\        //宏定义LED_C7()函数
   GPIO_SetBits(GPIOC,GPIO_Pin_7);\
   else\
   GPIO_ResetBits(GPIOC,GPIO_Pin_7)
void LED_GPIO_Config(void); //LED_GPIO_Config()函数声明
#endif
```

led.c文件具体实现I/O端口配置及时钟控制。对其进行改进后具体代码如下：

```
#include "led.h"                   //包含led.h头文件
void LED_GPIO_Config(void)
{
    /* 定义一个GPIO_InitTypeDef类型的结构体 */
    GPIO_InitTypeDef GPIO_InitStructure;
    /* 开启GPIOB的时钟 */
    RCC_APB2PeriphClockCmd( RCC_APB2Periph_GPIOB, ENABLE);
    /* 设定要控制的具体I/O口 */
    GPIO_InitStructure.GPIO_Pin =GPIO_Pin_14|GPIO_Pin_15;
```

```
    /* 设置引脚输出模式为通用推挽输出 */
    GPIO_InitStructure.GPIO_Mode = GPIO_Mode_Out_PP;
    /* 设定引脚速率为 50MHz */
    GPIO_InitStructure.GPIO_Speed = GPIO_Speed_50MHz;
    /* 调用库函数初始化 GPIOB */
    GPIO_Init(GPIOB, &GPIO_InitStructure);

    /* 开启 GPIOA 的时钟 */
    RCC_APB2PeriphClockCmd( RCC_APB2Periph_GPIOA, ENABLE);
    /* 设定要控制的具体 I/O 口 */
    GPIO_InitStructure.GPIO_Pin =GPIO_Pin_8;
    /* 设置引脚输出模式为通用推挽输出 */
    GPIO_InitStructure.GPIO_Mode = GPIO_Mode_Out_PP;
    /* 设定引脚速率为 50MHz */
    GPIO_InitStructure.GPIO_Speed = GPIO_Speed_50MHz;
    /* 调用库函数初始化 GPIOA */
    GPIO_Init(GPIOA, &GPIO_InitStructure);

    /* 开启 GPIOD 的时钟 */
    RCC_APB2PeriphClockCmd( RCC_APB2Periph_GPIOD, ENABLE);
    /* 设定要控制的具体 I/O 口 */
    GPIO_InitStructure.GPIO_Pin =GPIO_Pin_12;
    /* 设置引脚输出模式为通用推挽输出 */
    GPIO_InitStructure.GPIO_Mode =GPIO_Mode_Out_PP;
    /* 设定引脚速率为 50MHz */
    GPIO_InitStructure.GPIO_Speed = GPIO_Speed_50MHz;
    /* 调用库函数初始化 GPIOD */
    GPIO_Init(GPIOD, &GPIO_InitStructure);

    /* 开启 GPIOC 的时钟 */
    RCC_APB2PeriphClockCmd( RCC_APB2Periph_GPIOC, ENABLE);
    /* 设定要控制的具体 I/O 口 */
    GPIO_InitStructure.GPIO_Pin =GPIO_Pin_6 | GPIO_Pin_7;
    /* 设置引脚输出模式为通用推挽输出 */
    GPIO_InitStructure.GPIO_Mode =GPIO_Mode_Out_PP;
    /* 设定引脚速率为 50MHz */
    GPIO_InitStructure.GPIO_Speed = GPIO_Speed_50MHz;
    /* 调用库函数初始化 GPIOC */
    GPIO_Init(GPIOC, &GPIO_InitStructure);
}
```

main.c 经过改进后代码如下：

```
int main(void)
{
    /* LED 端口初始化 */
    LED_ GPIO_ Config();
    while (1) //保持程序一直运行
    {
        LED_ B14(ON); //点亮 LED4
```

```
        Delay(1000000); //延时
        LED_ B14(OFF); //熄灭 LED4
        LED_ B15(ON); //点亮 LED5
        Delay(1000000); //延时
        LED_ B15(OFF); //熄灭 LED5
        LED_ D12(ON); //点亮 LED6
        Delay(1000000); //延时
        LED_ D12(OFF); //熄灭 LED6
        LED_ A8(ON); //点亮 LED7
        Delay(1000000); //延时
        LED_ A8(OFF); //熄灭 LED7
        LED_ C6(ON); //点亮 LED8
        Delay(1000000); //延时
        LED_ C6(OFF); //熄灭 LED8
        LED_ C7(ON); //点亮 LED9
        Delay(1000000); //延时
        LED_ C7(OFF); //熄灭 LED9
    }
}
```

程序编写完成后，单击“编译”按钮检查有无错误，如无错误则会生成.hex可执行文件，利用mcuisp将该文件下载到CHD1807开发板上就会看到LED4→LED5→…→LED9顺序点亮并不断执行。

5.5.3　实例3——按键输入1

键盘是嵌入式系统最重要的输入设备，通过对键盘的操作，可以给系统发送指令，告知系统要进行什么操作、要进行什么处理。系统对按键的处理，是通过循环读取与按键相连的I/O电平来判断的，就其本质来说，系统对按键的处理就是对I/O口电平的读取和处理。本实例将利用CHD1807开发板上提供的三个独立按键分别控制LED4～LED6的点亮，介绍STM32对按键的处理过程。

1. 硬件设计

CHD1807开发板提供了三个独立按键SW1、SW2、SW3，这三个独立按键分别连接在PC2、PC3、PA3三个I/O接口上。在本实例中，要求SW1按下LED4点亮、SW2按下LED5点亮、SW3按下LED6点亮。三个独立按键的电路如图5.6所示。

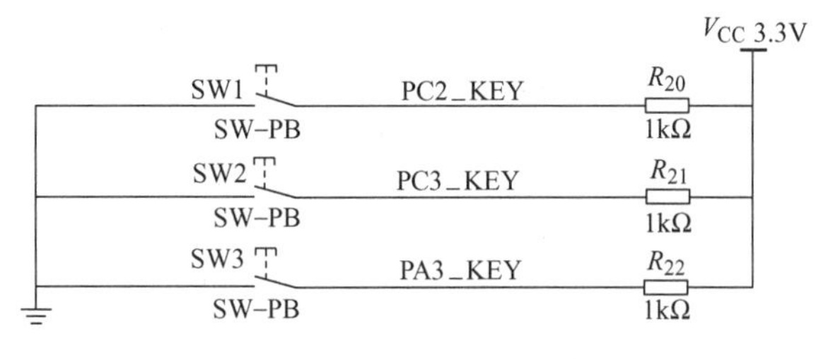

图5.6　独立按键的电路

2. 软件设计

从图5.6所示按键电路可知，当按键按下时，和按键连接的I/O端口为低电平；按键未按下时，和按键连接的I/O端口为高电平。因此，只需读取相应端口的状态值，并判断其电平是低还是高，即可控制点亮或者熄灭相应的LED。按键输入程序流程如图5.7所示。

首先建立按键输入工程 KEYInput，并把跑马灯工程中的 led. c、led. h、main. c 复制到 KEYInput 工程 USER 文件夹中。参照实例 2 在 led. c、led. h 两个文件里对 LED4 ~ LED6 三个灯对应的 I/O 端口进行配置。在 KEYInput 工程中新建两个文件 key. c 和 key. h，并把这两个文件添加到 USER 文件夹中。key. h 头文件主要定义了按键输入 GPIO 口的配置函数以及按键扫描函数。key. c 文件主要是按键配置和按键扫描函数的具体实现。按键扫描函数的主要功能是系统检测具体是哪个按键被按下。

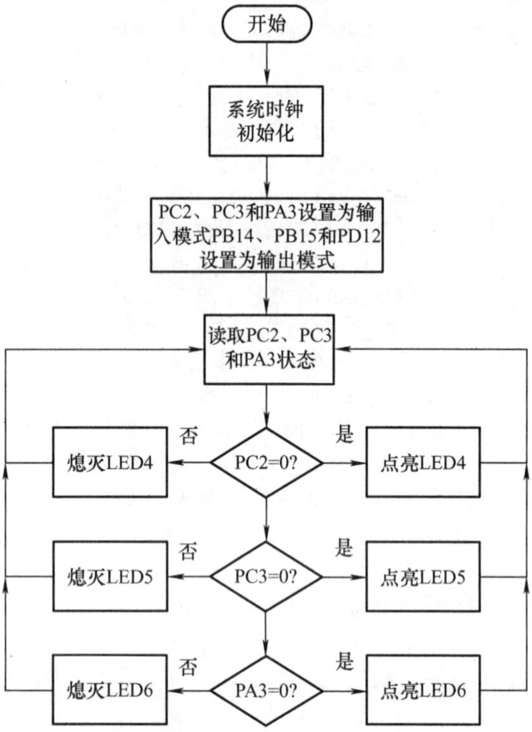

图 5.7　按键输入程序流程

key. h 文件具体代码如下：

```
#ifndef __KEY_H
#define__KEY_H
#include "stm32f10x.h"
/*******
* 按键按下标志
KEY_ON 0
KEY_OFF 1
******** /
#define KEY_ON0
#define KEY_OFF1

void Key_GPIO_Config(void);
uint8_t Key_Scan( void);

#endif /* __LED_H * /
```

key. c 文件中 GPIO 配置函数及按键扫描函数具体代码如下：

```
#include "key.h"
/*
* 函数名: Delay
* 描述: 不精确的延时
* 输入: 延时参数
* 输出: 无
* /
void Delay(_ _ IO u32 nCount)
{
    for(; nCount ! = 0; nCount - -);
}
/*
* 函数名: Key_ GPIO_ Config
* 描述: 配置按键用到的 I/O 口
* 输入: 无
* 输出: 无
* /
```

```
void Key_ GPIO_ Config(void)
{
    GPIO_ InitTypeDef GPIO_ InitStructure;
    /* 开启按键端口 (PE5)的时钟 * /
    RCC_ APB2PeriphClockCmd(RCC_ APB2Periph_ GPIOC,ENABLE);
    GPIO_ InitStructure.GPIO_ Pin =GPIO_ Pin_ 2 | GPIO_ Pin_ 3;
    GPIO_ InitStructure.GPIO_ Mode =GPIO_ Mode_ IPU;
    GPIO_ Init(GPIOC, &GPIO_ InitStructure);

    RCC_ APB2PeriphClockCmd(RCC_ APB2Periph_ GPIOA,ENABLE);
    GPIO_ InitStructure.GPIO_ Pin =GPIO_ Pin_ 3;
    GPIO_ InitStructure.GPIO_ Mode =GPIO_ Mode_ IPU;
    GPIO_ Init(GPIOA, &GPIO_ InitStructure);
}
/*
 * 函数名: Key_ Scan
 * 描述 : 检测是否有按键按下
 * 输入 : GPIOx: x 可以是 A、B、C、D 或者 E
 * GPIO_ Pin: 待读取的端口位
 * 输出 : KEY_ OFF(没按下按键)、KEY_ ON(按下按键)
 * /
uint8_ t Key_ Scan( void )
{
    /* 检测是否有按键按下 * /
    if(GPIO_ ReadInputDataBit(GPIOC,GPIO_ Pin_ 2)== KEY_ ON )
    {
        /* 延时消抖 * /
        Delay(10000);
        if(GPIO_ ReadInputDataBit(GPIOC,GPIO_ Pin_ 2)== KEY_ ON )
        {
            /* 等待按键释放 * /
            while(GPIO_ ReadInputDataBit(GPIOC,GPIO_ Pin_ 2)== KEY_ ON);
            return 1;
        }
        else
            return 0;
    }
    else if(GPIO_ ReadInputDataBit(GPIOC,GPIO_ Pin_ 3)== KEY_ ON )
    {
        /* 延时消抖 * /
        Delay(10000);
        if(GPIO_ ReadInputDataBit(GPIOC,GPIO_ Pin_ 3)== KEY_ ON )
        {
            /* 等待按键释放 * /
            while(GPIO_ ReadInputDataBit(GPIOC,GPIO_ Pin_ 3)== KEY_ ON);
            return 2;
        }
        else
```

```
            return 0;
        }
        else if(GPIO_ ReadInputDataBit(GPIOA,GPIO_ Pin_ 3) == KEY_ ON )
        {
        /* 延时消抖 */
        Delay(10000);
        if(GPIO_ ReadInputDataBit(GPIOA,GPIO_ Pin_ 3)== KEY_ ON )
        {
        /* 等待按键释放 */
            while(GPIO_ ReadInputDataBit(GPIOA,GPIO_ Pin_ 3)== KEY_ON);
            return 3;
          }
          else
            return 0;
        }
        else
          return 0;
}
```

这两个文件编写完成后，开始对 main. c 文件进行修改。具体代码如下：

```
#include "stm32f10x.h"
#include "led.h"
#include "key.h"

/*
 * 函数名:main
 * 描述 :主函数
 * 输入 :无
 * 输出 :无
 */
int i =0;
int main(void)
{
    /* config the led */
    LED_GPIO_Config();
    LED1( ON ); //GPIO 初始化完成后，开发板上 LED1 被点亮

    /* config key */
    Key_GPIO_Config();

    while(1)
    {
        i =Key_Scan();
        if(i ==1)
        {
            /* LED4 反转 */
            GPIO_WriteBit(GPIOB, GPIO_Pin_14,
            (BitAction)(1 - (GPIO_ReadOutputDataBit(GPIOB, GPIO_Pin_14))));
        }
```

```
            if(i ==2)
            {
              /* LED5 反转 */
              GPIO_WriteBit(GPIOB, GPIO_Pin_15,
                (BitAction)(1 - (GPIO_ReadOutputDataBit(GPIOB, GPIO_Pin_15))));
            }
            if(i ==3)
            {
              /* LED6 反转 */
              GPIO_WriteBit(GPIOD, GPIO_Pin_12,
                (BitAction)(1 - (GPIO_ReadOutputDataBit(GPIOD, GPIO_Pin_12))));
            }
        }
    }
```

程序编写完成后单击“编译”按钮，检查有无错误，如无错误则会生成.hex 可执行文件。通过 mcuisp 将.hex 可执行文件下载到 CHD1807 开发板上。这时，如果按下按键 1 则 LED4 被点亮，松开按键 1 时，LED4 熄灭；当按下按键 2 时，LED5 点亮，松开按键 2 时 LED5 熄灭；当按下按键 3 时 LED6 点亮，松开按键 3 时 LED6 熄灭。

5.6　外部中断和中断控制器

以上几节内容初步介绍了 STM32 GPIO 的基本输入输出操作，本节介绍一下 STM32 嵌入式系统的中断控制。STM32F 的每个 I/O 口都可以作为中断输入，在使用中断之前要对系统向量中断控制器进行设定。

嵌套向量中断控制器简称 NVIC，是 Cortex - M3 不可分割的一部分，它与 Cortex-M3 内核的逻辑紧密耦合，有一部分甚至交融在一起。NVIC 与 Cortex-M3 内核相辅相成、里应外合，共同完成对中断的响应。NVIC 的寄存器以存储器映射的方式来访问，除了包含控制寄存器和中断处理的控制逻辑之外，NVIC 还包含了 MPU 的控制寄存器、SysTick 定时器以及调试控制。

5.6.1　嵌套向量中断控制器

NVIC 和处理器核的接口紧密相连，可以实现低延迟的中断处理并有效处理晚到的中断。NVIC 管理核异常等中断，其有以下特点：

- 60 个可屏蔽中断通道（不包含 16 个 Cortex - M3 的中断线）；
- 16 个可编程的优先等级（使用了 4 位中断优先级）；
- 低延迟的异常和中断处理；
- 电源管理控制；
- 系统控制寄存器的实现。

STM32F10xxx 产品向量表见表 5.29。

STM32（Cortex-M3）中有两个优先级的概念——抢占优先级和亚优先级。有人把亚优先级称作响应优先级或副优先级。每个中断源都需要指定这两种优先级。

表5.29 STM32F10xxx产品向量表

位 置	优先级	优先级类型	名称	说 明	地 址
	—	—	—	保留	0x0000_0000
	-3	固定	Reset	复位	0x0000_0004
	-2	固定	NMI	不可屏蔽中断RCC-1时钟安全系统（CSS0）连接到NMI1向量	0x0000_0008
	-1	固定	硬件失效	所有类型的失效	0x0000_000C
	0	可设置	存储管理	存储器管理	0x0000_0010
	1	可设置	总线错误	预取值失败，存储器访问失败	0x0000_0014
	2	可设置	错误应用	未定义的指令或非法状态	0x0000_0018
	—	—	—	保留	0x0000_001C ~ 0x0000-002B
	3	可设置	SVCall	通过SWI指令的系统服务调用	0x0000 _002C
	4	可设置	调试监控	调试监控器	0x0000_0030
	—	—	—	保留	0x0000_0034
	5	可设置	PendSV	可挂起的系统服务	0x0000_0038
	6	可设置	SysTick	系统嘀嗒定时器	0x0000_003C
0	7	可设置	WWDG	窗口定时器中断	0x0000_0040
1	8	可设置	PVD	连到EXTI的电源电压检测（PVD）中断	0x0000_0044
2	9	可设置	TAMPER	侵入检测中断	0x0000_0048
3	10	可设置	RTC	实时时钟（RTC）全局中断	0x0000_004C
4	11	可设置	FLASH	闪存全局中断	0x0000_0050
5	12	可设置	RCC	复位和时钟控制（RCC）中断	0x0000_0054
6	13	可设置	EXTI0	EXTI线0中断	0x0000_0058
7	14	可设置	EXTI1	EXTI线1中断	0x0000_005C
8	15	可设置	EXTI2	EXTI线2中断	0x0000_0060
9	16	可设置	EXTI3	EXTI线3中断	0x0000_0064
10	17	可设置	EXTI4	EXTI线4中断	0x0000_0068
11	18	可设置	DMA1通道1	DMA1通道1全局中断	0x0000_006C
12	19	可设置	DMA1通道2	DMA1通道2全局中断	0x0000_0070
13	20	可设置	DMA1通道3	DMA1通道3全局中断	0x0000_0074
14	21	可设置	DMA1通道4	DMA1通道4全局中断	0x0000_0078
15	22	可设置	DMA1通道5	DMA1通道5全局中断	0x0000_007C
16	23	可设置	DMA1通道6	DMA1通道6全局中断	0x0000_0080
17	24	可设置	DMA1通道7	DMA1通道7全局中断	0x0000_0084
18	25	可设置	ADC	ADC全局中断	0x0000_0088
19	26	可设置	USB_HP_CAN _TX	USB高优先级或CAN发送中断	0x0000_008C
20	27	可设置	USB_LP_CAN_ RX0	USB低优先级或CAN接收0中断	0x0000_0090
21	28	可设置	CAN_RX1	CAN接收1中断	0x0000_0094

（续）

位 置	优先级	优先级类型	名称	说 明	地 址
22	29	可设置	CAN_SCE	CANSCE 中断	0x0000_0098
23	30	可设置	EXTI9_5	EXTI 线［9：5】中断	0x0000_009C
24	31	可设置	TIM1_BRK	TIM1 断开中断	0x0000_00A0
25	32	可设置	TIM1_UP	TIM1 更新中断	0x0000_00A4
26	33	可设置	TIM_TRG_COM	TIM1 触发和通信中断	0x0000_00A8
27	34	可设置	TIM1_CC	TIM1 捕获比较中断	0x0000_00AC
28	35	可设置	TIM2	TIM2 全局中断	0x0000_00B0
29	36	可设置	TIM3	TIM3 全局中断	0x0000_00B4
30	37	可设置	TIM4	TIM4 全局中断	0x0000_00B8
31	38	可设置	I^2C1_EV	I^2C1 事件中断	0x0000_00BC
32	39	可设置	I^2C1_ER	I^2C1 错误中断	0x0000_00C0
33	40	可设置	I^2C2_EV	I^2C2 事件中断	0x0000_00C4
34	41	可设置	I^2C2_ER	I^2C2 错误中断	0x0000_00C8
35	42	可设置	SPI1	SPI1 全局中断	0x0000_00CC
36	43	可设置	SPI2	SPI2 全局中断	0x0000_00D0
37	44	可设置	USART1	USART1 全局中断	0x0000_00D4
38	45	可设置	USART2	USART2 全局中断	0x0000_00D8
39	46	可设置	USART3	USART3 全局中断	0x0000_00DC
40	47	可设置	EXTI15_10	EXTI 线[15:10]中断	0x0000_00E0
41	48	可设置	RTCAlarm	连到 EXTI 的 RTC 闹钟中断	0x0000_00E4
42	49	可设置	USB 唤醒	连到 EXTI 的从 USB 待机唤醒中断	0x0000_00E8
43	50	可设置	TIM8_BRK	TIM8 断开中断	0x0000_00EC
44	51	可设置	TIM8_UP	TIM8 更新中断	0x0000_00F0
45	52	可设置	TIM8_TRG_COM	TIM8 触发和通信中断	0x0000_00F4
46	53	可设置	TIM8_CC	TIM8 捕获比较中断	0x0000_00F8
47	54	可设置	ADC3	ADC3 全局中断	0x0000_00FC
48	55	可设置	FSMC	FSMC 全局中断	0x0000_0100
49	56	可设置	SDIO	SDIO 全局中断	0x0000_0104
50	57	可设置	TIM5	TIM5 全局中断	0x0000_0108
51	58	可设置	SPI3	SPI3 全局中断	0x0000_010C
52	59	可设置	UART4	UART4 全局中断	0x0000_0110
53	60	可设置	UART5	UART5 全局中断	0x0000_0114
54	61	可设置	TIM6	TIM6 全局中断	0x0000_0118
55	62	可设置	TIM7	TIM7 全局中断	0x0000_011C
56	63	可设置	DMA2 通道 1	DMA2 通道 1 全局中断	0x0000_0120
57	64	可设置	DMA2 通道 2	DMA2 通道 2 全局中断	0x0000_0124
58	65	可设置	DMA2 通道 3	DMA2 通道 3 全局中断	0x0000_0128
59	66	可设置	DMA2 通道 4 ~ 5	DMA2 通道 4 和 DMA2 通道 5 全局中断	0x0000_012C

具有高抢占优先级的中断可以在具有低抢占优先级的中断处理过程中被响应，即中断嵌套，或者说高抢占优先级的中断可以嵌套低抢占优先级的中断。

当两个中断源的抢占优先级相同时，这两个中断将没有嵌套关系，当一个中断到来后，如果正在处理另一个中断，这个后到来的中断就要等到前一个中断处理完之后才能被处理。如果这两个中断同时到达，则中断控制器根据它们的响应优先级高低来决定先处理哪一个；如果它们的抢占优先级和亚优先级都相等，则根据它们在中断表中的排位顺序决定先处理哪一个。

每个中断源都需要指定这两种优先级，所以需要有相应的寄存器位记录每个中断的优先级。在 Cortex-M3 中定义了 8bit 位用于设置中断源的优先级，这 8bit 位可以有 8 种分配方式。

所有 8 位用于指定亚优先级。

最高 1 位用于指定抢占优先级，最低 7 位用于指定亚优先级。

最高 2 位用于指定抢占优先级，最低 6 位用于指定亚优先级。

最高 3 位用于指定抢占优先级，最低 5 位用于指定亚优先级。

最高 4 位用于指定抢占优先级，最低 4 位用于指定亚优先级。

最高 5 位用于指定抢占优先级，最低 3 位用于指定亚优先级。

最高 6 位用于指定抢占优先级，最低 2 位用于指定亚优先级。

最高 7 位用于指定抢占优先级，最低 1 位用于指定亚优先级。

这就是优先级分组的概念。

Cortex-M3 允许具有较少中断源时使用较少的寄存器位指定中断源的优先级，因此 STM32 把指定中断优先级的寄存器位减少到 4 位，这 4 个寄存器位的分组方式如下：

第 0 组：所有 4 位用于指定亚优先级。

第 1 组：最高 1 位用于指定抢占优先级，最低 3 位用于指定亚优先级。

第 2 组：最高 2 位用于指定抢占优先级，最低 2 位用于指定亚优先级。

第 3 组：最高 3 位用于指定抢占优先级，最低 1 位用于指定亚优先级。

第 4 组：所有 4 位用于指定抢占优先级。

可以通过调用 STM32 的固件库中的函数 NVIC_PriorityGroupConfig( ) 选择使用哪种优先级分组方式，这个函数的参数有如下五种：

NVIC PriorityGroup 0：选择第 0 组。

NVIC PriorityGroup 1：选择第 1 组。

NVIC PriorityGroup 2：选择第 2 组。

NVIC PriorityGroup 3：选择第 3 组。

NVIC PfiorityGroup 4：选择第 4 组。

接下来要指定中断源的优先级。下面以一个简单的例子说明如何指定中断源的抢占优先级和亚优先级：

```
//选择使用优先级分组第 1 组
NVIC_PriorityGroupConfig(NVIC_PriorityGroup_1);
//使能 EXTIO 中断
NVIC_InitStructure.NVIC_IRQChannel = EXTIO_IRQChannel;
NVIC_InitStructure.NVIC_IRQChannelPreemptionPriority = 1;//指定抢占优先级别 1
NVIC_InitStructure.NVIC_IRQChannelSubPriority = 0; //指定亚优先级别 0
```

```
NVIC_InitStructure.NVIC_IRQChannelCmd = ENABLE;
NVIC_Init(&NVIC_InitStructure);
//使能 EXTI9_5 中断
NVIC_InitStructure.NVIC_IRQChannel = EXTI 9_5_IRQChannel;
NVIC_InitStructure.NVIC_IRQChannelPreemptionPriority = 0;//指定抢占优先级别 0
NVIC_InitStructure.NVIC_IRQChannelSubPriority = 1; //指定响应优先级别 1
NVIC_InitStructure.NVIC_IRQChannelCmd = ENABLE;
NVIC_Init(&NVIC_InitStructure);
```

要注意如下几点：

1）如果指定的抢占优先级别或亚优先级别超出了选定的优先级分组所限定的范围，则可能得到意想不到的结果。

2）抢占优先级别相同的中断源之间没有嵌套关系。

3）如果某个中断源被指定为某个抢占优先级别，又没有其他中断源处于同一个抢占优先级别，则可以为这个中断源指定任意有效的亚优先级别。

5.6.2　外部中断/事件控制器

外部中断/事件控制器（EXTI）由19个产生事件/中断要求的边沿检测器组成。每个输入线都可以独立地配置输入类型（脉冲或挂起）和对应的触发事件（上升沿或下降沿或者双边沿都触发）。每个输入线都可以被独立地屏蔽。挂起寄存器保持着状态线的中断要求。

EXTI控制器的主要特征如下：

1）每个中断/事件都有独立的触发和屏蔽。

2）每个中断线都有专用的状态位。

3）支持多达19个中断/事件请求。

检测脉冲宽度低于APB2时钟宽度的外部信号，参见数据手册中电气特性部分的相关参数。

STM32F10xxx可以处理外部或内部事件来唤醒内核（WFE）。唤醒事件可以通过下述配置产生：

1）在外设的控制寄存器使能一个中断，但不在NVIC中使能，同时在Cortex-M3的系统控制寄存器中使能SEVONPEND位。在MCU从WFE恢复后，需要清除相应外设的中断挂起位和外设NVIC中断通道挂起位（在NVIC中断清除挂起寄存器中）。

2）配置一个外部或内部EXTI线为事件模式，在MCU从WFE恢复后，因为对应事件线的挂起位没有被置位，因此不必清除相应外设的中断挂起位或NVIC中断通道挂起位。

如果要产生中断，必须事先配置好并使能中断线。根据所需的边沿检测条件，通过设置两个触发寄存器，同时在中断屏蔽寄存器的相应位写1允许中断请求。当外部中断线上发生了需要的边沿时，将产生一个中断请求，对应的挂起位也随之被置1。在挂起寄存器的对应位写1，可以清除该中断请求。

如果要产生事件，必须事先配置好并使能事件线。根据所需的边沿检测条件，通过设置两个触发寄存器，同时在事件屏蔽寄存器的相应位写1允许事件请求。当事件线上发生了需要的边沿时，将产生一个事件请求脉冲，对应的挂起位不被置1。

在软件中断/事件寄存器写1，也可以通过软件产生中断/事件请求。

1. 硬件中断选择

通过下面的过程来配置 19 个线路作为中断源：

1）配置 19 个中断线的屏蔽位（EXTI_IMR）。

2）配置所选中断线的触发选择位（EXTI_RTSR 和 EXTI_FTSR）。

3）配置控制映射到外部中断控制器（EXTI）的 NVIC 中断通道的使能和屏蔽位，使得 19 个中断线中的请求可以被正确地响应。

2. 硬件事件选择

通过下面的过程，可以配置 19 个线路为事件源：

1）配置 19 个事件线的屏蔽位（EXTI_EMR）。

2）配置事件线的触发选择位（EXTI_RTSR 和 EXTI_FTSR）。

3. 软件中断，事件的选择

19 个线路可以被配置成软件中断/事件线。下面是产生软件中断的过程：

1）配置 19 个中断/事件线屏蔽位（EXTI_IMR 和 EXTI_EMR）。

2）设置软件中断寄存器的请求位（EXTI_SWIER）。

112 个通用 I/O 端口以图 5.8 所示的方式连接到 16 个外部中断/事件线上。另外三种外部中断/事件控制器的连接如下：

1）EXTI 线 16 连接到 PVD 输出。

2）EXTI 线 17 连接到 RTC 闹钟事件。

3）EXTI 线 18 连接到 USB 唤醒事件。

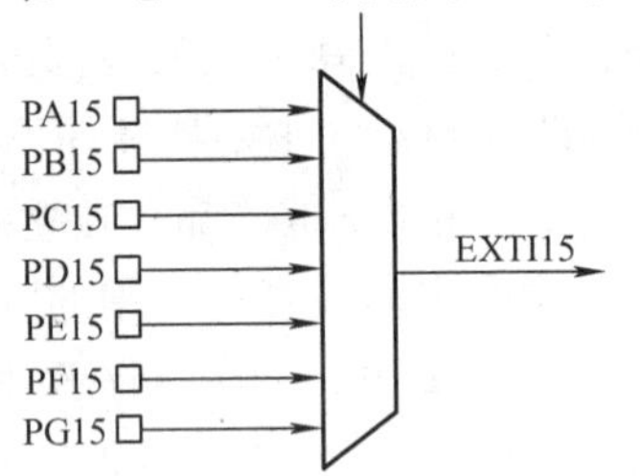

图 5.8 外部中断 I/O 映射

5.6.3 NVIC 库函数介绍

NVIC 驱动有多种用途，如使能或者失能 IRQ 中断、使能或者失能单独的 IRQ 通道、改变 IRQ 通道的优先级等。

1. 函数 NVIC_DeInit

表 5.30 描述了函数 NVIC_DeInit。

表 5.30 函数 NVIC_DeInit

函数名	NVIC_DeInit
函数原形	void NVIC_DeInit(void)
功能描述	将外设 NVIC 寄存器重设为默认值
输入参数	无
输出参数	无
返回值	无
先决条件	无
被调用函数	无

例如,复位 NVIC 寄存器的值。

```
NVIC_DeInit();
```

2. 函数 NVIC_PriorityGroupConfig

表5.31 描述了函数 NVIC_PriorityGroupConfig。

NVIC_PriorityGroup 参数用于设置优先级分组位长度，见表5.32。

表5.31 函数 NVIC_PriorityGroupConfig

函数名	NVIC_PriorityGroupConfig
函数原形	void NVIC_PriorityGroupConfig(u32 NVIC_Priority Group)
功能描述	设置优先级分组：抢占优先级和亚优先级
输入参数	NVIC_ PriorityGroup：优先级分组位长度
输出参数	无
返回值	无
先决条件	优先级分组只能设置一次
被调用函数	无

表5.32 NVIC_PriorityGroup 的值

NVIC_PriorityGroup 的值	描　述
NVIC_PriorityGroup 0	抢占优先级0位,亚优先级4位
NVIC_PriorityGroup 1	抢占优先级1位,亚优先级3位
NVIC_PriorityGroup 2	抢占优先级2位,亚优先级2位
NVIC_PriorityGroup 3	抢占优先级3位,亚优先级1位
NVIC_PriorityGroup 4	抢占优先级4位，亚优先级0位

例如，定义抢占优先级1位，亚优先级3位。

```
NVIC_PriorityGroupConfig(NVIC_PriorityGroup_1);
```

3. 函数 NVIC_Init

表5.33 描述了函数 NVIC_Init。

表5.33 函数 NVIC_Init

函数名	NVIC_Init
函数原形	void NVIC_Init(NVIC InitTypeDef* NVIC_InitStruct)
功能描述	根据 NVIC_InitStruct 中指定的参数初始化外设 NVIC 寄存器
输入参数	NVIC_Initstmct：指向结构 NVIC_InitTypeDef 的指针，包含了外设 GPIO 的配置信息
输出参数	无
返回值	RCC_FLAG 的新状态（SET 或者 RESET）
先决条件	无
被调用函数	无

NVIC_InitTypeDefstructure 定义该结构体的代码如下：

```
typedef Struct
{
u8 NVIC_IRQChannel;
u8 NVIC_IRQChannelPreemptionPriority;
u8 NVIC_IRQChannelSubPriority;
FunctionalState NVIC_IRQChannelCmd;
}NVIC InitTypeDef;
```

1）NVIC_ IRQChannel：该参数用于使能或者失能指定的 IRQ 通道，表5.34 给出了该参数可取的值。

表 5.34 NVIC_IRQChannel 可取的值

NVIC_IRQChannel 可取的值	描　述	NVIC_IRQChannel 可取的值	描　述
WWDG_IRQChannel	窗口看门狗中断	TIM4 IRQChannel	TIM4 全局中断
PVD_IRQChannel	PVD 通过 EXTI 探测中断	I^2C1 EV IRQChannel	I^2C1 事件中断
TAMPER_IRQChannel	篡改中断	I^2C1 ER IRQChannel	I^2C1 错误中断
RTC_IRQChannel	RTC 全局中断	I^2C2 EV IRQChannel	I^2C2 事件中断
Flashltf_IRQChannel	Flash 全局中断	I^2C2 ER IRQChannel	I^2C2 错误中断
RCC_IRQChannel	RCC 全局中断	SPI1 IRQChannel	SPI1 全局中断
EXTI0_IRQChannel	外部中断线 0 中断	SPI2 IRQChannel	SPI2 全局中断
EXTI1_IRQChannel	外部中断线 1 中断	USART1 IRQChanneI	USART1 全局中断
EXTI2_IRQChannel	外部中断线 2 中断	USART2 IRQChannel	USART2 全局中断
EXTI3_IRQChannel	外部/中断线 3 中断	USART3 IRQChannel	USART3 全局中断
EXTI4_IRQChannel	外部中断线 4 中断	EXTI15 ~ 10 IRQChannel	外部中断线 15 ~ 10 中断
DMAChannel1_IRQChannel	DMA 通道 1 中断	RTCAlarm IRQChannel	RTC 闹钟通过 EXTI 线中断
DMAChannel2_IRQChannel	DMA 通道 2 中断	USBWakeUo IRQChannel	USB 通过 EXTI 线从悬挂唤醒中断
DMAChannel3_IRQChannel	DMA 通道 3 中断	TIM8 BRK IRQChannel	TIM8 暂停中断
DMAChannel4 IRQChannel	DMA 通道 4 中断	TIM8 UP IRQChannel	TIM8 刷新中断
DMAChannel5 IRQChannel	DMA 通道 5 中断	TIM8 TRG COM IRQChannel	TIM8 触发和通信中断
DMAChannel6 IRQChannel	DMA 通道 6 中断	TIM8 CC IRQChannel	TIM8 捕获比较中断
DMAChannel7 IRQChannel	DMA 通道 7 中断	ADC3 IRQChannel	ADC3 全局中断
ADC IRQChannel	ADC 全局中断	FSMC IRQChannel	FSMC 全局中断
USB HP CANTX IRQChannel	USB 高优先级或者 CAN 发送中断	SDIO IRQChannel	SDIO 全局中断
USB LP CAN RX0 IRQChannel	USB 低优先级或者 CAN 接收 0 中断	TIM5 IRQChannel	TIM5 全局中断
CAN RX 1 IRQChannel	CAN 接收 1 中断	SPI3 IRQChannel	SPI3 全局中断
CAN SCE IRQChannel	CAN SCE 中断	UART4 IRQChannel	UART4 全局中断
EXTI9 ~ 5 IRQChannel	外部中断线 9 ~ 5 中断	UART5 IRQCharmel	UART5 全局中断
TIM1 BRK IRQChannel	TIM1 暂停中断	TIM6 IRQCharmel	TIM6 全局中断
TIM1 UP IRQChannel	TIM1 刷新中断	TIM7 IRQChannel	TIM7 全局中断
TIM1 TRG COM IRQChannel	TIM1 触发和通信中断	DMA2 Channel 1 IRQChannel	DMA2 Channel 1 全局中断
TIM1 CC IRQChannel	TIM1 捕获比较中断	DMA2 Channel 2 IRQChannel	DMA2 Channel 2 全局中断
TIM2 IRQChannel	TIM2 全局中断	DMA2 Channel 3 IRQChannel	DMA2 Channel 3 全局中断
TIM3 IRQChannel	TIM3 全局中断		

2）NVIC_IRQChannelPreemptionPriority：该参数设置了成员 NVIC_ IRQChannel 中的抢占优先级，表 5.35 列举了该参数的取值。

3）NVIC_IRQChannelSubPriority：该参数设置了成员 NVIC_IRQChannel 中的亚优先级，表5.35给出了该参数的取值。

表5.35　NVIC_IRQChannel 的抢占优先级和亚优先级值

NVIC_PriorityGroup	NVIC_IRQChannel 的抢占优先级	NVIC_IRQChannel 的亚优先级	描　述
NVIC_PriorityGroup_0	0	0~15	抢占优先级0位,亚优先级4位
NVIC PriorityGroup_1	0~1	0~7	抢占优先级1位,亚优先级3位
NVIC PriorityGroup_2	0~3	0~3	抢占优先级2位,亚优先级2位
NVIC PriorityGroup_3	0~7	0~1	抢占优先级3位,亚优先级1位
NVIC PriorityGroup_4	0~15	0	抢占优先级4位,亚优先级0位

- 选中 NVIC_PriorityGroup_0，则参数 NVIC_IRQChannelPreemptionPriority 对中断通道的设置不产生影响。
- 选中 NVIC_PriorityGroup_4，则参数 NVIC_IRQChannelSubPriority 对中断通道的设置不产生影响。

4）NVIC IRQChannelCmd：该参数指定了在成员 NVIC_IRQChannel 中定义的 IRQ 通道被使能还是失能。这个参数的取值为 ENABLE 或者 DISABLE。

例如，定义优先级。

```
NVIC_InitTypeDef NVIC_InitStructure;
NVIC_PriorityGroupConfig(NVIC_PriorityGroup_1);//抢占优先级用1位，亚优先级用3
                                               位
//定义TIM3中断的优先级,抢占优先级为0,亚优先级为2
NVIC_InitStructure.NVIC_IRQChannel = TIM3_IRQChannel;
NVIC_Initstructure.NVIC_IRQChannelPreemptionPriority = 0;
NVIC_InitStructure.NVIC_IRQChannelSubPriority =2;
NVIC_Initstructure.NVIC_IRQChanneiCmd = ENABLE;
NVIC_Init(&NVIC_InitStructure);
//定义USART1串口中断的优先级,抢占优先级为1,亚优先级为5
NVIC_InitStructure.NVIC_IRQChannel = USART1_IRQChannel;
NVIC_InitStructure.NVIC_IRQChannelPreemptionPriority =1;
NVIC_InitStructure.NVIC_IRQChannelSubPriority =5;
NVIC_InitStructure(&NVIC_InitStructure);
//定义RTC中断抢占优先级为1,亚优先级为7
NVIC_InitStructure.NVIC_IRQChannel = RTC_IRQChannel;
NVIC_InitStructure.NVIC_IRQChannelSubPriority =7;
NVIC_Init(&NVIC_InitStructure);
```

4. 函数 NVIC_SetVectorTable

表5.36描述了函数 NVIC_SetVectorTable。

NVIC_VectTab 参数用于设置向量表基地址，见表5.37。

例如，对 FLASH 指定向量表基地址偏移量。

```
NVIC SetVectorTable(NVIC_VectTab_FLASH,0x0);
```

表 5.36　函数 NVIC_SetVectorTable

函数名	NVIC_SetVectorTable
函数原形	void NVIC_SetVectorTable(u32 NVIC_vectTab,u32 Offset)
功能描述	设置向量表的位置和偏移
输入参数 1	NVIC_VectTab：指定向量表位置在 RAM 还是在程序存储器
输入参数 2	Offset：向量表基地址的偏移量对于 Flash，该参数值必须高于 0x08000100，对于 RAM 必须高于 0x100。它同时必须是 256（64×4）的整数倍
返回值	指定中断活动位的新状态（SET 或者 RESET）
先决条件	优先级分组只能设置一次
被调用函数	无

表 5.37　NVIC_VectTab 可取的值

NVIC_VectTab 可取的值	描　述
NVIC_VectTab_FLASH	向量表位于 FLASH
NVIC_VectTab RAM	向量表位于 RAM

5.6.4　外部中断控制器库函数介绍

1. 函数 EXTI_DeInit

表 5.38 描述了函数 EXTI_DeInit。

例如，重设外部中断寄存器。

```
EXTI_DeInit();
```

2. 函数 EXTI_Init

表 5.39 描述了函数 EXTI_Init。

表 5.38　函数 EXT I_DeInit

函数名	EXTI_DeInit
函数原形	void EXTI_DeInit(void)
功能描述	将外设 EXTI 寄存器重设为默认值
输入参数	无
输出参数	无
返回值	无
先决条件	无
被调用函数	无

表 5.39　函数 EXTI_Init

函数名	EXTI_Init
函数原形	void EXTI_Init(EXTI_InitTvoeDef* EXTI_InitStruct)
功能描述	根据 EXTI_InitStruct 中指定的参数初始化外设 EXTI 寄存器
输入参数	EXTI_InitStruct：指向结构 EXTI_InitTypeDef 的指针，包含了外设 EXTI 的配置信息
输出参数	无
返回值	无
先决条件	无
被调用函数	无

EXTI_InitTypeDef 结构体定义如下：

```
typedef struct
  {
    u32 EXTI_Line;
    EXTIMode_TypeDef EXTI_Mode;
    EXTITrigger_TypeDef EXTI_Trigger;
    FunctionalState EXTI_LineCmd;
}EXTI_InitTypeDef;
```

1）EXTI_Line：选择了待使能或者失能的外部线路，表5.40给出了该参数可取的值。

表5.40　EXTI_Line可取的值

EXTI_Line可取的值	描 述	EXTI_Line可取的值	描 述
EXTI_Line0	外部中断线0	EXTI_Line10	外部中断线10
EXTI_Line1	外部中断线1	EXTI_Line11	外部中断线11
EXTI_Line2	外部中断线2	EXTI_Line12	外部中断线12
EXTI_Line3	外部中断线3	EXTI_Line13	外部中断线13
EXTI_Line4	外部中断线4	EXTI_Line14	外部中断线14
EXTI_Line5	外部中断线5	EXTI_Line15	外部中断线15
EXTI_Line6	外部中断线6	EXTI_Line16	外部中断线16
EXTI_Line7	外部中断线7	EXTI_Line17	外部中断线17
EXTI_Line8	外部中断线8	EXTI_Line18	外部中断线18
EXTI_Line9	外部中断线9		

2）EXTI_Mode：设置了被使能线路的模式，表5.41给出了该参数可取的值。

表5.41　EXTI_Mode可取的值

EXTI_Mode可取的值	描 述
EXTI_Mode Event	设置EXTI线路为事件请求
EXTI_Mode Interrupt	设置EXTI线路为中断请求

3)EXTI_Trigger：设置了被使能线路的触发边沿，表5.42给出了该参数可取的值。

表5.42　EXTI_Trigger可取的值

EXTI_Trigger可取的值	描 述
EXTI_Trigger_Falling	设置输入线路下降沿为中断请求
EXTI_Trigger_Rising	设置输入线路上升沿为中断请求
EXTI_Trigger_Rising_Falling	设置输入线路上升沿和下降沿为中断请求

4）EXTI_ LineCmd：用来定义选中线路的新状态，它可以被设为ENABLE或者DISABLE。

例如，使能外部中断12和14。

```
EXTI_InitTypeDef EXTI_InitStructure;
EXTI_InitStructure.EXTI_Line = EXTI_Line12 I EXTI_Line14;
EXTI_InitStructure.EXTI_Mode = EXTI_Mode_Interrupt;
EXTI_InitStructure.EXTI_Trigger = EXTI_Trigger Falling;
```

```
EXTI_InitStructure.EXTI_LineCmd = ENABLE;
EXTI_Init(&EXTI + InitStructure);
```

3. 函数 EXTI_GenerateSWInterrupt

表5.43描述了函数EXTI_GenerateSWInterrupt。

例如，产生一个软件中断。

```
EXTI_GenerateSWInterrupt(EXTI_Line6);
```

4. 函数 EXTI_GetFlagStatus

表5.44描述了函数EXTI_GetFlagStatus。

表5.43 函数EXTI_GenerateSWInterrupt

函数名	EXTI_GenerateSWInterrupt
函数原形	void EXTI GenerateSWInterrupt（u32 EXTI Line）
功能描述	产生一个软件中断
输入参数	EXTI_ Line：待使能或者失能的EXTI线路
输出参数	无
返回值	无
先决条件	无
被调用函数	无

表5.44 函数EXTI_GetFlagStatus

函数名	EXTI_GetFlagStatus
函数原形	FlagStatus EXTI_GetFlagStatus(u32 EXTI_Line)
功能描述	检查指定的EXTI线路标志位设置与否
输入参数	EXTI_Line：待检查的EXTI线路标志位
输出参数	无
返回值	EXTI_Line的新状态（SET或者RESET）
先决条件	无
被调用函数	无

例如，检查外部中断线8状态位。

```
FlagStatus EXTIStatus;
EXTIStatus = EXTI_GetFlagStatus(EXTI_Line8);
```

5. 函数 EXTI_ClearFlag

表5.45描述了函数EXTI_ClearFlag。

例如，清除外部中断2挂起标志。

```
EXTI_ClearFlag(EXTI_Line2);
```

6. 函数 EXTI_GetITStatus

表5.46描述了函数EXTI_GetITStatus。

表5.45 函数EXTI_ClearFlag

函数名	EXTI_ClearFlag
函数原形	void EXTI_ClearFlag(u32 EXTI_Line)
功能描述	清除EXTI线路挂起标志位
输入参数	EXTI_Line：待清除标志位的EXTI线路
输出参数	无
返回值	无
先决条件	无
被调用函数	无

表5.46 函数EXTI_GetITStatus

函数名	EXTI_GetITStatus
函数原形	ITStatus EXTI_GetITStatus(u32 EXTI_Line)
功能描述	检查指定的EXTI线路触发请求发生与否
输入参数	EXTI_Line：待检查EXTI线路的挂起位
输出参数	无
返回值	EXTI_Line的新状态（SET或者RESET）
先决条件	无
被调用函数	无

例如，检查外部中断8是否有中断触发。

```
ITStatus EXTIStatus;
EXTIStatus = EXTI_GetITStatus(EXTI_Line8);
```

5.6.5 外部中断实例——按键输入2

本实例的目的是学会如何使用外部中断，具体内容包括使用库函数来定义外部中断口、设置中断的优先级顺序、验证中断函数的进入和执行。

1. 硬件设计

本实例要求使用中断来实现按键1控制LED4反转，其具体电路参见5.5.3小节实例3——按键输入1。本实例需要控制的GPIO接口为PB14和PC2，另外需要对相应的EXTI2进行配置。

2. 软件设计

本实例软件中断处理流程如图5.9所示。

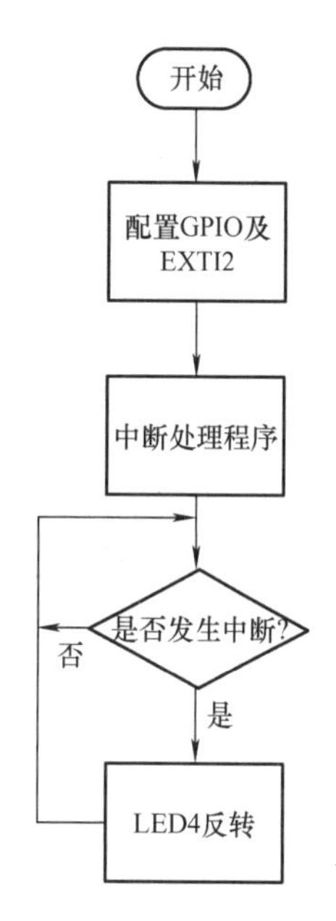

图5.9　中断处理流程

这里先对按键输入工程KEYInput进行修改，重新配置GPIO，然后再新建exti.c和exti.h两个文件并加入USER文件夹中。关于LED4及按键1的GPIO配置请参看5.5节其他实例，这里不再赘述。exti.h文件主要声明了对按键1的I/O接口PC2进行配置的函数EXTI_PC2_Config。其具体代码如下：

```
ifndef __EXTI_H
#define__EXTI_H
#include "stm32f10x.h"
void EXTI_PC2_Config(void);
#endif /* __EXTI_H */
```

exti.c文件主要是对中断配置函数的实现。其具体代码如下：

```
#include "exti.h"
static void NVIC_Configuration(void) //中断控制寄存器配置函数
{
  NVIC_InitTypeDef NVIC_InitStructure;
  /* 配置响应优先级 */
  NVIC_PriorityGroupConfig(NVIC_PriorityGroup_1);
  /* 配置 P[A|B|C|D|E]0 为中断源 */
  NVIC_InitStructure.NVIC_IRQChannel = EXTI2_IRQn;
  NVIC_InitStructure.NVIC_IRQChannelPreemptionPriority = 0;
  NVIC_InitStructure.NVIC_IRQChannelSubPriority = 0;
  NVIC_InitStructure.NVIC_IRQChannelCmd = ENABLE;
  NVIC_Init(&NVIC_InitStructure);
}
void EXTI_PC2_Config(void) //PC2 口外部中断配置函数
{
    GPIO_InitTypeDef GPIO_InitStructure;
    EXTI_InitTypeDef EXTI_InitStructure;
    RCC_APB2PeriphClockCmd(RCC_APB2Periph_GPIOC|RCC_APB2Periph_AFIO,
    ENABLE);//开 PC 口时钟
```

```
    NVIC_Configuration();
    GPIO_InitStructure.GPIO_Pin = GPIO_Pin_2; //PC2 口配置
    GPIO_InitStructure.GPIO_Mode = GPIO_Mode_IPD; //上拉输入
    GPIO_Init(GPIOC, &GPIO_InitStructure);

    GPIO_EXTILineConfig(GPIO_PortSourceGPIOC, GPIO_PinSource2); //PC2 作为外
部中断线 2 引脚
    EXTI_InitStructure.EXTI_Line = EXTI_Line2;
    EXTI_InitStructure.EXTI_Mode = EXTI_Mode_Interrupt;
    EXTI_InitStructure.EXTI_Trigger = EXTI_Trigger_Falling; //下降沿中断
    EXTI_InitStructure.EXTI_LineCmd = ENABLE;
    EXTI_Init(&EXTI_InitStructure);
}
```

在完成了 GPIO 和外部中断的配置后，现在需要来编写具体的中断处理函数。在 STM32 的固件函数库中，所有的中断处理程序都在 stm32f10x_it.c 中具体实现。

本实例按键 1 中断处理函数的代码如下：

```
void EXTI2_IRQHandler(void)
{
    if(EXTI_GetITStatus(EXTI_Line2) != RESET) //确保是否产生了 EXTI Line 中断
    {
        //LED4 取反
        GPIO_WriteBit(GPIOB, GPIO_Pin_14,
          (BitAction)((1 - GPIO_ReadOutputDataBit(GPIOB, GPIO_Pin_14))));
        EXTI_ClearITPendingBit(EXTI_Line2); //清除中断标志位
    }
}
```

中断处理函数编写完成后，最后对 main.c 进行修改。具体代码如下：

```
#include "stm32f10x.h"
#include "led.h"
#include "exti.h"
int main(void)
{
    LED_GPIO_Config(); //GPIO 配置
    LED4(ON);
    EXTI_PC2_Config(); //中断配置
    while(1); //等待中断
}
```

在程序编译完成后下载到实验板上，将看到按键 1 按下 LED4 状态发生反转。

5.7 小结

本章是学习 STM32 嵌入式单片机的基础，通过本章的学习初步掌握了通用 I/O 接口及外部中断的使用。应掌握基本的 GPIO 及外部中断库函数的使用，并能够掌握实例程序编制原则，在实例基础上能够进行基本的功能修改及完善。

习　　题

1. 结合图5.1说明GPIO输入及输出过程。
2. 抢占优先级和亚优先级在中断响应过程中如何工作？举例说明。
3. 外部中断/事件控制器（EXTI）有什么特征？
4. 结合GPIO例程1实现LED1、LED3、LED5闪烁。
5. 修改程序，利用按键中断控制跑马灯程序启停。

第 6 章

定时器的使用

STM32 拥有最少三个，最多八个 16 位定时器，它们由通过可编程预分频器驱动的 16 位自动装载计数器组成。这些定时器适用于多种场合，经典应用包括测量输入信号的脉冲长度（输入捕获）或者产生输出波形（输出比较和 PWM）。使用定时器预分频器和 RCC 时钟控制器预分频器，可以在几微秒到几毫秒间任意调整脉冲宽度和波形周期。

这些定时器是完全独立的，而且没有互相共享任何资源，可以一起同步操作，且其同步操作可以定时器级联，多个定时器并行触发。本章将对 STM32 的定时器结构及功能进行介绍，并通过实例说明定时器的使用。其中，定时器库函数讲解过程中涉及的相关定时器寄存器，可参阅《STM32 技术指南》。

6.1 STM32F 的定时器简介

大容量的 STM32F103x 增强型系列产品包含最多两个高级控制定时器（TIM1 和 TIM8）、四个通用定时器（TIM2 ~ TIM5）和两个基本定时器（TIM6 和 TIM7），以及两个看门狗定时器和一个系统嘀嗒定时器。

6.1.1 高级控制定时器 TIM1 和 TIM8

高级控制定时器（TIM1 和 TIM8）由一个 16 位自动装载计数器组成，并通过一个可编程的预分频器驱动。它适合多种用途，包含测量输入信号的脉冲宽度（输入捕获），或者产生输出波形（输出比较：PWM、嵌入死区时间的互补 PWM 等）。使用定时器预分频器和 RCC 时钟控制器预分频器，可以实现脉冲宽度和波形周期从几微秒到几毫秒的调节。

高级控制定时器（TIM1 和 TIM8）和通用定时器（TIMx）是完全独立的，它们不共享任何资源，但可以同步操作。

TIM1 和 TIM8 定时器的功能包括：

1）16 位向上、向下、向上/下自动装载计数器。

2）16 位可编程（可以实时修改）预分频器，计数器时钟频率的分频系数为 1 ~ 65536 之间的任意数值。

3）多达四个独立通道，即输入捕获、输出比较、PWM 生成（边沿或中间对齐模式）、脉冲模式输出。

4）死区时间可编程的互补输出。

5）使用外部信号控制定时器和与定时器互联的同步电路。

6）允许在指定数目的计数器周期之后更新定时器寄存器的重复计数器。

7）刹车输入信号可以将定时器输出信号置于复位状态或者一个已知状态。

8）如下事件发生时产生中断/DMA，即更新［计数器向上溢出/向下溢出、计数器初始化（通过软件或者内部/外部触发）］、触发事件（计数器启动、停止、初始化或者由内部/外部触发计数）、输入捕获、输出比较、刹车信号输入。

9）支持针对定位的增量（正交）编码器和霍尔传感器电路。

10）触发输入作为外部时钟或者按周期的电流管理。

6.1.2 通用定时器 TIMx

通用定时器是一个通过可编程预分频器驱动的 16 位自动装载计数器。它适用于多种场合，包括测量输入信号的脉冲宽度（输入捕获）或者产生输出波形（输出比较和 PWM）。使用定时器预分频器和 RCC 时钟控制器预分频器，脉冲宽度和波形周期可以在几微秒到几毫秒间调整。每个定时器都是完全独立的，没有互相共享任何资源。它们可以同步操作。

通用定时器 TIMx（TIM2、TIM3、TIM4 和 TIM5）功能包括：

1）16 位向上、向下、向上/向下自动装载计数器。

2）16 位可编程（可以实时修改）预分频器，计数器时钟频率的分频系数为 1～65 536 之间的任意数值。

3）四个独立通道，即输入捕获、输出比较、PWM 生成（边缘或中间对齐模式）、单脉冲模式输出。

4）使用外部信号控制定时器和定时器互联的同步电路。

5）如下事件发生时产生中断/DMA，即更新［计数器向上溢出/向下溢出、计数器初始化（通过软件或者内部/外部触发）］、触发事件（计数器启动、停止、初始化或者由内部/外部触发计数）、输入捕获、输出比较。

6）支持针对定位的增量（正交）编码器和霍尔传感器电路。

7）触发输入作为外部时钟或者按周期的电流管理。

6.1.3 基本定时器 TIM6 和 TIM7

基本定时器（TIM6 和 TIM7）各包含一个 16 位自动装载计数器，由各自的可编程预分频器驱动。它们可以作为通用定时器提供时间基准，特别是可以为数/模转换器（DAC）提供时钟。实际上，它们在芯片内部直接连接到 DAC 并通过触发输出直接驱动 DAC。这两个定时器是互相独立的，不共享任何资源。

TIM6 和 TIM7 定时器的主要功能包括：

1）16 位自动重装载累加计数器。

2）16 位可编程（可实时修改）预分频器，用于对输入的时钟按系数为 1～65 536 之间的任意数值分频。

3）触发 DAC 的同步电路。

4）在更新事件（计数器溢出）时产生中断/DMA 请求。

6.2 通用定时器功能描述

6.2.1 时基单元

可编程通用定时器的主要部分是一个 16 位计数器和与其相关的自动装载寄存器。这个计数器可以向上计数、向下计数或者向上、向下双向计数。此计数器时钟由预分频器分频得到。计数器、自动装载寄存器和预分频器寄存器可以由软件读写，在计数器运行时仍可以读写。时基单元包含：

- 计数器寄存器（TIMx_CNT）;
- 预分频器寄存器（TIMx_PSC）;
- 自动装载寄存器（TIMx_ARR）。

自动装载寄存器是预先装载的，写或读自动重装载寄存器将访问预装载寄存器。

根据在 TIMx_CR1 寄存器中的自动装载预装载使能位（ARPE）的设置，预装载寄存器的内容被立即或在每次的更新事件 UEV 时传送到影子寄存器。当计数器达到溢出条件（向下计数时的下溢条件）并当 TIMx_CR1 寄存器中的 UDIS 位等于“0”时，产生更新事件。更新事件也可以由软件产生。

计数器由预分频器的时钟输出 CK_CNT 驱动，仅当设置了计数器 TIMx_CR1 寄存器中的计数器使能位（CEN）时，CK_CNT 才有效。

注意：真正的计数器使能信号 CNT_EN 是在 CEN 的一个时钟周期后被设置的。

预分频器可以将计数器的时钟频率按 1 ~65536 之间的任意值分频。它是基于一个（在 TIMx_ PSC 寄存器中的）16 位寄存器控制的 16 位计数器。这个控制寄存器带有缓冲器，它能够在工作时被改变。新的预分频器参数在下一次更新事件到来时被采用。图 6.1 和图 6.2 所示例子给出了当预分频器运行时，更改计数器参数的时序图。

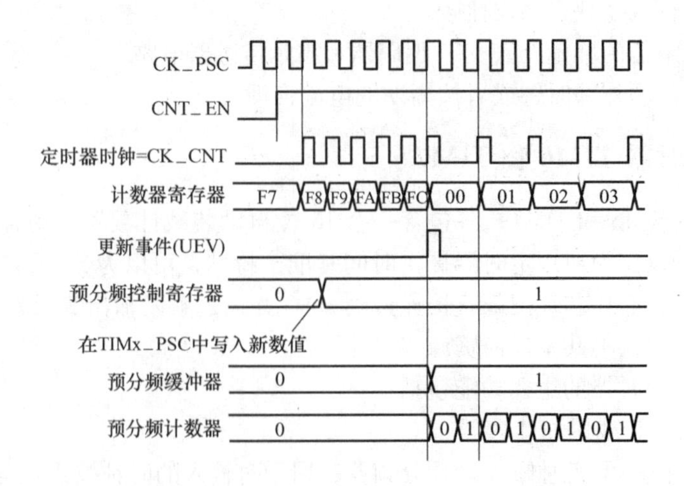

图 6.1　当预分频器的参数从 1 变到 2 时计数器的时序图

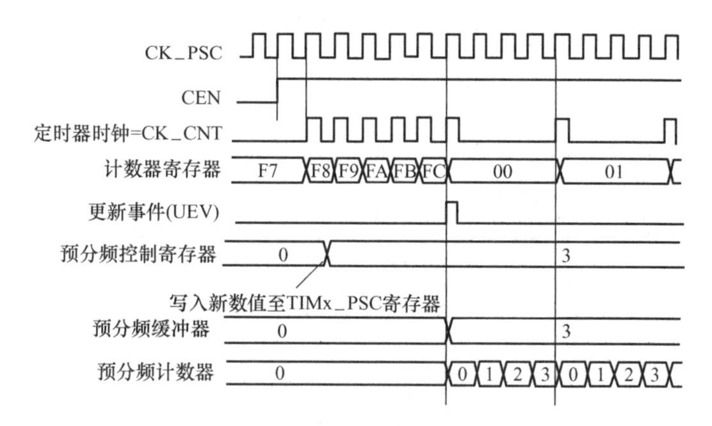

图 6.2 当预分频器的参数从 1 变到 4 时计数器的时序图

6.2.2 计数器模式

1. 向上计数

在向上计数模式中，计数器从 0 计数到自动加载值（TIMx_ARR 计数器的内容），然后重新从 0 开始计数并且产生一个计数器溢出事件。每次计数器溢出时可以产生更新事件，在 TIMx_EGR 寄存器中（通过软件方式或者使用从模式控制器）设置 UG 位也同样可以产生一个更新事件。

设置 TIMx_CR1 寄存器中的 UDIS 位，可以禁止更新事件，这样可以避免在向预装载寄存器中写入新值时更新影子寄存器。在 UDIS 位被清“0”之前，将不产生更新事件。但是在应该产生更新事件时，计数器仍会被清“0”，同时预分频器的计数也被清“0”（但预分频系数不变）。此外，如果设置了 TIMx_CR1 寄存器中的 URS 位（选择更新请求）。设置 UG 位将产生一个更新事件 UEV，但硬件不设置 UIF 标志（即不产生中断或 DMA 请求）；这是为了避免在捕获模式下清除计数器时，同时产生更新和捕获中断。当发生一个更新事件时，所有的寄存器都被更新，硬件同时（依据 URS 位）设置更新标志位（TIMx_SR 寄存器中的 UIF 位）。

- 预分频器的缓冲区被置入预装载寄存器的值（TIMx_PSC 寄存器的内容）。
- 自动装载影子寄存器被重新置入预装载寄存器的值（TIMx_ARR）。

图 6.3 ~ 图 6.8 所示的例子，给出了当 TIMx_ARR = 0x36 时计数器在不同时钟频率下的动作。

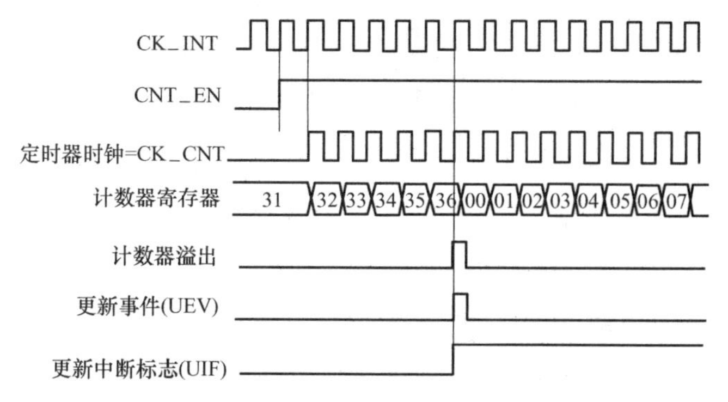

图 6.3 计数器时序图（内部时钟分频因子为 1）

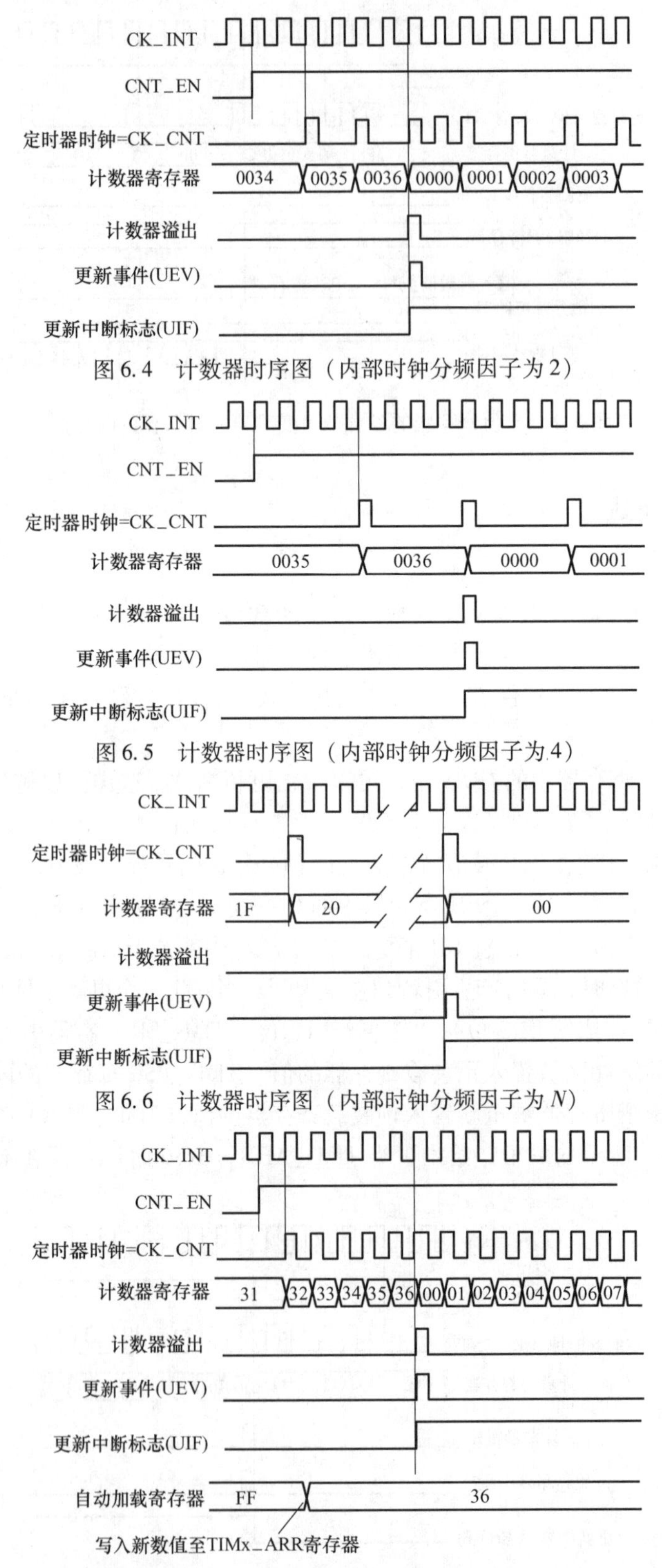

图 6.4 计数器时序图（内部时钟分频因子为 2）

图 6.5 计数器时序图（内部时钟分频因子为 4）

图 6.6 计数器时序图（内部时钟分频因子为 N）

图 6.7 计数器时序图（当 ARPE = 0 时的更新事件（TIMx_ARR 没有预装入））

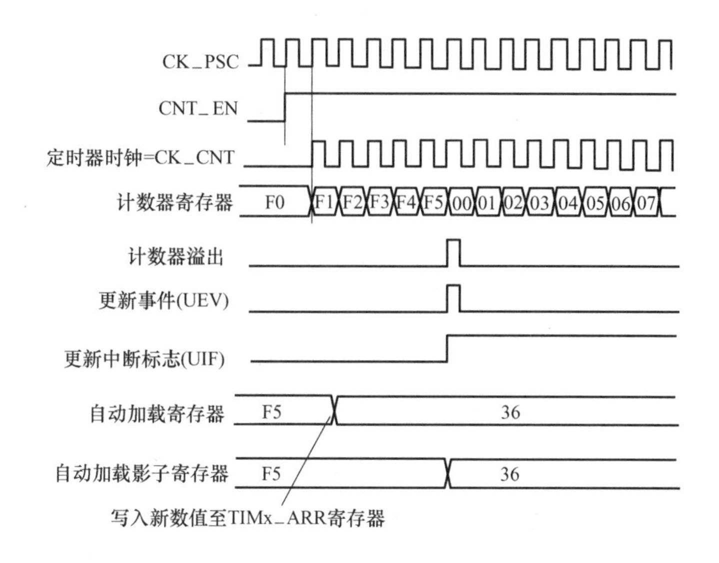

图6.8　计数器时序图（当ARPE=1时的更新事件（TIMx_ARR没有预装入））

2. 向下计数模式

在向下模式中，计数器从自动装入的值（TIMx_ARR寄存器中的内容）开始向下计数到0，然后从自动装入的值重新开始并且产生一个计数器向下溢出事件。

每次计数器溢出时可以产生更新事件，在TIMx_EGR寄存器中（通过软件方式或者使用从模式控制器）设置UG位，也同样可以产生一个更新事件。

设置TIMx_CR1寄存器的UDIS位可以禁止UEV事件，这样可以避免向预装载寄存器中写入新值时更新影子寄存器，因此UDIS位被清为“0”之前不会产生更新事件。然而，计数器仍会从当前自动加载值重新开始计数，同时预分频器的计数器重新从0开始（但预分频系数不变）。

此外，如果设置了TIMx_ CR1寄存器中的URS位（选择更新请求），设置UG位将产生一个更新事件UEV但不设置UIF标志（因此不产生中断和DMA请求），这是为了避免在发生捕获事件并清除计数器时，同时产生更新和捕获中断。

当发生更新事件时，所有的寄存器都被更新，并且（根据URS位的设置）更新标志位（TIMx_ SR寄存器中的UIF位）也被设置。

- 预分频器的缓存器被置入预装载寄存器的值（TIMx_PSC寄存器的值）；
- 当前的自动加载寄存器被更新为预装载值（TIMx_ARR寄存器中的内容）。

图6.9～图6.13所示为一些当TIMx_ARR=0x36时，计数器在不同时钟频率下的操作例子。

3. 中央对齐模式

在中央对齐模式，计数器从0开始计数到自动加载的值（TIMx_ARR寄存器）-1，产生一个计数器溢出事件，然后向下计数到1，并且产生一个计数器下溢事件；然后再从0开始重新计数。

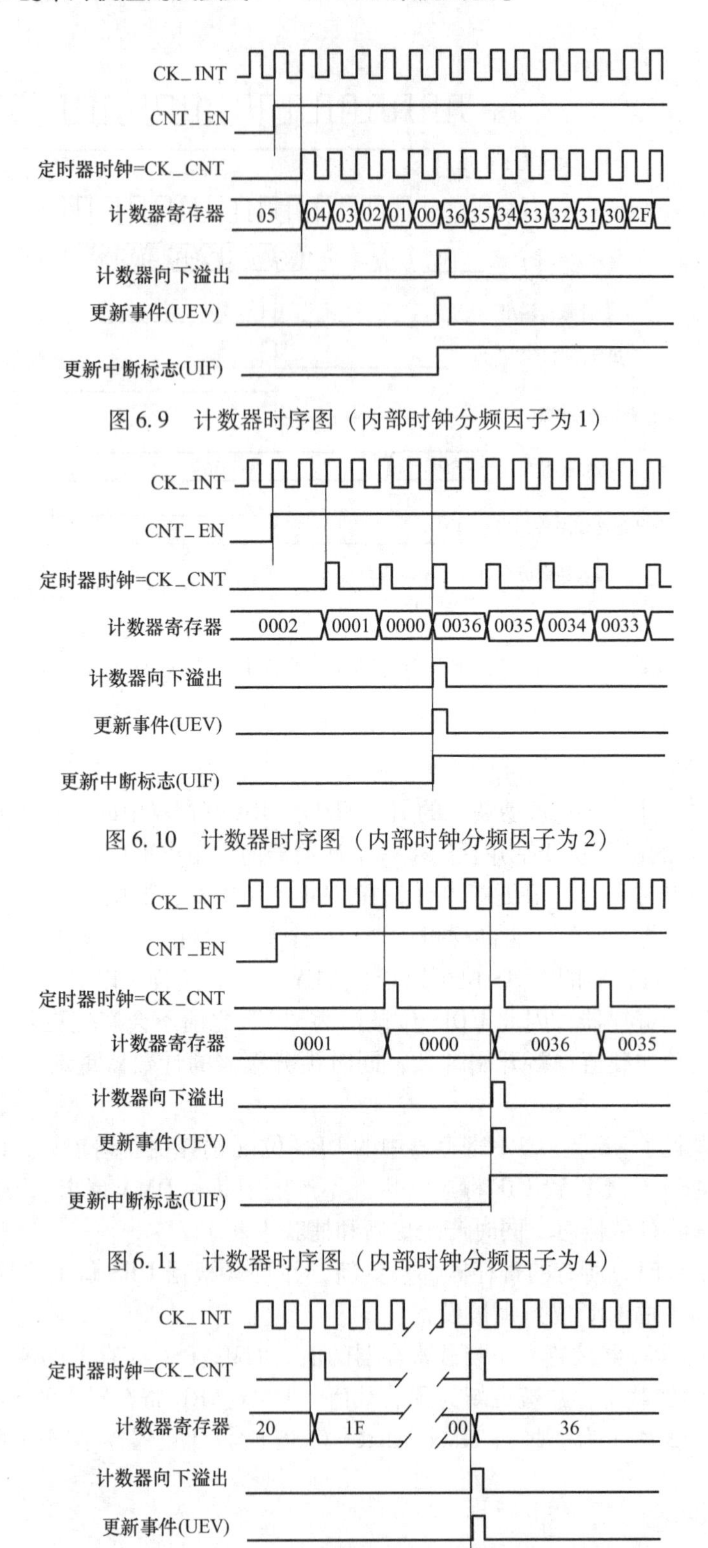

图6.9　计数器时序图（内部时钟分频因子为1）

图6.10　计数器时序图（内部时钟分频因子为2）

图6.11　计数器时序图（内部时钟分频因子为4）

图6.12　计数器时序图（内部时钟分频因子为N）

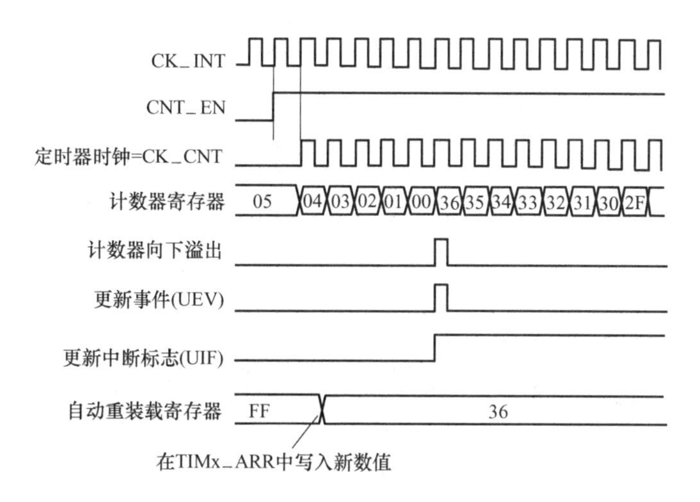

图6.13 计数器时序图（当没有使用重复计数器时的更新事件）

在这个模式不能写入 TIMx_CR1 中的 DIR 方向位，它由硬件更新并指示当前的计数方向。可以在每次计数上溢和每次计数下溢时产生更新事件，也可以通过（软件或者使用从模式控制器）设置 TIMx_ EGR 寄存器中的 UG 位产生更新事件。然后，计数器重新从 0 开始计数，预分频器也重新从 0 开始计数。

设置 TIMx_CRI 寄存器的情况同向下计数模式。

当发生更新事件时，所有寄存器都被更新，并且（根据 URS 位的设置）更新标志位（TIMx_SR 寄存器中的 UIF 位）也被设置。

- 预分频器的缓存器被加载为预装载（TIMx_PSC 寄存器）的值；
- 当前的自动加载寄存器被更新为预装载值（TIMx_ARR 寄存器中的内容）。

注意：如果因为计数器溢出而产生更新，自动重装载将在计数器重载入之前被更新，因此下一个周期将是预期的值（计数器被装载为新的值）。

图 6.14 ~ 图 6.19 所示为一些计数器在不同时钟频率下操作的例子。

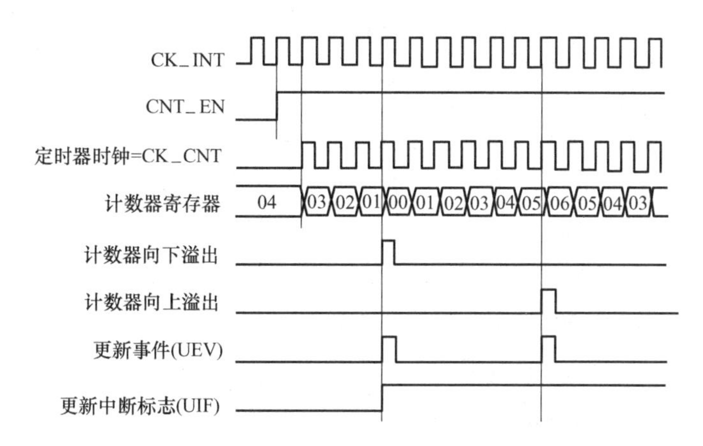

图6.14 计数器时序图（内部时钟分频因子为1，TIMx_ARR = 0x6）

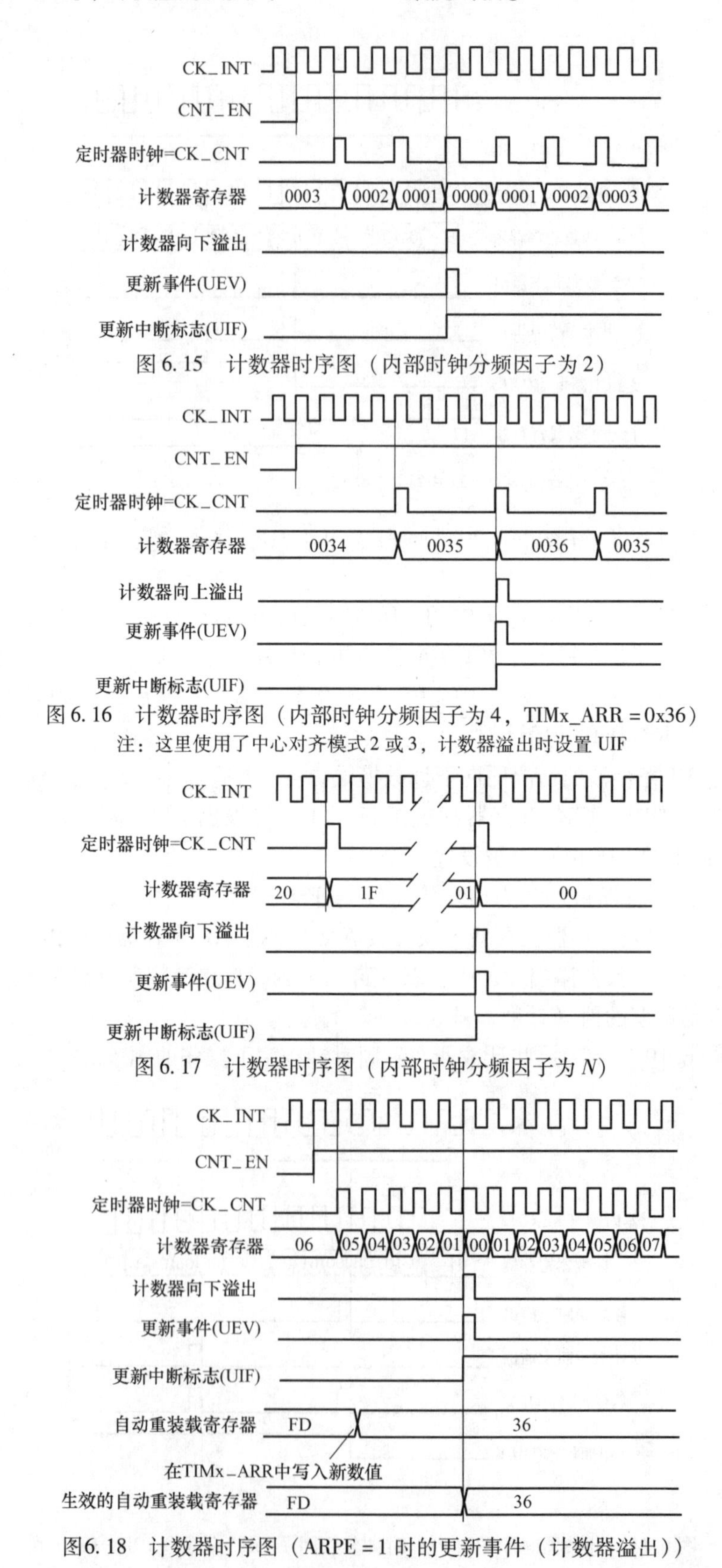

图 6.15　计数器时序图（内部时钟分频因子为 2）

图 6.16　计数器时序图（内部时钟分频因子为 4，TIMx_ARR = 0x36）

注：这里使用了中心对齐模式 2 或 3，计数器溢出时设置 UIF

图 6.17　计数器时序图（内部时钟分频因子为 N）

图6.18　计数器时序图（ARPE = 1 时的更新事件（计数器溢出））

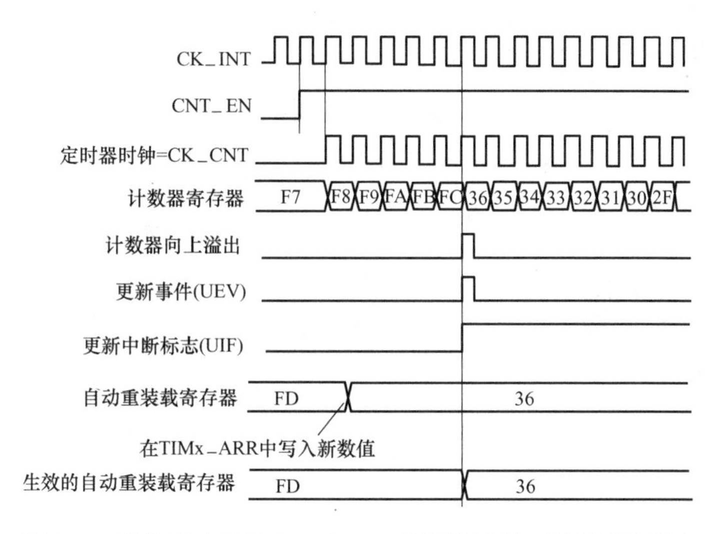

图6.19　计数器时序图（ARPE=1时的更新事件（计数器溢出））

6.2.3　时钟选择

计数器时钟可由下列时钟源提供：

- 内部时钟模式（CK_INT）；
- 外部时钟模式1：外部输入脚（TIx）；
- 外部时钟模式2：外部触发输入（ETR）；
- 内部触发输入（ITRx）：使用一个定时器作为另一个定时器的预分频器，例如可以配置一个定时器Timer1而作为另一个定时器Timer2的预分频器。

1. 内部时钟模式

如果禁止了从模式控制器（TIMx_SMCR寄存器的SMS=000），则CEN、DIR（TIMx_CR1寄存器）和UG位（TIMx_EGR寄存器）是事实上的控制位，并且只能被软件修改（UG位仍被自动清除）。只要CEN位被写成“1”，预分频器的时钟就由内部时钟CK_INT提供。

图6.20显示了控制电路和向上计数器在一般模式下，不带预分频器时的操作。

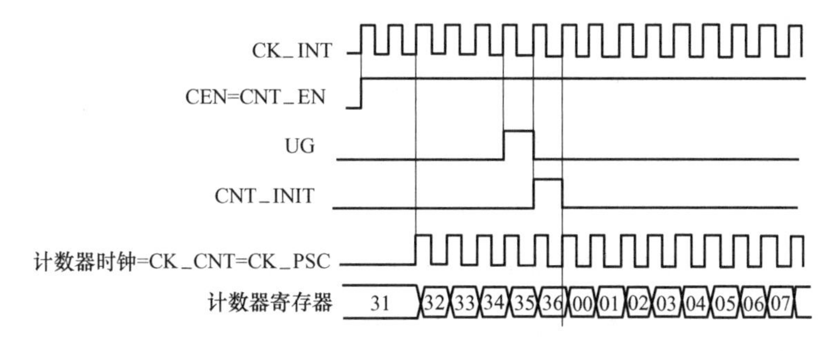

图6.20　一般模式下的控制电路（内部时钟分频因子为1）

2. 外部时钟模式1

当TIMx_SMCR寄存器的SMS=111时，此模式被选中。图6.21所示为TI2外部时钟连接示例。计数器可以在选定输入端的每个上升沿或下降沿计数。

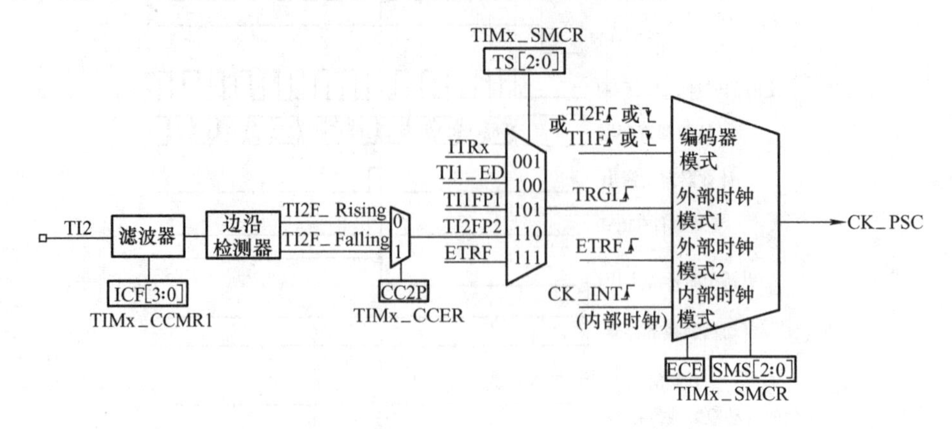

图 6.21　TI2 外部时钟连接示例

例如，要配置向上计数器在 TI2 输入端的上升沿计数，使用下列步骤：

1）配置 TIMx_CCMR1 寄存器 CC2S = ‘01’，配置通道 2 检测 TI2 输入的上升沿。

2）配置 TIMx_CCMR1 寄存器的 IC2F［3:0］，选择输入滤波器带宽（如果不需要滤波器，保持 IC2F = 0000）。这里要注意，捕获预分频器不用作触发，所以不需要对它进行配置。

3）配置 TIMx_CCER 寄存器的 CC2P = ‘0’，选定上升沿极性。

4）配置 TIMx_SMCR 寄存器的 SMS = ‘111’，选择定时器外部时钟模式 1。

5）配置 TIMx_SMCR 寄存器中的 TS = ‘110’，选定 TI2 作为触发输入源。

6）设置 TIMx_CR1 寄存器的 CEN = ‘1’，启动计数器。

当上升沿出现在 TI2 时，计数器计数一次，且 TIF 标志被设置。在 TI2 的上升沿和计数器实际时钟之间的延时，取决于在 TI2 输入端的重新同步电路。图 6.22 所示为定时器在外部时钟模式 1 下的控制时序图。

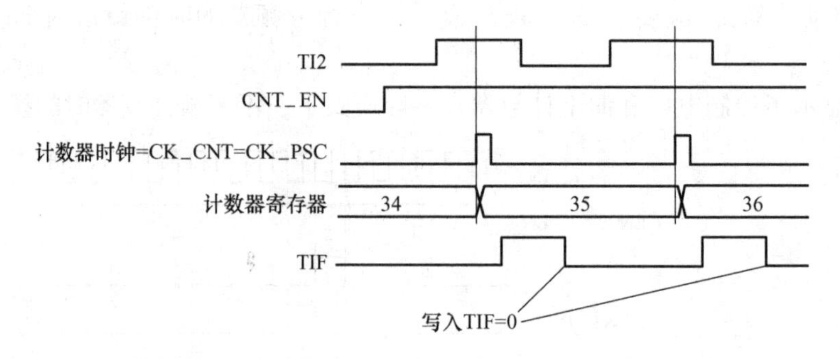

图 6.22　定时器在外部时钟模式 1 下的控制时序图

3. 外部时钟模式 2

选定此模式的方法是令 TIMx_SMCR 寄存器中的 ECE = 1，此模式下计数器能够在外部触发 ETR 的每一个上升沿或下降沿计数。图 6.23 所示为外部触发输入的框图。

例如，要配置在 ETR 下每两个上升沿计数一次的向上计数器，使用下列步骤：

1）本例中不需要滤波器，置 TIMx_SMCR 寄存器中的 ETF［3:0］ =0000。

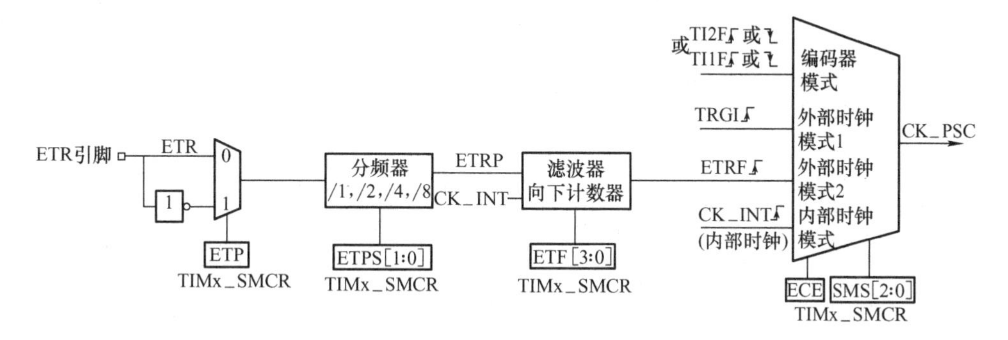

图 6.23　外部触发输入的框图

2）设置预分频器，置 TIMx_SMCR 寄存器中的 ETPS[1:0]=01。

3）设置在 ETR 的上升沿检测，置 TIMx_SMCR 寄存器中的 ETP=0。

4）开启外部时钟模式 2，置 TIMx_SMCR 寄存器中的 ECE=1。

5）启动计数器，置 TIMx_CR1 寄存器中的 CEN=1 计数器在每两个 ETR 上升沿计数一次。

在 ETR 的上升沿和计数器实际时钟之间的延时取决于在 ETRP 信号端的重新同步电路。图 6.24 所示为外部时钟模式 2 下的控制时序图。

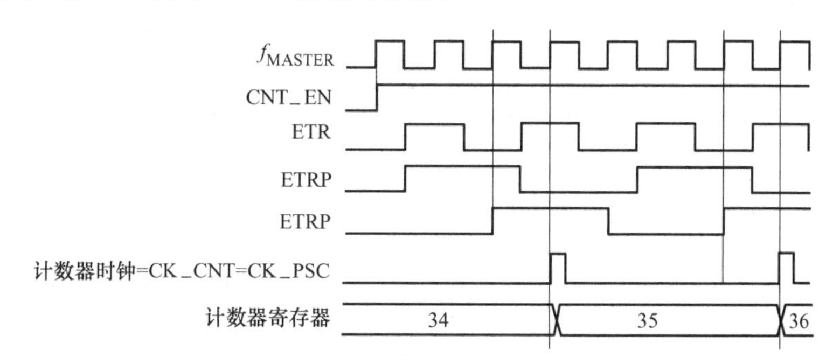

图 6.24　外部时钟模式 2 下的控制时序图

6.2.4　捕获/比较通道

每一个捕获/比较通道都是围绕着一个捕获/比较寄存器（包含影子寄存器），包括捕获的输入部分（数字滤波、多路复用和预分频器）和输出部分（比较器和输出控制）。图 6.25、图 6.26 所示是一个捕获/比较通道概览。输入部分对相应的 TIx 输入信号采样，并产生一个滤波后的信号 TIxF。然后，一个带极性选择的边缘检测器产生一个信号（TIxFPx），它可以作为从模式控制器的输入触发或者作为捕获控制。该信号通过预分频进入捕获寄存器（ICxPS）。

输出部分产生一个中间波形 OCxRef（高有效）作为基准，链的末端决定最终输出信号的极性。图 6.26 所示为捕获/比较通道 1 的主电路。

捕获/比较模块由一个预装载寄存器和一个影子寄存器组成。读写过程仅操作预装载寄

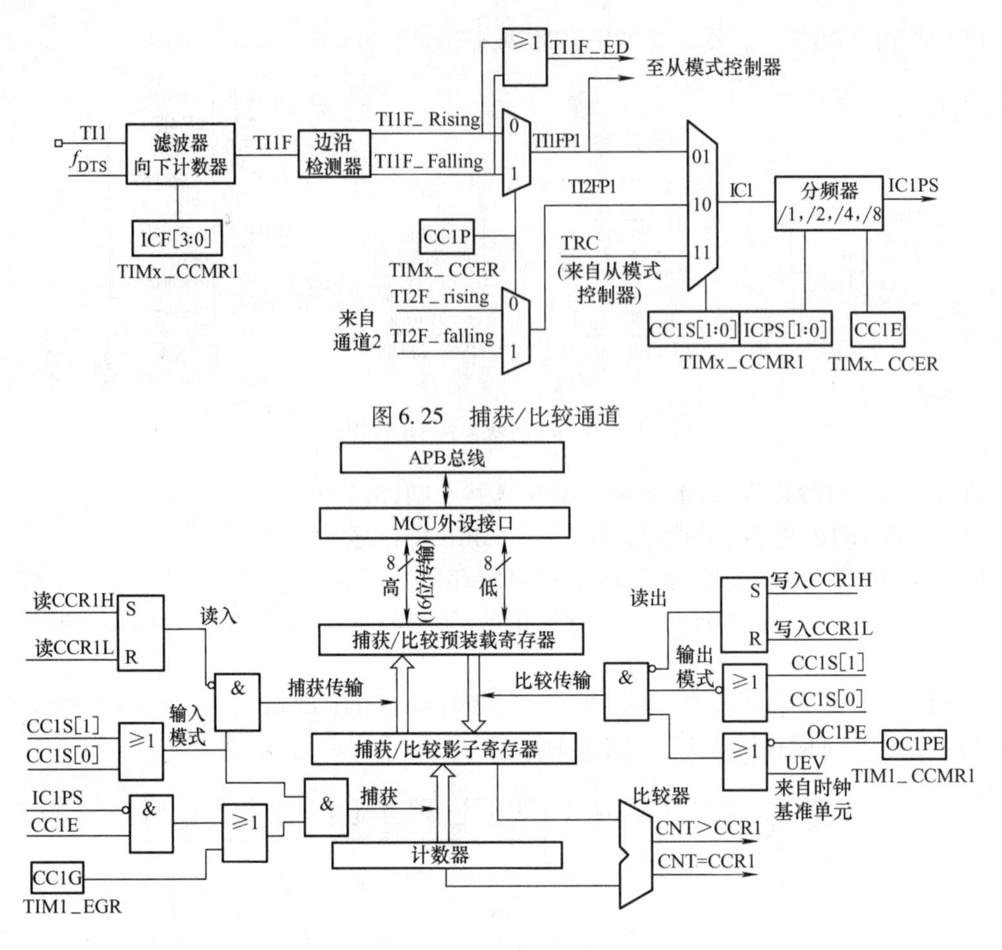

图 6. 25　捕获/比较通道

图 6. 26　捕获/比较通道 1 的主电路

存器。在捕获模式下，捕获发生在影子寄存器上，然后再复制到预装载寄存器中。在比较模式下，预装载寄存器的内容被复制到影子寄存器中，然后影子寄存器的内容和计数器进行比较。

6. 2. 5　输入捕获模式

在输入捕获模式下，当检测到 ICx 信号上相应的边沿时，计数器的当前值被锁存到捕获/比较寄存器（TIMx_CCRx）中。当捕获事件发生时，相应的 CCxIF 标志（TIMx_SR 寄存器）被置“1”，如果使能了中断或者 DMA 操作，则将产生中断或者 DMA 操作。如果捕获事件发生时 CCxIF 标志已经为高，那么重复捕获标志 CCxOF（TIMx_SR 寄存器）被置‘1’。写 CCxIF = 0 可清除 CCxIF，或读取存储在 TIMx_CCRx 寄存器中的捕获数据也可清除 CCxIF。写 CCxOF = 0 可清除 CCxOF。

以下例子说明如何在 TI1 输入的上升沿时捕获计数器的值到 TIMx_CCR1 寄存器中，步骤如下：

1）选择有效输入端：TIMx_CCR1 必须连接到 TI1 输入，所以写入 TIMx_CCR1 寄存器中的 CC1S = 01，只要 CC1S 不为‘00’，通道被配置为输入，并且 TM1_CCR1 寄存器变为只读。

2）根据输入信号的特点，配置输入滤波器为所需的带宽（即输入为 TIx 时，输入滤波器控制位是 TIMx_CCMRx 寄存器中的 ICxF 位）。假设输入信号在最多五个内部时钟周期的时间内抖动，那么必须配置滤波器的带宽长于五个时钟周期。因此可以（以 f_{DTS} 频率）连续采样八次，以确认在 TI1 上一次真实的边沿变换，即在 TIMx_CCMR1 寄存器中写入 IC1F =0011。

3）选择 TI1 通道的有效转换边沿，在 TIMx_CCER 寄存器中写入 CC1P =0（上升沿）。

4）配置输入预分频器。在本例中，希望捕获发生在每一个有效的电平转换时刻，因此预分频器被禁止（写 TIMx_CCMR1 寄存器的 IC1PS =00）。

5）设置 TIMx_CCER 寄存器的 CC1E =1，允许捕获计数器的值到捕获寄存器中。

6）如果需要，通过设置 TIMx_DIER 寄存器中的 CC1IE 位允许相关中断请求，通过设置 TIMx_DIER 寄存器中的 CC1DE 位允许 DMA 请求。

当发生一个输入捕获时：

1）产生有效的电平转换时，计数器的值被传送到 TIMx_CCR1 寄存器。

2）CC1IF 标志被设置（中断标志）。当发生至少两个连续的捕获时，而 CC1IF 未曾被清除，CC1OF 也被置“1”。

3）如设置了 CC1IE 位，则会产生一个中断。

4）如设置了 CC1DE 位，则还会产生一个 DMA 请求。

为了处理捕获溢出，建议在读出捕获溢出标志之前读取数据，这是为了避免丢失在读出捕获溢出标志之后和读取数据之前可能产生的捕获溢出信息。

注意：设置 TIMx_EGR 寄存器中相应的 CCxG 位，可以通过软件产生输入捕获中断和 DMA 请求。

6.2.6　PWM 输入模式

PWM 模式是输入捕获模式的一个特例，除下列区别外，操作与输入捕获模式相同：

1）两个 ICx 信号被映射至同一个 TIx 输入。

2）这两个 ICx 信号为边沿有效，但是极性相反。

3）其中一个 TIxFP 信号被作为触发输入信号，而从模式控制器被配置成复位模式。

例如，需要测量输入到 TI1 上的 PWM 信号的长度（TIMx_CCR1 寄存器）和占空比（TIMx_CCR2 寄存器），具体步骤如下（取决于 CK_ INT 的频率和预分频器的值）：

1）选择 TIMx_CCR1 的有效输入：置 TIMx_CCMR1 寄存器的 CC1S =01（选择 TI1）。

2）选择 TI1FP1 的有效极性（用来捕获数据到 TIMx_ CCR1 中和清除计数器）：置 CC1P =0（上升沿有效）。

3）选择 TIMx_CCR2 的有效输入：置 TIMx_CCMR1 寄存器的 CC2S =10（选择 TI1）。

4）选择 TI1FP2 的有效极性（捕获数据到 TIMx_CCR2）：置 CC2P =1（下降沿有效）。

5）选择有效的触发输入信号：置 TIMx_SMCR 寄存器中的 TS =101（选择 TI1FP1）。

6）配置从模式控制器为复位模式：置 TIMx_SMCR 中的 SMS =100。

7）使能捕获：置 TIMx_CCER 寄存器中 CC1E =1 且 CC2E =1。

图 6.27 所示为 PWM 输入模式时序图。

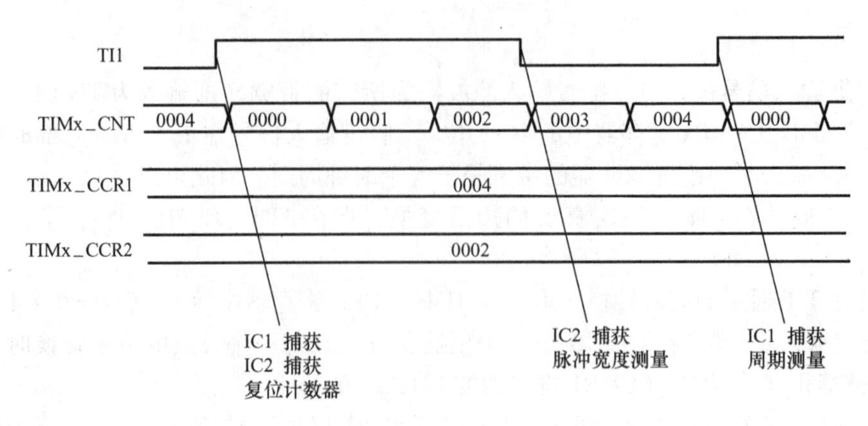

图 6.27 PWM 输入模式时序图

因为只有 TI1FP1 和 TI2FP2 连到了从模式控制器，所以输入模式只能使用 TIMx_CH1/TIMx_CH2 信号。

6.2.7 强置输出模式

在输出模式（TIMx_CCMRx 寄存器中 CCxS = 00）下，输出比较信号（OCxREF 和相应的 OCx）能够直接由软件强置为有效或无效状态，而不依赖于输出比较寄存器和计数器间的比较结果。置 TIMx_CCMRx 寄存器中相应的 OCxM = 101，即可强置输出比较信号（OCxREF/OCx）为有效状态。这样 OCxREF 被强置为高电平（OCxREF 始终为高电平有效），同时 OCx 得到 CCxP 极性位相反的值。例如，CCxP = 0（OCx 高电平有效），则 OCx 被强置为高电平。置 TIMx_CCMRx 寄存器中的 OCxM = 100，可强置 OCxREF 信号为低。该模式下，在 TIMx_CCRx 影子寄存器和计数器之间的比较仍然在进行，相应的标志也会被修改。因此仍然会产生相应的中断和 DMA 请求。

6.2.8 输出比较模式

输出比较功能是用来控制一个输出波形，或者指示一段给定的时间已经到时。当计数器与捕获/比较寄存器的内容相同时，输出比较功能作如下操作：

1）将输出比较模式（TIMx_CCMRx 寄存器中的 OCxM 位）和输出极性（TIMx_CCER 寄存器中的 CCxP 位）定义的值输出到对应的引脚上。在比较匹配时，该输出引脚可以保持它的电平（OCxM = 000），可以被设置成有效电平（OCxM = 001）、无效电平（OCxM = 010）或进行翻转（OCxM = 011）。

2）设置中断状态寄存器中的标志位（TIMx_SR 寄存器中的 CCxIF 位）。

3）若设置了相应的中断屏蔽（TIMx_DIER 寄存器中的 CCxIE 位），则产生一个中断。

4）若设置了相应的使能位（TIMx_DIER 寄存器中的 CCxDE 位，TIMx_CR2 寄存器中的 CCDS 位选择 DMA 请求功能），则产生一个 DMA 请求。

TIMx_CCMRx 中的 OCxPE 位选择 TIMx_CCRx 寄存器是否需要使用预装载寄存器。

在输出比较模式下，更新事件 UEV 对 OCxREF 和 OCx 输出没有影响；同步的精度可以达到计数器的一个计数周期。输出比较模式（在单脉冲模式下）也能用来输出一个单脉冲。

输出比较模式的配置步骤如下：

1）选择计数器时钟（内部，外部，预分频器）。

2）将相应的数据写入 TIMx_ARR 和 TIMx_CCRx 寄存器中。

3）如果要产生一个中断请求和/或一个 DMA 请求，设置 CCxIE 位和/或 CCxDE 位。

4）选择输出模式，例如当计数器 CNT 与 CCRx 匹配时翻转 OCx 的输出引脚，CCRx 预装载未用，开启 OCx 输出且高电平有效，则必须设置 OCxM＝‘011’、OCxPE＝‘0’、CCxP＝‘0’和 CCxE＝‘1’。

5）设置 TIMx_CR1 寄存器的 CEN 位启动计数器。

TIMx_CCRx 寄存器能够在任何时候通过软件进行更新以控制输出波形，条件是未使用预装载寄存器（OCxPE＝‘0’，否则 TIMx_CCRx 影子寄存器只能在发生下一次更新事件时被更新）。图 6.28 给出了输出比较模式的一个例子。

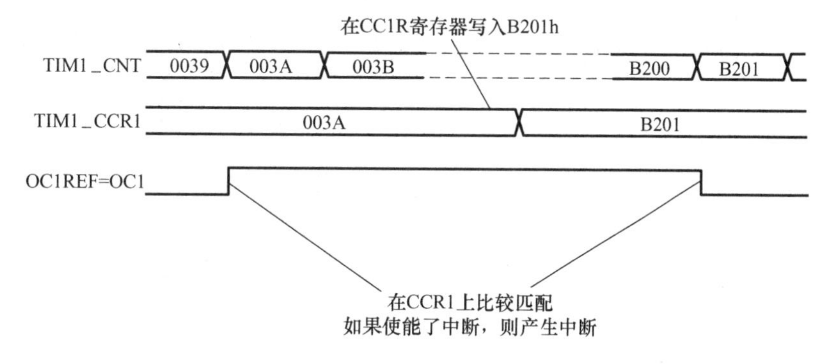

图 6.28　输出比较模式（翻转 OC1）

6.2.9　PWM 模式

PWM 模式可以产生一个由 TIMx_ARR 寄存器确定频率、由 TIMx_CCRx 寄存器确定占空比的信号。

在 TIMx_CCMRx 寄存器中的 OCxM 位写入“110”（PWM 模式 1）或“111”（PWM 模式 2），能够独立地设置每个 OCx 输出通道产生一路 PWM。必须设置 TIMx_CCMRx 寄存器 OCxPE 位以使能相应的预装载寄存器，最后还要设置 TIMx_CR1 寄存器的 ARPE 位（在向上计数或中心对称模式中），使能自动重装载的预装载寄存器。

由于仅当发生一个更新事件的时候，预装载寄存器才能被传送到影子寄存器，因此在计数器开始计数之前，必须通过设置 TIMx_EGR 寄存器中的 UG 位来初始化所有的寄存器。OCx 的极性可以通过软件在 TIMx_CCER 寄存器中的 CCxP 位设置，它可以设置为高电平有效或低电平有效。TIMx_CCER 寄存器中的 CCxE 位控制 OCx 输出使能。

在 PWM 模式（模式 1 或模式 2）下，TIMx_CNT 和 TIMx_CCRx 始终在进行比较（依据计数器的计数方向），以确定是否符合 TIMx_CCRx≤TIMx_CNT 或者 TIMx_CNT≤TIMx_CCRx。然而为了与 OCREF_CLR 的功能（在下一个 PWM 周期之前，ETR 信号上的一个外部事件能够清除 OCxREF）一致，OCxREF 信号只能在下述条件下产生：

1）比较的结果改变。

2）输出比较模式（TIMx_CCMRx 寄存器中的 OCxM 位）从“冻结”（无比较，OCxM＝‘000’）切换到某个 PWM 模式（OCxM＝‘110’或‘111’）。

这样，在运行中可以通过软件强置 PWM 输出。根据 TIMx_CR1 寄存器中 CMS 位的状态，定时器能够产生边沿对齐的 PWM 信号或中央对齐的 PWM 信号。

1. PWM 边沿对齐模式

1）向上计数配置：当 TIMx_CR1 寄存器中的 DIR 位为低时执行向上计数。例如，PWM 模式 1，当 TIMx_CNT < TIMx_CCRx 时 PWM 信号参考 OCxREF 为高，否则为低。如果 TIMx_CCRx 中的比较值大于自动重装载值（TIMx_ARR），则 OCxREF 保持为“1”。如果比较值为 0，则 OCxREF 保持为“0”。图 6.29 所示为 TIMx_ARR = 8 时边沿对齐的 PWM 波形实例。

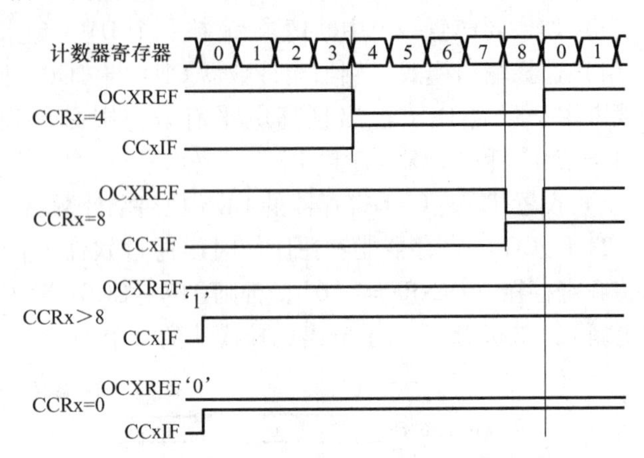

图 6.29 边沿对齐的 PWM 波形（TIMx_ARR = 8）

2）向下计数的配置：当 TIMx_CR1 寄存器的 DIR 位为高时，执行向下计数。在 PWM 模式 1，当 TIMx_CNT > TIMx_CCRx 时参考信号 OCxREF 为低，否则为高。如果 TIMx_CCRx 中的比较值大于 TIMx_ARR 中的自动重装载值，则 OCxREF 保持为“1”。该模式下不能产生 0% 的 PWM 波形。

2. PWM 中央对齐模式

当 TIMx_CR1 寄存器中的 CMS 位不为“00”时，为中央对齐模式（所有其他的配置对 OCxREF/OCx 信号都有相同的作用）。根据不同的 CMS 位设置，比较标志可以在计数器向上计数时被置“1”、在计数器向下计数时被置“1”，或在计数器向上和向下计数时被置“1”。TIMx_CR1 寄存器中的计数方向位（DIR）由硬件更新，不要用软件修改它。图 6.30 给出了一些中央对齐的 PWM 波形（TIMx_ARR = 8）。

1）TIMx_ARR = 8。

2）PWM 模式 1。

3）TIMx_CR1 寄存器中的 CMS = 01，在中央对齐模式 1 时，当计数器向下计数时设置比较标志。

使用中央对齐模式需注意以下事项：

1）进入中央对齐模式时，使用当前的向上/向下计数配置，这就意味着计数器向上还是向下计数取决于 TIMx_ CR1 寄存器中 DIR 位的当前值。此外，软件不能同时修改 DIR 和 CMS 位。

2）不推荐当运行在中央对齐模式时改写计数器，因为这会产生不可预知的结果。特别的：如果写入计数器的值大于自动重加载的值（TIMx_CNT > TIMx_ARR），则方向不会被更新。例如，如果计数器正在向上计数，它就会继续向上计数。如果将 0 或者 TIMx_ARR 的值写入计数器，方向被更新，但不产生更新事件 UEV。

3）使用中央对齐模式最保险的方法，就是在启动计数器之前产生一个软件更新（设置 TIMx_EGR 位中的 UG 位），不要在计数进行过程中修改计数器的值。

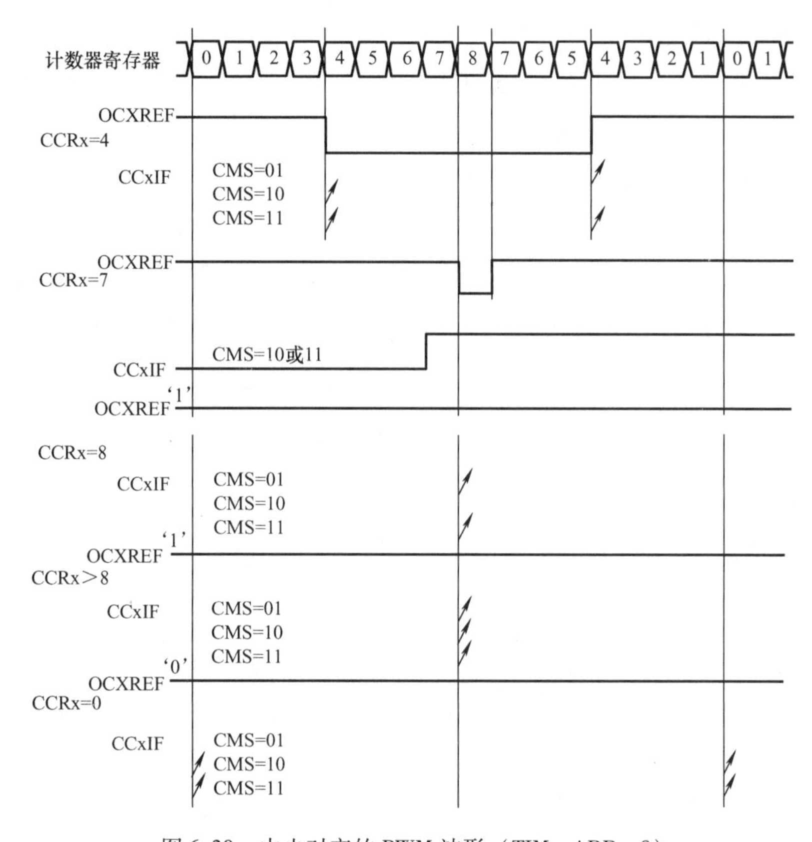

图6.30　中央对齐的PWM波形（TIMx_ARR=8）

6.2.10　定时器和外部触发的同步

TIMx定时器能够在复位模式、门控模式和触发模式下和一个外部的触发同步。

1. 复位模式

在发生一个触发输入事件时，计数器和它的预分频器能够重新被初始化；同时，如果TIMx_CRl寄存器的URS位为低，还产生一个更新事件UEV；然后所有的预装载寄存器（TIMx_ARR，TIMx_CCRx）都被更新。

在以下操作中，TI1输入端的上升沿导致向上计数器被清0：

1）配置通道1检测TI1的上升沿。配置输入滤波器的带宽（本例中不需要任何滤波器，因此保持IClF=0000）。触发操作中不使用捕获预分频器，所以不需要配置。CClS位只选择输入捕获源，即TIMx_CCMR1寄存器中CC1S=01。置TIMx_CCER寄存器中CC1P=0以确定极性（只检测上升沿）。

2）置TIMx SMCR寄存器中SMS=100，配置定时器为复位模式；置TIMx_SMCR寄存器中TS=101，选择TI1作为输入源。

3）置TIMx_CR1寄存器中CEN=1，启动计数器。

计数器开始依据内部时钟计数，然后正常运转直到TI1出现一个上升沿；此时，计数器被清0，然后从0重新开始计数。同时，触发标志（TIMx_SR寄存器中的TIF位）被设置，根据TIMx_DIER寄存器中TIE（中断使能）位和TDE（DMA使能）位的设置，产生一个中断请求或一个 DMA 请求。

图 6.31 所示为当自动重装载寄存器 TIMx_ARR = 0x36 时的动作。在 TI1 上升沿和计数器的实际复位之间的延时取决于 TI1 输入端的重同步电路。

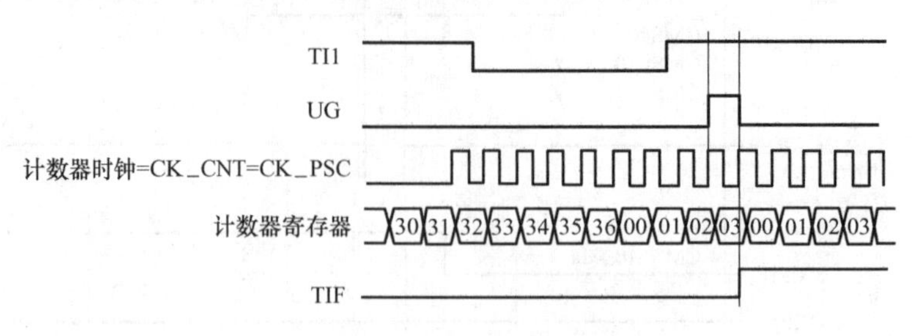

图 6.31　自动重装载寄存器 TIMx_ARR = 0x36 时的动作

2. 门控模式

计数器的使能依赖于选中的输入端的电平。在以下操作中，计数器只在 TI1 为低时向上计数：

1）配置通道 1 检测 TI1 上的低电平。配置输入滤波器带宽（本例中不需要滤波，所以保持 IC1F = 0000）。触发操作中不使用捕获预分频器，所以不需要配置。CC1S 位用于选择输入捕获源，置 TIMx_CCMRl 寄存器中 CC1S = 01。置 TIMx_CCER 寄存器中 CC1P = 1 以确定极性（只检测低电平）。

2）置 TIMx_SMCR 寄存器中 SMS = 101，配置定时器为门控模式；置 TIMx_SMCR 寄存器中 TS = 101，选择 TI1 作为输入源。

3）置 TIMx_CRl 寄存器中 CEN = 1，启动计数器。在门控模式下，如果 CEN = 0，则计数器不能启动，不论触发输入电平如何。

只要 TI1 为低，计数器开始依据内部时钟计数，在 TI1 变高时停止计数。当计数器开始或停止时都设置 TIMx_SR 中的 TIF 标志。

TI1 上升沿和计数器实际停止之间的延时取决于 TI1 输入端的重同步电路。图 6.32 所示为门控模式下的控制时序图。

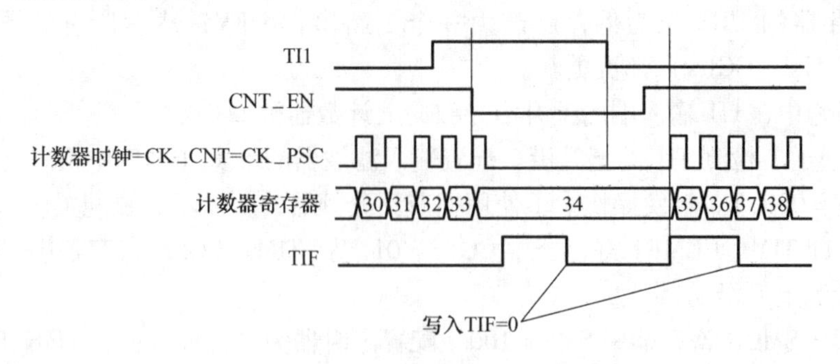

图 6.32　门控模式下的控制时序图

3. 触发模式

计数器的使能依赖于选中的输入端上的事件。在下面操作中，计数器在 TI2 输入的上升沿开始向上计数：

1）配置通道2检测TI2的上升沿。配置输入滤波器带宽（本例中不需要任何滤波器，保持IC2F=0000）。触发操作中不使用捕获预分频器，不需要配置。CC2S位只用于选择输入捕获源，置TIMx CCMR1寄存器中CC2S=01。置TIMx_CCER寄存器中CC1P=1以确定极性（只检测低电平）。

2）置TIMx_SMCR寄存器中SMS=110，配置定时器为触发模式；置TIMx_SMCR寄存器中TS=110，选择TI2作为输入源。

当TI2出现一个上升沿时，计数器开始在内部时钟驱动下计数，同时设置TIF标志。

TI2上升沿和计数器启动计数之间的延时取决于TI2输入端的重同步电路。图6.33所示为触发模式下的控制时序图。

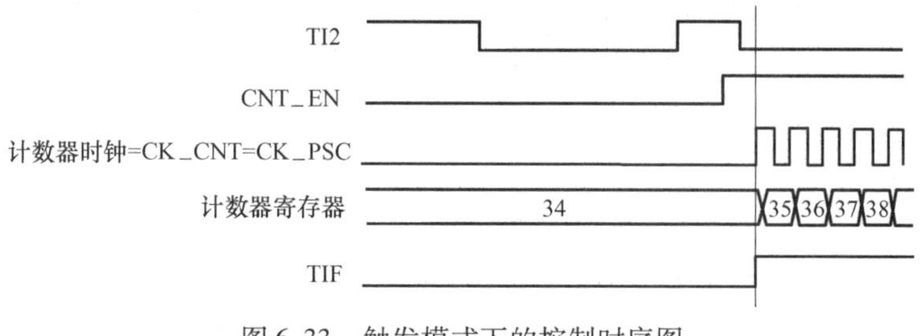

图6.33　触发模式下的控制时序图

6.2.11　定时器同步

所有TIMx定时器在内部相连，用于定时器同步或连接。当一个定时器处于主模式时，它可以对另一个处于从模式的定时器的计数器进行复位、启动、停止或提供时钟等操作。

定时器同步可以提供以下操作，但不仅限于这些操作：

- 使用一个定时器作为另一个定时器的预分频器；
- 使用一个定时器使能另一个定时器；
- 使用一个定时器启动另一个定时器；
- 使用一个定时器作为另一个的预分频器；
- 使用一个外部触发同步启动两个定时器。

6.3　定时器固件库函数介绍

6.3.1　函数TIM_DeInit

表6.1描述了函数TIM_DeInit，其功能是将外设TIMx寄存器重设为默认值。

表6.1　函数TIM_DeInit

函数名	TIM_DeInit	函数名	TIM_DeInit
函数原形	void TIM_DeIni t(TIM_typeDef * TIM_x)	返回值	无
功能描述	将外设TIMx寄存器重设为值	先决条件	无
输入参数	TIMx:x可以是2、3或4,用于选择TIM外设	被调用函数	RCC_APB1PeriphClockCmd()
输出参数	无		

例如，重置 TIM2。

```
TIM_DeInit(TIM2);
```

6.3.2 函数 TIM_TimeBaseInit

表 6.2 描述了函数 TIM_TimeBaseInit，其功能是根据 TIM_TimeBaseInitStruct 中指定的参数初始化 TIMx 的时间基数单位。

表 6.2 函数 TIM_TimeBaseInit

函数名	TIM_TimeBaseInit
函数原形	void TIM_TimeBaseInit(TIM_TypeDef * TIMx,TIM_TimeBaseInitTypeDef * TIM_TimeBaseInitStruct)
功能描述	根据 TIM_TimeBaseInitStruct 中指定的参数初始化 TIMx 的时间基数单位
输入参数 1	TIMx. x 可以是 1、2、3、4、5 或 8,用于选择 TIM 外设
输入参数 2	TIMTimeBase_InitStruct:指向结构 TIM_TimeBaseInitTypeDef 的指针,包含了 TIMx 时间基数单位的配置信息
输出参数	无
返回值	无
先决条件	无
被调用函数	无

TIM_TimeBaseInitTypeDef 定义于文件“stm32f10x_tim. h”：

```
typedef struct
{
u16 TIM_Period;
u16 TIM_Prescaler;
u8 TIM_ClockDivision;
u16 TIM_CounterMode;
} TIM_TimeBaseInitTypeDef;
```

其中：

1）TIM_Period：设置了在下一个更新事件装入活动的自动重装载寄存器周期的值，它的取值必须在 0x0000 和 0xFFFF 之间。

2）TIM_Prescaler：设置了用来作为 TIMx 时钟频率除数的预分频值，它的取值必须在 0x0000 和 0xFFFF 之间。

3）TIM_ClockDivision：设置了时钟分割，该参数取值见表 6.3。

4）TIM_CounterMode：用于选择计数器模式，该参数的取值见表 6.4。

表 6.3 TIM_ClockDivision 可取的值

TIM_ClockDivision 可取的值	描述
TIM_CKD_DIV1	TDTS = TCK_tim
TIM_CKD_DIV2	TDTS = 2TCK_tim
TIM_CKD_DIV4	TDTS = 4TCK_tim

表 6.4 TIM_CounterMode 可取的值

TIM_CounterMode 可取的值	描述
TIM_CounterMode_Up	TIM 向上计数模式
TIM_CounterMode_Down	TIM 向下计数模式
TIM_CounterMode_CenterAligned1	TIM 中央对齐模式 1 计数模式
TIM_CounterMode_CenterAligned2	TIM 中央对齐模式 2 计数模式
TIM_CounterMode_CenterAligned3	TIM 中央对齐模式 3 计数模式

5）TIM_RepetitionCounter：用于设置周期计数器值，RCR 向下计数器每次计数至 0，会产生一个更新事件且计数器重新由 RCR 值（N）开始计数。这意味着在 PWM 模式（$N+1$）对应着边沿对齐模式下的 PWM 周期数和中央对齐模式下 PWM 的半周期数，它的取值必须在 0x00 ~ 0xFF 之间，此参数只适用于 TIM1 和 TIM8。

例如，配置定时器 2 向上计数模式，重载寄存器值为 0xFFFF，预分频值为 16。

```
TIM_TimeBaseInitTypeDef TIM_TimeBaseStructure;
TIM_TimeBaseStructure.TIM_Period = 0xFFFF;
TIM_TimeBaseStructure.TIM_Prescaler = 0xF;
TIM_TimeBaseStructure.TIM_ClockDivision = 0x0;
TIM_TimeBaseStructure.TIM_CounterMode = TIM_CounterMode_Up;
TIM_TimeBaseInit(TIM2,&TIM_TimeBaseStructure);
```

6.3.3　函数 TIM_OC1Init

表 6.5 描述了函数 TIM_OC1Init。

表 6.5　函数 TIM_OC1Init

函数名	TIM_OC1Init
函数原形	Viod TIM_OC1Init(TIM_TypeDef * TIM_OC1Init TypeDef * TIM_OC1InitStruct)
功能描述	根据 TIM_OC1InitStruct 中指定的参数初始化 TIMx 通道 1
输入参数 1	TIMx：x 可以是 1、2、3、4、5 或 8，用于选择 TIM 外设
输入参数 2	TIM_OC1InitStruct：指向结构 TIMx_OC1InitTypeDef 的指针，包含了 TIMx 时间基数单位的配置信息
输出参数	无
返回值	无
先决条件	无
被调用函数	无

TIM_OCInitTypeDef 定义于文件 stm32f10x_tim. h：

```
typedef struct
{
    u16 TIM_OCMode;
    u16 TIM_OutputState;
    u16 TIM_OutputNstate;
    u16 TIM_PulSe;
    u16 TIM_OCPolarity;
    u16 TIM_OCNPolarity;
    u16 TIM_OCIdleState;
    u16 TIM_OCNIdleState;
}TIM_OCInitTypeDef;
```

1）TIM_OCMode：用于选择定时器模式，该参数的取值见表 6.6。

2）TIM_OutputState：用于选择输出比较状态，该参数的取值见表 6.7。

3）TIM_ OutputNState：用于选择互补输出比较状态，该参数的取值见表 6.8。

表 6.6 TIM_OCMode 可取的值

TIM_OCMode 可取的值	描述
TIM_OCMode_TIMling	TIM 输出比较时间模式
TIM_OCMode_Active	TIM 输出比较主动模式
TIM_OCMode_Inactive	TIM 输出比较非主动模式
TIM_OCMode_Trigger	TIM 输出比较触发模式
TIM_OCMode_PWM1	TIM 脉冲宽度调制模式 1
TIM_OCMode_PWM2	TIM 脉冲宽度调制模式 2

表 6.7 TIM_OutputState 可取的值

TIM_OutputState 可取的值	描述
TIM_OutoutState_Disable	失能输出比较状态
TIM_OutputState_Enable	使能输出比较状态

表 6.8 TIM_OutputNState 可取的值

TIM_OutputNState 可取的值	描述
TIM_ ouWutState_ Disable	失能输出比较 N 状态
TIM_ OutoutState_ Enable	使能输出比较 N 状态

4）TIM_Pulse：设置了待装入捕获比较寄存器的脉冲值，它的取值必须在 0x0000 ~ 0xFFFF 之间。

5）TIM_OCPolarity：输出极性，该参数的取值见表 6.9。

6）TIM_OCNPolarity：互补输出极性，该参数的取值见表 6.10。

表 6.9 TIM_OCPolarity 可取的值

TIM_OCPolarity 可取的值	描述
TIM_OCPolarity_High	TIM 输出比较极性高
TIM_OCPolarity_Low	TIM 输出比较极性低

表 6.10 TIM_OCNPolarity 可取的值

TIM_OCNPolarity 可取的值	描述
TIM_OCNPolarity_High	TIM 输出比较 N 极性高
TIM_OCNPolarity_Low	TIM 输出比较 N 极性低

7）TIM_OCIdleState：选择空闲状态下的非工作状态，该参数的取值见表 6.11。

表 6.11 TIM_OCIdleState 可取的值

TIM_OCIdleState 可取的值	描 述
TIM_OCIdleState_Set	当 MOE =0 时,设置 TIM 输出比较空闲状态
TIM_OCIdleState_Reset	当 MOE =0 时,重置 TIM 输出比较空闲状态

8)TIM_OCNIdleState：选择空闲状态下的非工作状态，该参数的取值见表 6.12。

表 6.12 TIM_OCNIdleState 可取的值

TIM_OCNIdleState 可取的值	描 述
TIM_OCNIdleState_Set	当 MOE =0 时，设置 TIM 输出比较 N 空闲状态
TIM_OCNIdleState_Reset	当 MOE =0 时，重置 TIM 输出比较 N 空闲状态

例如，配置 TIM1 第 1 通道为 PWM1 模式。

```
TIM_OCInitTypeDef TIM_OCInitStructure;
TIM_OCInitStructure.TIM_OCMode = TIM_OCMode_PWM1;
TIM_OCInitStructure.TIM_OutputState = TIM_OutputState_Enable;
TIM_OCInitStructure.TIM_OutputNState = TIM_OutputNState_Enable;
TIM_OCInitStructure.TIM_Pulse = 0x7FF;
TIM_OCInitStructure.TIM_OCPolarity = TIM_OCPolarity_Low;
TIM_OCInitStructure.TIM_OCNPolarity = TIM_OCNPolarity_Low;
TIM_OCInitStructure.TIM_OCIdleState = TIM_OCIdleState_Set;
TIM_OCInitStructure.TIM_OCNIdleState = TIM_OCIdleState_Reset;
TIM_OC1Init(TIMI,&TIM OCInitStructure);
```

6.3.4　函数 TIM_OC2Init

表6.13描述了函数 TIM_OC2Init。

表6.13　函数 TIM_OC2Init

函数名	TIM_OC2Init
函数原形	void TIM_OC2Init(TIM_TypeDef * TIMx,TIM_OCInitTypeDef * TIM_OCInitStruct)
功能描述	根据 TIM_OC2InitStruct 中指定的参数初始化 TIMx 通道2
输入参数1	TIMx：x可以是1、2、3、4、5或8，用于选择 TIM 外设
输入参数2	TIM_ OC2InitStruct：指向结构 TIMx_ OCInitTypeDef 的指针，包含了 TIMx 时间基数单位的配置信息
输出参数	无
返回值	无
先决条件	无
被调用函数	无

例如，配置 TIM1 第2通道为 PWM1 模式。

```
TIM_OCInitTypeDef TIM_OCInitStructure;
TIM_OCInitStructure.TIM_OCMode = TIM_OCMode_PWM1;
TIM_OCInitStructure.TIM_OutputState = TIM_OutputState_Enable;
TIM_OCInitStructure.TIM_OutputNState = TIM_OutputNState_Enable;
TIM_OCInitStructure.TIM_Pulse = 0x7FF;
TIM_OCInitStructure.TIM_OCPolarity = TIM_OCPolarity_Low;
TIM_OCInitStructure.TIM_OCNPolarity = TIM_OCNPolarity_Low;
TIM_OCInitStructure.TIM_OCIdleState = TIM_OCIdleState Set;
TIM_OCInitStructure.TIM_OCNIdleState = TIM_OCIdleState_Reset;
TIM_OC2Init(TIM1,&TIM_OCInitStructure);
```

6.3.5　函数 TIM_OC3Init

表6.14描述了函数 TIM_OC3Init。

表6.14　函数 TIM_OC3Init

函数名	TIM_OC3Init
函数原形	void TIM_OC3Init(TIM_TypeDef * TIMx,TIM_OCInitTypeDef * TTM_OCInitStruct)
功能描述	根据 TIM_OC3InitStruct 中指定的参数初始化 TIMx 通道3
输入参数1	TIMx：x可以是1、2、3、4、5或8，用于选择 TIM 外设
输入参数2	TIM_OC3InitStruct：指向结构 TIMx_ OCInitTypeDef 的指针，包含了 TIMx 时间基数单位的配置信息
输出参数	无
返回值	无
先决条件	无
被调用函数	无

例如，配置 TIM1 第3通道为 PWM1 模式。

```
TIM_OCInitTypeDef TIM_OCInitStructure;
TIM_OCInitStructure.TIM_OCMode = TIM_OCMode_PWM1;
TIM_OCInitStructure.TIM_OutputState = TIM_OutputState_Enable;
TIM_OCInitStructure.TIM_OutputNState = TIM_OutputNState_Enable;
```

```
TIM_OCInitStructure.TIM_Pulse = 0x7FF;
TIM_OCInitStructure.TIM_OCPolarity = TIM_OCPolarity_Low;
TIM_OCInitStructure.TIM_OCNPolarity = TIM_OCNPolarity_Low;
TIM_OCInitStructure.TIM_OCIdleState = TIM_OCIdleState_Set;
TIM_OCInitStructure.TIM_OCNIdleState = TIM_OCIdleState_Reset;
TIM_OC3Init(TIM1,&TIM_OCInitStructure);
```

6.3.6 函数 TIM_OC4Init

表 6.15 描述了函数 TIM_OC4Init。

表 6.15 函数 TIM_OC4Init

函数名	TTM_OC4Init
函数原形	void TTM_OC4Init(TIM_TyPeDef * TIMx, TIM_OCInitTyPeDef * TIM_OCInitStruct)
功能描述	根据 TIM_OC4InitStruct 中指定的参数初始化 TIMx 通道 4
输入参数 1	TIMx:x 可以是 1、2、3、4、5 或 8,用于选择 TIM 外设
输入参数 2	TIM_OC4InitStruct：指向结构 TIMx_ OCInitTypeDef 的指针，包含了 TIMx 时间基数单位的配置信息
输出参数	无
返回值	无
先决条件	无
被调用函数	无

例如，配置 TIM1 第 4 通道为 PWM1 模式。

```
TIM_OCInitTypeDef TIM_OCInitStructure;
TIM_OCInitStructure.TIM_OCMode = TIM_OCMode + PWM1;
TIM_0CInitStructure.TIM_OutputState = TIM_OutputState_Enable;
TIM_OCInitStructure.TIM_Pulse = 0x7FF;
TIM_OCInitStructure.TIM_OCPolarity = TIM_OCPolarity_Low;
TIM_OCInitStructure.TIM_OCIdleState = TIM_OCIdleState_Set;
TIM_OC4Init(TIM1,&TIM_OCInitStructure);
```

6.3.7 函数 TIM_ICInit

表 6.16 描述了函数 TIM_ICInit。

表 6.16 函数 TIM_ICInit

函数名	TIM_ICInit
函数原形	void TIM_ICInit(TIM_TypeDef * TIMx,TIM_ICInitTypeDef * TIM_ICInitStruct)
功能描述	根据 TIM_ICInitStruct 中指定的参数初始化外设 TIMx
输入参数 1	TIMx：X 可以是 1、2、3、4、5 或 8，用于选择 TIM 外设
输入参数 2	TIM_ICInitStruct：指向结构 TIM_ICInitTypeDef 的指针，包含了 TIMx 的配置信息
输出参数	无
返回值	无
先决条件	无
被调用函数	无

TIM_ICInitTypeDef 定义于文件 stm32_f10x tim. h：

```
typedef Struct
{
    u16 TIM_Channel;
    u16 TIM_ICPolarity;
    u16 TIM_ICSelection;
    u16 TIM_ICPrescaler;
    u16 TIM_ICFilter;
}TIM_ICInitTypeDef;
```

1）TIM_Channel：用于选择通道，该参数的取值见表 6. 17。

2）TIM_ICPolarity：用于输入活动沿，该参数的取值见表 6. 18。

表 6. 17　TIM_Channel 可取的值

TIM_Channel 可取的值	描 述
TIM_Channel_1	使用 TIM 通道 1
TIM_Channel_2	使用 TIM 通道 2
TIM_Channel_3	使用 TIM 通道 3
TIM_Channel_4	使用 TIM 通道 4

表 6. 18　TIM_ICPolarity 可取的值

TIM_ICPolarity 可取的值	描 述
TIM_ICPolarity_Rising	TIM 输入捕获上升沿
TIM_ICPolarity_Falling	TIM 输入捕获下降沿

3）TIM_ICSelection：用于选择输入，该参数的取值见表 6. 19。

表 6. 19　TIM_ICSelection 可取的值

TIM_ICSelection 可取的值	描　　述
TIM_ICSelection_DirectTI	TIM 输入 2、3 或 4 选择对应的与 IC1 或 IC2 或 IC3 或 IC4 相连
TIM_ICSelection_IndirectTI	TIM 输入 2、3 或 4 选择对应的与 IC2 或 IC1 或 IC4 或 IC3 相连
TIM_ICSelection_TRC	TIM 输入 2、3 或 4 选择与 TRC 相连

4）TIM_ICPrescaler：用于设置输入捕获预分频器，该参数的取值见表 6. 20。

表 6. 20　TIM_ICPrescaler 可取的值

TIM_ICPrescaler 可取的值	描　　述
TIM_ICPSC_DIV1	TIM 捕获在捕获输入上每探测到一个边沿执行一次
TIM_ICPSC_DIV2	TIM 捕获每两个事件执行一次
TIM_ICPSC_DIV3	TIM 捕获每三个事件执行一次
TIM_ICPSC_DIV4	TIM 捕获每四个事件执行一次

5)TIM_ICFilter：用于选择输入比较滤波器，该参数的取值在 0x0 和 0xF 之间。

例如，定义定时器 3 通道 1 为捕获输入方式。

```
TIM_ICInitTypeDef TIM_ICInitStructure;
TIM_ICInitStructure.TIM_Channel = TIM_Channel_1;
TIM_ICInitStructure.TIM_ICPolarity = TIM_ICPolarity_Falling;
TIM_ICInitStructure.TIM_ICSelection = TIM_ICSelection_DirectTI;
TIM_ICInitStructure.TIM_ICPrescaler = TIM_ICPSC_DIV2;
TIM_ICInitStructure.TIM_ICFilter = 0x0;
TIM_ICInit(TIM3,&TIM_ICInitStructure);
```

6.3.8 函数 TIM_BDTRConfig

表 6.21 描述了函数 TIM_BDTRConfig。

表 6.21 函数 TIM_BDTRConfig

函数名	TIM_BDTRConfig
函数原形	void TIM_BDTRConfig(TIM_TweDef * TIMx,TIM_BDTRInitTypeDef * TIM_BDTRInitStruct)
功能描述	设置刹车特性、死区时间、锁电平、OSSI 状态、OSSR 状态和 AOE（自动输出使能）
输入参数 1	TIMx：x 可以是 1 或 8，用于选择 TIM 外设
输入参数 2	TIM_BDTRInitStruct：指向结构 TIM_BDTRInitTypeDef 的指针，包含了 TIM 的 BDTR 寄存器的配置信息
输出参数	无
返回值	无
先决条件	无
被调用函数	无

TIM_BDTRInitStruct structure 定义于文件 stm32f10x_tim. h：

```
typedef struct
{
    u16 TIM_OSSRState;
    u16 TIM_OSSIState;
    u16 TIM_LOCKLevel;
    u16 TIM_DeadTime;
    u16 TIM_Break;
    u16 TIM_BreakPolarity;
    u16 TIM_AutomaticOutput;
    }TIM_BDTRInitTypeDef;
```

1）TIM_OSSRState：用于设置在运行模式下非工作状态选项，该参数的取值见表 6.22。
2）TIM_OSSIState：用于设置在空闲模式下非工作状态选项，该参数的取值见表 6.23。

表 6.22 TIM_OSSRState 可取的值

TIM_OSSRState 可取的值	描 述
TIM_OSSRState_Enable	使能 TIM OSSR 状态
TIM_OSSRState_Disable	失能 TIM OSSR 状态

表 6.23 TIM_OSSIState 可取的值

TIM_OSSIState 可取的值	描 述
TIM_OSSIState_Enable	使能 TIM OSSI 状态
TIM_OSSIState_Disable	失能 TIM OSSI 状态

3）TIM_LOCKLevel：用于设置锁电平参数，该参数的取值见表 6.24。
4）TIM_DeadTime：用于指定输出打开和关闭状态之间的延时。
5）TIM_Break：使能或者失能 TIM 刹车输入，该参数的取值见表 6.25。
6）TIM_BreakPolarity：用于设置 TIM 刹车输入引脚极性，该参数的取值见表 6.26。
7）TIM_AutomaticOutput：用于使能或者失能自动输出功能，该参数的取值见表 6.27。

表 6.24 TIM_LOCKLevel 可取的值

TIM_LOCKLevel 可取的值	描述
TIM_LOCKLevel_OFF	不锁任何位
TIM_LOCKLevel_1	使用锁电平 1
TIM_LOCKLevel_2	使用锁电平 2
TIM_LOCKLevel_3	使用锁电平 3

表 6.25 TIM_Break 可取的值

TIM_Break 可取的值	描　述
TIM1_Brcak_Enable	使能 TIM1 刹车输入
TIM1_Break_Disable	失能 TIM1 刹车输入

表 6.26 TIM_BreakPolarity 可取的值

TIM_BreakPoladty 可取的值	描　述
TIM_BreakPolarity_Low	TIM 刹车输入引脚极性低
TIM_BreakPolarity_High	TIM 刹车输入引脚极性高

表 6.27 TIM_AutomaticOutput 可取的值

TIM_AutomaticOutput 可取的值	描 述
TIM1_AutomaticOutput_Enable	自动输出功能使能
TIM1_AutomaticOutput_Disable	自动输出功能失能

例如，OSSR 和 OSSI 自动输出使能、刹车使能、配置死区、锁定电平。

```
TIM_BDTRInitTypeDef TIM_BDTRInitStructure;
TIM_BDTRInitStructure.TIM_OSSRState = TIM_OSSRState_Enable;
TIM_BDTRInitStructure.TIM_OSSIState = TIM_OSSIState_Enable;
TIM_BDTRInitStructure.TIM_LOCKLevel = TIM_LOCKLevel_1;
TIM_BDTRInitStructure.TIM_DeadTime = 0x05;
TIM_BDTRInitStructure.TIM_Break = TIM_Break_Enable;
TIM_BDTRInitStructure.TIM_BreakPolarity = TIM_BreakPolarity_High;
TIM_BDTRInitStructure.TIM_AutomaticOutput = TIM_AutomaticOutput_Enable;
TIM_BDTRConfig(TIM1,&TIM_BDTRInitStructure);
```

6.3.9 函数 TIM_Cmd

表 6.28 描述了函数 TIM_Cmd。

表 6.28 函数 TIM_Cmd

函数名	TTM_Cmd
函数原形	void TIM_Cmd(TIM_TypeDef * TIMx, FunctionalState NewState)
功能描述	使能或者失能 TIMx 外设
输入参数 1	TIMx：x 可以是 1、2、3、4、5 或 8，用于选择 TIM 外设
输入参数 2	NewState：外设 TIMx 的新状态，该参数可以取 ENABLE 或者 DISABLE
输出参数	无
返回值	无
先决条件	无
被调用函数	无

例如，使能定时器 2。

```
TIM_Cmd(TIM2,ENABLE);
```

6.3.10 函数 TIM_CtrlPWMOutputs

表 6.29 描述了函数 TIM_CtrlPWMOutputs。

表 6.29 函数 TIM_CtrlPWMOutputs

函数名	TIM_CtrlPWMOutputs
函数原形	void TIM_CtrlPWMOutputs(TIM_TypeDef * TIMx. FunctionalState Newstate)
功能描述	使能或者失能 TIM 的主输出
输入参数 1	TIMx：X 可以是 1 或 8，用于选择 TIM 外设
输入参数 2	NewState：外设 TIM 主输出的新状态，该参数可以取 ENABLE 或者 DISABLE
输出参数	无
返回值	无
先决条件	无
被调用函数	无

例如，使能 TIM8 主输出。

```
TIM_CtrlPWMOutputs(TIM8,ENABLE);
```

6.3.11 函数 TIM_ITConfig

表 6.30 描述了函数 TIM_ITConfig。

表 6.30 函数 TIM_ITConfig

函数名	TIM1_ITConfig
函数原形	void TIM_ITConfig(TIM_TypeDef * TIMx,u16 TIM_IT,FunctionalState NewState)
功能描述	使能或者失能 TIM 的主输出
输入参数 1	TIMx：x 可以是 1 或 8，用于选择 TIM 外设
输入参数 2	TIM_IT：待使能或者失能的 TIM 中断源
输入参数 3	NewState：外设 TIM 主输出的新状态，该参数可以取 ENABLE 或者 DISABLE
输出参数	无
返回值	无
先决条件	无
被调用函数	无

输入参数 TIM_IT 可以使能或者失能 TIM 的中断，可以取表 6.31 中的一个或者多个取值的组合作为该参数的值。

表 6.31 TIM_IT 可取的值

TIM_IT 可取的值	描 述	TIM_IT 可取的值	描 述
TIM_IT_Update	TIM 更新中断源	TIM_IT_CC4	TIM 捕获/比较 4 中断源
TIM_IT_CC1	TIM 捕获/比较 1 中断源	TIM_IT_COM	TIMCOM 中断源
TIM_IT_CC2	TIM 捕获/比较 2 中断源	TIM_IT_Trigger	TIM 触发中断源
TIM_IT_CC3	TIM 捕获/比较 3 中断源	TIM_IT_BRK	TIM 刹车中断源

例如，使能 TIM5 捕获/比较/中断。

```
TIM_ITConfig(TIM5,TIM_IT_CC1,ENABLE);
```

6.3.12 函数 TIM_SelectInputTrigger

表6.32 描述了函数 TIM_SelectInputTrigger。

表 6.32 函数 TIM_SelectInputTrigger

函数名	TIM_SelectInputTrigger
函数原形	void TIM_SelectInputTrigger(TIM_TypeDef * TIMx,u16 TIM_InputTrigRerSource)
功能描述	选择 TIMx 输入触发源
输入参数1	TIM:x 可以是 1、2、3、4、5 或 8,用于选择 TIM 外设
输入参数2	TIM_InputTriggerSource:输入触发源
输出参数	无
返回值	无
先决条件	无
被调用函数	无

TIM_InputTriggerSource 用于选择 TIMx 输入触发源，表6.33 给出了该参数可取的值。

表 6.33 TIM_InputTriggerSource 可取的值

TIM_InputTriggerSource 可取的值	描 述	TIM_InputTriggerSource 可取的值	描 述
TIM_TS_ITR0	TIM 内部触发 0	TIM_TS_TI1F_ED	TIM TI1 边沿探测器
TIM_TS_ITR1	TIM 内部触发 1	TIM_TS_TI1FP1	TIM 经滤波定时器输入 1
TIM_TS_ITR2	TIM 内部触发 2	TIM_TS_TI2FP2	TIM 经滤波定时器输入 2
TIM_TS_ITR3	TIM 内部触发 3	TIM_TS_ETRF	TIM 外部触发输入

例如，选择内部触发 3 为 TIM1 触发源。

```
void TIM_SelectInputTrigger(TIM1,TIM_TS_ITR3);
```

6.3.13 函数 TIM_EncoderInterfaceConfig

表6.34 描述了函数 TIM_EncoderInterfaceConfig。

表 6.34 函数 TIM_EncoderInterfaceConfig

函数名	TIM_EncoderInterfaceConfig
函数原形	void TIM_EncoderInterfaceConfig(TIM_TypeDef * TIMx, u16TIM_EncoderMode, u16 TIM_IClPolarity, u16 TIM_IC2Polarity)
功能描述	设置 TIMx 编码界面
输入参数1	TIMx: x 可以是 1、2、3、4、5 或 8，用于选择 TIM 外设
输入参数2	TIM_EncoderMode:触发源
输入参数3	TIM_IClPolarity: TI1 极性
输入参数4	TIM_IC2Polarity: TI2 极性
输出参数	无
返回值	无
先决条件	无
被调用函数	无

TIM_EncoderMode 用于选择 TIMx 编码模式，表 6.35 给出了该参数可取的值。

表 6.35　TIM_EncoderMode 可取的值

TIM_EncoderMode 可取的值	描 述
TIM_EncoderMode_TI1	使用 TIM 编码模式 1
TIM_EncoderMode_TI2	使用 TIM 编码模式 2
TIM_EncoderMode_TI12	使用 TIM 编码模式 3

例如，配置 TIM2 为编码模式。

```
TIM_EncoderInterfaceConfig(TIM2,TIM_EncoderMode_TI1);
TIM_ICPolarity_Rising;
TIM_ICPolarity Rising;
```

6.3.14　函数 TIM_ARRPreloadConfig

表 6.36 描述了函数 TIM_ARRPreloadConfig。

表 6.36　函数 TIM_ARRPreloadConfig

函数名	TIM_ARRPreloadConfig
函数原形	void TIM_ARRPreloadConfig(TIM_TypeDef * TIMx_FunctionalState Newstate)
功能描述	使能或者失能 TIMx 在 ARR 上的预装载寄存器
输入参数 1	TIMx:x 可以是 1、2、3、4、5 或 8,用于选择 TIM 外设
输入参数 2	NewState:TIM_CR1 寄存器 ARPE 位的新状态，该参数可以取 ENABLE 或者 DISABLE
输出参数	无
返回值	无
先决条件	无
被调用函数	无

例如，使能 TIM2 在 ARR 上的预装载寄存器。

```
TIM_ARRPreloadConfig(TIM2,ENABLE);
```

6.3.15　函数 TIM_CCPreloadControl

表 6.37 描述了函数 TIM_CCPreloadControl。

表 6.37　函数 TIM_CCPreloadControl

函数名	TIM_CCPreloadControl
函数原形	void TIM_CCPreloadControl (TIM_TypeDef * TIMx_FunctionalState Newstate)
功能描述	设置或重置 TIMx 捕获比较控制位
输入参数 1	TIMx：x 可以是 1、2、3、4、5 或 8，用于选择 TIM 外设
输入参数 2	Newstate：捕获比较控制位可用或不可用，该参数可以取 ENABLE 或者 DISABLE
输出参数	无
返回值	无
先决条件	无
被调用函数	无

例如，使能 TIM1 捕获比较控制位。

```
TIM_CCPreloadControl(TIM1,ENABLE);
```

6.3.16　函数 TIM_OC1PreloadConfig

表 6.38 描述了函数 TIM_OC1PreloadConfig。

表 6.38　函数 TIM_OC1PreloadConfig

函数名	TIM_ OC1PreloadConfig
函数原形	void TIM_OC1PreloadConfig (TIM_TyOeDef * TIMx,u16 TIM_OCPreload)
功能描述	使能或者失能 TIMx 在 CCR1 上的预装载寄存器
输入参数 1	TIMx：x 可以是 1、2、3、4、5 或 8，用于选择 TIM 外设
输入参数 2	TIM_OCPreload：输出比较预装载状态
输出参数	无
返回值	无
先决条件	无
被调用函数	无

TIM_OCPreload 用于使能或者失能输出比较预装载状态，表 6.39 给出了该参数可取的值。

表 6.39　TIM_OCPreload 可取的值

TIM_OCPreload 可取的值	描　述
TIM_OCPreload_Enable	TIMx 在 CCR1 上的预装载寄存器使能
TIM_OCPreload_Disable	TIMx 在 CCR1 上的预装载寄存器失能

例如，使能 TIM2 在 CCR1 上的预装载寄存器。

```
TIM_OC1PreloadConfig(TIM2,TIM_OCPreload_Enable);
```

6.3.17　函数 TIM_OC2PreloadConfig

表 6.40 描述了函数 TIM_OC2PreloadConfig。

表 6.40　函数 TIM_OC2PreloadConfig

函数名	TIM_OC2PreloadConfig
函数原形	void TIM_OC2PreloadConfig(TIM + TypeDef * TIMx, u16 TIM_OCPreload)
功能描述	使能或者失能 TIMx 在 CCR2 上的预装载寄存器
输入参数 1	TIMx：x 可以是 1、2、3、4、5 或 8，用于选择 TIM 外设
输入参数 2	TIM_OCPreload：输出比较预装载状态
输出参数	无
返回值	无
先决条件	无
被调用函数	无

例如，使能 TIM2 在 CCR2 上的预装载寄存器。

```
TIM_OC2PreloadConfig(TIM2,TIM_OCPreload Enable);
```

6.3.18 函数 TIM_OC3PreloadConfig

表 6.41 描述了函数 TIM_OC3PreloadConfig。

表 6.41 函数 TIM_OC3PreloadConfig

函数名	TIM_OC3PreloadConfig
函数原形	void TIM_OC3PreloadConfig(TIM_TypeDef * TIMx. u16 TIM_OCPreload)
功能描述	使能或者失能 TIMx 在 CCR3 上的预装载寄存器
输入参数 1	TIMx：x 可以是 1、2、3、4、5 或 8，用于选择 TIM 外设
输入参数 2	TIM_OCPreload：输出比较预装载状态
输出参数	无
返回值	无
先决条件	无
被调用函数	无

例如，使能 TIM2 在 CCR3 上的预装载寄存器。

```
TIM_OC3PreloadConfig(TIM2,TIM_OCPreload_Enable);
```

6.3.19 函数 TIM_OC4PreloadConfig

表 6.42 描述了函数 TIM_OC4PreloadConfig。

表 6.42 函数 TIM_OC4PreloadConfig

函数名	TIM_OC4PreloadConfig
函数原形	void TIM_OC4PreloadConfig(TIM_TypeDef * TIMx, u16 TIM_OCPreload)
功能描述	使能或者失能 TIMx 在 CCR4 上的预装载寄存器
输入参数 1	TIMx：x 可以是 1、2、3、4、5 或 8，用于选择 TIM 外设
输入参数 2	TIM_OCPreload：输出比较预装载状态
输出参数	无
返回值	无
先决条件	无
被调用函数	无

例如，使能 TIM2 在 CCR4 上的预装载寄存器。

```
TIM_OC4PreloadConfig(TIM2,TIM_OCPreload_Enable);
```

6.3.20 函数 TIM_SelectOutputTrigger

表 6.43 描述了函数 TIM_SelectOutputTrigger。

表 6.43　函数 TIM_SelectOutputTrigger

函数名	TIM_SelectOutputTrigger
函数原形	void TIM_ selectOutputTrigger（TIM_TypeDef * TIMx，u16 TIM_TRGOSource）
功能描述	选择 TIMx 触发输出模式
输入参数 1	TIMx：x 可以是 1、2、3、4、5 或 8，用于选择 TIM 外设
输入参数 2	TIM_TRGOSource：触发输出模式
输出参数	无
返回值	无
先决条件	无
被调用函数	无

TIM_TRGOSource 用于选择 TIM 触发输出源，表 6.44 给出了该参数可取的值。

表 6.44　TIM_TRGOSource 可取的值

TIM_TRGOSource 可取的值	描　述
TIM_TRGOSource_Reset	使用寄存器 TIM_ EGR 的 UG 位作为触发输出（TRGO）
TIM_TRGOSource_Enable	使用计数器使能 CEN 作为触发输出（TRGO）
TIM_TRGOSource_Undate	使用更新事件作为触发输出（TRGO）
TIM_TRGOSource_OC1	一旦捕获或者比较匹配发生，当标志位 CClF 被设置时触发输出发送一个肯定脉冲（TRGO）
TIM_TRGOSource_OC1Ref	使用 OClREF 作为触发输出（TRGO）
TIM_TRGOSource_OC2Ref	使用 OC2REF 作为触发输出（TRGO）
TIM_TRGOSource_OC3Ref	使用 OC3REF 作为触发输出（TRGO）
TIM_TRGOSource_OC4Ref	使用 OC4REF 作为触发输出（TRGO）

例如，配置 TIM2 使用更新事件触发。

```
TIM_SelectOutputTrigger(TIM2,TIM_TRGOSource_Update);
```

6.3.21　函数 TIM_SelectSlaveMode

表 6.45 描述了函数 TIM_SelectSlaveMode。

表 6.45　函数 TIM_SelectSlaveMode

函数名	TIM_SelectSlaveMode
函数原形	void TIM_SelectSlaveMode(TIM_TypeDef * TIMx，u16 TIM_SlaveMode)
功能描述	选择 TIMx 从模式
输入参数 1	TIMx：x 可以是 1、2、3、4、5 或 8，用于选择 TIM 外设
输入参数 2	TIM_SlaveMode：TIM 从模式
输出参数	无
返回值	无
先决条件	无
被调用函数	无

TIM_SlaveMode 用于选择 TIM 从模式，表 6.46 给出了该参数可取的值。

表 6.46　TIM_SlaveMode 可取的值

TIM_SlaveMode 可取的值	描　述
TIM_SlaveMode_Reset	选中触发信号(TRGI)的上升沿重初始化计数器并触发寄存器的更新
TIM_SlaveMode_Gated	当触发信号(TRGI)为高电平时计数器时钟使能
TIM_SlaveMode_Trigger	计数器在触发(TRGI)的上升沿开始
TIM_SlaveMode_Externall	选中触发(TRGI)的上升沿作为计数器时钟

例如，选择触发信号为高电平来触发从时钟 TIM2 开始计时。

```
TIM_SelectSlaveMode(TIM2,TIM_SlaveMode_Gated);
```

6.3.22　函数 TIM_SelectMasterSlaveMode

表 6.47 描述了函数 TIM_SelectMasterSlaveMode。

表 6.47　函数 TIM_SelectMasterSlaveMode

函数名	TIM_SelectMasterSlaveMode
函数原形	void TIM_SelectMasterSlaveMode (TIM_TypeDef * TIMx, u16 TIM_MasterSlaveMode)
功能描述	选择 TIMx 从模式
输入参数 1	TIMx：x 可以是 1、2、3、4、5 或 8，用于选择 TIM 外设
输入参数 2	TIM_MasterSlaveMode：定时器主/从模式
输出参数	无
返回值	无
先决条件	无
被调用函数	无

TIM_MasterSlaveMode 用于选择 TIM 主/从模式，表 6.48 给出了该参数可取的值。

表 6.48　TIM_MasterSlaveMode 可取的值

TIM_MasterSlaveMode 可取的值	描　述
TIM_MasterSlaveMode_Enable	TIM 主/从模式使能
TIM_MasterSlaveMode_Disable	TIM 主/从模式失能

例如，使能 TIM2 为主/从模式。

```
TIM_SelectMasterSlaveMode(TIM2,TIM_MasterSlaveMode_Enable);
```

6.3.23　函数 TIM SetCounter

表 6.49 描述了函数 TIM_SetCounter。

例如，设定 TIM2 新的计数值。

```
u16 TIMCounter =0xFFFF;
TIM_SetCounter(TIM2,TIMCounter);
```

表 6.49　函数 TIM_SetCounter

函数名	TIM_SetCounter
函数原形	void TTM_SetCounter(TIM_TypeDef * TIMx，u16 Counter)
功能描述	选择 TIMx 从模式
输入参数 1	TTMx：x 可以是 1、2、3、4、5 或 8，用于选择 TIM 外设
输入参数 2	Counter：计数器寄存器新值
输出参数	无
返回值	无
先决条件	无
被调用函数	无

6.3.24　函数 TIM_SetAutoreload

表 6.50 描述了函数 TIM_SetAutoreload。

表 6.50　函数 TIM_SetAutoreload

函数名	TIM_SetAutoreload
函数原形	void TIM_SetAutoreload(TIM_TypeDef * TIMx，u16 Counter)
功能描述	设置 TIMx 自动重装载寄存器值
输入参数 1	TIMx：X 可以是 1、2、3、4、5 或 8，用于选择 TIM 外设
输入参数 2	Counter：自动重装载寄存器新值
输出参数	无
返回值	无
先决条件	无
被调用函数	无

例如，设置 TIM2 新的重载值。

```
u16 TIMAutoreload = 0xFFFF;
TIM_SetAutoreload(TIM2,TIMAutoreload);
```

6.3.25　函数 TIM GetCounter

表 6.51 描述了函数 TIM_GetCounter。

表 6.51　函数 TIM_GetCounter

函数名	TIM_GetCounter
函数原形	u16 TIM_GetCounter(TIM_TypeDef * TIMx)
功能描述	获得 TIMx 计数器的值
输入参数	TIMx：x 可以是 1、2、3、4、5 或 8，用于选择 TIM 外设
输出参数	无
返回值	计数器的值
先决条件	无
被调用函数	无

例如，读 TIM2 计数值。

```
u16 TIMCounter = TIM_GetCounter(TIM2);
```

6.3.26 函数 TIM_GetPrescaler

表 6.52 描述了函数 TIM_GetPrescaler。

表 6.52 函数 TIM_GetPrescaler

函数名	TIM_GetPrescaler
函数原形	u16 TIM_GetPrescaler(TIM TypeDef * TIMx)
功能描述	获得 TIMx 预分频值
输入参数	TIMx：x 可以是 1、2、3、4、5 或 8，用于选择 TIM 外设
输出参数	无
返回值	预分频值
先决条件	无
被调用函数	无

例如，读 TIM2 预分频值。

```
u16 TIMPrescaler = TIM_GetPrescaler(TIM2);
```

6.3.27 函数 TIM_GetFlagStatus

表 6.53 描述了函数 TIM_GetFlagStatus。

表 6.53 函数 TIM_GetFlagStatus

函数名	TIM_GetFlagStatus
函数原形	GetFlagStatus TIM_GetFlagStatus（TIM TypeDef * TIMx，u16 TIM_ FLAG）
功能描述	检查制定的 TIM 标志位设置与否
输入参数 1	TIMx：x 可以是 1、2、3、4、5 或 8，用于选择 TIM 外设
输入参数 2	TIM_FLAG 待检查的 TIM 标志位
输出参数	无
返回值	TIM_FLAG 的新状态（SET 或者 RESET）
先决条件	无
被调用函数	无

表 6.54 给出了所有可以被函数 TIM_GetFlagStatus 检查的标志位列表（即 TIM_FLAG 参数可取的值）。

例如，检查 TIM2 捕获/比较 1 标志位是否置位。

```
if(TIM_GetFlagStatus(TIM2,TIM_FLAG_CC1)== SET)
{
}
```

表 6.54　函数 TIM_GetFlagStatus

TIM_FlAG 可取的值	描述	TIM_FlAG 可取的值	描述
TIM_FLAG_Update	TIM 更新标志位	TIM_FLAG_Trigger	TIM 触发标志位
TIM_FLAG_CC1	TIM 捕获/比较 1 标志位	TIM_FLAG_CC1OF	TIM 捕获/比较 I 溢出标志位
TIM_FLAG_CC2	TIM 捕获/比较 2 标志位	TIM_FLAG_CC2OF	TIM 捕获/比较 2 溢出标志位
TIM_FLAG_CC3	TIM 捕获/比较 3 标志位	TIM_FLAG_CC3OF	TIM 捕获/比较 3 溢出标志位
TIM_FLAG_CC4	TIM 捕获/比较 4 标志位	TIM_FLAG_CC4OF	TIM 捕获/比较 4 溢出标志位

6.3.28　函数 TIM_ClearFlag

表 6.55 描述了函数 TIM_ClearFlag。

表 6.55　函数 TIM_ClearFlag

函数名	TIM_ClearFlag
函数原形	void TIM_ClearFlag(TIM_TypeDef * TIMx, u32 TIM_FLAG)
功能描述	检查指定的 TIM 标志位设置与否
输入参数 1	TIMx：x 可以是 1、2、3、4、5 或 8，用于选择 TIM 外设
输入参数 2	TIM_FLAG：待清除的 TIM 标志位
输出参数	无
返回值	无
先决条件	无
被调用函数	无

例如，清除 TIM2 捕获/比较 1 标志。

```
TIM_ClearFlag(TIM2,TIM_FLAG_CC1);
```

6.3.29　函数 TIM_GetITStatus

表 6.56 描述了函数 TIM_GetITStatus。

表 6.56　函数 TIM_GetITStatus

函数名	TIM_GetITStatus
函数原形	ITStatus TIM_GetITStatus(TIM_TypeDef * TIMx. u16 TIM_IT)
功能描述	检查指定的 TIM 中断发生与否
输入参数 1	TIMx：x 可以是 1、2、3、4、5 或 8，用于选择 TIM 外设
输入参数 2	TIM_IT：待检查的 TIM 中断源
输出参数	无
返回值	TIM_IT 的新状态
先决条件	无
被调用函数	无

例如，检查 TIM2 捕获/比较 1 中断是否发生。

```
if(TIM_GetITStatus(TIM2,TIM_IT_CC1)== SET)
{
}
```

6.3.30 函数 TIM_ClearITPendingBit

表 6.57 描述了函数 TIM_ClearITPendingBit。

表 6.57 函数 TIM_ClearITPendingBit

函数名	TIM_ClearITPendingBit
函数原形	viod TIM1_ClearITPendingBit (TIM_TypeDef * TIMx. u16 TIM_IT)
功能描述	清除 TIMx 中断待处理位
输入参数 1	TIMx：x 可以是 1、2、3、4、5 或 8，用于选择 TIM 外设
输入参数 2	TIM_IT：待检查的 TIM 中断待处理位
输出参数	无
返回值	无
先决条件	无
被调用函数	无

例如，清除 TIM2 捕获/比较 1 中断位。

```
TIM_ClearITPendingBit (TIM2,TIM_IT_CC1);
```

6.4 定时器实训

6.4.1 定时器控制跑马灯

本实例利用通用定时器 TIM2 来实现跑马灯控制。跑马灯各 LED 灯硬件接线及控制原理在 5.5.2 节中已经作过介绍，这里不再赘述。在 5.5.2 节实例中，跑马灯控制程序中的延时程序是用 delay () 函数使用空循环来实现的，但空循环控制延时程序所要达到的时间间隔并不固定，也不够精确。本实例中使用定时器来实现延时控制能够精确控制 LED 点亮的时间间隔，在跑马灯工程的基础上进行如下修改：

在 USER 文件夹中建立 Timer.h 和 Timer.c 两个文件，并加入到跑马灯工程中。Timer.h 文件主要完成 TIM2 定时器相关配置函数的声明，Timer.c 文件主要实现各具体定时器配置函数及中断函数。Timer.h 具体代码如下：

```
#ifndef TIMER_H
#define TIMER_H
#include "stm32f10x.h"
#define START_TIME time =0;
RCC_APB1PeriphClockCmd(RCC_APB1Periph_TIM2 , ENABLE);
TIM_Cmd(TIM2, ENABLE);
#define STOP_TIME TIM_Cmd(TIM2, DISABLE);
RCC_APB1PeriphClockCmd(RCC_APB1Periph_TIM2 , DISABLE);
```

```
void TIM2_NVIC_Configuration(void);
void TIM2_Configuration(void);
#endif
```

Timer.c 文件具体实现头文件中声明的函数，其具体代码如下：

```
#include "Time_test.h"
/*
 * 函数名:TIM2_NVIC_Configuration
 * 描述:TIM2 中断优先级配置
 * 输入 :无
 * 输出 :无
 */
 void TIM2_NVIC_Configuration(void) //定时器2 中断配置
 {
NVIC_InitTypeDef NVIC_InitStructure;
NVIC_PriorityGroupConfig(NVIC_PriorityGroup_0);
NVIC_InitStructure.NVIC_IRQChannel = TIM2_IRQn;
NVIC_InitStructure.NVIC_IRQChannelPreemptionPriority = 0;
NVIC_InitStructure.NVIC_IRQChannelSubPriority = 3;
NVIC_InitStructure.NVIC_IRQChannelCmd = ENABLE;
NVIC_Init(&NVIC_InitStructure);
}
/* TIM_Period --1000 TIM_Prescaler --71 --> 中断周期为 1ms */
void TIM2_Configuration(void)
{
    TIM_TimeBaseInitTypeDef TIM_TimeBaseStructure;
    RCC_APB1PeriphClockCmd(RCC_APB1Periph_TIM2, ENABLE);
    TIM_DeInit(TIM2);
    TIM_TimeBaseStructure.TIM_Period = 1000;/* 自动重装载寄存器周期的值(计数值) */
    /* 累计 TIM_Period 个频率后产生一个更新或者中断 */
    TIM_TimeBaseStructure.TIM_Prescaler = (72 - 1); /* 时钟预分频数 72MHz/72 */
    TIM_TimeBaseStructure.TIM_ClockDivision = TIM_CKD_DIV1;/* 采样分频 */
    TIM_TimeBaseStructure.TIM_CounterMode = TIM_CounterMode_Up;/* 向上计数模式 */
    TIM_TimeBaseInit(TIM2, &TIM_TimeBaseStructure);
    TIM_ClearFlag(TIM2, TIM_FLAG_Update);/* 清除溢出中断标志 */
    TIM_ITConfig(TIM2,TIM_IT_Update,ENABLE);
    TIM_Cmd(TIM2, ENABLE);/* 开启时钟 */
    RCC_APB1PeriphClockCmd(RCC_APB1Periph_TIM2,DISABLE);/* 先关闭等待使用 */
}
```

由于实现方法改变，main.c 文件中主函数也要进行相应修改，具体代码如下：

```
#include "stm32f10x.h"
#include "led.h"
#include "Time_test.h"
volatile u32 time; //ms 计时变量
int i = 0;
int main(void)
{
    SystemInit();//配置系统时钟为 72MHz
    LED_GPIO_Config();//led 端口配置
```

```
        TIM2_NVIC_Configuration();//TIM2 定时配置
        TIM2_Configuration();
        START_TIME; //TIM2 开始计时
        while(1)
        {
        if(time == 1000 ) //1s 时间到,中断触发
        {
            time = 0;
            i + +;
            if(i > =6)i =0;
            switch(i)//跑马灯程序
            {
                case 0:
    LED_B14(ON);LED_B15(OFF);LED_D12(OFF);LED_A8(OFF);LED_C7(OFF);LED_C6(OFF); break;
                case 1:
    LED_B14(OFF);LED_B15(ON);LED_D12(OFF);LED_A8(OFF);LED_C7(OFF);LED_C6(OFF); break;
                case 2:
    LED_B14(OFF);LED_B15(OFF);LED_D12(ON);LED_A8(OFF);LED_C7(OFF);LED_C6(OFF); break;
                    case 3:
    LED_B14(OFF);LED_B15(OFF);LED_D12(OFF);LED_A8(ON);LED_C7(OFF);LED_C6(OFF); break;
                    case 4:
    LED_B14(OFF);LED_B15(OFF);LED_D12(OFF);LED_A8(OFF);LED_C7(ON);LED_C6(OFF);
break;
                    case 5:
    LED_B14(OFF);LED_B15(OFF);LED_D12(OFF);LED_A8(OFF);LED_C7(OFF);LED_C6(ON); break;
            }
        }
    }
}
```

将程序编译后，如无错误，把生成的 .hex 文件下载到 CHD1807 开发板上将会看到 LED4、LED5、…、LED9 将间隔 1s 逐个点亮，循环往复。

6.4.2 PWM 电动机控制

本实验实现直流电动机的 PWM 控制调速。通用定时器 TIM3 输出不同频率及不同占空比的 PWM 波，电动机转动速度会相应地发生变化。通过本实验可对定时器的 PWM 功能有进一步的了解，并能够掌握基本的 PWM 使用。

PWM 调速主要分为两种，第一种是调节 PWM 的频率，第二种是调节 PWM 的占空比。

图 6.34 所示为固定的占空比，不同频率的 PWM。图 6.35 所示为固定的频率，占空比不同的 PWM。

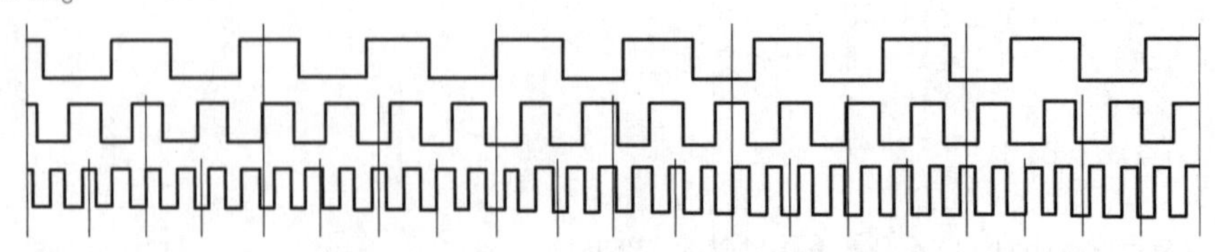

图 6.34　固定占空比不同频率的 PWM

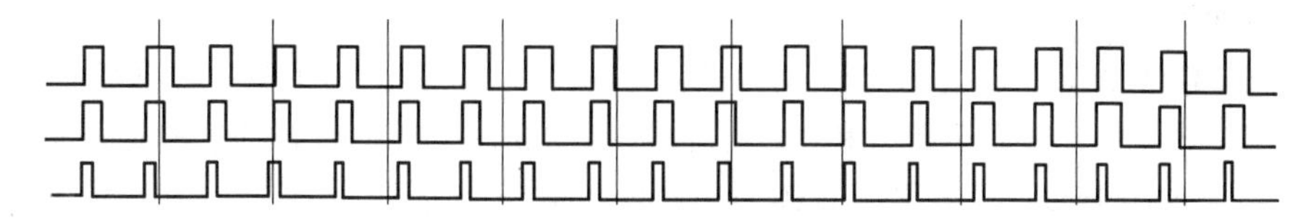

图6.35 固定频率占空比不同的PWM

调节一个电动机的转速，首先就要根据选用电动机的型号来选择合适的PWM频率，使电动机能够正常运行。对电动机转速进行控制只需要根据不同的占空比来设置PWM就可以实现。该控制需要注意以下三点：

1）占空比。占空比应等于高电平时间/周期总时间。如果脉冲周期为1s，其中高电平持续时间为0.2s，则占空比=20%。

2）PWM波只是触发信号，具体给电动机供电还需要驱动模块。其原因很简单，一般的单片机I/O口的驱动能力不够，电流最多是毫安级的，无法驱动电动机。因此，本实例采用L298N作为驱动电路。

3）根据PWM调速的原理，电动机的速度主要取决于电压和电流。虽然电流跟负载有关，不易控制，但是电压可以控制，改变占空比就可以控制电压的有效值，从而实现对电动机的调速。

本实例采用SGS公司的L298N恒压恒流桥式2A驱动芯片，内部包含四通道逻辑驱动电路，可以方便地驱动两个直流电动机，或一个两相步进电动机。

L298N可以驱动两个二相电动机，也可以驱动一个四相电动机，输出电压最高可达50V，可以直接通过电源来调节输出电压，还可以直接用单片机的I/O口提供信号，而且电路简单、使用方便。

L298N可接收标准TTL逻辑电平信号，9脚VSS可接4.5~7V电压。4脚VS接电源电压，电压范围V_{IH}为2.5~46V。输出电流可达2A，可驱动电感性负载。1脚和15脚下管的发射极分别单独引出以便接入电流采样电阻，形成电流传感信号。L298可驱动两个电动机，OUT1和OUT2或OUT3和OUT4之间可分别接电动机。本实例选用驱动一台电动机。5、7、10、12脚接输入控制电平，控制电动机的正反转。ENA、ENB接控制使能端，控制电动机的起停。

IN3、IN4的逻辑图与表6.58相同。由表6.58可知ENA为低电平时，输入电平对电机控制起作用，当ENA为高电平，输入电平为一高一低，电动机正或反转。同为低电平时电动机停止，同为高电平时电动机刹停。

表6.58 L298N功能逻辑

ENA	P1	P2	运行状态
0	×	×	停止
1	1	0	正转
1	0	1	反转
1	1	1	刹停
1	0	0	停止

1. 硬件设计

L298N 的电路原理图如图 6.36 所示。74LS244 由八个三态门组成，主要的作用。是保护单片机，防止大电流回灌至单片机，造成单片机的损伤，在接线时应注意以下四点：

1）ENA、ENB 接 5V 高电平，具体原因参照 L289N 的简介。

2）四路 PWM 波 PA6、PA7、PB0、PB1 分别接到 L298N 的 P1、P2、P3、P4。

3）单片机的 GND 要和 L298N 的 GND 接在一起。

4）两个电动机分别接在 P2 和 P4 口。

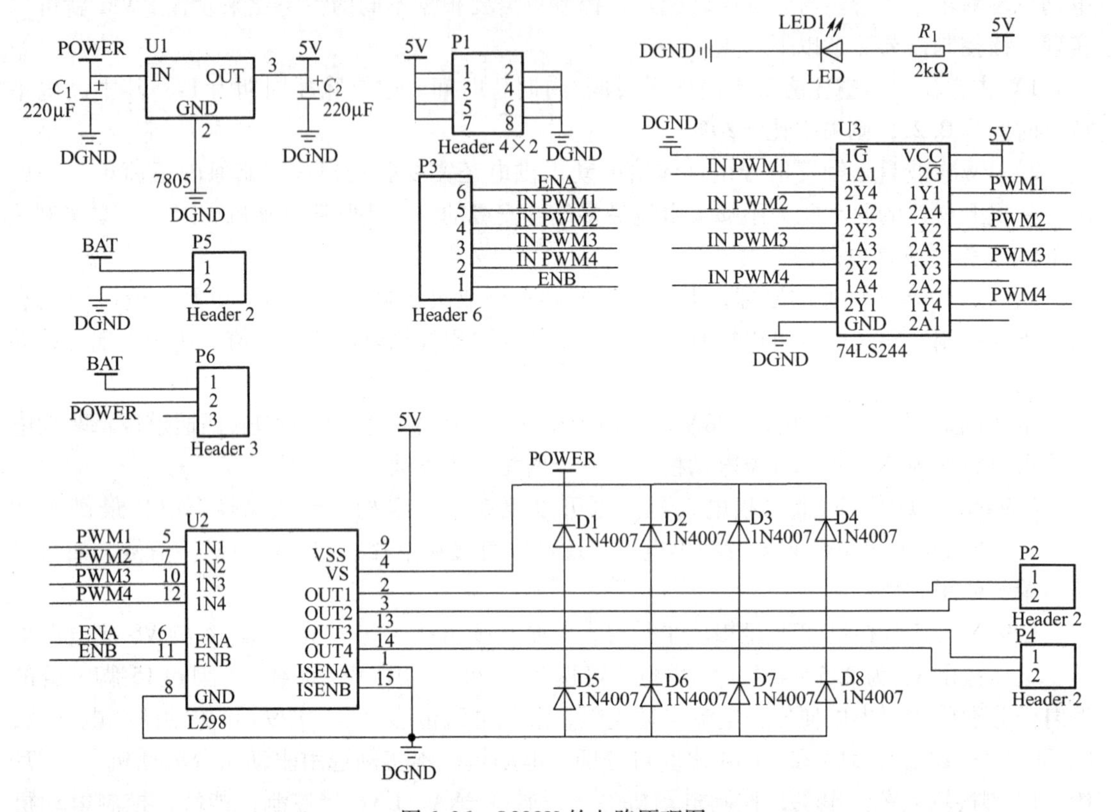

图 6.36　L298N 的电路原理图

2. 软件设计

首先建立一个新工程，将需使用到的下列文件添加到工程中：

startup/start_stm32f10x_hd.c、CMSIS/core_cm3.c、CMSIS/system_stm32f10x.c、FWlib/stm32f10x_gpio.c 、FWlib/stm32f10x_rcc.c FWlib/stm32f10x_flash.c 、FWlib/stm32f10x_tim.c、stm32f10x_it.c.

在 USER 文件夹中新建下列文件并加入到工程中：

main.c、pwm_output.h、pwm_output.c.

pwm_output.h 头文件主要声明 PWM 初始化函数。具体代码如下：

```
#ifndef __PWM_OUTPUT_H
#define__PWM_OUTPUT_H
#include "stm32f10x.h"
void TIM3_PWM_Init(void);
#endif
```

pwm_output.c 文件中主要实现 PWM 初始化、TIM3 定时器 I/O 口配置及模式配置，并规定定时器各通道 PWM 的占空比。具体代码如下：

```
        /*
         * 硬件连接:-----------------------
         *            |PA.06:(TIM3_CH1)|
         *            |PA.07: (TIM3_CH2)|
         *            |PB.00: (TIM3_CH3)|
         *            |PB.01: (TIM3_CH4)|
         *           ---------------------
         */
#include "pwm_output.h"
/*
 * 函数名:TIM3_GPIO_Config
 * 描述  :配置 TIM3 复用输出 PWM 时用到的 I/O
 * 输入  :无
 * 输出  :无
 * 调用  :内部调用
 */
static void TIM3_GPIO_Config(void)
{
  GPIO_InitTypeDef GPIO_InitStructure;//PCLK1 经过 2 倍频后作为 TIM3 的时钟源等于 72MHz
  RCC_APB1PeriphClockCmd(RCC_APB1Periph_TIM3, ENABLE); /* TIM3 时钟使能 */
  RCC_APB2PeriphClockCmd(RCC_APB2Periph_GPIOA |RCC_APB2Periph_GPIOB,ENABLE);
                                                        /* GPIOA 和 GPIOB 时钟使能 */

  GPIO_InitStructure.GPIO_Pin = GPIO_Pin_6 | GPIO_Pin_7;
  GPIO_InitStructure.GPIO_Mode = GPIO_Mode_AF_PP;//PA6 PA7 复用推挽输出
  GPIO_InitStructure.GPIO_Speed = GPIO_Speed_50MHz;
  GPIO_Init(GPIOA, &GPIO_InitStructure);
  GPIO_InitStructure.GPIO_Pin = GPIO_Pin_0 |GPIO_Pin_1;
  GPIO_InitStructure.GPIO_Mode = GPIO_Mode_AF_PP; //PB0 PB1 复用推挽输出
  GPIO_InitStructure.GPIO_Speed = GPIO_Speed_50MHz;
  GPIO_Init(GPIOB, &GPIO_InitStructure);
}
/*
 * 函数名:TIM3_Mode_Config
 * 描述 :配置 TIM3 输出的 PWM 信号的模式,如周期、极性、占空比
 * 输入 :无
 * 输出 :无
 * 调用 :内部调用
 */
static void TIM3_Mode_Config(void)
{
    TIM_TimeBaseInitTypeDef TIM_TimeBaseStructure;
    TIM_OCInitTypeDef TIM_OCInitStructure;
    /* PWM 信号电平跳变值 */
    u16 CCR1_Val = 500;
    u16 CCR2_Val = 0;//其中一个占空比必须设置为 0
```

```
  u16 CCR3_Val =100;
  u16 CCR4_Val =0; //其中一个占空比必须设置为0
/*-----------------------------------------------------------------------
      按照以下公式计算
  Frequency = TIMxCLK/(TIM_Prescaler +1)/(TIM_Period +1)
  TIMx Channelx duty cycle = (TIMx_Pulse/(TIM_Prescaler +1)) * 100%
  TIM3CLK =72 MHz, Prescaler =0x0, TIM3 counter clock = TIM3CLK/(Prescaler +1) =72M
  TIM3 ARR Register =999 = > TIM3 Frequency = TIM3 counter clock/(ARR +1)
  TIM3 Frequency =72KHz.
  TIM3 Channel1 duty cycle =50%
  TIM3 Channel2 duty cycle =0%
  TIM3 Channel3 duty cycle =10%
  TIM3 Channel4 duty cycle =0%
 ------------------------------------------------------------------------------------*/

 /* Time base configuration */
 TIM_TimeBaseStructure.TIM_Period = 999; //当定时器从0计数到999,即为1000次,为一个定
时周期
 TIM_TimeBaseStructure.TIM_Prescaler = 71; //设置预分频71,即为1kHz
 TIM_TimeBaseStructure.TIM_ClockDivision = TIM_CKD_DIV1 ;//设置时钟分频系数:不分频
 TIM_TimeBaseStructure.TIM_CounterMode = TIM_CounterMode_Up;//向上计数模式
 TIM_TimeBaseInit(TIM3, &TIM_TimeBaseStructure);

/* PWM1 Mode configuration: Channel1 */
 TIM_OCInitStructure.TIM_OCMode = TIM_OCMode_PWM1; //配置为PWM模式1
 TIM_OCInitStructure.TIM_OutputState = TIM_OutputState_Enable;
    TIM_OCInitStructure.TIM_Pulse = CCR1_Val; //设置跳变值,当计数器计数到这个值时,电平
发生跳变
 TIM_OCInitStructure.TIM_OCPolarity = TIM_OCPolarity_High; //当定时器计数值小于CCR1
_Val时为高电平
 TIM_OC1Init(TIM3, &TIM_OCInitStructure); //使能通道1
 TIM_OC1PreloadConfig(TIM3, TIM_OCPreload_Enable);

 /* PWM1 Mode configuration: Channel2 */
 TIM_OCInitStructure.TIM_OutputState = TIM_OutputState_Enable;
 TIM_OCInitStructure.TIM_Pulse = CCR2_Val; //设置通道2的电平跳变值,输出另外一个占空比
的PWM
 TIM_OC2Init(TIM3, &TIM_OCInitStructure); //使能通道2
 TIM_OC2PreloadConfig(TIM3, TIM_OCPreload_Enable);

 /* PWM1 Mode configuration: Channel3 */
 TIM_OCInitStructure.TIM_OutputState = TIM_OutputState_Enable;
 TIM_OCInitStructure.TIM_Pulse = CCR3_Val;//设置通道3的电平跳变值,输出另外一个占空比
的PWM
 TIM_OC3Init(TIM3, &TIM_OCInitStructure); //使能通道3
 TIM_OC3PreloadConfig(TIM3, TIM_OCPreload_Enable);

 /* PWM1 Mode configuration: Channel4 */
```

```
  TIM_OCInitStructure.TIM_OutputState = TIM_OutputState_Enable;
  TIM_OCInitStructure.TIM_Pulse = CCR4_Val;//设置通道 4 的电平跳变值,输出另外一个占空比
的 PWM
  TIM_OC4Init(TIM3, &TIM_OCInitStructure);//使能通道 4
  TIM_OC4PreloadConfig(TIM3, TIM_OCPreload_Enable);
  TIM_ARRPreloadConfig(TIM3, ENABLE);//使能 TIM3 重载寄存器 ARR
  /* TIM3 enable counter */
  TIM_Cmd(TIM3, ENABLE); //使能定时器 3
}
/*
 * 函数名:TIM3_PWM_Init
 * 描述 :TIM3 输出 PWM 信号初始化,只要调用这个函数
 *       TIM3 的四个通道就会有 PWM 信号输出
 * 输入  :无
 * 输出  :无
 * 调用  :外部调用
 */
void TIM3_PWM_Init(void)
{
    TIM3_GPIO_Config();//TIM3 定时器 I/O 口配置
    TIM3_Mode_Config();//TIM3 定时器模式配置
}
```

main.c 文件中主要是本实例的主函数，其代码如下：

```
        #include "stm32f10x.h"
        #include "pwm_output.h"
        /*
         *函数名:main
         *描述 :主函数
         *输入 :无
         *输出 :无
         */
         int main(void)
         {
           /* TIM3 PWM 波输出初始化,并使能 TIM3 PWM 输出 */
           TIM3_PWM_Init();
           while (1)
           {}
        }
```

程序编译后，如无错误产生将生成的.hex 文件下载到实验板，根据不同的 PWM 波，电动机转动速度也会发生变化。

6.5　小结

定时器是 STM32 嵌入式单片机的最重要也是使用最多的功能，是学习的难点和重点。STM32 的定时器和 51 单片机及 MSP430 等单片机有很大不同。本章对 STM32 的定时器种类和功能进行了详细介绍，对定时器的使用过程进行了详细介绍，并对定时器的 PWM 功能进

行了介绍。最后，介绍了 PWM 的应用实例。

习　题

1. 通用定时器的功能有哪些？通用定时器和高级定时器的区别体现在什么地方？
2. 定时器的计数模式有哪几种？各有什么特点？
3. 定时器可选时钟基准有哪几类？
4. PWM 输入模式与输入捕获模式有何区别？
5. 利用定时器实现数码管间隔 1s 显示 1 ~99。
6. 输出占空比为 75% 的方波，控制电动机运转。

第7章

STM32的A/D转换模块

控制系统和处理系统以及现代测量仪器常采用计算机进行控制和数据处理。计算机所处理的数据都是数字量，然而大多数的控制对象都是连续变化的模拟量，大多数传感器的输出也是模拟量，这就必须在模拟量和数字量之间进行转换。将模拟信号转换成数字信号称为模/数（A/D）转换。本章首先介绍 A/D 转换模块（ADC）的评价指标，然后详细叙述 STM32F103 系列微控制器的 ADC，并分析相关实例。

7.1 ADC 的主要技术指标及选型

ADC 的作用是将输入模拟信号转换成相对应的数字信号输出。常用的 ADC 根据其转换原理分为如下类型：

1）积分型：积分型 ADC 的工作原理是将输入电压转换成时间（脉冲宽度信号）或频率（脉冲频率），然后由定时器/计数器获得数字值。优点是具有高分辨率，缺点是由于转换精度依赖于积分时间，因此转换速率低。

2）逐次比较型：逐次比较型 ADC 由一个比较器和 D/A 转换模块（DAC）通过逐次比较逻辑构成，从最高有效位（Most Significant Bit，MSB）开始顺序地对每一位将输入电压与内置 DAC 输出进行比较，经过 n 次比较而输出数字值。优点是功耗低，缺点是分辨率一般较低（<12 位）。

3）并行比较型/串并行比较型：并行比较型 ADC 采用多个比较器，仅做一次比较而实行转换，又称为 Flash（快速）型。由于转换速率极高，n 位的转换需要 $2n-1$ 个比较器，因此电路规模也极大，价格也高，适用于视频 ADC 等速度特别高的领域。

串并行比较型 ADC 结构上介于并行型和逐次比较型之间，最典型的是由两个 $n/2$ 位的并行型 ADC 配合 DAC 组成，用两次比较实行转换，所以称为 Half Flash（半快速）型。还有分成三步或多步来实现 A/D 转换的叫做分级型 ADC，而从转换时序角度又可称为流水线型 ADC。现代的分级型 ADC 中还加入了对多次转换结果数字运算而修正特性等功能。这类 ADC 速度比逐次比较型高，电路规模比并行型小。

4）$\Sigma-\Delta$ 调制型：$\Sigma-\Delta$ 调制型 ADC 由积分器、比较器、1 位 DAC 和数字滤波器等组成，原理上近似于积分型。它将输入电压转换成时间（脉冲宽度）信号，用数字滤波器处理后得到数字值，因此具有高分辨率，主要用于音频和测量。

5）电容阵列逐次比较型：电容阵列逐次比较型 ADC 在内置的 DAC 中采用电容矩阵方式，也可称为电荷再分配型。一般的电阻阵列 DAC 中多数电阻的值必须一致，在单芯片上生成高精度的电阻并不容易。如果用电容阵列取代电阻阵列，可以用低廉成本制成高精度单片 ADC。最新的逐次比较型 ADC 大多为电容阵列式的。

6）压频变换型：压频变换型（Voltage - Frequency Converter）是通过间接转换方式实现 A/D 转换的，其原理是首先将输入的模拟信号转换成频率，然后用计数器将频率转换成数字量。从理论上讲，这种 ADC 的分辨率几乎可以无限增加，只要采样的时间能够满足输出频率分辨率要求的累积脉冲个数的宽度即可。优点是分辨率高、功耗低、价格低，缺点是需要外部计数电路共同完成 A/D 转换。

7.1.1 ADC 的主要技术指标分析

1）转换范围 V_{FSR}：即 ADC 能够转换的模拟电压范围。单极性工作的芯片有以 0V 为基准的 0 ~ 10V、0 ~ -10V 等，双极性工作的有以 0V 为中心的 ±5V、±10V 等。

2）分辨率。对应于最小数字量的模拟电压值称为分辨率，它表示对模拟信号进行数字化能够达到多细的程度，例如 8 位 ADC 的分辨率为 $2^8=256$，当满量程输入模拟电压为 5V 时，它能将模拟电压 20mV 的变化用数字反映出来。

3）绝对精度：对应一个给定数字量的理论模拟输入与实际输入之差称为绝对精度，也称为绝对误差或非线性。例如 5V 模拟量在理论上对应数字量 FFH，而实际上 4.997 ~ 4.999V 都产生数字量 FFH，则绝对精度为$[1/2(4.997+4.999)-5]\text{mV}=-2\text{mV}$。绝对精度通常用最小有效位（LSB）的位数及分数完成。

4）转换时间和转换率：完成一次 A/D 转换所需要的时间称为转换时间，转换时间的倒数称为转换率。例如转换时间为 100μs，则转换率为 10kHz。

5）量化误差：指由 ADC 的有限分辨率而引起的误差，即有限分辨率 ADC 的阶梯状转移特性曲线与无限分辨率 ADC（理想 ADC）的转移特性曲线（直线）之间的最大偏差。通常是 1 个或半个最小数字量的模拟变化量，表示为 1LSB、1/2LSB。

6）偏移误差：指输入信号为零时输出信号不为零的值，可外接电位器调至最小。

7）满刻度误差：指满度输出时对应的输入信号与理想输入信号值之差。

8）线性度：指实际转换器的转移函数与理想直线的最大偏移，不包括以上三种误差。

9）其他指标还有绝对精度、相对精度、微分非线性、单调性和无错码、总谐波失真和积分非线性。

不同类型的 ADC 的结构、转换原理和性能指标方面的差异非常大。表 7.1 列出了常用类型的 ADC 的主要特点和应用范围。

表 7.1 常用类型的 ADC 的主要特点和应用范围

类型	并行比较型	分级型	逐次逼近型	Σ - Δ 型	积分型	VFC 型
主要特点	超高速	高速	速度、精度、价格等综合性价比高	高分辨率、高精度	高精度、低成本、高抗干扰能力	低成本、高分辨率
分辨率	6 ~ 10	8 ~ 16	8 ~ 16	16 ~ 24	12 ~ 16	8 ~ 16
转换时间	几十纳秒	几十至几百纳秒	几至几十微秒	几至几十毫秒	几十至几百毫秒	几十至几百毫秒

（续）

类型	并行比较型	分级型	逐次逼近型	Σ-Δ型	积分型	VFC型
采样频率	几十至 几百MSPS	几MSPS	几十至几百kSPS	几十kSPS	几至几十SPS	几至几十SPS
价格	高	高	中	中	低	低
主要用途	超高速 视频处理	视频处理， 高速数据采集	数据采集工业控制	音频处理 数字仪表	数字仪表	数字仪 表简易ADC
典型器件	TLC5510	MAX1200	TLC0831	AD7705	TLC7135	AD650

注：SPS为每秒采样次数。

7.1.2　ADC的选型技巧及注意事项

1. ADC选用依据

ADC的选用原则上要考虑如下几点：

1）ADC用于什么系统，输出的数据位数，系统的精度、线性。

2）输入的模拟信号类型，包括模拟输入信号的范围、极性（单、双极性），信号的驱动能力，信号的变化快慢。

3）后续电路对ADC输出数字逻辑电平的要求，输出方式（平行、串行），是否需数据锁存，与哪种CPU或数字电路（三态门逻辑、TTL还是CMOS）接口，驱动电路。

4）系统工作在动态条件还是静态条件，带宽要求，要求ADC的转换时间，采样速率，是高速应用还是低速应用等。

5）基准电压源的来源，基准电压源的幅度、极性及稳定性，电压是固定的还是可调的，外部提供还是ADC芯片内部提供。

6）成本及芯片来源等因素。

2. 与ADC配套使用的其他芯片的选用依据

为了配合ADC的使用，一般在ADC的外围还需要添加一些其他芯片，常见的有多路模拟开关、采样/保持器和运算放大器等。

1）多路模拟开关：多路模拟开关有三选一、四选一、八选一和十六选一等几种，如AD7501、CD4051、AD7506等。

2）采样/保持器：采样/保持器是指在输入逻辑电平控制下处于“采样”或“保持”两种工作状态的电路。在“采样”状态时，电路的输出跟踪输入信号，在“保持”状态时，电路的输出保持着前一次采样结束时刻的瞬间输入模拟信号，直至下一次采样状态的结束，这样有利于ADC对模拟信号进行数据量化。常见的采样/保持器有以下几种：通用芯片，如AD582、LF398等；高速芯片，如HTS-0025、THS-0060等；高分辨率芯片，如AD389等。采样/保持电路中的采样/保持电容要选用高品质的聚苯乙烯或聚四氟乙烯电容，制作电路板时要将它紧靠采样/保持器，并保持电路板的洁净。

3. ADC选型

ADC选型（DAC选型）时可以访问下面几大公司的网站：

- ADI公司（美国模拟器件公司），http：//www.analog.com；
- TI公司（德州仪器），http：//focus.ti.com.cn；

- Linear Technology 公司（凌特），http：//www. linear. com. cn；
- Maxim 公司（美信），http：//maxim-ic. com. cn。

4. 基准电压源的选择

在几乎所有先进的电子产品中都可以找到基准电压源，它们可能是独立的，也可能集成在具有更多功能的器件中：

1）在数据转换器中，基准电压源提供了一个绝对电压，与输入电压进行比较以确定适当的数字输出。

2）在电压调节器中，基准电压源提供了一个已知的电压值，用它与输出做比较，得到一个用于调节输出电压的反馈。

3）在电压检测器中，基准电压源被当做一个设置触发点的门限。

基准电压源提供稳定的基准电压，要求什么样的基准电压源指标取决于具体应用。作为电路设计的一个关键因素，基准电压源的选择需要考虑多方面的问题并做出折中。

理想的基准电压源应该具有完美的初始精度，并且在负载电流、温度和时间变化时电压保持稳定不变。实际应用中，设计人员必须在初始电压精度、电压温漂、迟滞以及供出/吸入电流的能力、静态电流（功率消耗）、长期稳定性、噪声和成本等指标中进行权衡与折中。

两种常见的基准电压源是齐纳基准源和带隙基准源。齐纳基准源通常采用两端并联拓扑；带隙基准源通常采用三端串联拓扑。

5. 基准电压源的选择需要注意的一些问题

1）功耗：如果设计中等精确度的系统，比如一个高效率、±5% 电源或者是需要很小功率的 8 位数据采样系统，可以使用 MAX6025 或 MAX6192 这类器件。这两个器件都是 2. 5V 的基准源，最大消耗电流为 35μA。它们的输出阻抗非常低，因此基准电压几乎完全不受输出电流的影响。

2）输出和吸入电流：即基准电压源输出和吸入电流的能力。大多数应用都需要基准电压源为负载供电。ADC 和 DAC 所需要的典型基准电压源的电流在几十微安（如 MAX1110）至 10mA（最大值，如 AD7886）。MAX6101-5 系列的基准电压源能提供 5mA 电流，吸入电流 2mA。对于较重负载，可选择 MAX6225/41/50 系列基准电压源，它们能提供 15mA 的输出和吸入电流。

3）温漂：温漂通常是一个可校准的参数，它一般是可重复性的误差。通过校准或从以前得到的特性中查找取值可以实现这一误差的修正。

校准对于高分辨率系统是非常有用。对一个 16 位系统，如果要在整个商用温度范围（0～70℃，以 25℃为基准点）保持精度在 ±1 LSB 以内，该基准电压源的温漂必须小于 $1\times10^{-6}/℃$，$\Delta V=(1\times10^{-6}/℃)\times5V\times45℃=255\mu V$，相同的温度漂移特性若扩展到工业温度下（-40～+85℃），则只能适用于 14 位系统。

4）噪声：噪声通常是随机热噪声，也可能包含闪烁噪声和其他的寄生噪声源。对于低噪声应用，MAX6150、MAX6250 和 MAX6350 是很好的选择，其噪声性能分别为 35μV、3μV 和 3μV（峰 - 峰）。所有这些对测量引入的噪声都小于 1 LSB。可以用多次采样然后取平均的方法减小噪声，其代价是增加了处理器的工作负担，提高了系统的复杂度和成本。

5）输出电压温度迟滞：该参数定义为在参考温度下（25℃）由于温度连续偏移（从热到冷，然后从冷到热）所引起的输出电压的变化。这一效应将导致负面影响，因为它的幅度直接与系统所处环境的温度偏移成比例。在许多系统中，这种误差一般不具有可重复性，并受集成电路设计和封装的影响。例如，3引脚SOT23封装的MAX6001，温度迟滞典型值为130×10^{-6}；而采用更大尺寸，更稳定的封装，比如SO-8的MAX6190，该参数值只有75×10^{-6}。

6）长期稳定性：这个参数定义为电压随时间的变化，它主要是由封装或系列器件中的管芯应力或离子迁移引起的。任何系统设计的难点在于在成本、体积、精确度、功耗等诸多因素的平衡与折中，为具体设计选择最佳基准电压源时需要参考所有相关参数。有趣的是，很多时候选用较贵的器件反而使系统的整体成本更低，因为它可以降低制造过程中补偿和校准的花销。

7.2　STM32的ADC

STM32的12位ADC是一种逐次逼近型模/数转换器。它有多达18个通道，可测量16个外部和两个内部信号源。各通道的A/D转换可以单次、连续、扫描或间断模式执行。ADC的结果可以左对齐或右对齐方式存储在16位数据寄存器中。模拟看门狗特性允许应用程序检测输入电压是否超出用户定义的高/低阈值。ADC的输入时钟不得超过14MHz，它是由PCLK2经分频产生。

7.2.1　ADC功能描述

1. ADC主要特征

1）12位分辨率。

2）转换结束、注入转换结束和发生模拟看门狗事件时产生中断。

3）单次和连续转换模式。

4）从通道0到通道n的自动扫描模式。

5）自校准。

6）带内嵌数据一致性的数据对齐。

7）采样间隔可以按通道分别编程。

8）规则转换和注入转换均有外部触发选项。

9）间断模式。

10）双重模式（带两个或以上ADC的器件）。

11）ADC转换时间：①STM32F103xx增强型产品：时钟为56MHz时为1μs（时钟为72MHz为1.17μs）；②STM32F101xx基本型产品：时钟为28MHz时为1μs（时钟为36MHz为1.55μs）；③STM32F102xxUSB型产品：时钟为48MHz时为1.2μs；④STM32F105xx和STM32F107xx产品：时钟为56MHz时为1μs（时钟为72MHz为1.17μs）。

12）ADC供电要求：2.4～3.6V。

13）ADC输入范围：$V_{REF-}\leqslant V_{IN}\leqslant V_{REF+}$。

14）规则通道转换期间有DMA请求产生。

2. ADC 功能描述

图 7.1 所示为一个 ADC 模块的框图，ADC 引脚的说明见表 7.2。

表 7.2 ADC 引脚的说明

名称	信号类型	说　明
V_{REF+}	输入，模拟参考正极	ADC 使用的高端/正极参考电压，$2.4V \leq V_{REF+} \leq V_{DDA}$
V_{DDA}①	输入，模拟电源	等效于 V_{DD} 的模拟电源，且 $2.4V \leq V_{DDA} \leq V_{DD}$（3.6V）
V_{REF-}	输入，模拟参考负极	ADC 使用的低端/负极参考电压，$V_{REF-} = V_{SSA}$
V_{SSA}①	输入，模拟电源地	等效于 V_{SS} 的模拟电源地
ADCx_IN［15:0］	模拟输入信号	16 个模拟输入通道

① V_{DDA} 和 V_{SSA} 应该分别连接到 V_{DD} 和 V_{SS}。

3. ADC 开关控制

通过设置 ADC_CR2 寄存器的 ADON 位可给 ADC 上电。当第一次设置 ADON 位时，它将 ADC 从断电状态下唤醒。ADC 上电延迟一段时间后（t_{STAB}），再次设置 ADON 位时开始进行转换。通过清除 ADON 位可以停止转换，并将 ADC 置于断电模式。在这个模式中，ADC 几乎不耗电（仅几微安）。

4. ADC 时钟

由时钟控制器提供的 ADCCLK 时钟和 PCLK2（APB2 时钟）同步，RCC 控制器为 ADC 时钟提供一个专用的可编程预分频器，详见小容量、中容量和大容量产品的复位和时钟控制（RCC）。

5. 通道选择

有 16 个多路通道，可以把转换组织成规则组和注入组。在任意多个通道上以任意顺序进行的一系列转换构成成组转换。例如，可以如下顺序完成转换：通道 3、通道 8、通道 2、通道 2、通道 0、通道 2、通道 2、通道 15。

1）规则组由多达 16 个转换组成。规则通道和它们的转换顺序在 ADC_SQRx 寄存器中选择。规则组中转换的总数应写入 ADC_SQR1 寄存器的 L[3:0]位中。

2）注入组由多达四个转换组成。注入通道和它们的转换顺序在 ADC_JSQR 寄存器中选择。注入组里的转换总数应写入 ADC_JSQR 寄存器的 L[1:0]位中。

如果 ADC_SQRx 或 ADC_JSQR 寄存器在转换期间被更改，当前的转换被清除，一个新的启动脉冲将发送到 ADC 以转换新选择的组。温度传感器 IV_{REFINT} 内部通道温度传感器与通道 ADC1_IN16 相连接，内部参考电压 V_{REFINT} 和 ADC1_IN17 相连接。可以按注入或规则通道对这两个内部通道进行转换。

注意：温度传感器和 V_{REFINT} 只能出现在主 ADC1 中。

6. 单次转换模式

在单次转换模式下 ADC 只执行一次转换。该模式既可通过设置 ADC_CR2 寄存器的 ADON 位（只适用于规则通道）启动，也可通过外部触发启动（适用于规则通道或注入通道），这时 CONT 位为 0。一旦选择通道的转换完成，则：

1）如果一个规则通道被转换：①转换数据被储存在 16 位 ADC_DR 寄存器中；②EOC（转换结束）标志被设置；③ 如果设置了 EOCIE，则产生中断。

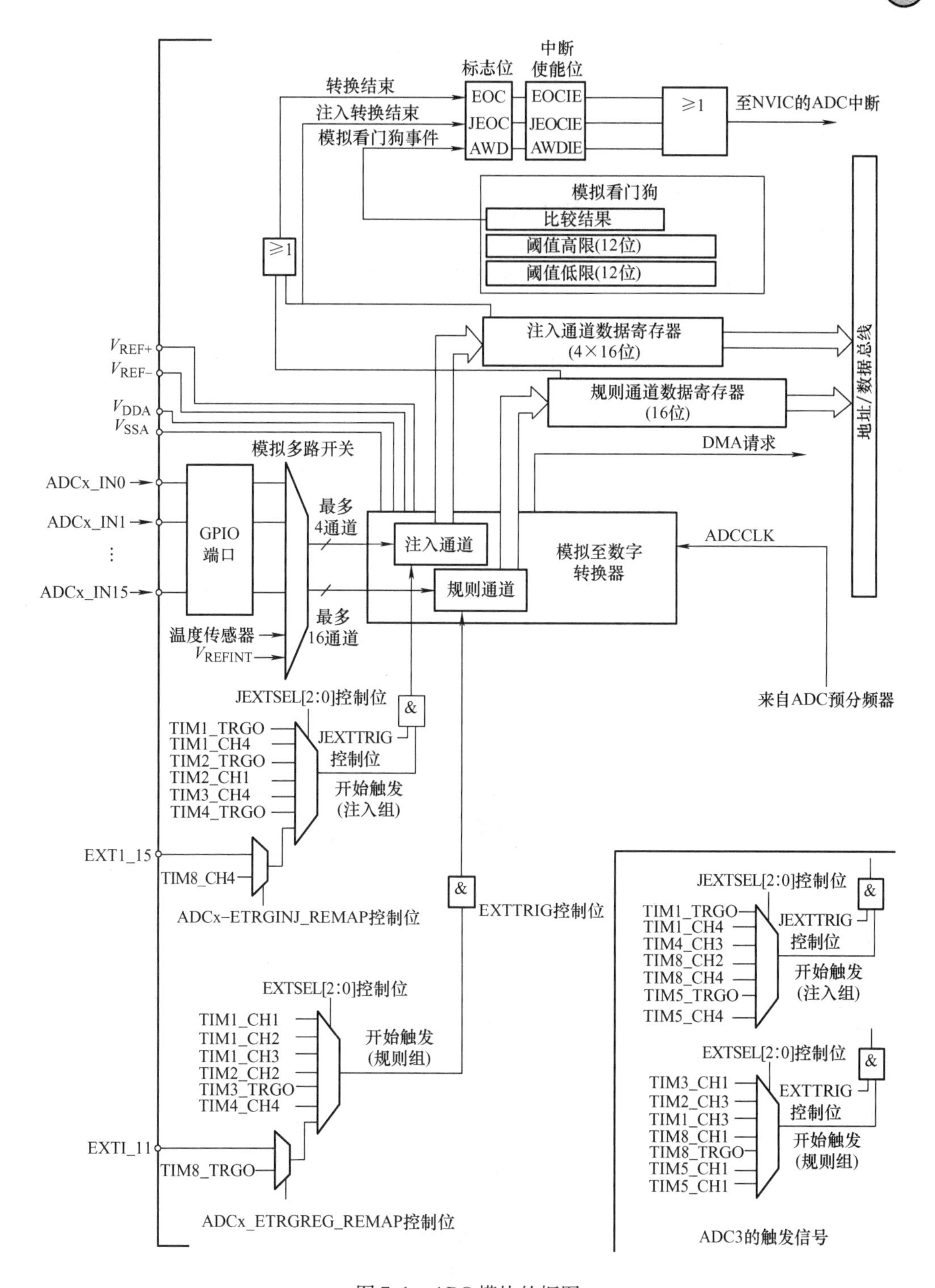

图 7.1 ADC 模块的框图

注：1. ADC3 的规则转换和注入转换触发与 ADC1 和 ADC2 的不同。

2. TIM8_CH4 和 TIM8_TRGO 及它们的重映射位只存在于大容量产品中。

2）如果一个注入通道被转换：①转换数据被储存在 16 位的 ADC_JDR 寄存器中；②JEOC（注入转换结束）标志被设置；③如果设置了 JEOCIE 位，则产生中断。

然后 ADC 停止。

7. 连续转换模式

在连续转换模式中，当前面 ADC 转换一结束时马上启动另一次转换。此模式可通过外部触发启动或通过设置 ADC_CR2 寄存器上的 ADON 位启动，此时 CONT 位是 1。每个转换后的情况与单次转换模式的 1)、2) 相同。

8. 时序图

如图 7.2 所示，ADC 在开始精确转换前需要一个稳定时间 t_{STAB}。在开始 ADC 转换和 14 个时钟周期后，EOC 标志被设置，16 位 ADC 数据寄存器包含转换的结果。

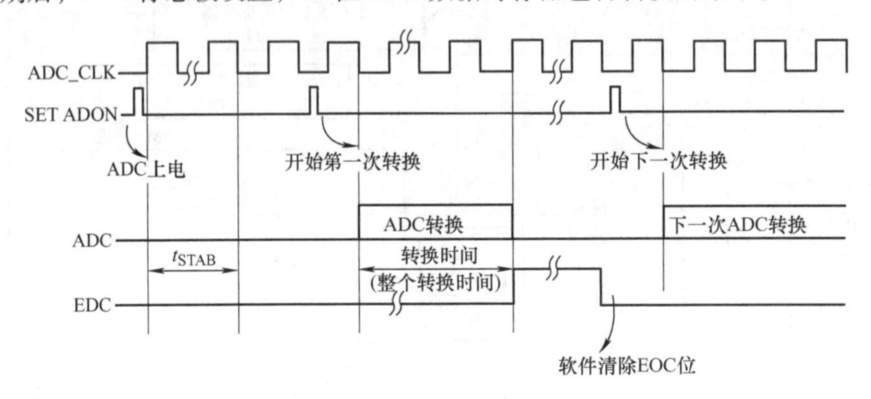

图 7.2　时序图

STM32 将 ADC 的转换分为规则通道组和注入通道组。规则通道相当于用户运行的程序，而注入通道就相当于中断。在程序正常执行的时候，中断是可以打断程序的执行的。同这个类似，注入通道的转换可以打断规则通道的转换，在注入通道被转换完成之后，规则通道才得以继续转换。

通过一个形象的例子可以进一步说明：假如在院子内放了五个温度探头，室内放了三个温度探头，如果需要时刻监视室外温度，偶尔查看室内的温度，那么可以使用规则通道组循环扫描室外的五个探头并显示 ADC 的转换结果。当需要查看室内温度时，通过一个按钮启动注入转换组（三个室内探头），暂时显示室内温度，放开这个按钮后，系统又会回到规则通道组继续监视室外温度。从系统设计上，测量并显示室内温度的过程中断了测量并显示室外温度的过程，但程序设计上可以在初始化阶段分别设置好不同的转换组，系统运行中不必再变更循环转换的配置，从而达到两个任务互不干扰和快速切换的目的。可以设想一下，如果没有规则组和注入组的划分，那么当按下按钮时，需要重新配置 ADC 循环扫描的通道，而在释放按钮后，还需再次配置 ADC 循环扫描的通道。

因为速度较慢，上面的例子不能完全体现出区分规则通道组和注入通道组的好处，但在工业应用领域中，有很多检测和监视探头需要较快地处理，这样对 ADC 分组则将明显地简化事件处理的程序并提高事件处理的速度。

9. 扫描模式

此模式用来扫描一组模拟通道。扫描模式可通过设置 ADC_CR1 寄存器的 SCAN 位来选择。一旦这个位被设置，ADC 扫描所有被 ADC_SQR$_X$ 寄存器（对规则通道）或 ADC_JSQR 寄存器（对注入通道）选中的所有通道。在每个组的每个通道上执行单次转换。在每个转换结束时，同一组的下一个通道被自动转换。如果设置了CONT位，则转换不会在选择组的最后一个通道上停止，而是再次从选择组的第一个通道继续转换；如果设置了DMA位，则在每次EOC后，DMA控制器把规则组通道的转换数据传输到SRAM中。而注入通道转换的数据总是存储在ADC_JDRx寄存器中。

10. 注入通道管理

（1）触发注入

清除ADC_CR1寄存器的JAUTO位，并且设置SCAN位，即可使用触发注入功能。

1）利用外部触发或通过设置ADC_CR2寄存器的ADON位，启动一组规则通道的转换。

2）如果在规则通道转换期间产生一外部注入触发，当前转换被复位，注入通道序列被以单次扫描方式进行转换。

3）然后，恢复上次被中断的规则组通道转换。如果在注入转换期间产生一规则事件，注入转换不会被中断，但是规则序列将在注入序列结束后被执行。图7.3所示是其定时图。

注意：当使用触发的注入转换时，必须保证触发事件的间隔长于注入序列。例如，序列长度为28个ADC时钟周期（即两个具有1.5个时钟间隔采样时间的转换），触发之间最小的间隔必须是29个ADC时钟周期。

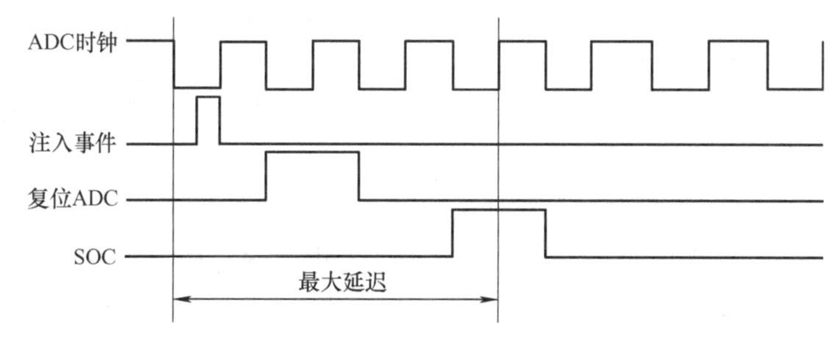

图7.3　注入转换延时定时图

注：最大延迟的数值请参考STM32F101xx和STM32F103xx数据手册中有关电气特性部分。

（2）自动注入

如果设置了JAUTO位，在规则组通道之后，注入组通道被自动转换。它可以用来转换在ADC_SQRx和ADC_JSQR寄存器中设置的多至20个转换序列。在此模式里，必须禁止注入通道的外部触发。如果除JAUTO位外还设置了CONT位，规则通道至注入通道的转换序列被连续执行。对于ADC时钟预分频系数为4～8时，当从规则转换切换到注入序列或从注入转换切换到规则序列时，会自动插入一个ADC时钟间隔；当ADC时钟预分频系数为2时，则有两个ADC时钟间隔的延迟。

注意：不能同时使用自动注入和间断模式。

11. 间断模式

（1）规则组

此模式通过设置ADC_CR1寄存器上的DISCEN位激活。它可以用来执行一个短序列的n次转换（$n \leq 8$），此转换是ADC_SQRx寄存器所选择的转换序列的一部分。数值n由ADC_CR1寄存器的DISCNUM[2:0]位给出。一个外部触发信号可以启动ADC_SQRx寄存器中描述的下一轮n次转换，直到此序列所有的转换完成为止。总的序列长度由ADC_SQR1寄存器的 L[3:0]定义。

例如，$n=3$，被转换的通道为 0、1、2、3、6、7、9、10；第一次触发，转换的序列为 0、1、2；第二次触发，转换的序列为 3、6、7；第三次触发，转换的序列为 9、10，并产生 EOC 事件；第四次触发，转换的序列为 0、1、2。

注意：当以间断模式转换一个规则组时，转换序列结束后不自动从头开始；当所有子组被转换完成时，下一次触发启动第一个子组的转换。在上面的例子中，第四次触发重新转换第一子组的通道 0、1 和 2。

（2）注入组

此模式通过设置 ADC_CR1 寄存器的 JDISCEN 位激活。在一个外部触发事件后，该模式按通道顺序逐个转换 ADC_ JSQR 寄存器中选择的序列。一个外部触发信号可以启动 ADC_JSQR 寄存器选择的下一个通道序列的转换，直到序列中所有的转换完成为止。总的序列长度由 ADC_JSQR 寄存器的 JL[1:0]位定义。

例如，$n=1$，被转换的通道为 1、2、3，第一次触发，通道 1 被转换；第二次触发，通道 2 被转换；第三次触发，通道 3 被转换，并且产生 EOC 和 JEOC 事件；第四次触发，通道 1 被转换。

注意：①当完成所有注入通道转换时，下一个触发启动第一个注入通道的转换。在上述例子中，第四个触发重新转换第一个注入通道 1。②不能同时使用自动注入和间断模式。③必须避免同时为规则组和注入组设置间断模式。间断模式只能作用于一组转换。

（3）校准

ADC 有一个内置自校准模式。校准可大幅减小因内部电容器组的变化而造成的准精度误差。在校准期间，在每个电容器上都会计算出一个误差修正码（数字值），这个码用于消除在随后的转换中每个电容器上产生的误差。通过设置 ADC_CR2 寄存器的 CAL 位启动校准。一旦校准结束，CAL 位被硬件复位，可以开始正常转换。建议在上电时执行一次 ADC 校准。校准阶段结束后，校准码储存在 ADC_DR 中。校准时序图如图 7.4 所示。

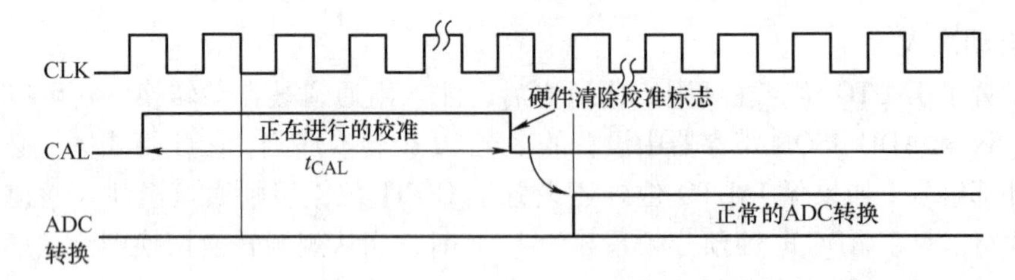

图 7.4　校准时序图

注意：① 建议在每次上电后执行一次校准。② 启动校准前，ADC 必须处于关电状态（ADON = '0'）超过至少两个 ADC 时钟周期。

12. 可编程的通道采样时间

ADC 使用若干个 ADC_ CLK 周期对输入电压采样，采样周期的数目可以通过 ADC_SMPR1 和 ADC_SMPR2 寄存器中的 SMP[2:0]位更改。每个通道可以分别用不同的时间采样。总转换时间计算：T_{CONV} = 采样时间 + 12.5 个周期。

例如，当 ADCCLK = 14MHz，采样时间为 1.5 周期，T_{CONV} =（1.5 + 12.5）周期 = 14 周

期 = 1μs。

STM32 系列微控制器 ADC 还有许多其他功能，详见 STM32 微控制器的数据手册，这里就不一一列举了。

7.2.2　ADC 寄存器描述

STM32 的 ADC 可以进行很多种不同模式的转换，这些模式在《STM32 参考手册》都有详细介绍，在此不一一列举，本节仅介绍如何使用规则通道的单次转换模式。

STM32 的 ADC 在单次转换模式下，只执行一次转换，该模式可以通过 ADC_CR2 寄存器的 ADON 位（只适用于规则通道）启动，也可以通过外部触发启动（适用于规则通道和注入通道），这时 CONT 位为 0。

以规则通道为例，一旦所选择的通道转换完成，转换结果将被存在 ADC_DR 寄存器中，EOC（转换结束）标志将被置位，如果设置了 EOCIE，则会产生中断。然后 ADC 将停止，直到下次启动。

下面介绍一下执行规则通道的单次转换需要用到的 ADC 寄存器。

1. ADC 控制寄存器（ADC_CR1 和 ADC_CR2）

1）寄存器 ADC_CR1 的各个位的描述如图 7.5 所示。

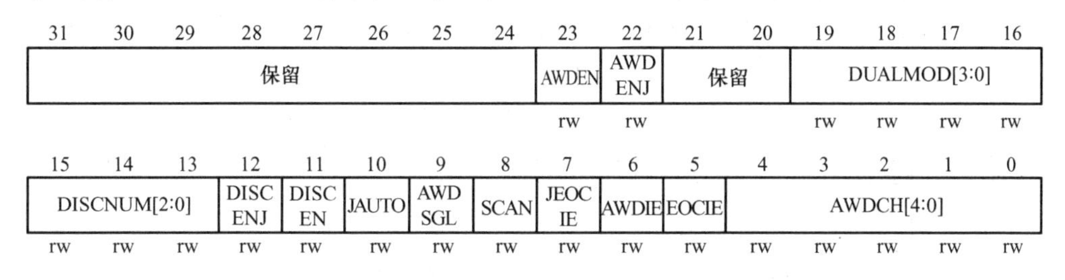

图 7.5　寄存器 ADC_CR1 的各个位的描述

本书不详细介绍该寄存器的每个位，而是抽出几个这一节要用到的位进行针对性的介绍，详细资料请参考《STM32 参考手册》相关章节：ADC_CR1 的 SCAN 位，该位用于设置扫描模式，由软件设置和清除；如果该位设置为 1，则使用扫描模式，如果为 0，则关闭扫描模式；在扫描模式下，由 ADC_SQRx 或 ADC_JSQRx 寄存器选中的通道被转换；如果设置了 EOCIE 或 JEOCIE，只在最后一个通道转换完毕后才会产生 EOC 或 JEOC 中断。

DUALMOD［3:0］用于设置 ADC 的操作模式，如图 7.6 所示。

本书要使用的是独立模式，所以设置这几位为 0 就可以了。

2）寄存器 ADC_CR2 的各个位的描述如图 7.7 所示。

对该寄存器，本书也只针对性地介绍一些位：ADCON 位用于开关 A/D 转换器；CONT 位用于设置是否进行连续转换，本书使用单次转换，所以 CONT 位必须为 0；CAL 和 RST-CAL 用于 ADC 校准；ALIGN 用于设置数据对齐，本书使用右对齐，该位设置为 0。

EXTSEL［2:0］用于选择启动规则转换组转换的外部事件，如图 7.8 所示。

这里使用的是软件触发（SWSTART），所以设置这三个位为 111。ADC_CR2 的 SW-START 位用于开始规则通道的转换，本书每次转换（单次转换模式下）都需要向该位写 1。AWDEN 位用于使能温度传感器和 Vrefint。STM32 内部的温度传感器将在随后章节介绍。

位19:16	DUALMOD[3:0]：双模式选择 软件使用这些位选择操作模式： 0000：独立模式 0001：混合的同步规则+注入同步模式 0010：混合的同步规则+交替触发模式 0011：混合同步注入+快速交替模式 0100：混合同步注入+慢速交替模式 0101：注入同步模式 0110：规则同步模式 0111：快速交替模式 0000：慢速交替模式 1001：交替触发模式 注：在ADC2和ADC3中这些位为保留位 在双模式中，改变通道的配置会产生一个重新开始的条件，这将导致同步丢失。建议在进行任何配置改变前关闭双模式

图 7.6　ADC 操作模式的设置

31	30	29	28	27	26	25	24	23	22	21	20	19	18	17	16
保留								TSVREFE	SWSTART	SWSTARTJ	EXTTRIG	EXTSEL[2:0]			保留
								rw	rw	rw	rw	rw	rw	rw	

15	14	13	12	11	10	9	8	7	6	5	4	3	2	1	0
JEXTTRIG	JEXTSEL[2:0]			ALIGN	保留		DMA	保留				RSTCAL	CAL	CONT	ADON
rw	rw	rw	rw	rw			rw					rw	rw	rw	rw

图 7.7　寄存器 ADC_CR2 的各个位的描述

位19:17	EXTSEL[2:0]：选择启动规则通道组转换的外部事件 这些位选择用于启动规则通道组转换的外部事件 ADC1和ADC2的触发配置如下： 000：定时器1的CC1事件　　100：定时器3的TRGO事件 001：定时器1的CC2事件　　101：定时器4的CC4事件 010：定时器1的CC3事件　　110：EXTI线11/TIM8_TRGO，仅大容量产品具有TIM8_TRGO功能 011：定时器2的CC2事件　　111：SWSTART ADC3的触发配置如下： 000：定时器3的CC1事件　　100：定时器8的TRGO事件 001：定时器2的CC3事件　　101：定时器5的CC1事件 010：定时器1的CC3事件　　110：定时器5的CC3事件 011：定时器8的CC1事件　　111：SWSTART

图 7.8　ADC 启动规则转换事件的设置

2. ADC 采样事件寄存器（ADC_SMPR1 和 ADC_SMPR2）

ADC_SMPR1 和 ADC_SMPR2 这两个寄存器用于设置通道 0 ~ 17 的采样时间，每个通道占用 3 个位。

ADC_SMPR1 的各个位的描述如图 7.9 所示。

ADC_SMPR2 的各个位的描述如图 7.10 所示。

对于每个要转换的通道，采样时间建议尽量长一点，以获得较高的准确度，但是这样会降低 ADC 的转换速率。ADC 转换时间的计算：T_{covn} = 采样时间 + 12.5 个周期。式中：T_{covn} 为总

31	30	29	28	27	26	25	24	23	22	21	20	19	18	17	16
保留								SMP17[2:0]			SMP16[2:0]			SMP15[2:1]	
					rw	rw	rw	rw	rw	rw	rw	rw	rw	rw	rw

15	14	13	12	11	10	9	8	7	6	5	4	3	2	1	0
SMP 15_0	SMP14[2:0]			SMP13[2:0]			SMP12[2:0]			SMP11[2:0]			SMP10[2:0]		
rw	rw	rw	rw	rw	rw	rw	rw	rw	rw	rw	rw	rw	rw	rw	rw

位	描述
位31:24	保留。必须保持为0
位23:0	SMPx[2:0]：选择通道x的采样时间 这些位用于独立地选择每个通道的采样时间。在采样周期中通道选择位必须保持不变： 000：1.5周期　　100：41.5周期 001：7.5周期　　101：55.5周期 010：13.5周期　　110：71.5周期 011：28.5周期　　111：239.5周期 注： ADC1的模拟输入通道16和通道17在芯片内部分别连到了温度传感器和VREFINT ADC2的模拟输入通道16和通道17在芯片内部分别连到了VSS ADC3的模拟输入通道14,15,16,17与VSS相连

图 7.9　寄存器 ADC_SMPR1 的各个位的描述

31	30	29	28	27	26	25	24	23	22	21	20	19	18	17	16
保留		SMP9[2:0]			SMP8[2:0]			SMP7[2:0]			SMP6[2:0]			SMP5[2:1]	
		rw	rw	rw	rw	rw	rw	rw	rw	rw	rw	rw	rw	rw	rw

15	14	13	12	11	10	9	8	7	6	5	4	3	2	1	0
SMP 5_0	SMP4[2:0]			SMP3[2:0]			SMP2[2:0]			SMP1[2:0]			SMP0[2:0]		
rw	rw	rw	rw	rw	rw	rw	rw	rw	rw	rw	rw	rw	rw	rw	rw

位	描述
位31:30	保留。必须保持为0
位29:0	SMPx[2:0]：选择通道x的采样时间 这些位用于独立地选择每个通道的采样时间。在采样周期中通道选择位必须保持不变： 000：1.5周期　　100：41.5周期 001：7.5周期　　101：55.5周期 010：13.5周期　　110：71.5周期 011：28.5周期　　111：239.5周期 注：ADC3模拟输入通道9与VSS相连

图 7.10　寄存器 ADC_SMPR2 的各个位的描述

转换时间。

采样时间是根据每个通道的 SMP 位的设置来决定的。例如，如果 ADCCLK = 14MHz，并设置 1.5 个周期的采样时间，则得到 T_{covn} = (1.5 + 12.5) 周期 = 14 周期 = 1μs。

3. ADC 规则序列寄存器（ADC_SQR1 ~ 3）

ADC_SQR1 ~ ADC_SQR3 寄存器的功能都差不多，本书仅介绍 ADC_SQR1。该寄存器的各个位的描述如图 7.11 所示。

L[3:0]用于存储规则序列的长度，这里只用了一个，所以设置这几个位的值为0。其他的 SQ13 ~ SQ16 则存储了规则序列中第 13 ~ 16 个通道的编号（0 ~ 17）。另外两个规则序列寄存器与 ADC_SQR1 大同小异，这里就不再介绍了。

要说明一点的是：本书选择的是单次转换，所以只有一个通道在规则序列里面，这个序列就是 SQ0，通过 ADC_SQR3 的最低 5 位设置。

31	30	29	28	27	26	25	24	23	22	21	20	19	18	17	16
保留								L[3:0]				SQ16[4:1]			
								rw	rw	rw	rw	rw	rw	rw	rw

15	14	13	12	11	10	9	8	7	6	5	4	3	2	1	0
SQ16_0	SQ15[4:0]					SQ14[4:0]					SQ13[4:0]				
rw	rw	rw	rw	rw	rw	rw	rw	rw	rw	rw	rw	rw	rw	rw	rw

位	描述
位31:24	保留。必须保持为0
位23:20	L[3:0]：规则通道序列长度 这些位定义了在规则通道转换序列中转换总数： 0000：1个转换 0001：2个转换 … 1111：16个转换
位19:15	SQ16[4:0]：规则序列中的第16个转换 这些位定义了转换序列中的第16个转换通道的编号(0～17)
位14:10	SQ15[4:0]：规则序列中的第15个转换
位9:5	SQ14[4:0]：规则序列中的第14个转换
位4:0	SQ13[4:0]：规则序列中的第13个转换

图 7.11　寄存器 ADC_ SQR1 的各个位的描述

4. ADC 规则数据寄存器（ADC_DR）

规则序列中的 A/D 转换结果都将被存在 ADC_DR 寄存器里面，而注入通道的转换结果被保存在 ADC_JDRx 里面。

ADC_DR 的各个位的描述如图 7.12 所示。

31	30	29	28	27	26	25	24	23	22	21	20	19	18	17	16
ADC2DATA[15:0]															
r	r	r	r	r	r	r	r	r	r	r	r	r	r	r	r

15	14	13	12	11	10	9	8	7	6	5	4	3	2	1	0
DATA[15:0]															
r	r	r	r	r	r	r	r	r	r	r	r	r	r	r	r

位	描述
位31:16	ADC2DATA[15:0]：ADC2转换的数据 在ADC1中：双模式下，这些位包含了ADC2转换的规则通道数据 在ADC2中：不用这些位
位15:0	DATA[15:0]：规则转换的数据 这些位为只读，包含了规则通道的转换结果。数据是左或右对齐

图 7.12　寄存器 ADC_DRx 的各个位的描述

提示：该寄存器的数据可以通过 ADC_CR2 的 ALIGN 位设置左对齐还是右对齐，在读取数据的时候要注意。

5. ADC 状态寄存器（ADC_SR）

ADC_SR 寄存器保存了 ADC 转换时的各种状态，该寄存器的各个位的描述如图 7.13 所示。

这里要用到的是 EOC 位，本书通过判断该位来决定是否此次规则通道的 A/D 转换已经完成，如果完成就从 ADC_DR 中读取转换结果，否则等待转换完成。

以上介绍了 STM32 的单次转换模式下的相关设置（这一节本书使用 ADC1 的通道 0 来进行 A/D 转换），其详细设置步骤如下：

31	30	29	28	27	26	25	24	23	22	21	20	19	18	17	16
保留															

15	14	13	12	11	10	9	8	7	6	5	4	3	2	1	0
保留											STRT	JSTRT	JEOC	EOC	AWD
											rw	rw	rw	rw	rw

位	描述
位31:15	保留。必须保持为0
位4	STRT：规则通道开始位 该位由硬件在规则通道转换开始时设置，由软件清除 0：规则通道转换未开始 1：规则通道转换已开始
位3	JSTRT：注入通道开始位 该位由硬件在注入通道组转换开始时设置，由软件清除 0：注入通道转换未开始 1：注入通道转换已开始
位2	JEOC：注入通道转换结束位 该位由硬件在所有注入通道组转换结束时设置，由软件清除 0：转换未完成 1：转换完成
位1	EOC：转换结束位 该位由硬件在(规则或注入)通道组转换结束时设置，由软件清除或由读取ADC_DR时清除 0：转换未完成 1：转换完成
位0	AWD：模拟看门狗标志位 该位由硬件在转换的电压值超出了ADC_LTR和ADC_HTR寄存器定义的范围时设置，由软件清除 0：没有发生模拟看门狗事件 1：发生模拟看门狗事件

图7.13 寄存器ADC_SR的各个位的描述

1）开启PA口时钟，设置PA0为模拟输入。STM32F103RBT6的ADC通道0在PA0上，所以，首先要使能PORTA的时钟，然后设置PA0为模拟输入。

2）使能ADC1时钟，并设置分频因子。要使用ADC1，第一步就是要使能ADC1的时钟，在使能完时钟之后，进行一次ADC1的复位。接着就可以通过RCC_CFGR设置ADC1的分频因子。分频因子要确保ADC1的时钟（ADCCLK）不超过14MHz。

3）设置ADC1的工作模式。在设置完分频因子之后，就可以开始ADC1的模式配置，设置单次转换模式、触发方式选择、数据对齐方式等都在这一步实现。

4）设置ADC1规则序列的相关信息。接下来设置规则序列的相关信息。这里只有一个通道，并且是单次转换的，所以设置规则序列中通道数为1，然后设置通道0的采样周期。

5）开启A/D转换器，并校准。在设置完了以上信息后，就开启A/D转换器，执行复位校准和A/D校准。注意：这两步是必需的！不校准将导致结果很不准确。

6）读取ADC值。在上面的校准完成之后，ADC就算准备好了。接下来要做的就是设置规则序列0里面的通道，然后启动ADC转换。在转换结束后，即可读取ADC1_DR里面的值。

通过以上几个步骤的设置，就可以正常地使用STM32的ADC1来执行A/D转换操作了。

7.2.3 ADC中断

规则组和注入组转换结束时能产生中断，当模拟看门狗状态位被设置时也能产生中断，它们都有独立的中断使能位。ADC中断见表7.3。

表7.3 ADC中断

中断事件	事件标志	使能控制位
规则组转换结束	EOC	EOCIE
注入组转换结束	JEOC	JEOCIE
设置了模拟看门狗状态位	AWD	AWDIE

注意：ADC1和ADC2的中断映射在同一个中断向量上，而ADC3的中断有自己的中断向量。ADC_SR寄存器中有两个其他标志，但是它们没有相关联的中断：

- JSTRT（注入组通道转换的启动）；
- STRT（规则组通道转换的启动）。

7.3 STM32内部温度传感器

温度传感器用于测量设备的环境温度（TA）。温度传感器内部连接到ADC_IN16输入通道，这个通道用于把传感器输出电压转换为数字量。温度传感器模拟输入的采样时间必须大于2.2μs。

7.3.1 硬件设计

STM32F103xC、STM32F103xD和STM32F103xE增强型产品，内嵌三个12位的ADC，每个ADC共用多达21个外部通道，可以实现单次或多次扫描转换。STM32实验板用的是STM32F103VET6，属于增强型的CPU。它有18个通道，可测量16个外部和两个内部信号源，分别是ADCx_IN16（温度传感器）和ADCx_IN1740（VREFINT）。各通道的A/D转换可以单次、连续、扫描或间断模式执行。ADC的结果可以左对齐或右对齐方式存储在16位数据寄存器中。模拟看门狗特性允许应用程序检测输入电压是否超出用户定义的高/低阈值。

STM32的内部温度传感器可以用来测量CPU及环境温度。该温度传感器在内部和ADCx_IN16输入通道相连接，此通道把传感器输出的电压转换成数字量；模拟输入推荐采样时间是17.1μs；支持的温度范围为-40～125℃；精度比较差，误差范围为±1.5℃。温度传感器的结构和VREFINT通道模块如图7.14所示。

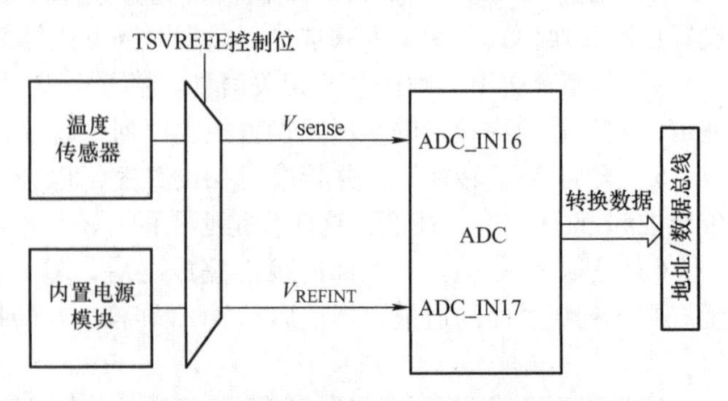

图7.14 温度传感器结构和VREFINT通道模块

注意：TSVREFE位必须被置1，从而才能开启两个内部通道ADC_IN16（温度传感器）和ADC_IN17（V_{REFINT}）的转换。

STM32内部温度传感器的使用很

简单，只要设置一下内部ADC，并激活其内部通道就基本可以了。关于ADC的设置，上一节已经进行了详细的介绍，此处不再赘述，下面仅介绍与温度传感器设置相关的两点：

1）要使用STM32的内部温度传感器，必须先激活ADC的内部通道，可以通过ADC_CR2的AWDEN位（bit23）设置。设置该位为1则启用内部温度传感器。

2）STM32的内部温度传感器固定地连接在ADC的通道16上，所以，在设置好ADC之后只要读取通道16的值，就可得到温度传感器返回来的电压值。根据这个值，就可以计算出当前温度T（℃）。计算公式如下：

$$T=[(V_{25}-V_{sense})/\text{Avg\_Slope}]+25$$

式中，V_{25}为V_{sense}在25℃时的数值，典型值为1.43V；Avg_Slope为温度与V_{sense}曲线的平均斜率，单位为mV/℃或μV/℃，典型值为4.3mV/℃。利用上式即可以计算当前温度传感器的温度。

综上所述，STM32内部温度传感器的使用步骤如下：

1）设置ADC，并开启ADC_CR2的AWDEN位。关于如何设置ADC，上一节已经介绍，此处采用与上一节基本相同的设置，只需增加使能AWDEN位即可。

2）读取通道16的A/D转换值，计算结果。

在设置完之后，即可读取温度传感器的电压值，得到该值就可以用上面的公式计算温度值。

PS：对于12位的ADC，3.3V对应的A/D转换值为0Xfff，1.42V对应的A/D转换值为0x6E2，4.3mV对应的A/D转换值为0x05（用系统自带计算器可轻易算得），这些是计算温度值的时候用得到的。

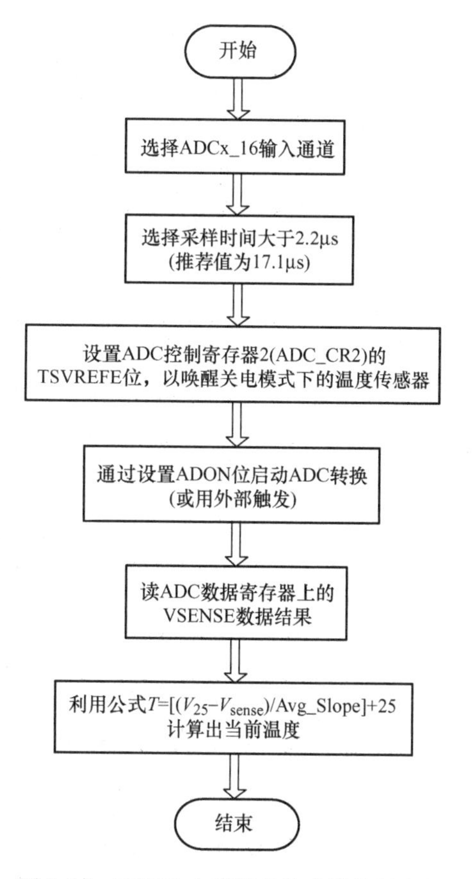

图7.15 STM32内部温度传感器编程流程

7.3.2 软件设计

STM32内部温度传感器编程流程如图7.15所示。

打开MDK开发环境，建立工程，取名TEST_LED。步骤如下：

1）初始化串口，使用函数为USART1_Config()。

2）使能ADC1，并使ADC1工作于DMA方式，使用函数为static void ADC1_Mode_Config()。该函数的实现如下：

```
static void ADC1_Mode_Config(void)
  {
  DMA_InitTypeDef DMA_InitStructure;
  ADC_InitTypeDef ADC_InitStructure;

  /* DMA channel1 configuration */
  DMA_InitStructure.DMA_PeripheralBaseAddr = ADC1_DR_Address; //外设基地址
  DMA_InitStructure.DMA_MemoryBaseAddr = (u32)&ADC_ConvertedValue; //A/D转换
```

```
值所存放的内存基地址
        DMA_InitStructure.DMA_DIR = DMA_DIR_PeripheralSRC; //外设作为数据传输的来源
        DMA_InitStructure.DMA_BufferSize = 1; //定义指定DMA通道DMA缓存的大小
        DMA_InitStructure.DMA_PeripheralInc = DMA_PeripheralInc_Disable; // 外设地址
寄存器不变
        DMA_InitStructure.DMA_MemoryInc = DMA_MemoryInc_Disable; //内存地址寄存器
不变
        DMA_InitStructure.DMA_PeripheralDataSize = DMA_PeripheralDataSize_Half-
Word; //数据宽度为16位
        DMA_InitStructure.DMA_MemoryDataSize = DMA_MemoryDataSize_HalfWord;
//HalfWord
        DMA_InitStructure.DMA_Mode = DMA_Mode_Circular; //工作在循环模式下
        DMA_InitStructure.DMA_Priority = DMA_Priority_High; //高优先级
        DMA_InitStructure.DMA_M2M = DMA_M2M_Disable; //没有设置为内存到内存的传输
        DMA_Init(DMA1_Channel1, &DMA_InitStructure);

        DMA_Cmd(DMA1_Channel1, ENABLE); //使能DMA
        ADC_InitStructure.ADC_Mode = ADC_Mode_Independent; //独立工作模式
        ADC_InitStructure.ADC_ScanConvMode = ENABLE; //多通道
        ADC_InitStructure.ADC_ContinuousConvMode = ENABLE; //连续转换
        ADC_InitStructure.ADC_ExternalTrigConv = ADC_ExternalTrigConv_None; //由软
件触发启动
        ADC_InitStructure.ADC_DataAlign = ADC_DataAlign_Right; //Right
        ADC_InitStructure.ADC_NbrOfChannel = 1; //要转换的通道数目1
        ADC_Init(ADC1, &ADC_InitStructure);

        RCC_ADCCLKConfig(RCC_PCLK2_Div8); //配置ADC时钟,为PCLK2的8分频,即9Hz

        ADC_RegularChannelConfig(ADC1, ADC_Channel_16, 1, ADC_SampleTime_
239Cycles5); //设置采样通道IN16, //设置采样时间
        ADC_TempSensorVrefintCmd(ENABLE); //使能温度传感器和内部参考电压
        ADC_Cmd(ADC1, ENABLE); //使能ADC1 DMA
        ADC_ResetCalibration(ADC1); //Enable ADC1 Reset Calibaration register while
(ADC_GetResetCalibrationStatus(ADC1)); //Check the end of ADC1 Reset Calibration reg-
ister ADC_StartCalibration(ADC1); //Start ADC1 Calibaration
        while(ADC_GetCalibrationStatus(ADC1)); //Check the end of ADC1 Calibration

        ADC_SoftwareStartConvCmd(ADC1, ENABLE); /* Start ADC1 Software Conversion */
    }
```

3）编写main（）函数，将ADC结果通过串口发送到串口助手中。程序如下：

```
    int main(void)
    {
      USART1_Config(); /* USART1 config */
      /* enable adc1 and config adc1 to dma mode */
      ADC1_Init();
      printf("\r\n -------这是一个DMA实验 ------\r\n")
      while(1)
      {
```

```
    ADC_ConvertedValueLocal = (float)ADC_ConvertedValue /4096 * 3.3;//读取转换
的 AD 值
    printf("\r\nThe current ADvalue = 0x%04X\r\n",
    ADC_ConvertedValue);
    printf("\r\nThe current ADvalue = %f V
    \r\n",ADC_ConvertedValueLocal);
      }
}
```

7.4　STM32 的 ADC 实验

7.4.1　硬件设计

本实验要用到的是 EOC 位，可通过判断该位来决定是否此次规则通道的 A/D 转换已经完成，如果完成就从 ADC_DR 中读取转换结果，否则等待转换完成。

可通过 ADC1 的通道 11（对应到 GPIO 中的 PC1）来读取外部电压值，实验板上有一个电位器（R_{26}），可调节输入电压在 0 ~ 3.3V 之间变化。其电路原理图如图 7.16 所示。

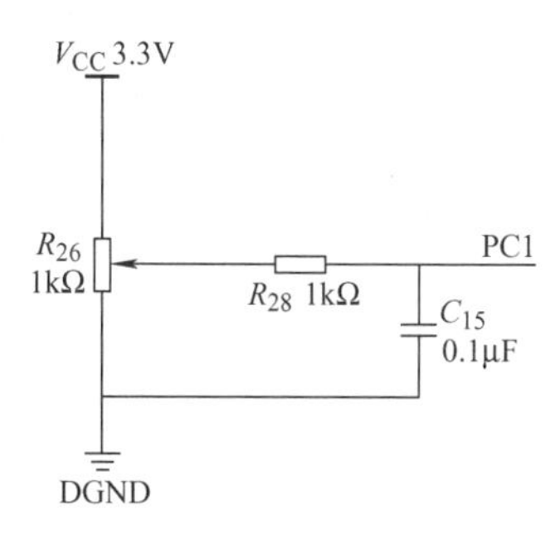

图 7.16　ADC 电路原理图

7.4.2　软件设计

1）开启 PC 口时钟，设置 PC1 为模拟输入。STM32F103VET6 的 ADC 通道 11 在 PC1 上，所以，首先要使能 PORTC 的时钟，然后设置 PC1 为模拟输入。

2）使能 ADC1 时钟，并设置分频因子。要使用 ADC1，第一步就是要使能 ADC1 的时钟，在使能完时钟之后，进行一次 ADC1 的复位。接着就可以通过 RCC_CFGR 设置 ADC1 的分频因子。分频因子要确保 ADC1 的时钟（ADCCLK）频率不超过 14MHz。

3）设置 ADC1 的工作模式。在设置完分频因子之后，就可以开始 ADC1 的模式配置，设置单次转换模式、触发方式选择、数据对齐方式等都在这一步实现。

4）设置 ADC1 规则序列的相关信息。因为只有一个通道，并且是单次转换的，所以设置规则序列中通道数为 1，然后设置通道 0 的采样周期。

5）开启 ADC，并校准。在设置完以上信息后，就可开启 ADC，执行复位校准和 A/D 转换校准。注意：这两步是必需的！不校准将导致结果很不准确。

6）读取 ADC 值。在上面的校准完成之后，ADC 就算准备好了。接下来是设置规则序列0里的通道，然后启动ADC。在转换结束后，读取ADC1_DR里面的值即可。

通过以上几个步骤的设置就可以正常地使用STM32的ADC1来执行A/D转换操作了。实验结果如图7.17所示。

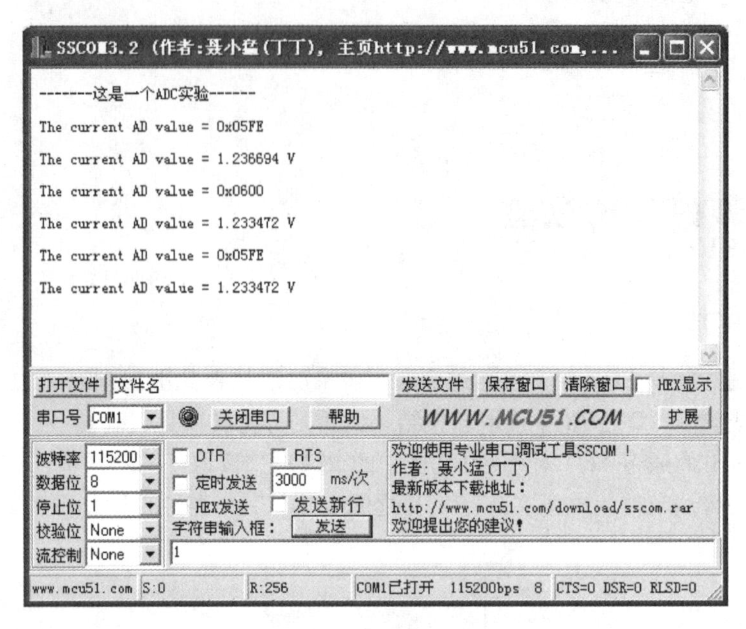

图7.17　实验结果

7.5　小结

本章主要介绍了ADC的基本概念，以及在工程实践中选取其ADC的一些基本原则。针对STM32，本章重点介绍了其ADC的使用方法以及STM32内部温度传感器的使用技巧。最后给出了工程实例。

习　　题

1. 工程中选取ADC需注意的问题有哪些？
2. STM32的ADC有哪些工作模式？
3. 画出使用STM32内部温度传感器的流程图。
4. 编写程序，完成ADC功能，并将得到的结果通过串口显示在PC上。
5. 编写程序，实现测试温度功能，并将得到的结果通过串口显示在PC上。

第 8 章

STM32显示模块操作

OLED 即有机发光二极管，它具有自发光的特性，采用非常薄的有机材料涂层和玻璃基板，当有电流通过时，有机材料就会发光。OLED 显示屏幕可视角度大，并且能够显著节省电能，在 MP3 播放器上得到了广泛应用。

TFT LCD 即薄膜晶体管液晶显示器，其特点是亮度好、对比度高、层次感强、颜色鲜艳，但存在着比较耗电和成本过高的不足。TFT LCD 技术加快了手机彩屏的发展。新一代的彩屏手机中很多都支持 65536 色显示，有的甚至支持 16 万色显示。

本章介绍这两种显示模块的使用方法。

8.1　OLED 显示

有机发光二极管（Organic Light-Emitting Diode，OLED），又称有机电激光显示（Organic Electroluminesence Display，OELD）。OLED 由于同时具备自发光、不需背光源、对比度高、厚度薄、视角广、反应速度快、可用于挠曲性面板、使用温度范围广、构造及制作较简单等优异特性，被认为是下一代的平面显示器新兴应用技术。

8.1.1　OLED 的驱动方式

OLED 的驱动方式分为主动式驱动（有源驱动）和被动式驱动（无源驱动）。

1. 无源驱动（PM OLED）

OLED 的无源驱动分为静态驱动方式和动态驱动方式。

1）静态驱动方式。在静态驱动方式下，一般各个有机电致发光像素的阴极是连在一起引出的，各像素的阳极是分立引出的，这就是共阴的连接方式。若要一个像素发光，只要让恒流源的电压与阴极的电压之差大于像素发光值，像素就将在恒流源的驱动下发光；若要一个像素不发光，就将它的阳极接在一个负电压上，就可反向截止。但是，这种方式在图像变化比较多时可能会出现交叉效应，为了避免这种情况，必须采用交流的形式。静态驱动方式一般用于段式显示屏的驱动上。

2）动态驱动方式。在动态驱动的有机发光显示器件上，人们把像素的两个电极做成了矩阵型结构，即水平一组显示像素的同一性质的电极是共用的，纵向一组显示像素的同一性质的另一电极是共用的。如果像素可分为 N 行和 M 列，就可有 N 个行电极和 M 个列电极。行和列分别对应发光像素的两个电极，即阴极和阳极。在实际电路驱动的过程中，要逐行点亮或者要逐列点亮像素，通常采用逐行扫描的方式——行扫描，列电极为数据电极。实现方式是：循环地给每行电极施加脉冲，同时所有列电极给出该行像素的驱动电流脉冲，从而实现一行所有像素的显示。与该行不在同一行或同一列的像素就加上反向电压使其不显示，以避免“交叉效应”。这种扫描是逐行顺序进行的，扫描所有行所需时间叫做帧周期。在一帧中每一行的选择时间是均等的。假设一帧的扫描行数为 N，扫描一帧的时间为 1，那么一行所占有的选择时间为一帧时间的 $1/N$，该值被称为占空比系数。在同等电流下，扫描行数增多将使占空比下降，从而引起有机电致发光像素上的电流注入在一帧中的有效下降，降低了显示质量。因此随着显示像素的增多，为了保证显示质量，就需要适度地提高驱动电流或采用双屏电极机构以提高占空比系数。

除了由于电极的共用形成交叉效应外，有机电致发光显示屏中的正负电荷载流子复合产生发光的机理，会使任何两个发光像素，只要组成它们结构的任何一种功能膜是直接连接在一起的，那么这两个发光像素之间就可能有相互串扰的现象。也就是当一个像素发光时，另一个像素也可能发出微弱的光。这种现象主要是因为有机功能薄膜厚度均匀性差，薄膜的横向绝缘性差造成的。从驱动的角度，为了减缓这种不利的串扰，采取反向截止法也是一种行之有效的方法。

带灰度控制的显示：显示器的灰度等级是指黑白图像由黑色到白色之间的亮度层次。灰度等级越多，图像从黑到白的层次就越丰富，细节也就越清晰。灰度对于图像显示和彩色化都是一个非常重要的指标。一般用于有灰度显示的屏多为点阵显示屏，其驱动也多为动态驱动。实现灰度控制的方法有控制法、空间灰度调制、时间灰度调制。

2. 有源驱动（AMOLED）

有源驱动的每个像素配备具有开关功能的低温多晶硅薄膜晶体管，而且每个像素配备一个电荷存储电容，外围驱动电路和显示阵列整个系统集成在同一玻璃基板上。与 LCD 相同的 TFT 结构无法用于 OLED，这是因为 LCD 采用电压驱动，而 OLED 却依赖电流驱动，其亮度与电流量成正比。因此，除了进行 ON/OFF 切换动作的选址 TFT 之外，OLED 还需要能让足够电流通过导通阻抗较低的小型驱动 TFT。

有源驱动属于静态驱动方式，具有存储效应，可进行 100% 负载驱动。这种驱动不受扫描电极数的限制，可以对各像素独立进行选择性调节。有源驱动无占空比问题，驱动不受扫描电极数的限制，易于实现高亮度和高分辨率。由于有源驱动可以对亮度的红色和蓝色像素独立进行灰度调节驱动，因此更有利于 OLED 的彩色化实现，而且有源矩阵的驱动电路藏于显示屏内，更易于实现集成度和小型化。另外，由于有源驱动解决了外围驱动电路与屏的连接问题，因此也在一定程度上提高了成品率和可靠性。

3. OLED 的优缺点

（1）OLED 的优点

1）厚度可以小于 1mm，仅为 LCD 屏幕的 1/3，并且重量也更轻。

2）固态结构，没有液体物质，因此抗震性能更好，不怕摔。

3）几乎没有可视角度的问题，即使在很大的视角下观看，画面仍然不失真。

4）响应时间是 LCD 的千分之一，显示运动画面绝对不会有拖影的现象。

5）低温特性好，在零下 40℃时仍能正常显示，而 LCD 则无法做到。

6）制造工艺简单，成本更低。

7）发光效率更高，能耗比 LCD 要低。

8）能够在不同材质的基板上制造，可以做成能弯曲的柔软显示器。

（2）OLED 的缺点

AMOLED 优点非常明显，而且那些优点都是胜过 LCD 数倍以至数十倍的，但为什么 OLED 还是没有一统天下？除了产能问题，更多是其让人皱眉的大缺点。

1）应用 pentile 排列方式，分辨率不到标称的 70%，在较低 dpi 的情况下颗粒感会比较重，近看（尤其是近视眼夜里看）可以很明显地看到彩点，显示文字时需要临近像素协助发光，文字边缘发虚。

2）存在色彩纯度不够的问题，AMOLED 强调绿色（绿色过艳），这会造成其过于鲜艳的效果，但看得时间长了就会疲劳，部分人会天生不习惯那种感觉。

3）AMOLED 色温有问题，这是大家公认的。

4）AMOLED 因为是自发光，所以在老化过程中可能会出现不同像素老化程度不一样导致亮度不一样的现象，同时，偏色问题就更严重了！而背光板发光的 LCD 屏幕则无此忧虑。

5）AMOLED 省电吗？省电，但只在显示深色时，因为此时几乎不工作，但显示白色时 AMOLED 耗电量比 LCD 还要大！

6）寿命通常只有 5000h，要比 LCD（寿命至少 10000h）低得多。

8.1.2　硬件设计

本小节使用 ALINETEK 的 OLED 显示模块进行硬件设计。该模块有以下特点：

1）模块有单色和双色可选，单色为纯白色，而双色则为黄蓝双色。

2）尺寸小，显示尺寸为 0.96in，而模块的尺寸仅为 27mm × 26mm。

3）高分辨率，分辨率为 128 × 64。

4）多种接口方式，提供了总共五种接口，包括 6800、8080 两种并行接口方式，3 线或 4 线的串行 SPI 接口方式，I^2C 接口方式（只需要两根线就可以控制 OLED）。

5）直接接 3.3V 就可以工作。

这里要提醒注意的是，该模块不和 5.0V 接口兼容，所以在使用时一定要小心，不能接到 5V 的系统上去，否则可能烧坏模块。以上五种模式通过模块的 BS0 ~ BS2 设置，BS0 ~ BS2 的设置与模块接口模式的关系见表 8.1。

表 8.1　OLED 模块接口方式设置表

模块跳线口	I^2C 接口	6800 并行接口	8080 并行接口	4 线串行接口	3 线串行接口
BS0	0	0	0	0	1
BS1	1	0	1	0	0
BS2	0	1	1	0	0

注：“1”代表接 VCC，而“0”代表接 GND。

ALIENTEK OLED 模块的电路原理图如图 8.1 所示。

该模块采用 8 × 2 的 2.54 排针与外部连接，其引线如图 8.1 所示，总共有 16 个引脚。在 16 条线中，本设计只用了 15 条，有一个是悬空的。15 条线中，电源和地线占了 2 条，

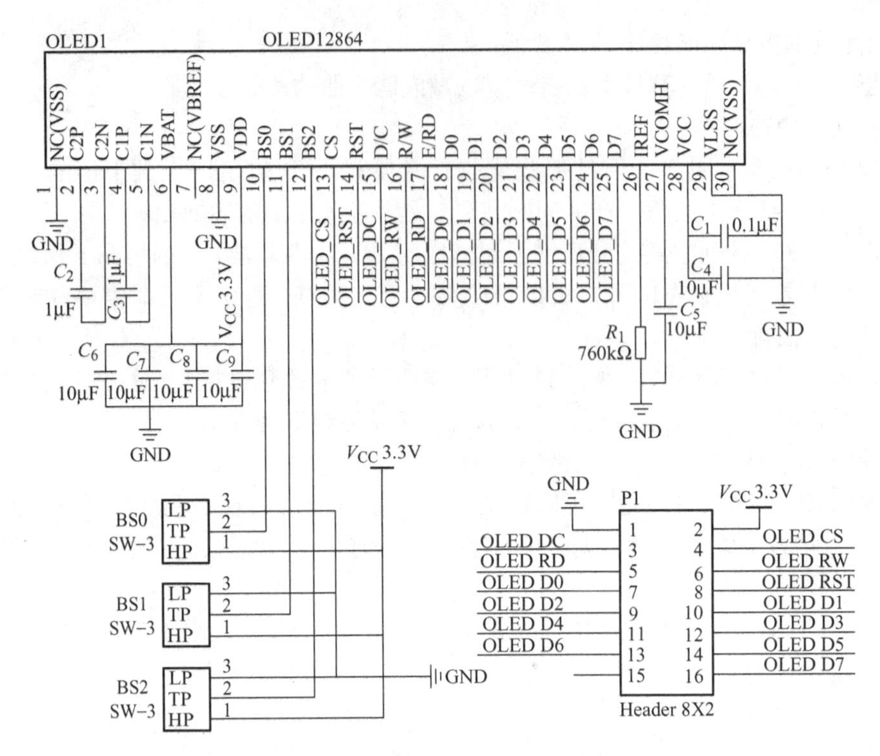

图 8.1　ALIENTEK OLED 模块电路原理图

还剩下 13 条信号线。在不同模式下，需要的信号线数量是不同的，在 8080 模式下，需要全部 13 条，而在 I^2C 模式下，仅需要 2 条线就够了！这其中有一条是共同的，那就是复位线 RST（RES），该线可以直接接在 MCU 的复位上（要先确认复位方式是一样的），这样可以省掉一条线。

ALIENTEK OLED 模块的控制器是 SSD1306。在这一小节，将学习如何通过 STM32 来控制该模块显示字符和数字。本小节的实例可以支持两种方式与 OLED 模块连接：一种是 8080 的并口方式，另外一种是 4 线 SPI 方式。

首先介绍一下模块的 8080 并行接口。8080 并行接口的发明者是 INTEL，该总线也被广泛应用于各类液晶显示器，ALIENTEK OLED 模块也提供了这种接口，使得 MCU 可以快速地访问 OLED。ALIENTEK OLED 模块的 8080 接口方式需要如下一些信号线：

1）CS：OLED 片选信号。

2）WR：向 OLED 写入数据。

3）RD：从 OLED 读取数据。

4）D［7:0］：8 位双向数据线。

5）RST（RES）：硬复位 OLED。

6）DC：命令/数据标志（0，读写命令；1，读写数据）。

模块的 8080 并口读/写的过程如下：

先根据要写入/读取数据的类型，设置 DC 为高（数据）/低（命令），然后拉低片选，选中 SSD1306；接着，根据是读数据还是写数据置 RD/WR 为低，然后在 RD 的上升沿，使数据锁存到数据线（D［7:0］）上。在 WR 的上升沿，使数据写入到 SSD1306 里面。

SSD1306 的 8080 并口写时序图如图 8.2 所示，SSD1306 的 8080 并口读时序图如图 8.3 所示。SSD1306 的 8080 接口方式下，控制脚的信号状态功能表见表 8.2。

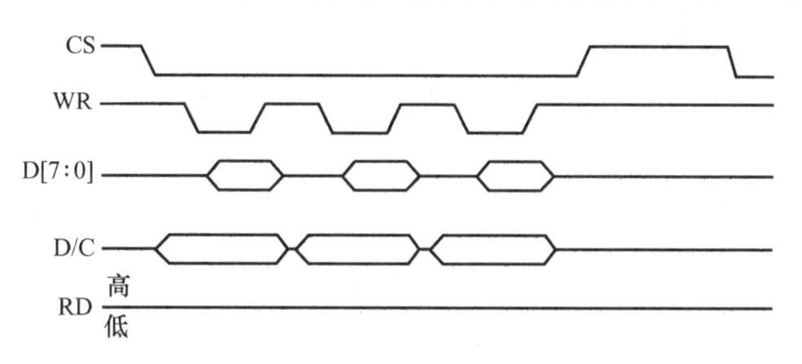

图 8.2　8080 并口写时序图

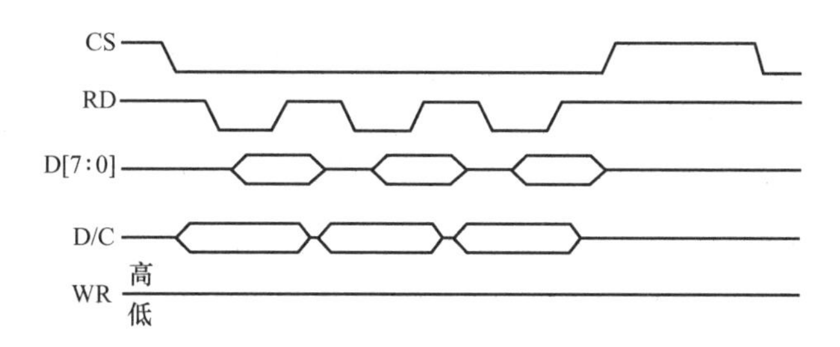

图 8.3　8080 并口读时序图

表 8.2　控制脚的信号状态功能表

功能	RD	WR	CS	DC
写命令	H	↑	L	L
读状态	↑	H	L	L
写数据	H	↑	L	H
读数据	↑	H	L	H

在 8080 方式下读数据操作的时候，有时（例如读显存的时候）需要一个假读命令（Dummy Read），以使得微控制器的操作频率和显存的操作频率相匹配，即在读取真正的数据之前，有一个假读的过程。这里的假读，其实就是第一个读到的字节丢弃不要，从第二个开始才是真正要读的数据。一个典型的读显存的时序图，如图 8.4 所示

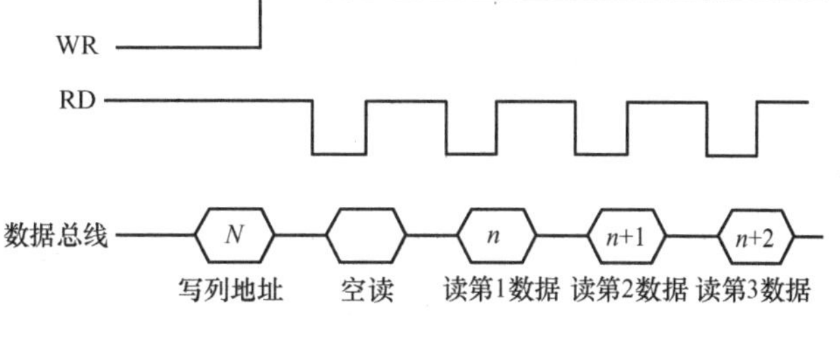

图 8.4　读显存的时序图

由图 8.4 可以看到，在发送了列地址之后，开始读数据，第一个是 Dummy Read，也就是假读，从第二个开始，才算是真正有效的数据。

下面介绍 4 线串行接口（SPI）方式。4 线串行接口方式使用的信号线有如下几条：

1）CS：OLED 片选信号。

2）RST（RES）：硬复位 OLED。

3）DC：命令/数据标志（0，读写命令；1，读写数据）。

4）SCLK：串行时钟线。在 4 线串行接口方式下，D0 信号线作为串行时钟线 SCLK。

5）SDIN：串行数据线。在 4 线串行接口方式下，D1 信号线作为串行数据线 SDIN。

模块的 D2 需要悬空，其他引脚可以接到 GND。在 4 线串行接口方式下，只能往模块写数据而不能读数据。

在 4 线 SPI 方式下，每个数据长度均为 8 位，在 SCLK 的上升沿，数据从 SDIN 移入到 SSD1306，并且是高位在前的。DC 线还是用作命令/数据的标志线。在 4 线 SPI 方式下，写操作的时序图如图 8.5 所示。

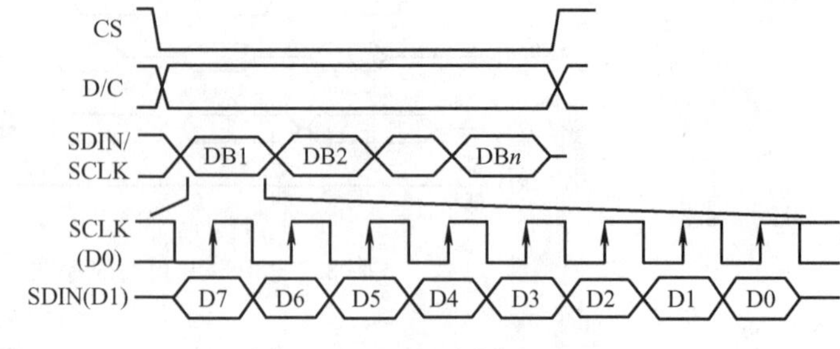

图 8.5　4 线 SPI 写操作的时序图

除以上介绍的接口方式外，还有几种方式在 SSD1306 的数据手册上都有详细的介绍，如果要使用这些方式，请大家参考该手册。接下来介绍模块的显存。

SSD1306 的显存的大小总共为 128 ×64 点阵，SSD1306 将这些显存分为 8 页，其对应关系见表 8.3。

表 8.3　SSD1306 显存与屏幕的对应关系

	行（COL0 ~ 127）						
列（COM0 ~ 63）	SEG0	SEG1	SEG2	……	SEG125	SEG126	SEG127
	PAGE0						
	PAGE1						
	PAGE2						
	PAGE3						
	PAGE4						
	PAGE5						
	PAGE6						
	PAGE7						

由表 8.3 可以看出，SSD1306 的每页包含了 128 个字节，总共 8 页，这样刚好是 128 × 64 的点阵。因为每次写入都是按字节写入的，所以存在一个问题：如果使用只写方式操作模块，那么每次要写 8 个点，这样，在画点的时候，就必须把要设置的点所在的字节的每个位的当前状态（0/1?）都搞清楚，否则写入的数据就会覆盖掉之前的状态，结果就是有些不需要显示的点显示出来了，或者该显示的没有显示。这个问题如果是发生在能读的模式下，那么可以先读出要写入的那个字节，得到当前状况，在修改了要改写的位之后再写进 GRAM，这样就不会影响到之前的状态了。但是这需要能读 GRAM，对于 3 线或 4 线 SPI 方式，模块是不支持读的，而且读→改→写的方式速度也比较慢。

所以，本设计采用的办法是在 STM32 的内部建立一个 OLED 的 GRAM（共 128 个字节），在每次修改的时候，只修改 STM32 上的 GRAM（实际上就是 SRAM）；在修改完了之后，一次性把 STM32 上的 GRAM 写入到 OLED 的 GRAM。当然这个方法也有不足之处，就是对于那些SRAM很小的单片机（比如51系列）而言，比较麻烦。

SSD1306的命令比较多，这里仅介绍几个比较常用的命令，这些命令见表8.4。

表8.4　SSD1306常用命令

序号	指令	各位描述								命令	说　明
	HEX	D7	D6	D5	D4	D3	D2	D1	D0		
0	81	1	0	0	0	0	0	0	1	设置对比度	A的值越大屏幕越亮，A的范围从0X00～0XFF
	A[7:0]	A7	A6	A5	A4	A3	A2	A1	A0		
1	AE/AF	1	0	1	0	1	1	1	X0	设置显示开关	X0=0，关闭显示；X0=1，开启显示
2	8D	1	0	0	0	1	1	0	1	电荷泵设置	A2=0，关闭电荷泵；A2=1，开启电荷泵
	A[7:0]	*	*	0	1	0	A2	0	0		
3	B0～B7	1	0	1	1	0	X2	X1	X0	设置页地址	X[2:0]=0～7对应页0～7
4	00～0F	0	0	0	0	X3	X2	X1	X0	设置列地址低四位	设置8位起始列地址的低四位
5	10～1F	0	0	0	0	X3	X2	X1	X0	设置列地址高四位	设置8位起始列地址的高四位

第一个命令为0X81，用于设置对比度。这个命令包含了两个字节，第一个0X81为命令，随后发送的一个字节为要设置的对比度的值。这个值设置得越大屏幕就越亮。

第二个命令为0XAE/0XAF。0XAE为关闭显示命令，0XAF为开启显示命令。

第三个命令为0X8D。该指令也包含两个字节，第一个为命令字，第二个为设置值，第二个字节的BIT2表示电荷泵的开关状态，该位为1，则开启电荷泵，为0则关闭。在模块初始化的时候电荷泵必须要开启，否则是看不到屏幕显示的。

第四个命令为0XB0～B7。该指令用于设置页地址，其低3位的值对应着GRAM的页地址。

第五个指令为0X00～0X0F。该指令用于设置显示时的起始列地址低4位。

第六个指令为0X10～0X1F。该指令用于设置显示时的起始列地址高4位。

8.1.3　软件设计

下面介绍OLED模块的初始化过程。SSD1306的典型初始化框图如图8.6所示。

驱动IC的初始化代码可以直接使用厂商推荐的设置，只要对细节部分进行一些修改，使其满足要求即可，其他不需要变动。

通过以上介绍，可以得出OLED显示需要的相关设置步骤如下：

1）设置STM32与OLED相连接的I/O。先将与OLED模块相连的IO口设置为输出，具体使用哪些I/O口，需要根据连接电路以及OLED所设置的通信模式来确定（这些将在8.3节的硬件设计部分向大家介绍）。

2）初始化OLED。就是图8.6所示的初始化框图的内容，通过对OLED相关寄存器的初始化，来启动OLED的显示，为后续显示字符和数字做准备。

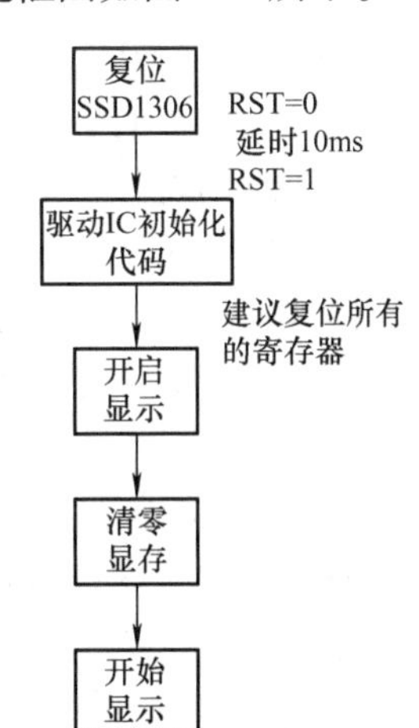

图8.6　SSD1306的典型初始化框图

3）通过函数将字符和数字显示到 OLED 上。就是通过设计的程序，将要显示的字符送到 OLED（这些函数将在 8.3 节的软件设计部分向大家介绍）。

通过以上三个步骤，就可以使用 ALIENTEK OLED 模块显示字符和数字，关于显示汉字的方法在后面还将加以介绍。

8.2 TFT LCD 显示

TFT LCD 即薄膜晶体管液晶显示器，其英文全称为 Thin Film Transistor-Liquid Crystal Display。TFT LCD 与无源 TN-LCD、STN-LCD 的简单矩阵不同，它在液晶显示屏的每一个像素上都设置有一个薄膜晶体管（TFT），可有效地克服非选通时的串扰，使显示液晶屏的静态特性与扫描线数无关，因此大大提高了图像质量。TFT LCD 也被叫做真彩液晶显示器。

8.2.1 TFT LCD 的特点

TFT 即薄膜晶体管。所谓薄膜晶体管液晶显示器，是指液晶显示器上的每一液晶像素点都是由集成在其后的薄膜晶体管来驱动，从而可以做到高速度、高亮度、高对比度显示屏幕信息。TFT LCD 属于有源矩阵液晶显示器。TFT LCD 主要的构成包括萤光管、导光板、偏光板、滤光板、玻璃基板、配向膜、液晶材料、薄膜式晶体管等。

TFT LCD 的特点是亮度好、对比度高、层次感强、颜色鲜艳，但也存在着比较耗电和成本过高的不足。TFT LCD 技术加快了手机彩屏的发展。新一代的彩屏手机中很多都支持 65536 色显示，有的甚至支持 16 万色显示，这时 TFT LCD 的高对比度、色彩丰富的优势就非常重要了。

随着 20 世纪 90 年代初 TFT 技术的成熟，彩色液晶平板显示器迅速发展，不到 10 年的时间，TFT LCD 迅速成长为主流显示器，这与它具有的优点是分不开的。TFT LCD 主要特点如下：

1）使用特性好，低电压应用。低驱动电压，固体化，使用安全性和可靠性提高；平板化，轻薄，节省了大量原材料和使用空间；低功耗，功耗约为 CRT 显示器的 1/10，反射式 TFT LCD 甚至只有 CRT 的 1/100 左右，节省能源；TFT LCD 产品还有规格型号、尺寸系列化，品种多样，使用方便灵活，维修、更新、升级容易，使用寿命长等许多特点。覆盖了 1 ~40in 的所有显示器的应用范围以及投影大平面，是全尺寸显示终端；显示质量从最简单的单色字符图形到高分辨率、高彩色保真度、高亮度、高对比度、高响应速度的各种规格型号的视频显示器；显示方式有直视型、投影型，透视式、反射式。

2）环保特性好。无辐射、无闪烁，对使用者的健康无损害。特别是 TFT LCD 电子书刊的出现，将把人类带入无纸办公、无纸印刷时代，引发人类学习、传播和记载文明方式的革命。

3）适用范围宽，从 -20 ~ +50℃的温度范围内都可以正常使用，经过温度加固处理的 TFT LCD 低温工作温度可达到零下 80℃。既可作为移动终端显示，台式终端显示，又可以作大屏幕投影电视，是性能优良的全尺寸视频显示终端。

4）制造技术的自动化程度高，大规模工业化生产特性好。TFT LCD 产业技术成熟，大规模生产的成品率达到 90% 以上。

5）TFT LCD 易于集成化和更新换代，是大规模半导体集成电路技术和光源技术的完美结合，继续发展潜力很大。目前有非晶、多晶和单晶硅 TFT LCD，将来会有其他材料的 TFT LCD，既有玻璃基板的又有塑料基板的。

8.2.2　硬件设计

图像数据的像素点由红（R）、绿（G）、蓝（B）三原色组成，三原色根据其深浅程度被分为 0 ~ 255 个级别，它们按不同比例的混合可以得出各种色彩。如 R255，G255，B255 混合后为白色。

描述像素点数据的长度主要分为 8 位、16 位、24 位及 32 位。16 位描述的为 $2^{16}=65536$ 色，称为真彩色，也称为 64K 色。16 位的像素点格式如图 8.7 所示。D0 ~ D4 为蓝色，D5 ~ D10 为绿色，D11 ~ D15 为红色，刚好使用完整的 16 位。

16位数据总线接口 (D[17:13])&D[11:1]is used)，DPI[2:0]=101，and RIM=0

	D17	D16	D15	D14	D13	D12	D11	D10	D9	D8	D7	D6	D5	D4	D3	D2	D1	D0
	R[4]	R[3]	R[2]	R[1]	R[0]		G[5]	G[4]	G[3]	G[2]	G[1]	G[0]	B[4]	B[3]	B[2]	B[1]	B[0]	

图 8.7　16 位像素点格式

RGB 比例为 5:6:5 是一个十分通用的颜色标准，在 GRAM 相应的地址中填入该颜色的编码，即可控制 LCD 输出该颜色的像素点。例如，黑色、白色、红色的编码分别为 0x0000、0xffff、0xf800。

因为 STM32 内部没有集成专用的液晶屏和触摸屏的控制接口，所以在显示面板中应自带含有这些驱动芯片的驱动电路（液晶屏和触摸屏的驱动电路是独立的），STM32 芯片通过驱动芯片来控制液晶屏和触摸屏。本实验中，使用 ILI9341 芯片控制液晶屏，通过 TSC2046 芯片控制触摸屏。

ILI9341 的 8080 通信接口时序可以由 STM32 使用普通 I/O 接口进行模拟，但这样效率较低，STM32 单片机提供了一种特别的控制方法——使用 FSMC 接口。

下面介绍 TFT LCD 与 CHD1807-STM32 开发板的连接。CHD1807-STM32 开发板底板的 LCD 接口和 TFT LCD 直接可以对插，硬件电路原理图如图 8.8 所示。

在硬件上，TFT LCD 与 CHD1807-STM32 开发板的 I/O 口对应关系如下：

TFT 数据线：　PD14-FSMC-D0——LCD-DB0；
PD15-FSMC-D1——LCD-DB1；
PD0-FSMC-D2——LCD-DB2；
PD1-FSMC-D3——LCD-DB3；
PE7-FSMC-D4——LCD-DB4；
PE8-FSMC-D5——LCD-DB5；
PE9-FSMC-D6——LCD-DB6；
PE10-FSMC-D7——LCD-DB7；
PE11-FSMC-D8——LCD-DB8；
PE12-FSMC-D9——LCD-DB9；
PE13-FSMC-D10——LCD-DB10；

PE14-FSMC-D11——LCD-DB11；
PE15-FSMC-D12——LCD-DB12；
PD8-FSMC-D13——LCD-DB13；
PD9-FSMC-D14——LCD-DB14；
PD10-FSMC-D15——LCD-DB15。

TFT 控制信号线： PD4-FSMC-NOE——LCD-RD；
PD5-FSMC-NEW——LCD-WR；
PD7-FSMC-NE1——LCD-CS；
PD11-FSMC-A16——LCD-DC；
PE1-FSMC-NBL1——LCD-RESET；
PD13-FSMC-A18——LCD-BLACK-LIGHT。

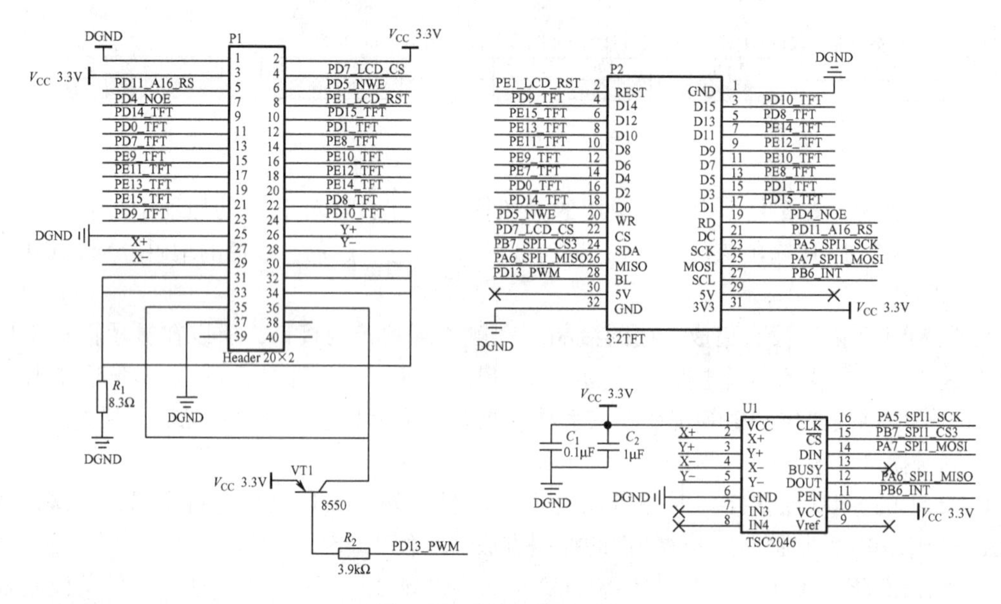

图 8.8 硬件电路原理图

8.2.3 软件设计

在 main 函数中调用的 LCD_Init( ) 函数对液晶控制器 ILI9341 用到的 GPIO、FSMC 接口进行初始化，并且向该控制器写入命令参数，配置好 LCD 液晶屏的基本功能。本函数定义位于 lcd_botton. c 文件：

```
void LCD_Init(void)
{
    unsigned long i;

    LCD_GPIO_Config();          //初始化使用到的 GPIO
    LCD_FSMC_Config();          //初始化 FSMC 模式
    LCD_Rst();                  //复位 LCD 液晶屏
    Lcd_init_conf();            //写入命令参数，对液晶屏进行基本的初始化配置
    Lcd_data_start();           //发送写 GRAM 命令
```

```
    for(i=0; i<(320*240); i++)
    {
        LCD_WR_Data(GBLUE); //发送颜色数据，使屏幕初始化为GBLUE颜色
    }
}
```

本函数中调用的LCD_GPIO_Config()的主要工作是把液晶屏（不包括触摸屏）中使用到的GPIO引脚和外设时钟使能，除了背光、复位用的PD13和PD1设置为通用推挽输出外，其他与FSMC接口相关的地址信号、数据信号、控制信号的端口均设置为复用推挽输出。

接下来介绍LCD_Init()函数调用LCD_FSMC_Config()设置FSMC的模式，目的是使用它的NOR FLASH模式模拟出8080接口。在LCD接口中是使用FSMC地址线A16作为8080的D/CX命令选择信号的。LCD_FSMC_Config()函数的具体代码如下：

```
    void LCD_FSMC_Config(void)
    {
        FSMC_NORSRAMInitTypeDef FSMC_NORSRAMInitStructure;
        FSMC_NORSRAMTimingInitTypeDef p;
        p.FSMC_AddressSetupTime=0x02;//地址建立时间
        p.FSMC_AddressHoldTime=0x00;//地址保持时间
        p.FSMC_DataSetupTime=0x05;//数据建立时间
        p.FSMC_BusTurnAroundDuration=0x00;//总线恢复时间
        p.FSMC_CLKDivision=0x00;//时钟分频
        p.FSMC_DataLatency=0x00;//数据保持时间
        p.FSMC_AccessMode=FSMC_AccessMode_B;//在地址\数据线不复用的情况下，ABCD模
式的区别不大
                                            //本成员配置只有使用扩展模式才有效
        FSMC_NORSRAMInitStructure.FSMC_Bank=FSMC_Bank1_NORSRAM1;//NOR FLASH的
BANK1
    FSMC_NORSRAMInitStructure.FSMC_DataAddressMux=FSMC_DataAddressMux_Disable;//
数据线与地址线不复用
    FSMC_NORSRAMInitStructure.FSMC_MemoryType=FSMC_MemoryType_NOR;//存储器类型
NOR FLASH
    FSMC_NORSRAMInitStructure.FSMC_MemoryDataWidth=FSMC_MemoryDataWidth_16b;//数
据宽度为16位
    FSMC_NORSRAMInitStructure.FSMC_BurstAccessMode=FSMC_BurstAccessMode_Disa-
ble;//使用异步写模式,禁止突发模式
    FSMC_NORSRAMInitStructure.FSMC_WaitSignalPolarity=FSMC_WaitSignalPolarity_
Low;//本成员的配置只在突发模式下有效,等待信号极性为低
        FSMC_NORSRAMInitStructure.FSMC_WrapMode=FSMC_WrapMode_Disable;//禁止非
对齐突发模式
    FSMC_NORSRAMInitStructure.FSMC_WaitSignalActive=FSMC_WaitSignalActive_Be-
foreWaitState; //本成员配置仅在突发模式下有效。NWAIT信号在什么时期产生
        FSMC_NORSRAMInitStructure.FSMC_WaitSignal=FSMC_WaitSignal_Disable;//本
成员的配置只在突发模式下有效，禁用NWAIT信号
        FSMC_NORSRAMInitStructure.FSMC_WriteBurst=FSMC_WriteBurst_Disable;//禁
止突发写操作
        FSMC_NORSRAMInitStructure.FSMC_WriteOperation=FSMC_WriteOperation_En-
able;//写使能
        FSMC_NORSRAMInitStructure.FSMC_ExtendedMode=FSMC_ExtendedMode_Disa-
```

```
ble;//禁止扩展模式,扩展模式可以使用独立的读、写模式
        FSMC_NORSRAMInitStructure.FSMC_ReadWriteTimingStruct = &p;//配置读写时序
        FSMC_NORSRAMInitStructure.FSMC_WriteTimingStruct = &p;//配置写时序
        FSMC_NORSRAMInit(&FSMC_NORSRAMInitStructure);
        /* 使能 FSMC Bank1_SRAM Bank */
        FSMC_NORSRAMCmd(FSMC_Bank1_NORSRAM1, ENABLE);
    }
```

本函数主要使用了两种类型的结构体对 FSMC 进行配置：第一种为 FSMC_NORSRAMInitTypeDef 类型的结构体，主要用于 NOR FLASH 的模式配置，包括存储器类型、数据宽度等；另一种的类型为 FSMC_NORSRAMTimingInitTypeDef，用于配置 FSMC 的 NOR FLASH 模式下读写时序中的地址建立时间、地址保持时间等，代码中用它定义了结构体 p。第二种类型的结构体在前一种结构体中被指针调用。

本函数代码很长，由于篇幅问题，以上只介绍了该函数其中的一部分。省略部分的代码也是这样的模板，只是写入的命令和参数不一样而已，这些命令和参数设置了像素点颜色格式、屏幕扫描方式、横屏/竖屏等初始化配置，其意义从 ILI9341 的 datasheet 命令列表中可以查到。

8.3 图片显示实例

数码相框日渐流行，数码相框显示的图片一般为 BMP/JPG/JPEG 等格式，用 STM32 开发板也可以显示这些图片。本节将介绍如何在 CHD1807-STM32 开发板上显示 BMP/JPG/JPEG 等格式的图片。

8.3.1 图片显示原理简介

BMP 是一种与硬件设备无关的图像文件格式，使用非常广。它采用位映射存储格式，除了图像深度可选以外，不采用其他任何压缩方式，因此，BMP 文件所占用的空间很大。BMP 文件的图像深度可选 1bit、4bit、8bit、16bit、24bit 及 32bit。用 BMP 文件存储数据时，图像扫描的顺序是从左到右、从下到上。

典型的 BMP 图像文件的组成：位图文件头数据结构，它包含 BMP 图像文件的类型、显示内容等信息；位图信息数据结构，它包含有 BMP 图像的宽、高、压缩方法，以及定义颜色等信息。

JPEG 是 Joint Photographic Experts Group（联合图像专家组）的缩写，文件扩展名为“.jpg”或“.jpeg”，是最常用的图像文件格式。JPEG 由一个软件开发联合会组织制定，是一种有损压缩格式，能够将图像压缩在很小的储存空间内，图像中重复或不重要的资料会丢失，因此容易造成图像数据的损伤。尤其是使用过高的压缩比例，将使最终解压缩后恢复的图像质量明显降低，因此如果追求高品质图像，则不宜采用过高的压缩比例。JPEG 压缩技术十分先进，它用有损压缩方式去除冗余的图像数据，在获得极高的压缩率的同时能展现十分丰富生动的图像。换句话说，就是可以用较少的磁盘空间得到较好的图像品质。而且 JPEG 是一种很灵活的格式，具有调节图像质量的功能。它允许用不同的压缩比率对文件进行压缩，支持多种压缩级别，压缩比率通常在 10:1 ~ 40:1 之间。压缩比越大，图像品质就

越差；相反地，压缩比越小，图像品质就越好。例如，采用 JPEG，可以把 1.37MB 的 BMP 位图文件压缩至 20.3KB。当然，也可以在图像品质和文件尺寸之间找到平衡点。JPEG 格式压缩的主要是高频信息，对色彩的信息保留较好，适合应用于互联网，可减少图像的传输时间，因为它可以支持 24bit 真彩色，所以也普遍应用于需要连续色调的图像。

JPEG/JPG 的解码过程可以简单地描述为如下几个部分：

1）从文件头读出文件的相关信息。JPEG 文件数据分为文件头和图像数据两大部分，其中文件头记录了图像的版本、长宽、采样因子、量化表、哈夫曼表等重要信息。所以，解码前必须将文件头信息读出，以备图像数据解码过程中使用。

2）从图像数据流读取一个最小编码单元（MCU），并提取出其中的各个颜色分量单元。

3）将颜色分量单元从数据流恢复成矩阵数据。

利用文件头给出的哈夫曼表，对分割出来的颜色分量单元进行解码，把其恢复成 8×8 的数据矩阵。

4）8×8 的数据矩阵进一步解码。这部分解码工作以 8×8 的数据矩阵为单位，其中包括相邻矩阵的直流系数差分解码、利用文件头给出的量化表反量化数据、反 Zig-zag 编码、隔行正负纠正、反向离散余弦变换五个步骤，最终输出仍然是一个 8×8 的数据矩阵。

5）颜色系统 YCrCb 向 RGB 转换。将一个 MCU 的各个颜色分量单元解码结果整合起来，将图像颜色系统从 YCrCb 向 RGB 转换。

6）排列整合各个 MCU 的解码数据。不断读取数据流中的 MCU 并对其解码，直至读完所有 MCU 为止，将各 MCU 解码后的数据正确排列成完整的图像。

JPEG 的解码本身是比较复杂的，更详细的介绍，请大家参考图片解码的相关资料。

8.3.2　硬件设计

本节实验功能简介：开机的时候先检测 SD 卡是否存在，然后初始化 FAT 文件系统，之后开始查找根目录下的 PICTURE 文件夹，如果找到则显示该文件夹下面的图片，循环显示，通过按 KEY0 和 KEY1 可以快速浏览下一张和上一张。如果未找到图片文件夹/图片，则提示错误。同样，也是用 LED0 来指示程序正在运行。所要用到的硬件资源如下：

- CHD1807-STM32 开发板一块；
- 3.2in TFT LCD 一块；
- MicroSD 卡一块；
- PC 一台；
- JLINK-ARM-OB 仿真器一个。

以上硬件资源在之前的实例中都有介绍，在此就不重复了。需要注意的是，在 SD 卡根目录下要建一个 PICTURE 的文件夹，用来存放 JPEG、JPG、BMP 等图片（不是所有的 JPEG、JPG 图片都能打开，如果不能打开，则用 Windows XP 自带的画图工具保存一下，再放到 PICTURE 文件夹下就可以打开了）。

注意事项：

1）实验前应检查 CHD1807-STM32 开发板接插线是否完好，如果需要自行接线，应尽量使用较短的接插线，以避免引入干扰。

2）接插线插入插孔，以保证接触良好，切忌用力拉扯接插线尾部，以免造成线内导线断裂。

3）若要显示图片，需要将图片保存到 SD 卡中，再把该 SD 卡插入开发板的 SD 卡接口。

8.3.3 软件设计

打开工程，首先在 HARDWARE 文件夹所在文件夹下新建 SYSFILE 和 JPEG 的文件夹。在 JPEG 文件夹里新建 jpegdecode. c 和 jpegbmp. h 文件，在 SYSFILE 文件夹里新建 sysfile. c 和 sysfile. h 文件，将头文件所包含的路径指向 SYSFILE 和 JPEG 这两个文件夹。

打开 jpegdecode. c 文件，在里面输入如下代码：

```
#include "jpegbmp.h"
#include "lcd.h"
//Mini STM32 开发板
//JPG/JPEG/BMP 图片显示 代码
//全局变量声明,BMP 和 JPEG 共用
FileInfoStruct *CurFile;//当前解码/操作的文件
//图像信息
typedef struct
{
u32 ImgWidth; //图像的实际宽度和高度
u32 ImgHeight;
u32 Div_Fac; //缩放系数（扩大了 10000 倍的）
u32 S_Height; //设定的高度和宽度
u32 S_Width;
u32 S_XOFF; //x 轴和 y 轴的偏移量
u32 S_YOFF;
u32 staticx; //当前显示到的 xy 坐标
u32 staticy;
}PIC_POS;
PIC_POS PICINFO;//图像位置信息
//////////////////////////////////////////////////////
void AI_Drow_Init(void); //智能画图,初始化,得到比例因子 PICINFO.Div_Fac
//////////////////////////////////////////////////////
//在 JPEG 函数里面用到的变量
short SampRate_Y_H,SampRate_Y_V;
short SampRate_U_H,SampRate_U_V;
short SampRate_V_H,SampRate_V_V;
short H_YtoU,V_YtoU,H_YtoV,V_YtoV;
short Y_in_MCU,U_in_MCU,V_in_MCU;
unsigned char *lp;//取代 lpJpegBuf
short qt_table[3][64];
short comp_num;
u8 comp_index[3];
u8 YDcIndex,YAcIndex,UVDcIndex,UVAcIndex;
u8 HufTabIndex;
short *YQtTable,*UQtTable,*VQtTable;
short code_pos_table[4][16],code_len_table[4][16];
```

```
    unsigned short code_value_table[4][256];
    unsigned short huf_max_value[4][16],huf_min_value[4][16];
    short BitPos,CurByte;//byte 的第几位,当前 byte
    short rrun,vvalue;
    short MCUBuffer[10 * 64];
    short QtZzMCUBuffer[10 * 64];
    short BlockBuffer[64];
    short ycoef,ucoef,vcoef;
    BOOL IntervalFlag;
    short interval = 0;
    short Y[4 * 64],U[4 * 64],V[4 * 64];//
    DWORD sizei,sizej;
    short restart;
    long iclip[1024];//4k BYTES
    long * iclp;
    //反 Z 字形编码表
    const int Zig_Zag[8][8] = {{0,1,5,6,14,15,27,28},
{2,4,7,13,16,26,29,42},
{3,8,12,17,25,30,41,43},
{9,11,18,24,31,40,44,53},
{10,19,23,32,39,45,52,54},
{20,22,33,38,46,51,55,60},
{21,34,37,47,50,56,59,61},
{35,36,48,49,57,58,62,63}
};
    const BYTE And[9] = {0,1,3,7,0xf,0x1f,0x3f,0x7f,0xff};
    //数据缓冲区
    unsigned char jpg_buffer[1024];//数据缓存区
    /////////////////////////////////////////////////////
    //初始化智能画点
    void AI_Drow_Init(void)
    {
    float temp,temp1;
    temp = (float)PICINFO.S_Width/PICINFO.ImgWidth;
    temp1 = (float)PICINFO.S_Height/PICINFO.ImgHeight;
    if(temp < temp1)temp1 = temp;//取较小的那个
    if(temp1 > 1)temp1 = 1;
    //使图片处于所给区域的中间
    PICINFO.S_XOFF + = (PICINFO.S_Width-temp1 * PICINFO.ImgWidth)/2;
    PICINFO.S_YOFF + = (PICINFO.S_Height-temp1 * PICINFO.ImgHeight)/2;
    temp1 * =10000;//扩大 10000 倍
    PICINFO.Div_Fac = temp1;
    PICINFO.staticx = 500;
    PICINFO.staticy = 500;//放到一个不可能的值上面
    }
    //判断这个像素是否可以显示
    //(x,y) :像素原始坐标
    //chg :功能变量.
```

```
//返回值:0 不需要显示 .1 需要显示
__inline u8 IsElementOk(u16 x,u16 y,u8 chg)
{
if(x! = PICINFO.staticx||y! = PICINFO.staticy)
{
if(chg ==1)
{
PICINFO.staticx = x;
PICINFO.staticy = y;
}
return 1;
}
else return 0;
}
//智能画图
//FileName:要显示的图片文件 BMP/JPG/JPEG
//(sx,sy):开始显示的坐标点
//(ex,ey):结束显示的坐标点
//图片在开始和结束的坐标点范围内显示
BOOL AI_LoadPicFile(FileInfoStruct *FileName,u16 sx,u16 sy,u16 ex,u16 ey)
{
int funcret;//返回值
//得到显示方框大小
if(ey > sy)PICINFO.S_Height = ey-sy;
else PICINFO.S_Height = sy-ey;
if(ex > sx)PICINFO.S_Width = ex-sx;
else PICINFO.S_Width = sx-ex;
//显示区域无效
if(PICINFO.S_Height == 0||PICINFO.S_Width == 0)
{
PICINFO.S_Height = LCD_H;
PICINFO.S_Width = LCD_W;
return FALSE;
}
//影响速度
//SD_Init();//初始化 SD 卡,在意外拔出之后可以正常使用
//显示的开始坐标点
PICINFO.S_YOFF = sy;
PICINFO.S_XOFF = sx;
//文件名传递
CurFile = FileName;
if(CurFile->F_Type == T_BMP)//得到一个 BMP 图像
{
funcret = BmpDecode(CurFile); //得到一个 BMP 图像
return funcret;
}
else if(CurFile->F_Type == T_JPG||CurFile->F_Type == T_JPEG)//得到 JPG/JPEG 图片
{
```

```
//得到 JPEG/JPG 图片的开始信息
F_Open(CurFile);
//开始时读入 1024 个字节到缓存里面,方便后面提取 JPEG 解码的信息
F_Read(CurFile,jpg_buffer); //读第一次
F_Read(CurFile,jpg_buffer +512);//读第二次
InitTable(); //初始化各个数据表
if((funcret = InitTag())! = FUNC_OK)return FALSE;//初始化表头不成功
if((SampRate_Y_H == 0)||(SampRate_Y_V == 0))return FALSE ;//采样率错误
AI_Drow_Init(); //初始化 PICINFO.Div_Fac,启动智能画图
funcret = Decode();//解码 JPEG 开始
}else return FALSE; //非图片格式!!!
if(funcret == FUNC_OK)return TRUE;//解码成功
else return FALSE; //解码失败
}
//解码这个 BMP 文件
BOOL BmpDecode(FileInfoStruct *BmpFileName)
{
u16 count;
u8 rgb ,color_byte;
u16 x ,y,color,tmp_color ;
u16 uiTemp; //x 轴方向像素计数器
u16 countpix = 0;//记录像素
//x,y 的实际坐标
u8 realx = 0;
u16 realy = 0;
u8 yok = 1;
BITMAPINFO *pbmp;//临时指针
CurFile = BmpFileName;
F_Open(CurFile);//打开文件
F_Read(CurFile,jpg_buffer);//读出 512 个字节
pbmp = (BITMAPINFO*)jpg_buffer;//得到 BMP 的头部信息
count = pbmp->bmfHeader.bfOffBits; //数据偏移,得到数据段的开始地址
color_byte = pbmp->bmiHeader.biBitCount/8;//彩色位 16/24/32
PICINFO.ImgHeight = pbmp->bmiHeader.biHeight;//得到图片高度
PICINFO.ImgWidth = pbmp->bmiHeader.biWidth; //得到图片宽度
//水平像素必须是 4 的倍数!!
if((PICINFO.ImgWidth*color_byte)% 4)
uiTemp = ((PICINFO.ImgWidth*color_byte)/4 +1)*4;
else
uiTemp = PICINFO.ImgWidth*color_byte;
AI_Drow_Init();//初始化智能画图
// 开始解码 BMP
x = 0 ;
y = PICINFO.ImgHeight;
rgb = 0;
realy = y*PICINFO.Div_Fac/10000;
while(1)
{
```

```
while(count<512) //读取一簇512扇区(SectorsPerClust每簇扇区数)
{
if(color_byte==3) //24位颜色图
{
switch (rgb)
{
case 0:
tmp_color=jpg_buffer[count]>>3;
color |=tmp_color;
break;
case 1:
tmp_color=jpg_buffer[count]>>2;
tmp_color <<=5;
color |=tmp_color;
break;
case 2:
tmp_color=jpg_buffer[count]>>3;
tmp_color <<=11;
color |=tmp_color;
break;
}
}
else
{
if(color_byte==2) //16位颜色图
{
switch(rgb)
{
case 0:
tmp_color=jpg_buffer[count];
break;
case 1:
color=jpg_buffer[count];
color<<=8;
color |=tmp_color;
break;
}
}
else
{
if(color_byte==4)//32位颜色图
{
switch (rgb)
{
case 0:
tmp_color=jpg_buffer[count];
color|=tmp_color>>3;
break;
```

```
case 1 :
tmp_color = jpg_buffer[count];
tmp_color >> = 2;
color |= tmp_color << 5;
break ;
case 2 :
tmp_color = jpg_buffer[count];
tmp_color >> = 3;
color |= tmp_color << 11;
break ;
case 3 :break ;
}
}
}
}//位图颜色得到
rgb ++;
count ++ ;
if(rgb == color_byte) //水平方向读取到1像素数数据后显示
{
if(x < PICINFO.ImgWidth)
{
realx = x * PICINFO.Div_Fac/10000;//x轴实际值
if(IsElementOk(realx,realy,1)&&yok)//符合条件
{
POINT_COLOR = color;
LCD_DrawPoint(realx + PICINFO.S_XOFF,realy + PICINFO.S_YOFF-1);
}
}
x ++;//x轴增加一个像素
color = 0x00;
rgb = 0;
}
countpix ++;//像素累加
if(countpix > = uiTemp)//水平方向像素值到了,换行
{
y--;
if(y < =0)return TRUE;
realy = y * PICINFO.Div_Fac/10000;//实际y值改变
if(IsElementOk(realx,realy,0))yok = 1;//此处不改变PICINFO.staticx,y的值
else yok = 0;
x = 0;
countpix = 0;
color = 0x00;
rgb = 0;
}
}
if(!F_Read(CurFile,jpg_buffer))break;//读出512个字节,读数失败时自动退出
count = 0 ;
```

```
}
return TRUE;//BMP 显示结束.
}
//对指针地址进行改变!
//pc:当前指针
//返回值:当前指针的减少量. 在 d_buffer 里面自动进行了偏移
unsigned int P_Cal(unsigned char *pc)
{
unsigned short cont =0;//计数器
unsigned long buffer_val =0; //寄存区首地址
unsigned long point_val =0; //指针所指的当前地址
unsigned char secoff;
unsigned short t;
unsigned char *p;
p = jpg_buffer +512;//偏移到中间
point_val = (unsigned long)pc;//得到当前指针所指地址
buffer_val = (unsigned long)&jpg_buffer;//得到缓存区首地址
cont =point_val-buffer_val;//得到两者之差
if(cont > =512)//数据超过了中间
{
secoff =cont /512;//超出了多少 secoff 个 512 字节
while(secoff) //读取 secoff 次 512 个字节
{
for(t =0;t <512;t ++)jpg_buffer[t] =p[t];//复制后 512 个字节,给前 512 个字节
if(!F_Read(CurFile,p))//读取 512 个字节到 d_buffer 的后半部分
{//读取结束了
//printf("read Fail!\n");
break;//读数失败!
}
secoff--;
}
}
return cont-cont% 512;//指针地址缩减
}
//初始化 d_buffer 的数据
int InitTag(void)
{
BOOL finish =FALSE;
u8 id;
short llength;
short i,j,k;
short huftab1,huftab2;
short huftabindex;
u8 hf_table_index;
u8 qt_table_index;
u8 comnum;//最长为 256 个字节
unsigned char *lptemp;
short colorount;
```

```
lp = jpg_buffer +2;//跳过两个字节 SOI(0xFF,0xD8 Start of Image)
lp-= P_Cal(lp);
while (!finish)
{
id = * (lp +1);//取出低位字节(高位在前,低位在后)
lp + =2; //跳过取出的字节
lp-= P_Cal(lp);
switch (id)
{
case M_APP0: //JFIF APP0 segment marker (0xE0)
//标志应用数据段的开始
llength = MAKEWORD( * (lp +1), * lp);//得到应用数据段长度
lp + =llength;
lp-= P_Cal(lp);
break;
case M_DQT: //定义量化表标记(0xFF,0xDB)
llength = MAKEWORD( * (lp +1), * lp);//(量化表长度)两个字节
qt_table_index = ( * (lp +2))&0x0f;//量化表信息 bit 0..3: QT 号(0..3, 否则错误)
//bit 4..7: QT 精度, 0 =8 bit, 否则 16 bit
lptemp = lp +3; //n 字节的 QT, n =64 × (精度 +1)
//d_buffer 里面至少有 512 个字节的余度,这里最大用到 128 个字节
if(llength <80) //精度为 8 bit
{
for(i =0;i <64;i ++)qt_table[qt_table_index][i] = (short) * (lptemp ++);
}
else //精度为 16 bit
{
for(i =0;i <64;i ++)qt_table[qt_table_index][i] = (short) * (lptemp ++);
qt_table_index = ( * (lptemp ++))&0x0f;
for(i =0;i <64;i ++)qt_table[qt_table_index][i] = (short) * (lptemp ++);
}
lp + =llength; //跳过量化表
lp-= P_Cal(lp);
break;
case M_SOF0: //帧开始 (baseline JPEG 0xFF,0xC0)
llength = MAKEWORD( * (lp +1), * lp); //长度 (高字节, 低字节), 8 + components * 3
PICINFO.ImgHeight = MAKEWORD( * (lp +4), * (lp +3));//图片高度 (高字节, 低字节), 如
果不支持 DNL 就必须 >0
PICINFO.ImgWidth = MAKEWORD( * (lp +6), * (lp +5)); //图片宽度 (高字节, 低字节), 如
果不支持 DNL 就必须 >0
comp_num = * (lp +7);// components 数量(1 u8), 灰度图是 1, YCbCr/YIQ 彩色图是 3,
CMYK 彩色图是 4
if((comp_num! =1)&&(comp_num! =3))return FUNC_FORMAT_ERROR;//格式错误
if(comp_num ==3) //YCbCr/YIQ 彩色图
{
comp_index[0] = * (lp +8); //component id (1 =Y, 2 =Cb, 3 =Cr, 4 =I, 5 =Q)
SampRate_Y_H = ( * (lp +9)) >>4; //水平采样系数
SampRate_Y_V = ( * (lp +9))&0x0f;//垂直采样系数
```

```
YQtTable = (short *)qt_table[* (lp +10)];//通过量化表号取得量化表地址
comp_index[1] = * (lp +11); //component id
SampRate_U_H = ( * (lp +12)) >>4; //水平采样系数
SampRate_U_V = ( * (lp +12))&0x0f; //垂直采样系数
UQtTable = (short *)qt_table[* (lp +13)];//通过量化表号取得量化表地址
comp_index[2] = * (lp +14); //component id
SampRate_V_H = ( * (lp +15)) >>4; //水平采样系数
SampRate_V_V = ( * (lp +15))&0x0f; //垂直采样系数
VQtTable = (short *)qt_table[* (lp +16)];//通过量化表号取得量化表地址
}
else //component id
{
comp_index[0] = * (lp +8);
SampRate_Y_H = ( * (lp +9)) >>4;
SampRate_Y_V = ( * (lp +9))&0x0f;
YQtTable = (short *)qt_table[* (lp +10)];//灰度图的量化表都一样
comp_index[1] = * (lp +8);
SampRate_U_H =1;
SampRate_U_V =1;
UQtTable = (short *)qt_table[* (lp +10)];
comp_index[2] = * (lp +8);
SampRate_V_H =1;
SampRate_V_V =1;
VQtTable = (short *)qt_table[* (lp +10)];
}
lp + =llength;
lp-=P_Cal(lp);
break;
case M_DHT: //定义哈夫曼表(0xFF,0xC4)
llength =MAKEWORD( * (lp +1), * lp);//长度(高字节,低字节)
if (llength <0xd0) //Huffman Table 信息 (1 u8)
{
huftab1 = (short)( * (lp +2)) >>4; //huftab1 =0,1(HT 类型,0 =DC 1 =AC)
huftab2 = (short)( * (lp +2))&0x0f; //huftab2 =0,1(HT 号 ,0 =Y 1 =UV)
huftabindex =huftab1 *2 +huftab2; //0 =YDC 1 =UVDC 2 =YAC 3 =UVAC
lptemp =lp +3;//!!!
//在这里可能出现余度不够,多于 512 字节,则会导致出错!!!!
for (i =0; i <16; i ++) //16 bytes: 长度是 1..16 代码的符号数
code_len_table[huftabindex][i] = (short)( * (lptemp ++));//码长为 i 的码字个数
j =0;
for (i =0; i <16; i ++) //得出 HT 的所有码字的对应值
{
if(code_len_table[huftabindex][i]! =0)
{
k =0;
while(k <code_len_table[huftabindex][i])
{
code_value_table[huftabindex][k +j] = (short)( * (lptemp ++));//最可能的出错地方
```

```
k ++;
}
j + =k;
}
}
i =0;
while (code_len_table[huftabindex][i] ==0)i ++;
for (j =0;j <i;j ++)
{
huf_min_value[huftabindex][j] =0;
huf_max_value[huftabindex][j] =0;
}
huf_min_value[huftabindex][i] =0;
huf_max_value[huftabindex][i] =code_len_table[huftabindex][i]-1;
for (j =i +1;j <16;j ++)
{
huf_min_value[huftabindex][j] = (huf_max_value[huftabindex][j-1] +1) <<1;
huf_max_value[huftabindex][j] =huf_min_value[huftabindex][j] +code_len_ta-
ble[huftabindex][j]-1;
}
code_pos_table[huftabindex][0] =0;
for (j =1;j <16;j ++)
code_pos_table[huftabindex][j] =code_len_table[huftabindex][j-1] +code_pos_
table[huftabindex][j-1];
lp + =llength;
lp-=P_Cal(lp);
}//if
else
{
hf_table_index = * (lp +2);
lp + =2;
lp-=P_Cal(lp);
while (hf_table_index! =0xff)
{
huftab1 = (short)hf_table_index >>4; //huftab1 =0,1
huftab2 = (short)hf_table_index&0x0f; //huftab2 =0,1
huftabindex =huftab1 * 2 +huftab2;
lptemp =lp +1;
colorount =0;
for (i =0; i <16; i ++)
{
code_len_table[huftabindex][i] = (short)( * (lptemp ++));
colorount + =code_len_table[huftabindex][i];
}
colorount + =17;
j =0;
for (i =0; i <16; i ++)
{
```

```
        if(code_len_table[huftabindex][i]!=0)
        {
        k=0;
        while(k<code_len_table[huftabindex][i])
        {
        code_value_table[huftabindex][k+j]=(short)(*(lptemp++));//最可能出错的地
方,余度不够
        k++;
        }
        j+=k;
        }
        }
        i=0;
        while (code_len_table[huftabindex][i]==0)i++;
        for (j=0;j<i;j++)
        {
        huf_min_value[huftabindex][j]=0;
        huf_max_value[huftabindex][j]=0;
        }
        huf_min_value[huftabindex][i]=0;
        huf_max_value[huftabindex][i]=code_len_table[huftabindex][i]-1;
        for (j=i+1;j<16;j++)
        {
        huf_min_value[huftabindex][j]=(huf_max_value[huftabindex][j-1]+1)<<1;
        huf_max_value[huftabindex][j]=huf_min_value[huftabindex][j]+code_len_ta-
ble[huftabindex][j]-1;
        }
        code_pos_table[huftabindex][0]=0;
        for (j=1;j<16;j++)
        code_pos_table[huftabindex][j]=code_len_table[huftabindex][j-1]+code_pos_
table[huftabindex][j-1];
        lp+=colorount;
        lp-=P_Cal(lp);
        hf_table_index=*lp;
        } //while
        } //else
        break;
        case M_DRI://定义差分编码累计复位的间隔
        llength=MAKEWORD(*(lp+1),*lp);
        restart=MAKEWORD(*(lp+3),*(lp+2));
        lp+=llength;
        lp-=P_Cal(lp);
        break;
        case M_SOS: //扫描开始12字节
        llength=MAKEWORD(*(lp+1),*lp);
        comnum=*(lp+2);
        if(comnum!=comp_num)return FUNC_FORMAT_ERROR; //格式错误
        lptemp=lp+3;//这里也可能出现错误
```

```
//这里也可能出错，但是概率比较小
for (i =0;i <comp_num;i ++)//每组件的信息
{
if(*lptemp == comp_index[0])
{
YDcIndex = (*(lptemp +1)) >>4; //Y 使用的哈夫曼表
YAcIndex = ((*(lptemp +1))&0x0f) +2;
}
else
{
UVDcIndex = (*(lptemp +1)) >>4; //U,V
UVAcIndex = ((*(lptemp +1))&0x0f) +2;
}
lptemp + =2;//comp_num <256,但是 2 ×comp_num +3 可能≥512
}
lp + =llength;
lp-=P_Cal(lp);
finish =TRUE;
break;
case M_EOI:return FUNC_FORMAT_ERROR;//图片结束标记
default:
if ((id&0xf0)! =0xd0)
{
llength =MAKEWORD(*(lp +1),*lp);
lp + =llength;
lp-=P_Cal(lp);
}
else lp + =2;
break;
} //switch
} //while
return FUNC_OK;
}
//初始化量化表,全部清零
void InitTable(void)
{
short i,j;
sizei =sizej =0;
PICINFO.ImgWidth =PICINFO.ImgHeight =0;
rrun =vvalue =0;
BitPos =0;
CurByte =0;
IntervalFlag =FALSE;
restart =0;
for(i =0;i <3;i ++) //量化表
for(j =0;j <64;j ++)
qt_table[i][j] =0;
comp_num =0;
```

```
HufTabIndex =0;
for(i =0;i <3;i ++)
comp_index[i] =0;
for(i =0;i <4;i ++)
for(j =0;j <16;j ++){
code_len_table[i][j] =0;
code_pos_table[i][j] =0;
huf_max_value[i][j] =0;
huf_min_value[i][j] =0;
}
for(i =0;i <4;i ++)
for(j =0;j <256;j ++)
code_value_table[i][j] =0;
for(i =0;i <10 * 64;i ++){
MCUBuffer[i] =0;
QtZzMCUBuffer[i] =0;
}
for(i =0;i <64;i ++){
Y[i] =0;
U[i] =0;
V[i] =0;
BlockBuffer[i] =0;
}
ycoef =ucoef =vcoef =0;
}
//调用顺序: Initialize_Fast_IDCT() :初始化
//DecodeMCUBlock() Huffman Decode
//IQtIZzMCUComponent() 反量化、反 DCT
//GetYUV() Get Y U V
//StoreBuffer() YUV to RGB
int Decode(void)
{
int funcret;
Y_in_MCU =SampRate_Y_H * SampRate_Y_V;//YDU YDU YDU YDU
U_in_MCU =SampRate_U_H * SampRate_U_V;//cRDU
V_in_MCU =SampRate_V_H * SampRate_V_V;//cBDU
H_YtoU =SampRate_Y_H/SampRate_U_H;
V_YtoU =SampRate_Y_V/SampRate_U_V;
H_YtoV =SampRate_Y_H/SampRate_V_H;
V_YtoV =SampRate_Y_V/SampRate_V_V;
Initialize_Fast_IDCT();
while((funcret =DecodeMCUBlock()) ==FUNC_OK) //After Call DecodeMCUBUBlock()
{
interval ++; //The Digital has been Huffman Decoded and
if((restart)&&(interval % restart ==0))//be stored in MCUBuffer(YDU,YDU,YDU,
YDU
IntervalFlag =TRUE; //UDU,VDU) Every DU : =8 ×8
else
```

```
IntervalFlag = FALSE;
IQtIZzMCUComponent(0); //反量化 and IDCT The Data in QtZzMCUBuffer
IQtIZzMCUComponent(1);
IQtIZzMCUComponent(2);
GetYUV(0); //得到 Y cR cB
GetYUV(1);
GetYUV(2);
StoreBuffer(); //To RGB
sizej + = SampRate_Y_H * 8;
if(sizej > = PICINFO.ImgWidth)
{
sizej = 0;
sizei + = SampRate_Y_V * 8;
}
if ((sizej == 0)&&(sizei > = PICINFO.ImgHeight))break;
}
return funcret;
}
//入口 QtZzMCUBuffer 出口 Y[] U[] V[]
//得到 YUV 色彩空间
void GetYUV(short flag)
{
short H,VV;
short i,j,k,h;
short *buf;
short *pQtZzMCU;
switch(flag)
{
case 0://亮度分量
H = SampRate_Y_H;
VV = SampRate_Y_V;
buf = Y;
pQtZzMCU = QtZzMCUBuffer;
break;
case 1://红色分量
H = SampRate_U_H;
VV = SampRate_U_V;
buf = U;
pQtZzMCU = QtZzMCUBuffer + Y_in_MCU * 64;
break;
case 2://蓝色分量
H = SampRate_V_H;
VV = SampRate_V_V;
buf = V;
pQtZzMCU = QtZzMCUBuffer + (Y_in_MCU + U_in_MCU) * 64;
break;
}
for (i = 0;i < VV;i ++)
```

```
for(j=0;j<H;j++)
for(k=0;k<8;k++)
for(h=0;h<8;h++)
buf[(i*8+k)*SampRate_Y_H*8+j*8+h]=*pQtZzMCU++;
}
//将解出的字按 RGB 形式存储 lpbmp (BGR),(BGR)… 入口 Y[] U[] V[] 出口 lpPtr
void StoreBuffer(void)
{
short i=0,j=0;
unsigned char R,G,B;
int y,u,v,rr,gg,bb;
u16 color;
//x,y 的实际坐标
u16 realx=sizej;
u16 realy=0;
for(i=0;i<SampRate_Y_V*8;i++)
{
if((sizei+i)<PICINFO.ImgHeight)//sizei 表示行,sizej 表示列
{
realy=PICINFO.Div_Fac*(sizei+i)/10000;//实际 y 坐标
//在这里不改变 PICINFO.staticx 和 PICINFO.staticy 的值,如果在这里改变,则会造成每
块的第一个点不显示!!!
if(!IsElementOk(realx,realy,0))continue;//列值是否满足条件?寻找满足条件的列
for(j=0;j<SampRate_Y_H*8;j++)
{
if((sizej+j)<PICINFO.ImgWidth)
{
realx=PICINFO.Div_Fac*(sizej+j)/10000;//实际 x 坐标
//在这里改变 PICINFO.staticx 和 PICINFO.staticy 的值
if(!IsElementOk(realx,realy,1))continue;//列值是否满足条件?寻找满足条件的行
y=Y[i*8*SampRate_Y_H+j];
u=U[(i/V_YtoU)*8*SampRate_Y_H+j/H_YtoU];
v=V[(i/V_YtoV)*8*SampRate_Y_H+j/H_YtoV];
rr=((y<<8)+18*u+367*v)>>8;
gg=((y<<8)-159*u-220*v)>>8;
bb=((y<<8)+411*u-29*v)>>8;
R=(unsigned char)rr;
G=(unsigned char)gg;
B=(unsigned char)bb;
if (rr&0xffffff00) if (rr>255) R=255; else if (rr<0) R=0;
if (gg&0xffffff00) if (gg>255) G=255; else if (gg<0) G=0;
if (bb&0xffffff00) if (bb>255) B=255; else if (bb<0) B=0;
color=R>>3;
color=color<<6;
color |=(G>>2);
color=color<<5;
color |=(B>>3);
//在这里送给 LCD 显示
```

```
POINT_COLOR = color;
LCD_DrawPoint(realx + PICINFO.S_XOFF,realy + PICINFO.S_YOFF);//显示图片
}
else break;
}
}
else break;
}
}
//Huffman Decode MCU 出口 MCUBuffer 入口 Blockbuffer[ ]
int DecodeMCUBlock(void)
{
short *lpMCUBuffer;
short i,j;
int funcret;
if (IntervalFlag)//差值复位
{
lp + =2;
lp-= P_Cal(lp);
ycoef = ucoef = vcoef = 0;
BitPos = 0;
CurByte = 0;
}
switch(comp_num)
{
case 3: //comp_num 指图的类型(彩色图、灰度图)
lpMCUBuffer = MCUBuffer;
for (i = 0;i < SampRate_Y_H * SampRate_Y_V;i ++) //Y
{
funcret = HufBlock(YDcIndex,YAcIndex);//解码 4 ×(8 ×8)
if (funcret ! = FUNC_OK)
return funcret;
BlockBuffer[0] = BlockBuffer[0] + ycoef;//直流分量是差值，所以要累加
ycoef = BlockBuffer[0];
for (j = 0;j < 64;j ++)
* lpMCUBuffer ++ = BlockBuffer[j];
}
for (i = 0;i < SampRate_U_H * SampRate_U_V;i ++) //U
{
funcret = HufBlock(UVDcIndex,UVAcIndex);
if (funcret ! = FUNC_OK)
return funcret;
BlockBuffer[0] = BlockBuffer[0] + ucoef;
ucoef = BlockBuffer[0];
for (j = 0;j < 64;j ++)
* lpMCUBuffer ++ = BlockBuffer[j];
}
for (i = 0;i < SampRate_V_H * SampRate_V_V;i ++) //V
```

```
{
funcret = HufBlock(UVDcIndex,UVAcIndex);
if (funcret! = FUNC_OK)
return funcret;
BlockBuffer[0] = BlockBuffer[0] + vcoef;
vcoef = BlockBuffer[0];
for (j = 0;j < 64;j ++)
 * lpMCUBuffer ++ = BlockBuffer[j];
}
break;
case 1: //Gray Picture
lpMCUBuffer = MCUBuffer;
funcret = HufBlock(YDcIndex,YAcIndex);
if (funcret! = FUNC_OK)
return funcret;
BlockBuffer[0] = BlockBuffer[0] + ycoef;
ycoef = BlockBuffer[0];
for (j = 0;j < 64;j ++)
 * lpMCUBuffer ++ = BlockBuffer[j];
for (i = 0;i < 128;i ++)
 * lpMCUBuffer ++ = 0;
break;
default:
return FUNC_FORMAT_ERROR;
}
return FUNC_OK;
}
//Huffman Decode (8 × 8) DU 出口 Blockbuffer[ ] 入口 vvalue
int HufBlock(u8 dchufindex,u8 achufindex)
{
short count = 0;
short i;
int funcret;
//dc
HufTabIndex = dchufindex;
funcret = DecodeElement();
if(funcret! = FUNC_OK)return funcret;
BlockBuffer[count ++ ] = vvalue;//解出的直流系数
//ac
HufTabIndex = achufindex;
while (count < 64)
{
funcret = DecodeElement();
if(funcret! = FUNC_OK)
return funcret;
if ((rrun == 0)&&(vvalue == 0))
{
for (i = count;i < 64;i ++)BlockBuffer[i] = 0;
```

```
count =64;
}
else
{
for (i =0;i <rrun;i ++)BlockBuffer[count ++] =0;//前面的零
BlockBuffer[count ++] =vvalue;//解出的值
}
}
return FUNC_OK;
}
//Huffman 解码 每个元素 出口 vvalue 入口 读文件 ReadByte
int DecodeElement()
{
int thiscode,tempcode;
unsigned short temp,valueex;
short codelen;
u8 hufexbyte,runsize,tempsize,sign;
u8 newbyte,lastbyte;
if(BitPos > =1) //BitPos 指示当前比特位置
{
BitPos--;
thiscode = (u8)CurByte >>BitPos;//取一个比特
CurByte =CurByte&And[BitPos]; //清除取走的比特位
}
else //取出的一个字节已用完
{ //新取
lastbyte =ReadByte(); //读出一个字节
BitPos--; //and[]: =0x0,0x1,0x3,0x7,0xf,0x1f,0x2f,0x3f,0x4f
newbyte =CurByte&And[BitPos];
thiscode =lastbyte >>7;
CurByte =newbyte;
}
codelen =1;
//与 Huffman 表中的码字匹配,直至找到为止
while ((thiscode <huf_min_value[HufTabIndex][codelen-1])||
(code_len_table[HufTabIndex][codelen-1] ==0)||
(thiscode >huf_max_value[HufTabIndex][codelen-1]))
{
if(BitPos > =1)//取出的一个字节还有
{
BitPos--;
tempcode = (u8)CurByte >>BitPos;
CurByte =CurByte&And[BitPos];
}
else
{
lastbyte =ReadByte();
BitPos--;
```

```
newbyte = CurByte&And[BitPos];
tempcode = (u8)lastbyte >>7;
CurByte = newbyte;
}
thiscode = (thiscode <<1) + tempcode;
codelen ++;
if(codelen >16)return FUNC_FORMAT_ERROR;
} //while
temp = thiscode-huf_min_value[HufTabIndex][codelen-1] + code_pos_table[HufT-
abIndex][codelen-1];
hufexbyte = (u8)code_value_table[HufTabIndex][temp];
rrun = (short)(hufexbyte >>4); //一个字节中,高 4 位是其前面的 0 的个数
runsize = hufexbyte&0x0f; //后 4 位为后面字的尺寸
if(runsize ==0)
{
vvalue =0;
return FUNC_OK;
}
tempsize = runsize;
if(BitPos > = runsize)
{
BitPos-= runsize;
valueex = (u8)CurByte >>BitPos;
CurByte = CurByte&And[BitPos];
}
else
{
valueex = CurByte;
tempsize-= BitPos;
while(tempsize >8)
{
lastbyte = ReadByte();
valueex = (valueex <<8) + (u8)lastbyte;
tempsize-=8;
} //while
lastbyte = ReadByte();
BitPos-= tempsize;
valueex = (valueex <<tempsize) + (lastbyte >>BitPos);
CurByte = lastbyte&And[BitPos];
} //else
sign = valueex >> (runsize-1);
if(sign)vvalue = valueex;//解出的码值
else
{
valueex = valueex^0xffff;
temp = 0xffff << runsize;
vvalue = -(short)(valueex^temp);
}
```

```
return FUNC_OK;
}
//反量化 MCU 中的每个组件 入口 MCUBuffer 出口 QtZzMCUBuffer
void IQtIZzMCUComponent(short flag)
{
short H,VV;
short i,j;
short *pQtZzMCUBuffer;
short *pMCUBuffer;
switch(flag){
case 0:
H = SampRate_Y_H;
VV = SampRate_Y_V;
pMCUBuffer = MCUBuffer;
pQtZzMCUBuffer = QtZzMCUBuffer;
break;
case 1:
H = SampRate_U_H;
VV = SampRate_U_V;
pMCUBuffer = MCUBuffer + Y_in_MCU * 64;
pQtZzMCUBuffer = QtZzMCUBuffer + Y_in_MCU * 64;
break;
case 2:
H = SampRate_V_H;
VV = SampRate_V_V;
pMCUBuffer = MCUBuffer + (Y_in_MCU + U_in_MCU) * 64;
pQtZzMCUBuffer = QtZzMCUBuffer + (Y_in_MCU + U_in_MCU) * 64;
break; }
for(i =0;i < VV;i ++)
for (j =0;j < H;j ++)
IQtIZzBlock(pMCUBuffer + (i * H + j) * 64,pQtZzMCUBuffer + (i * H + j) * 64,flag);
} //要量化的字
//反量化 8 ×8 DU
void IQtIZzBlock(short *s ,short * d,short flag)
{
short i,j;
short tag;
short *pQt;
int buffer2[8][8];
int *buffer1;
short offset;
switch(flag)
{ case 0: //亮度
pQt = YQtTable;
offset =128;
break;
case 1: //红
pQt = UQtTable;
```

```
offset = 0;
break;
case 2: //蓝
pQt = VQtTable;
offset = 0;
break;
}
for(i = 0;i < 8;i ++)
for(j = 0;j < 8;j ++)
{
tag = Zig_Zag[i][j];
buffer2[i][j] = (int)s[tag] * (int)pQt[tag];
}
buffer1 = (int * )buffer2;
Fast_IDCT(buffer1);//反 DCT
for(i = 0;i < 8;i ++)
for(j = 0;j < 8;j ++)
d[i * 8 + j] = buffer2[i][j] + offset;
}
//快速反 DCT
void Fast_IDCT(int * block)
{
short i;
for (i = 0; i < 8; i ++)idctrow(block + 8 * i);
for (i = 0; i < 8; i ++)idctcol(block + i);
}
//从源文件读取一个字节
u8 ReadByte(void)
{
u8 i;
i = * lp ++;
lp-= P_Cal(lp);//经过 P_Cal 的处理，把指针移动
if(i == 0xff)lp ++;
BitPos = 8;
CurByte = i;
return i;
}
//初始化快速反 DCT
void Initialize_Fast_IDCT(void)
{
short i;
iclp = iclip + 512;
for (i = -512; i < 512; i ++)
iclp[i] = (i < -256) ? -256 : ((i > 255) ? 255 : i);
}
/////////////////////////////////////////////////////////////////////
void idctrow(int * blk)
{
```

```
int x0, x1, x2, x3, x4, x5, x6, x7, x8;
//intcut
if (!((x1 = blk[4] << 11) | (x2 = blk[6]) | (x3 = blk[2]) |
(x4 = blk[1]) | (x5 = blk[7]) | (x6 = blk[5]) | (x7 = blk[3])))
{
blk[0] = blk[1] = blk[2] = blk[3] = blk[4] = blk[5] = blk[6] = blk[7] = blk[0] << 3;
return;
}
x0 = (blk[0] << 11) + 128; //for proper rounding in the fourth stage
//first stage
x8 = W7 * (x4 + x5);
x4 = x8 + (W1-W7) * x4;
x5 = x8 - (W1 + W7) * x5;
x8 = W3 * (x6 + x7);
x6 = x8 - (W3-W5) * x6;
x7 = x8 - (W3 + W5) * x7;
//second stage
x8 = x0 + x1;
x0 -= x1;
x1 = W6 * (x3 + x2);
x2 = x1 - (W2 + W6) * x2;
x3 = x1 + (W2-W6) * x3;
x1 = x4 + x6;
x4 -= x6;
x6 = x5 + x7;
x5 -= x7;
//third stage
x7 = x8 + x3;
x8 -= x3;
x3 = x0 + x2;
x0 -= x2;
x2 = (181 * (x4 + x5) + 128) >> 8;
x4 = (181 * (x4-x5) + 128) >> 8;
//fourth stage
blk[0] = (x7 + x1) >> 8;
blk[1] = (x3 + x2) >> 8;
blk[2] = (x0 + x4) >> 8;
blk[3] = (x8 + x6) >> 8;
blk[4] = (x8-x6) >> 8;
blk[5] = (x0-x4) >> 8;
blk[6] = (x3-x2) >> 8;
blk[7] = (x7-x1) >> 8;
}
/////////////////////////////////////////////////////////////////////////////////////
void idctcol(int * blk)
{
int x0, x1, x2, x3, x4, x5, x6, x7, x8;
//intcut
```

```
if (!((x1 = (blk[8 * 4] << 8)) | (x2 = blk[8 * 6]) | (x3 = blk[8 * 2]) |
(x4 = blk[8 * 1]) | (x5 = blk[8 * 7]) | (x6 = blk[8 * 5]) | (x7 = blk[8 * 3])))
{
blk[8 * 0] = blk[8 * 1] = blk[8 * 2] = blk[8 * 3] = blk[8 * 4] = blk[8 * 5]
 = blk[8 * 6] = blk[8 * 7] = iclp[(blk[8 * 0] + 32) >> 6];
return;
}
x0 = (blk[8 * 0] << 8) + 8192;
//first stage
x8 = W7 * (x4 + x5) + 4;
x4 = (x8 + (W1-W7) * x4) >> 3;
x5 = (x8 -(W1 + W7) * x5) >> 3;
x8 = W3 * (x6 + x7) + 4;
x6 = (x8 -(W3-W5) * x6) >> 3;
x7 = (x8 -(W3 + W5) * x7) >> 3;
//second stage
x8 = x0 + x1;
x0 -= x1;
x1 = W6 * (x3 + x2) + 4;
x2 = (x1 -(W2 + W6) * x2) >> 3;
x3 = (x1 + (W2-W6) * x3) >> 3;
x1 = x4 + x6;
x4 -= x6;
x6 = x5 + x7;
x5 -= x7;
//third stage
x7 = x8 + x3;
x8 -= x3;
x3 = x0 + x2;
x0 -= x2;
x2 = (181 * (x4 + x5) + 128) >> 8;
x4 = (181 * (x4-x5) + 128) >> 8;
//fourth stage
blk[8 * 0] = iclp[(x7 + x1) >> 14];
blk[8 * 1] = iclp[(x3 + x2) >> 14];
blk[8 * 2] = iclp[(x0 + x4) >> 14];
blk[8 * 3] = iclp[(x8 + x6) >> 14];
blk[8 * 4] = iclp[(x8-x6) >> 14];
blk[8 * 5] = iclp[(x0-x4) >> 14];
blk[8 * 6] = iclp[(x3-x2) >> 14];
blk[8 * 7] = iclp[(x7-x1) >> 14];
}
```

此部分代码包含了 JPEG/JPG 以及 BMP 的解码代码，它们的解码是通过 AI_LoadPicFile 函数来实现的，在该函数里面，会先判断文件的类型，进而调用不同的解码函数，解码 JPEG 由 Decode 函数实现，而解码 BMP 则由 Bmp Decode 函数实现。AI_LoadPicFile 函数会将图片以合适的大小显示在液晶上（总是不会超过给定的区域），对比输入尺寸大的图片，会自动压缩。解码图片完成后返回解码是否成功的信息。

保存jpegdecode.c，并在工程中新建一个JPEG的组，把jpegdecode.c加入该组下。然后打开jpegbmp.h，输入如下代码：

```
#ifndef __JPEGBMP_H__
#define __JPEGBMP_H__
#include "sys.h"
#include "fat.h"
//BMP 信息头
typedef __packed struct
{
DWORD biSize ; //说明 BITMAPINFOHEADER 结构所需要的字数
LONG biWidth ; //说明图像的宽度,以像素为单位
LONG biHeight ; //说明图像的高度,以像素为单位
WORD biPlanes ; //为目标设备说明位面数,其值将总是被设为 1
WORD biBitCount ; //说明比特数/像素,其值为 1、4、8、16、24 或 32
DWORD biCompression ; //说明图像数据压缩的类型。其值可以是下述值之一:
//BI_RGB:没有压缩
//BI_RLE8:每个像素 8 比特的 RLE 压缩编码,压缩格式由 2 字节组成(重复像素计数和颜色索
          引)
//BI_RLE4:每个像素 4 比特的 RLE 压缩编码,压缩格式由 2 字节组成
//BI_BITFIELDS:每个像素的比特由指定的掩码决定
DWORD biSizeImage ;//说明图像的大小,以字节为单位。当用 BI_RGB 格式时,可设置为 0
LONG biXPelsPerMeter ;//说明水平分辨率,用像素/m 表示
LONG biYPelsPerMeter ;//说明垂直分辨率,用像素/m 表示
DWORD biClrUsed ; //说明位图实际使用的彩色表中的颜色索引数
DWORD biClrImportant ; //说明对图像显示有重要影响的颜色索引的数目,如果是 0,表示都
                        重要
}BITMAPINFOHEADER ;
//BMP 头文件
typedef __packed struct
{
WORD bfType ; //文件标志,只对"BM",用来识别 BMP 位图类型
DWORD bfSize ; //文件大小,占 4 个字节
WORD bfReserved1 ;//保留
WORD bfReserved2 ;//保留
DWORD bfOffBits ; //从文件开始到位图数据(bitmap data)开始之间的的偏移量
}BITMAPFILEHEADER ;
//彩色表
typedef __packed struct
{
BYTE rgbBlue ; //指定蓝色强度
BYTE rgbGreen ; //指定绿色强度
BYTE rgbRed ; //指定红色强度
BYTE rgbReserved ;//保留,设置为 0
}RGBQUAD ;
//位图信息头
typedef __packed struct
{
BITMAPFILEHEADER bmfHeader;
```

```
BITMAPINFOHEADER bmiHeader;
//RGBQUAD bmiColors[256];
}BITMAPINFO;
typedef RGBQUAD * LPRGBQUAD;//彩色表
//图像数据压缩的类型
#define BI_RGB 0L
#define BI_RLE8 1L
#define BI_RLE4 2L
#define BI_BITFIELDS 3L
#define M_SOF0 0xc0
#define M_DHT 0xc4
#define M_EOI 0xd9
#define M_SOS 0xda
#define M_DQT 0xdb
#define M_DRI 0xdd
#define M_APP0 0xe0
#define W1 2841 /* 2048 * sqrt(2) * cos(1 * pi/16) */
#define W2 2676 /* 2048 * sqrt(2) * cos(2 * pi/16) */
#define W3 2408 /* 2048 * sqrt(2) * cos(3 * pi/16) */
#define W5 1609 /* 2048 * sqrt(2) * cos(5 * pi/16) */
#define W6 1108 /* 2048 * sqrt(2) * cos(6 * pi/16) */
#define W7 565 /* 2048 * sqrt(2) * cos(7 * pi/16) */
#define MAKEWORD(a, b) ((WORD)(((BYTE)(a)) | ((WORD)((BYTE)(b))) << 8))
#define MAKELONG(a, b) ((LONG)(((WORD)(a)) | ((DWORD)((WORD)(b))) << 16))
#define LOWORD(l) ((WORD)(l))
#define HIWORD(l) ((WORD)(((DWORD)(l) >> 16) & 0xFFFF))
#define LOBYTE(w) ((BYTE)(w))
#define HIBYTE(w) ((BYTE)(((WORD)(w) >> 8) & 0xFF))
//宏定义
#define WIDTHBYTES(i) ((i+31)/32*4)//??????????
#define PI 3.1415926535
//函数返回值定义
#define FUNC_OK 0
#define FUNC_MEMORY_ERROR 1
#define FUNC_FILE_ERROR 2
#define FUNC_FORMAT_ERROR 3
//////////////////////////////////////////////////
//BMP 解码函数
BOOL BmpDecode(FileInfoStruct *BmpFileName);
//////////////////////////////////////////////////
//JPEG 解码函数
int InitTag(void);
void InitTable(void); //初始化数据表
int Decode(void); //解码
int DecodeMCUBlock(void);
int HufBlock(BYTE dchufindex,BYTE achufindex);//哈夫曼解码
int DecodeElement(void); //解码一个像素
void IQtIZzMCUComponent(short flag); //反量化
```

```
void IQtIZzBlock(short *s ,short * d,short flag);
void GetYUV(short flag); //色彩转换的实现,得到色彩空间数据
void StoreBuffer(void);
BYTE ReadByte(void); //从文件里面读取一个字节出来
void Initialize_Fast_IDCT(void); //初始化反离散傅里叶变换
void Fast_IDCT(int * block); //快速反离散傅里叶变换
void idctrow(int * blk);
void idctcol(int * blk);
//对缓冲区数据进行移动处理,使操作SD卡就像操作sram一样
unsigned int P_Cal(unsigned char *pc);
BOOL AI_LoadPicFile(FileInfoStruct *FileName,u16 sx,u16 sy,u16 ex,u16 ey);//
智能显示图片
#endif
```

保存此部分代码，然后打开sysfile.c，输入如下代码：

```
#include "sysfile.h"
#include "fat.h"
//Mini STM32 开发板
//系统文件查找代码
u32 PICCLUSTER =0;//图片文件夹地址
u32 sys_ico[9]; //系统图标缓存区! 不能篡改!
u32 file_ico[4]; //文件图标缓存区 folder;mus;pic;book;
//系统文件夹
const unsigned char * folder[] =
{
"SYSTEM",
"FONT",
"SYSICO",
"PICTURE",
"GAME",
"LEVEL1",
"LEVEL2",
"LEVEL3",
};
//系统文件名定义
const unsigned char *sysfile[] =
{
//系统字体图标,0 开始
"GBK16.FON",
"GBK12.FON",
"UNI2GBK.SYS",
//系统文件图标,3 开始
"FOLDER.BMP",
"MUS.BMP",
"PIC.BMP",
"BOOK.BMP",
//系统主界面图标,7 开始
"MUSIC.BMP",
"PICTURE.BMP",
```

```
"GAME.BMP",
"ALARM.BMP",
"TIME.BMP",
"SETTING.BMP",
"TXT.BMP",
"RADIO.BMP",
"LIGHT.BMP",
};
//获取系统文件的存储地址
//次步出错,则无法启动!!!
//返回 0,成功。返回其他,错误代码
//sel:0,系统文件
//sel:1,图片文件夹
u8 SysInfoGet(u8 sel)
{
u32 cluster =0;
u32 syscluster =0;
u8 t =0;
FileInfoStruct t_file;
//得到根目录的簇号
if(FAT32_Enable)cluster =FirstDirClust;
else cluster =0;
if(sel ==1)//查找图片文件夹
{
t_file =F_Search(cluster,(unsigned char *)folder[3],T_FILE);//查找 PICTURE
文件夹
if(t_file.F_StartCluster ==0)return 1;//图片文件夹丢失
PICCLUSTER =t_file.F_StartCluster;//图片文件夹所在簇号
}else//查找系统文件
{
t_file =F_Search(cluster,(unsigned char *)folder[0],T_FILE);//查找 system 文
件夹
if(t_file.F_StartCluster ==0)return 2;//系统文件夹丢失
syscluster =t_file.F_StartCluster;//保存系统文件夹所在簇号
t_file =F_Search(syscluster,(unsigned char *)folder[2],T_FILE);//在 system
文件夹下查找 SYSICO 文件夹
if(t_file.F_StartCluster ==0)return 3;
cluster =t_file.F_StartCluster;//保存 SYSICO 文件夹簇号
for(t =0;t <9;t ++)//查找系统图标,9 个
{
t_file =F_Search(cluster,(unsigned char *)sysfile[t +7],T_BMP);//在 SYSICO
文件夹下查找系统图标
sys_ico[t] =t_file.F_StartCluster;
if(t_file.F_StartCluster ==0)return 4;//失败
}
for(t =3;t <7;t ++)//查找文件图标,4 个
{
t_file =F_Search(cluster,(unsigned char *)sysfile[t],T_BMP);//在 SYSICO 文件
```

```
夹下查找文件图标
    file_ico[t-3] = t_file.F_StartCluster;
    if(file_ico[t-3] == 0)return 5;//失败
    }
    }
    return 0;//成功
    }
```

此部分由一个函数 SysInfoGet 构成，该函数用于查找各种系统文件/文件夹以及自定义的文件/文件夹等，具体实现请参考代码。在工程里面新建 SYSFILE 的组，然后把 sysfile. c 文件加入该组下，保存。打开 sysfile. h，输入如下代码：

```
#ifndef _SYSFILE_H_
#define _SYSFILE_H_
#include "sys.h"
//Mini STM32 开发板
//系统文件查找代码
//CHD1807-STM32
extern u32 PICCLUSTER;//图片文件夹首地址
u8 SysInfoGet(u8 sel);//获取系统文件信息
#endif
```

保存此部分代码。最后在 test. c 文件里面修改 main 函数如下：

```
int main(void)
{
u8 i;
u8 key;
FileInfoStruct *FileInfo;
u16 pic_cnt = 0;//当前目录下图片文件的个数
u16 index = 0; //当前选择的文件编号
u16 time = 0;
Stm32_Clock_Init(9);//系统时钟设置
delay_init(72); //延时初始化
uart_init(72,9600); //串口 1 初始化
LCD_Init(); //初始化液晶
KEY_Init(); //按键初始化
LED_Init(); //LED 初始化
SPI_Flash_Init(); //SPI FLASH 使能
if(Font_Init())//字库不存在,则更新字库
{
POINT_COLOR = RED;
LCD_ShowString(60,50,"Mini STM32");
LCD_ShowString(60,70,"Font ERROR");
while(1);
}
POINT_COLOR = RED;
Show_Str(60,50,"Mini STM32 开发板",16,0);
Show_Str(60,70,"图片显示 程序",16,0);
Show_Str(60,90,"CHD1807-STM32",16,0);
Show_Str(60,110,"2013 年 5 月 2 日",16,0);
```

```
SD_Init();
while(FAT_Init())//FAT 错误
{
Show_Str(60,130,"文件系统错误!",16,0);
i = SD_Init();
if(i)Show_Str(60,150,"SD 卡错误!",16,0);//SD 卡初始化失败
delay_ms(500);
LCD_Fill(60,130,240,170,WHITE);//清除显示
delay_ms(500);
LED0 = !LED0;
}
while(SysInfoGet(1))//得到图片文件夹
{
Show_Str(60,130,"图片文件夹未找到!",16,0);
delay_ms(500);
FAT_Init();
SD_Init();
LED0 = !LED0;
LCD_Fill(60,130,240,170,WHITE);//清除显示
delay_ms(500);
}
Show_Str(60,130,"开始显示...",16,0);
delay_ms(1000);
Cur_Dir_Cluster = PICCLUSTER;
while(1)
{
pic_cnt = 0;
Get_File_Info(Cur_Dir_Cluster,FileInfo,T_JPEG |T_JPG |T_BMP,&pic_cnt);//获取
当前文件夹下面的目标文件个数
if(pic_cnt == 0)//没有图片文件
{
LCD_Clear(WHITE);//清屏
while(1)
{
if(time% 2 == 0)Show_Str(32,150,"没有图片,请先 COPY 图片到 SD 卡的 PICTURE 文件夹,
然后后重启!",16,0);
else LCD_Clear(WHITE);
time ++;
delay_ms(300);
}
}
FileInfo = &F_Info[0];//开辟暂存空间.
index = 1;
while(1)
{
Get_File_Info(Cur_Dir_Cluster,FileInfo,T_JPEG |T_JPG |T_BMP,&index);//得到这
张图片的信息
LCD_Clear(WHITE);//清屏,加载下一幅图片的时候,一定清屏
```

```
AI_LoadPicFile(FileInfo,0,0,240,320);//显示图片
POINT_COLOR = RED;
Show_Str(0,0,FileInfo->F_Name,16,1);//显示图片名字
while(1)//延时3s
{
key = KEY_Scan();
if(key ==1)break;//下一张
else if(key ==2)//上一张
{
if(index >1)index-=2;
else index =pic_cnt-1;
break;
}
delay_ms(1);
time ++;
if(time% 100 ==0)LED0 = !LED0;
if(time >3000)
{
time =0;
break;
}
}
index ++;
if(index >pic_cnt)index =1;//显示第一幅，循环
}
}
}
```

至此，整个图片显示实验的软件设计部分就结束了。该程序将实现浏览PICTURE文件夹下的所有图片及其名字，每隔3s左右切换一幅图片。

在代码编译成功之后，下载到CHD1807-STM32开发板上，可以看到LCD开始显示图片（假设SD卡及文件都准备好了），效果如图8.9所示。

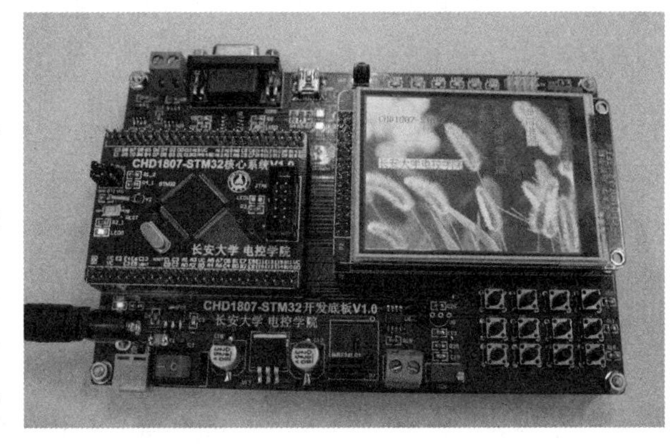

图8.9　图片显示实验显示效果

8.4　汉字显示实例

汉字显示在很多单片机系统都需要用到，少则支持几个字，多则支持整个汉字库，更有甚者，有时还要支持多国字库，那就更麻烦了。在CHD1807-STM32上，完全可以显示整个汉字库（GBK汉字库）。本节将向大家介绍如何在CHD1807-STM32开发板上显示汉字。

8.4.1 汉字显示原理简介

常用的汉字内码系统有 GB2312、GB13000、GBK、BIG5（繁体）等几种，其中 GB2312 支持的汉字仅有几千个，很多时候不够用，而 GBK 内码不仅完全兼容 GB2312，还支持了繁体字，总汉字数有 2 万多个，完全能满足一般应用的要求。

本实例将制作一个 GBK 字库，制作好的字库放在 SD 卡里面，然后通过 SD 卡，将字库文件复制到 W25X16 里。这样，W25X16 就相当于一款汉字字库芯片了。

汉字在液晶上的显示原理与前面显示字符是一样的。汉字在液晶上的显示其实就是一些点的显示与不显示，这就相当于人们的笔一样，有笔经过的地方就画出来，没经过的地方就不画。所以要显示汉字，首先要知道汉字的点阵数据，这些数据可以由专门的软件来生成。只要知道了一个汉字点阵的生成方法，在程序里面就可以把这个点阵数据解析成一个汉字。

知道了显示一个汉字的方法，就可以推及整个汉字库了。汉字在计算机里的存储不是以点阵数据的形式存储的（否则占用的空间就太大了），而是以内码的形式存储的，就是 GB2312/GBK/BIG5 等中的一种（在简体的 Windows XP 中，汉字一般都能用 GBK 码或 GB2312 码解析）。每个汉字对应着一个内码，在知道了内码之后，去字库里面查找这个汉字的点阵数据，然后在液晶上显示出来。这个过程通常是看不到，由计算机去执行。

单片机要显示汉字也与此类似：汉字内码（GBK/GB2312）→查找点阵库→解析→显示。

所以只要有了整个汉字库的点阵，就可以把计算机上的文本信息在单片机上显示出来。这里，要解决的最大问题就是制作一个与汉字内码对得上号的汉字点阵库，而且要方便单片机的查找。每个 GBK 码由两个字节组成，第一个字节为 0x81 ~ 0xFE；第二个字节分为两部分，一是 0x40 ~ 0x7E，二是 0x80 ~ 0xFE。其中，与 GB2312 相同的区域，字完全相同。

如果把第一个字节代表的意义称为区，那么 GBK 里面总共有 126 个区（0xFE ~ 0x81 + 1），每个区内有 190 个汉字（0xFE ~ 0x80 + 0x7E ~ 0x40 + 2），总共就有 126 × 190 = 23940 个汉字。点阵库只要按照这个编码规则从 0x8140 开始，逐一建立，每个区的点阵大小为每个汉字所用的字节数乘以 190，这样就可以得到在这个字库里面定位汉字的方法，即

当 GBKL < 0x7F 时，Hp = ((GBKH-0x81) * 190 + GBKL-0x40) * (size * 2)；

当 GBKL > 0x80 时，Hp = ((GBKH-0x81) * 190 + GBKL-0x41) * (size * 2)；

其中，GBKH、GBKL 分别代表 GBK 的第一个字节和第二个字节（也就是高位和低位）；size 代表汉字字体的大小（比如 16 字体、12 字体等）；Hp 为对应汉字点阵数据在字库里面的起始地址。

这样，只要得到了汉字的 GBK 码，就可以显示这个汉字，从而实现汉字在液晶上的显示。Windows XP 在存储文件名的时候，如果是长文件名，是按照 UNICODE 码存放的，而 UNICODE 码与 GBK 码并不一致，所以如果要支持 UNICODE 内码的汉字显示，则需要一个 UNICODE 到 GBK 码的转换码表，通过先将 UNICODE 码转换为 GBK 码，再从 GBK 码字库里面查找点阵数据，从而显示 UNICODE 码的汉字。

UNICODE 码表的制作方法是将 UNICODE 码从低到高顺序排列，然后在对应的位置存放 GBK 码的码值。有了 UNCODE 码表，就可以通过 UNICODE 码快速地找到 GBK 码。UNICODE 码中用于存放汉字的字段为 0x4E00 ~ 0x9FA5，总共 20902 个汉字，如果将这些对应

的汉字的 GBK 码顺序存入相应的位置，就得到了 UNICODE 到 GBK 的转换码表。

关于 UNICODE 转 GBK 就介绍到这里，这里提供的 UNICODE 转 GBK 码码表是在 UNICODE 转 GBK 码表软件基础上修改而来的，把汉字标点符号对应的 GBK 码按 UNICODE 的编码先后顺序写入到转换表的后面，再在程序里做一点改动，就可以实现对 UNICODE 码的标点符号的支持了。加入的标点符号总共 97 个，对应于 UNICODE 码的 0xFF01 ~ 0xFF61。

每个 GBK 码占用两个字节，所以整个 UNICODE 转 GBK 码码表文件的大小为：$2\times(20902+97)=41998$ 个字节（42K）。16×16 大小的汉字每个汉字点阵需要 32 个字节，可以得到整个 GBK 码 16 字库的大小为 $32\times(23940)=766080$ 字节（749K）。

字库的生成要用到一款软件，该软件为易木雨软件工作室设计的点阵字库生成器 V3.8。该软件可以在 Windows 系统下生成任意点阵大小的 ASCII、GB2312（简体中文）、GBK（简体中文）、BIG5（繁体中文）、HANGUL（韩文）、SJIS（日文）、Unicode，以及泰文、越南文、俄文、乌克兰文、拉丁文，8859 系列等共 20 几种编码的字库，不但支持生成二进制文件格式的文件，也可以生成 BDF 文件，还支持生成图片功能，并支持横向、纵向等多种扫描方式，且扫描方式可以根据用户的需求进行增加。该软件的界面如图 8.10所示。

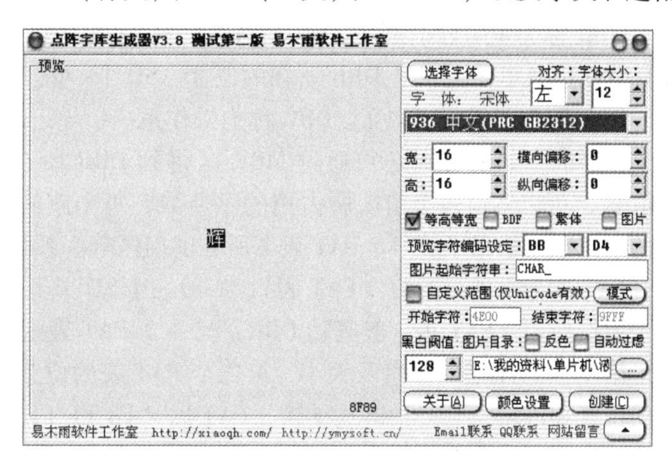

图 8.10　点阵字库生成器默认界面

比如要生成 16×16 的 GBK 字库，则选择 GBK，字宽和高均选择 16，字体大小选择 12（比较适合），然后模式选择纵向取模方式二（字节高位在前、低位在后），最后单击“创建”按钮，就可以开始生成所需要的字库了。设置方法如图 8.11 所示。

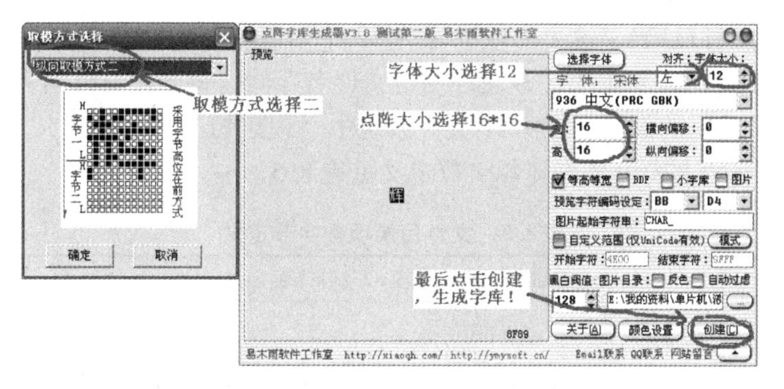

图 8.11　生成 GBK16 × 16 字库的设置方法

注意：软件里面的字体大小并不是生成点阵的大小，12 字体是 Windows XP 的叫法，这里的字体的大小以宽和高的大小来决定！可以简单地认为：XP 的 12 字体，基本上就等于 16×16 大小。该软件还可以生成其他很多字库，字体也可选，详细的介绍请看软件自带的《点阵字库生成器说明书》。

本节还需要用到 SD 卡和 Flash 部分，这些在前面的例子都已经介绍过了。但还有最重要的 FAT 文件系统没有介绍，本节将要用到 FAT（FAT16/32）文件系统来读取 SD 卡上的字库和 UNICODE 到 GBK 的转换码表。

FAT 文件系统本身比较复杂，所以这里只简单介绍一下，更多的介绍，请参考其他资料。常用的文件系统有 FAT12/16/32 等，FAT12 是最古老的文件系统，只能管理 8MB 左右的空间，现在基本淘汰了。FAT16 则可以管理 2GB 的空间（通过特殊处理也能管理 2GB 以上的空间），而 FAT32 则能管理到 2TB（2048GB）的空间。FAT32 较 FAT16 的优势还在于 FAT32 采用了更小的簇，可以更有效地保存信息，而不会造成多的浪费。

Windows XP 在 SD 卡里面建立的文件系统最常用的也就是 FAT16 和 FAT32，这是由它在格式化 SD 卡的时候建立的。通常 SD 卡上的数据信息由 MBR、DBR、FAT、FDT 和数据区五个部分组成（有的也没有 MBR）。下面以 FAT32 为例作介绍。

MBR 称为主引导记录区，该区存储了分区表等信息，位于 SD 卡的扇区 0（物理扇区），在其分区信息里面记录了 DBR 所在的位置。SD 卡一般只会有一个分区，所以只要找到分区 1 的 DBR 所在位置就可以了。DBR 称为操作系统引导记录区，如果没有 MBR，那么 DBR 就位于 0 扇区，如果有则必须通过 MBR 区得到 DBR 所在的地址，然后读出 DBR 信息。在 DBR 区，可以知道每个扇区所占用的字节数、每个簇的扇区数、FAT 表的份数、每个 FAT 表的扇区数、根目录簇号、FAT 表 1 所在的扇区等一系列非常重要的信息。

FAT 称为文件分配表（FAT 表），一般一个 SD 卡上会存在两个 FAT 表，一个用作备份，一个用作使用。FAT 表一般紧随 DBR，另一个 FAT 表则紧随第一个 FAT 表，因此，只要知道了第一个 FAT 表的位置及大小，第二个 FAT 表的位置也就确定了。FAT 表记录了每个文件的位置和区域，是一种链式结构，FAT 以“F8 FF FF 0F FF FF FF FF”这 8 个字节为表头，用以表示 FAT 表的开始，后面的数据每 4 个字节为一个簇项（从第 2 簇开始），用来标记下一个簇所在的位置。这样，每个位置都存储了下一个簇，只要按这个表走，就可以找到文件的所有内容。如果找到下一个簇位置，里面记录的是“FF FF FF 0F”，那么这个文件到此就结束了，没有后续簇了。这时，一个文件的读取就结束了。

FDT 称为文件根目录表，这个区域固定为 32 个扇区，假设每个扇区为 512 个字节，那么根目录下最多存放 512 个文件（假设都用短文件名存储，每个短文件名占 32 个字节）。文件目录项是另一个重要的部分，在 FAT 文件系统中（仅以短文件名介绍），文件目录项在目录表下以 32 个字节的方式记录，其各字节定义见表 8.5。

表 8.5　文件目录项各字节定义

FAT32 文件目录项 32 个字节的定义			
字节偏移量	字数量	定义	
0～7	8	文件名	
8～10	3	扩展名	
11	1	属性字节	0x00　（读写）
			0x01　（只读）
			0x02　（隐藏）
			0x04　（系统）

（续）

<table>
<tr><th colspan="4">FAT32 文件目录项 32 个字节的定义</th></tr>
<tr><th>字节偏移量</th><th>字数量</th><th colspan="2">定义</th></tr>
<tr><td rowspan="3">11</td><td rowspan="3">1</td><td rowspan="3">属性字节</td><td>0x08　（卷标）</td></tr>
<tr><td>0x10　（子目录）</td></tr>
<tr><td>0x20　（归档）</td></tr>
<tr><td>12</td><td>1</td><td colspan="2">系统保留</td></tr>
<tr><td>13</td><td>1</td><td colspan="2">创建时间的 10ms 位</td></tr>
<tr><td>14 ~ 15</td><td>2</td><td colspan="2">文件创建时间</td></tr>
<tr><td>16 ~ 17</td><td>2</td><td colspan="2">文件创建日期</td></tr>
<tr><td>18 ~ 19</td><td>2</td><td colspan="2">文件最后访问日期</td></tr>
<tr><td>20 ~ 21</td><td>2</td><td colspan="2">文件起始簇号的高 16 位</td></tr>
<tr><td>22 ~ 23</td><td>2</td><td colspan="2">文件的最近修改时间</td></tr>
<tr><td>24 ~ 25</td><td>2</td><td colspan="2">文件的最近修改日期</td></tr>
<tr><td>26 ~ 27</td><td>2</td><td colspan="2">文件起始簇号的低 16 位</td></tr>
<tr><td>28 ~ 31</td><td>4</td><td colspan="2">表示文件的长度</td></tr>
</table>

由表 8.5 可知，在文件目录项就可以找到文件的起始簇，然后在 FAT 表里面找到该簇开始的下一个簇，依次读取这些簇，就可以把整个文件读出来。

8.4.2　硬件设计

使用“字模 III-增强版 v3.91”软件制作自定义类型的字库，然后将字库放入 SD 卡中，并且在 SD 卡中放入三张 BMP 图片。最后调用截屏函数截取 TFT 背景并保存为 BMP 图片。

1）制作字库，放入 SD 卡，在 TFT LCD 上显示英文、数字、汉字等字符。

2）在 TFT LCD 上显示 BMP 图片。

3）截取 TFT 背景并保存为 BMP 图片。

硬件设备如下：

- CHD1807-STM32 开发板一块；
- 3.2in TFT LCD 一块
- MicroSD 卡一块；
- PC 一台；
- JLINK-ARM-OB 仿真器一个。

实验软件：Keil uVision4。

8.4.3　软件设计

打开 MDK 开发环境，建立工程。步骤如下：

1）制作字库，其文件名为 HZLIB.bin，三个 BMP 图片文件，文件名为 pic1.bmp、pic2.bmp、pic3.bmp，把这四个文件保存到 SD 卡中，再把该 SD 卡插入开发板的 SD 卡接口（也可直接把工程下的 SD 字库备份文件夹下的内容复制到 SD 卡的根目录）。

2）把文件 systick. c、usart1. c、lcd. c、ff. c、sdio_sdcard. c、lcd_botton. c 添加进新工程，新建 Sd_bmp. c、sd_fs_app. c 文件，分别用于编写 BMP 文件相关的函数和字模获取函数。

3）调用 SysTick. c 中的 SysTick_Init( )、lcd. c 中的 LCD_Init( )、sdio_sdcard. c 中的 sd_fs_init( )分别对时钟、TFT LCD 和 SD 卡初始化。由于程序太长，这里不作解释，详细解释见程序注释。

4）在 TFT LCD 上显示字符，在程序中加入代码：

```
/*横屏显示*/
LCD_Str_CH(20,10,"长安大学电控学院",0,0xffff);//在指定坐标处显示16×16大小的指定颜色汉字字符串
LCD_Str_O(20,30, "CHD1807-STM32",0);//在指定坐标处悬浮显示8×16大小的字符串
LCD_Str_6x12_O(20, 50,"LOVE STM32", 0);//在指定坐标处悬浮显示6×12大小的字符串
LCD_Num_6x12_O(20, 70, 1807, BLACK);//在指定坐标处悬浮显示6×12大小的数字

/*竖屏显示*/
    LCD_Str_CH(20,10,"长安大学电控学院",0,0xffff);
    LCD_Str_O_P(300, 10, "CHD1807-STM32", 0);
LCD_Str_6x12_O_P(280, 10,"LOVE STM32", 0);
```

其中，汉字显示子函数 LCD_ Str_ CH （） 代码如下：

```
void LCD_Str_CH(u16 x,u16 y,const u8 *str,u16 Color,u16 bkColor)
{
Set_direction(0);
while(*str != '\0')
{
    if(x > (320-16))
    {
        /*换行*/
        x = 0;
        y + =16;
    }
    if(y  > (240-16))
    {
    /*重新归零*/
        y = 0;
        x = 0;
    }
    LCD_Char_CH(x,y,str,Color,bkColor);
        str + =2 ;
        x + =16 ;  }
    }
```

该函数对超出屏幕范围的显示坐标进行换行处理，把字符串中的汉字一个一个提取出来，并调用单字符显示函数 LCD_Char_CH( )显示出来。LCD_Char_CH( )函数的代码如下：

```
void LCD_Char_CH(u16 x,u16 y,const u8 *str,u16 Color,u16 bkColor)
{#ifndef NO_CHNISEST_DISPLAY     /*如果汉字显示功能没有关闭*/
    u8 i,j;
    u8 buffer[32];
    u16 tmp_char = 0;
```

```
    GetGBKCode_from_sd(buffer,str); /* 取字模数据 */
    for (i =0;i <16;i ++)
    {tmp_char = buffer[i * 2];
        tmp_char = (tmp_char << 8);
        tmp_char |= buffer[2 * i +1];
        for (j =0;j <16;j ++)
        {if ((tmp_char >> 15-j) & 0x01 == 0x01)
            {LCD_ColorPoint(x + j,y + i,Color); }
            else
            {LCD_ColorPoint(x + j,y + i,bkColor); }}}
#endif}
```

函数中的条件编译#ifndef NO_CHNISEST_DISPLAY，是用于开关汉字显示功能的，若定义了 NO_CHNISEST_DISPLAY，则本函数为空，关闭了显示汉字的功能。

在 LCD_Char_CH( ) 这个函数中，首先调用 GetGBKCode_from_sd( )，从 SD 卡中读出需要显示在 LCD 上的指定汉字的字模数据。同时，根据字模数据来描写，把字模中为 1 的数据位，在 LCD 屏中的像素点中使用画点函数 LCD_ColorPoint( )，显示出字符特定的颜色。

字符显示如图 8.12 所示。

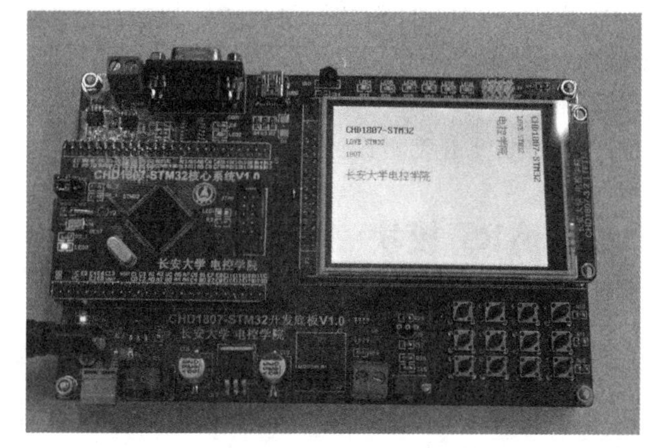

图 8.12　字符显示

8.5　小结

本章主要介绍了 STM32 单片机显示模块的操作技巧，读者需重点掌握 TFT LCD 的显示操作，包括显示文字与显示图像的方法。

习　题

1. OLED 显示技术有哪些特点，适用于哪些应用场合？

2. TFT LCD 显示技术有哪些特点，适用于哪些应用场合？

3. 使用字模生成软件制作自定义类型的字库，然后将字库放入 SD 卡中，用 TFT LCD 显示出来。

4. 在 SD 卡中放入三张 BMP 图片，调用截屏函数截取 TFT 背景并保存为 BMP 图片，在 TFT LCD 中显示出来。

5. 如何在 TFT LCD 上绘出简单的图形（如圆形、三角形等）？

6. 能否在不利用字库的情况下在 TFT LCD 上显示汉字？如何实现？

第 9 章

STM32外设接口模块

基于 Cortex-M3 的 STM32 系列微控制器具有丰富的外设资源，在工业场合、建筑安防、低功耗以及消费类电子产品中有着广泛的应用。本章就 STM32 系列微控制器中的 USART 模块、SPI 模块、I^2C 模块、CAN 模块以及 USB 模块进行了深入浅出的介绍，并对每一模块的操作配合 STM32 开发板设计了丰富的例程。

9.1 USART 模块

通用同步/异步串行接收/发送器（Universal Synchronous/Asynchronous Receiver/Transmitter，USART），是一个全双工通用同步/异步串行收发模块，是高度灵活的串行通信接口设备。USART 收发模块一般分为三大部分：时钟发生器、数据发送器和接收器。USART 的控制寄存器为所有的模块共享。

时钟发生器由同步逻辑电路（在同步从模式下由外部时钟输入驱动）和波特率发生器组成。发送时钟引脚 XCK 仅用于同步发送模式下。发送器部分由一个单独的写入缓冲器（发送 UDR）、一个串行移位寄存器，以及校验位发生器和用于处理不同帧结构的控制逻辑电路构成。使用写入缓冲器，可实现连续发送多帧数据无延时的通信。接收器是 USART 模块最复杂的部分。接收器中最主要的是时钟和数据接收单元，其中，数据接收单元用作异步数据的接收。除了数据接收单元，接收器还包括校验位校验器、控制逻辑、移位寄存器和两级接收缓冲器（接收 UDR）。接收器支持与发送器相同的帧结构，同时支持帧错误、数据溢出和校验错误的检测。

9.1.1 USART 功能描述

USART 提供了一种灵活的方法来与使用工业标准 NRZ 异步串行数据格式的外设之间进行全双工数据交换。USART 的结构框图如图 9.1 所示。USART 利用分数波特率发生器提供宽范围的波特率选择，支持同步一路通信和半双工的单线通信，也支持 LIN（本地互联网络）、智能卡协议和 IrDA（红外数据组织）SIR ENDEC 标准和调制解调器操作（CTS/RTS）。USART 允许多处理器通信，通过多缓冲配置的 DMA 可以进行高速的数据通信，该接口通过三个引脚连接到另外的外设上。任何 USART 双向通信都至少需要两个引脚，即接收数据输入（RX）和发送数据输出（TX），其中：

RX：接收数据输入。是串行数据输入，采用过采样技术来区分有效输入数据和噪声，

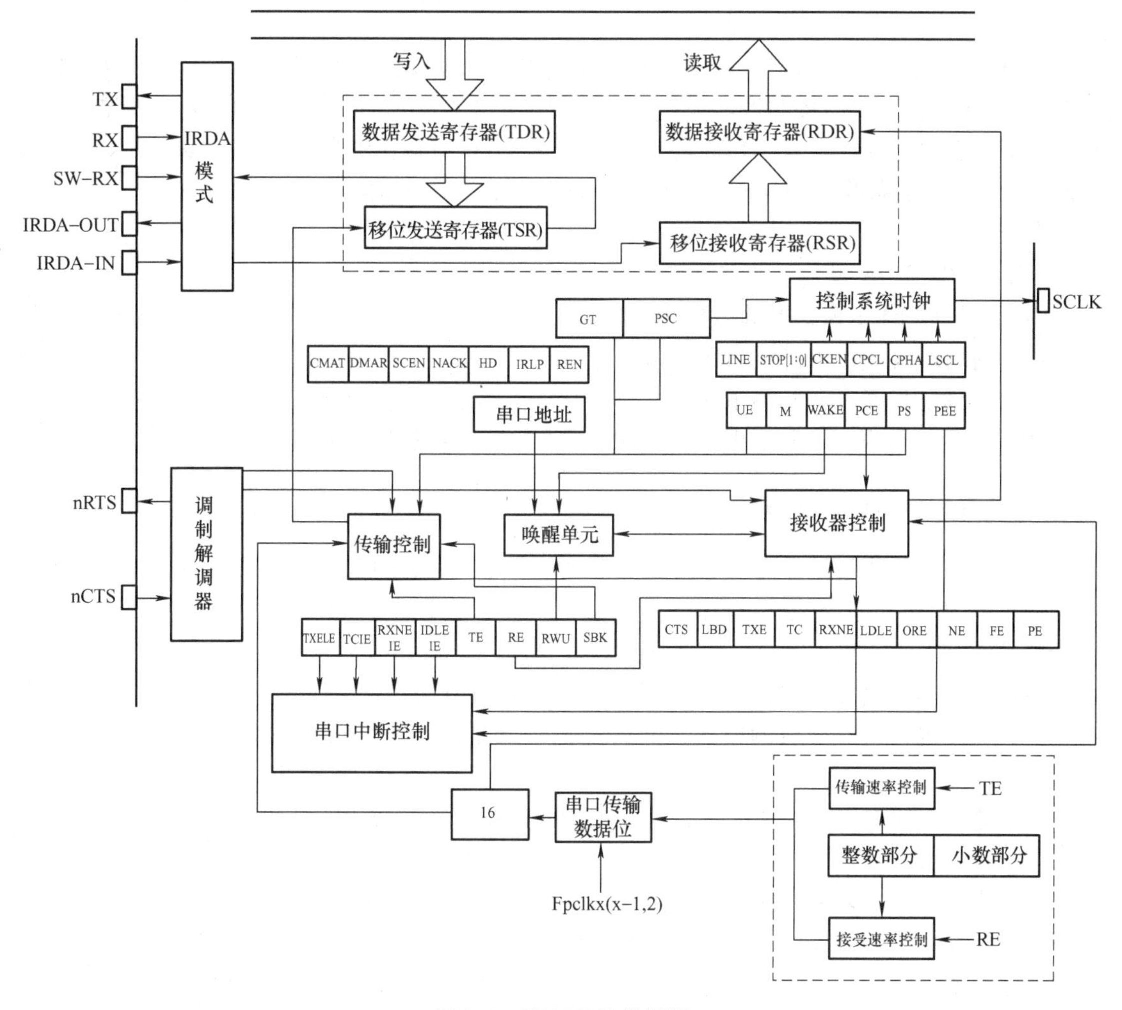

图9.1　USART结构框图

从而恢复数据。

TX：发送数据输出。当发送器禁能的时候，输出引脚恢复到I/O端口配置。当发送器使能并且没有数据要发送时，TX引脚是高电平。在单线和智能卡模式，该I/O同时用于数据发送和接收（在USART层，在SW_RX上接收到数据）。

通过这些引脚，在正常USART模式下，串行数据作为帧发送和接收。包括：

1）总线在发送或接收前应处于空闲状态。

2）一个起始位。

3）一个数据字（8位或者9位），最低有效位在前0.5、1、1.5、2个停止位，由此表明数据帧的结束。

4）使用分数波特率产生器——带12位整数和4位小数。

5）一个状态寄存器（USART_SR）。

6）数据寄存器（USART_DATA）。

7）波特率寄存器（USART_BRR）——带12位整数和4位小数。

8）智能卡模式下的保护时间寄存器（USART_GTPR）。

在同步模式中需要下列引脚：

• SCLK：发送器时钟输出。这一引脚输出用于同步传输的时钟，这和 SPI 主模式类似（起始位和停止位没有时钟脉冲，最后一个数据位是否发送时钟脉冲由软件设置）时钟相位和极性都可以通过软件设置。在智能卡模式下，SCLK 可以为智能卡提供时钟。RX 引脚可以同步接收到并行数据，可用于控制带移位寄存器的外设（例如 LCD 驱动器）。

在 IrDA 模式中需要下列引脚：

IrDA_RDI：IrDA 模式下的数据输入。

IrDA_TDO：IrDA 模式下的数据输出。

在调制解调器模式中需要下列引脚：

nCTS：清除发送。若是高电平，在当前数据传输结束时阻断下一次的数据发送。

nRTS：发送请求。若是低电平，表明 USART 准备好接收数据。

9.1.2 USART 寄存器简介

本小节从寄存器层面，说明如何设置串口，以达到所需的最基本通信功能。在所举实例中，将实现利用串口 1 不停地打印一个信息到计算机串口上，同时接收从串口发过来的数据，把发送过来的数据直接送回给计算机。

串口最基本的设置是波特率的设置。STM32 的串口使用起来非常简单，只要开启了串口时钟，并设置相应 I/O 口的模式，然后配置一下波特率、数据位长度、奇偶校验位等信息，就可以使用了。

下面简单介绍与串口基本配置直接相关的寄存器及其各个位的描述。

1. 串口时钟使能

串口作为 STM32 的一个外设，其时钟由外设时钟使能寄存器控制，这里使用的串口 1 是 APB2ENR 寄存器的第 14 位。APB2ENR 寄存器在之前已经介绍过了，这里不再介绍，只说明一点，就是除了串口 1 的时钟使能在 APB2ENR 寄存器中外，其他串口的时钟使能位都在 APB1ENR 寄存器中。

2. 串口复位

当外设出现异常的时候可以通过复位寄存器里面的对应位设置，实现该外设的复位，然后重新配置这个外设达到让其重新工作的目的。一般在系统刚开始配置外设的时候，都会先执行复位该外设的操作。串口 1 的复位是通过配置 APB2RSTR 寄存器的第 14 位来实现的。APB2RSTR 寄存器的各个位的描述如图 9.2 所示。

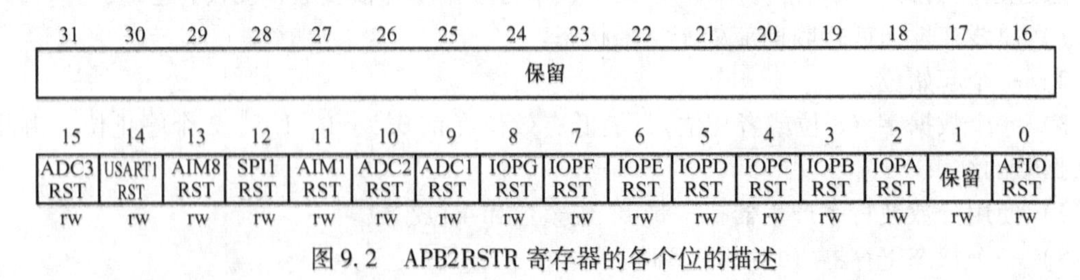

31	30	29	28	27	26	25	24	23	22	21	20	19	18	17	16
保留															

15	14	13	12	11	10	9	8	7	6	5	4	3	2	1	0
ADC3 RST	USART1 RST	AIM8 RST	SPI1 RST	AIM1 RST	ADC2 RST	ADC1 RST	IOPG RST	IOPF RST	IOPE RST	IOPD RST	IOPC RST	IOPB RST	IOPA RST	保留	AFIO RST
rw	rw	rw	rw	rw	rw	rw	rw	rw	rw	rw	rw	rw	rw	rw	rw

图 9.2 APB2RSTR 寄存器的各个位的描述

从图 9.2 可知，串口 1 的复位设置位在 APB2RSTR 的第 14 位。通过向该位写 1 复位串口 1，写 0 结束复位。其他串口的复位位在 APB1RSTR 中。

3. 串口波特率设置

STM32 的每个串口都有一个自己独立的波特率寄存器 USART_BRR，通过设置该寄存器就可以达到配置不同波特率的目的。其各个位的描述如图 9.3 所示。

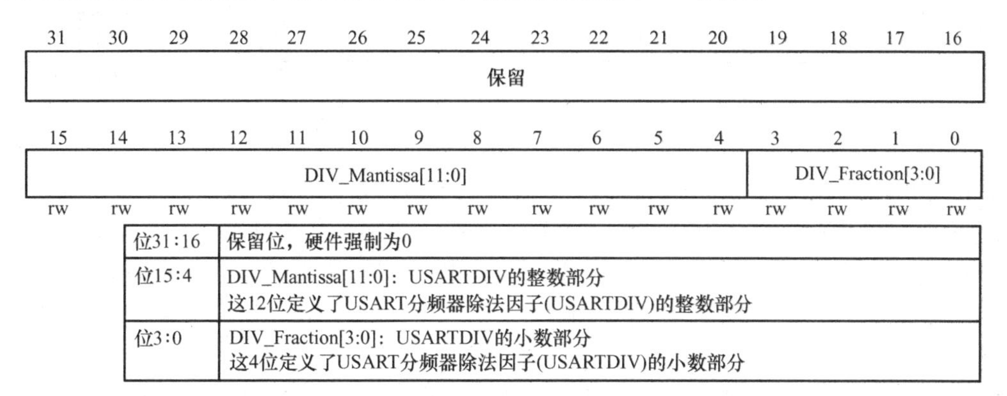

图 9.3　寄存器 USART_BRR 的各个位的描述

STM32 的串口波特率计算公式如下：

$$\text{TX/RX 波特率} = \frac{f_{\text{PCLKx}}}{(16 \times \text{USARTDIV})} \tag{9.1}$$

式（9.1）中，f_{PCLKx}是给串口的时钟（PCLK1 用于 USART2、3、4、5，PCLK2 用于 USART1）。USARTDIV 是一个无符号定点数，只要得到 USARTDIV 的值，就可以得到串口波特率寄存器 USART1_BRR 的值；反过来，若得到 USART1_BRR 的值，也可推导出 USARTDIV 的值。但人们更关心的是如何从 USARTDIV 的值得到 USART_BRR 的值，因为一般已知的是波特率和 PCLKx 的时钟，要求的是 USART_BRR 的值。

下面介绍如何通过 USARTDIV 得到串口 USART_BRR 寄存器的值。假设串口 1 要设置为 9600 的波特率，而 PCLK2 的时钟为 72MHz。这样，根据式（9.1）有

$$\text{USARTDIV} = 72000000/(9600 \times 16) = 468.75$$

那么

$$\text{DIV\_Fraction} = 16 \times 0.75 = 12 = 0\text{x}0\text{C}$$

$$\text{DIV\_Mantissa} = 468 = 0\text{x}1\text{D}4$$

这样，就得到了 USART1_BRR 的值为 0x1D4C。只要设置串口 1 的 BRR 寄存器值为 0x1D4C，就可以得到 9600 的波特率。当然，并不是任何条件下都可以随便设置串口波特率的，在某些波特率和 PCLK2 频率下，还是会存在误差，具体可以参考 STM32 相关数据手册。

4. 串口控制

STM32 的每个串口都有三个控制寄存器 USART_CR1 ~ USART_CR3，串口的很多配置都是通过这三个寄存器来设置的。本实例只用 USART_CR1 就可以实现所需功能。该寄存器的各个位的描述如图 9.4 所示。

图 9.4 中，寄存器的高 18 位没有用到，低 14 位用于串口的功能设置。UE 为串口使能位，通过该位置 1，以使能串口。M 为字长选择位，当该位为 0 的时候设置串口为 8 个字长外加 n 个停止位，停止位的个数（n）是根据 USART_CR2 的［13:12］位设置来决定的，

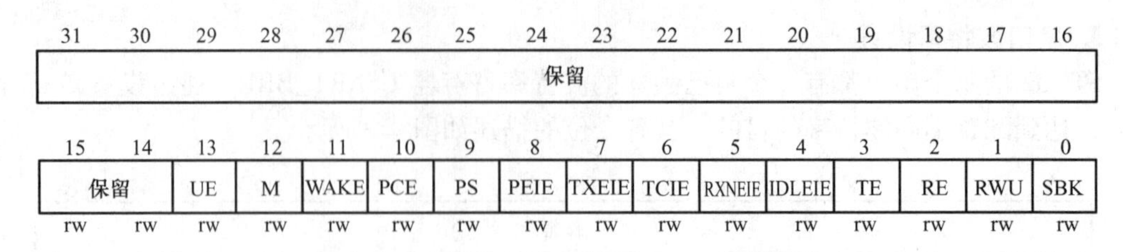

图9.4 USART_CR寄存器的各个位的描述

默认为0。PCE为校验使能位，设置为0，则禁止校验，否则使能校验。PS为校验位选择，设置为0则为偶校验，否则为奇校验。TXEIE为发送缓冲区空中断使能位，设置该位为1，当USART_SR中的TXE位为1时，将产生串口中断。TCIE为发送完成中断使能位，设置该位为1，当USART_SR中的TC位为1时，将产生串口中断。RXNEIE为接收缓冲区非空中断使能，设置该位为1，当USART_SR中的ORE或者RXNE位为1时，将产生串口中断。TE为发送使能位，设置为1，将开启串口的发送功能。RE为接收使能位，用法同TE。其他位的设置，在此不一一列举，可参考STM32数据手册。

5. 数据发送与接收

STM32的发送与接收是通过数据寄存器USART_DR来实现的，这是一个双寄存器，包含了TDR和RDR。当向该寄存器写数据时，串口就会自动发送，当接收到数据时，存在该寄存器内。该寄存器的各个位的描述如图9.5所示。

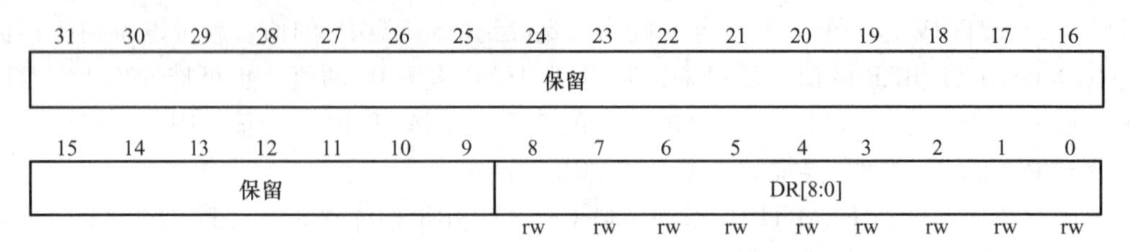

图9.5 USART_DR寄存器的各个位的描述

由图9.5可以看出，虽然是一个32位寄存器，但是只用了低9位（DR［8:0］），其他都是保留位。DR［8:0］为串口数据，包含了发送或接收的数据。由于它是由两个寄存器组成的，一个给发送用（TDR），一个给接收用（RDR），因此该寄存器兼具读和写的功能。TDR寄存器提供了内部总线和输出移位寄存器之间的并行接口。RDR寄存器提供了输入移位寄存器和内部总线之间的并行接口。

当使能校验位（USART_CR1中的PCE位被置位）进行发送时，写到MSB的值（根据数据的长度不同，MSB是第7位或者第8位）会被后来的校验位所取代。当使能校验位进行接收时，读到的MSB位是接收到的校验位。

6. 串口状态

串口的状态可以通过状态寄存器USART_SR读取。USART_SR的各个位的描述如图9.6所示。

这里主要关注第5、6位RXNE和TC。

RXNE（读数据寄存器非空）：当该位被置1时，提示已经有数据被接收，并且可以读出。这时要做的就是尽快去读取USART_DR。通过读USART_DR可以将该位清零，也可以

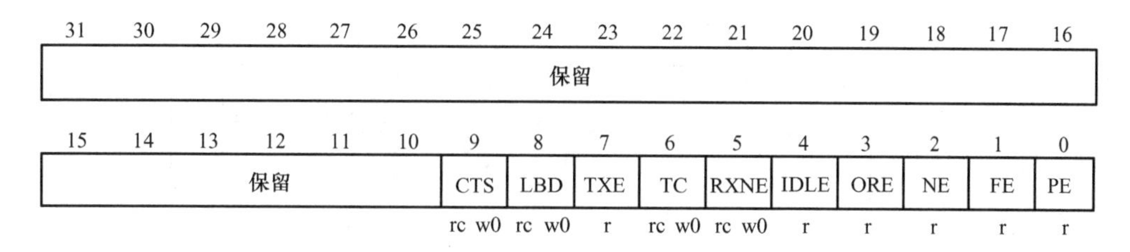

图9.6 USART_SR寄存器的各个位的描述

向该位写0，直接清除。

TC（发送完成）：当该位被置位时，表示USART_DR内的数据已发送完成。如果设置了这个位的中断，则会产生中断。该位也有两种清零方式：①读USART_SR，写USART_DR；②直接向该位写0。

通过对以上寄存器的操作和I/O口的配置，就可以达到串口最基本配置的目的。关于串口更详细的介绍，请参考STM32数据手册中有关通用同步/异步收发器的部分。

9.1.3 USART操作实例

本实例从库函数操作层面结合寄存器的描述说明如何设置串口，以实现最基本的通信功能。在实验中，将实现利用串口1不停地打印信息到计算机上，同时接收从串口发过来的数据，把发送过来的数据直接送回给计算机。STM32开发板板载了一个USB串口，本实验介绍的是通过串口和计算机通信。

对于复用功能的I/O，首先要使能GPIO时钟，然后使能复用功能时钟，同时要把GPIO模式设置为复用功能对应的模式。之后进行串口参数的设置，包括波特率、停止位等参数。设置完成后使能串口。如果开启了串口的中断，要初始化NVIC、设置中断优先级别，最后编写中断服务函数。

串口设置一般可以归纳为如下步骤：

1）串口时钟使能，GPIO时钟使能。

2）串口复位。

3）GPIO端口模式设置。

4）串口参数初始化。

5）开启中断并且初始化NVIC（如果需要开启中断才需要这个步骤）。

6）使能串口。

7）编写中断处理函数。

1. 硬件连接

实验用电路板串口电路原理图如图9.7所示。

2. 软件编程步骤

1）添加库函数，编写用户函数。需使用的文件有startup/start_stm32f10x_hd.c、CMSIS/core_cm3.c、CMSIS/system_stm32f10x.c、FWlib/stm32f10x_gpio.c、FWlib/stm32f10x_rcc.c、FWlib/stm32f10x_usart.c。用户编写的文件有USER/main.c、USER/stm32f10x_it.c、USER/usart1.c（打开工程时，默认自动添加，无需添加）。

2）系统时钟配置。main.c文件中SystemInit（）函数配置系统时钟为72MHz。

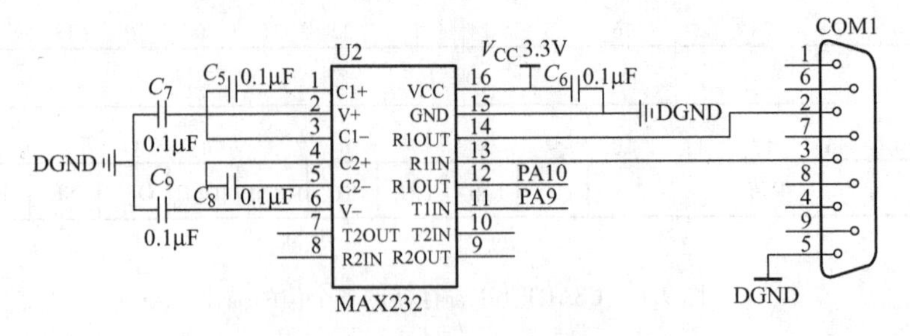

图 9.7　实验用电路板串口电路原理图

3）串口初始化。usart1. c 文件中 USART1_Config（）函数如下：

```
void USART1_Config(void)
{
  GPIO_InitTypeDef GPIO_InitStructure;
USART_InitTypeDef USART_InitStructure;
RCC_APB2PeriphClockCmd(RCC_APB2Periph_USART1 | RCC_APB2Periph_GPIOA, ENA-
BLE);
GPIO_InitStructure.GPIO_Pin = GPIO_Pin_9;
GPIO_InitStructure.GPIO_Mode = GPIO_Mode_AF_PP;
GPIO_InitStructure.GPIO_Speed = GPIO_Speed_50MHz;
GPIO_Init(GPIOA, &GPIO_InitStructure);
GPIO_InitStructure.GPIO_Pin = GPIO_Pin_10;
GPIO_InitStructure.GPIO_Mode = GPIO_Mode_IN_FLOATING;
GPIO_Init(GPIOA, &GPIO_InitStructure);
USART_InitStructure.USART_BaudRate = 115200;//修改波特率
USART_InitStructure.USART_WordLength = USART_WordLength_8b//修改数据位
USART_InitStructure.USART_StopBits = USART_StopBits_1;//修改停止位
USART_InitStructure.USART_Parity = USART_Parity_No ;//奇偶校验位
USART_InitStructure.USART_HardwareFlowControl = USART_HardwareFlowControl_
None;
  USART_InitStructure.USART_Mode = USART_Mode_Rx | USART_Mode_Tx;
USART_Init(USART1, &USART_InitStructure);
USART_Cmd(USART1, ENABLE);
}
```

在这里使能了串口 1 的时钟，配置 usart1 的 I/O，配置 usart1 的工作模式。具体为：波特率为 115200、8 个数据位、1 个停止位、无硬件流控制，即 115200 8-N-1。

4）串口数据输出。main. c 文件中 USART1_printf(USART1, " \r\n This is a USART1_printf demo \r\n")函数通过串口 1 向 PC 的串口调试助手发送数据" \r\n This is a USART1_printf demo \r\n" 。

5）打开串口调试助手。设置端口号（根据 PC 选择相应的端口号），波特率为 115200，数据位为 8 位，停止位为 1 位，观察实验结果。

9.2　SPI 模块

串行外设接口（SPI）支持和外设之间进行半双工/全双工、同步、串行通信。接口可以被配置成主设备，这时，它需要给外部从设备提供通信时钟（SCK）。另外，接口也能支持多主设备配置下工作。SPI可用于多种用途，包括可附加一根双向数据线的2线单工同步通信，或使用CRC校验的可靠通信。

9.2.1　SPI简介

SPI是英语Serial Peripheral Interface的缩写，即串行外设接口，是Motorola公司首先在其MC68HCxx系列处理器上定义的。SPI主要应用在EEPROM、Flash、实时时钟、A-D转换器，还有数字信号处理器和数字信号解码器之间。SPI是一种高速的、全双工、同步的通信总线，并且在芯片的引脚上只占用四根线，节约了芯片的引脚，同时可为PCB的布局节省空间，提供方便。正是出于这种简单易用的特性，现在越来越多的芯片集成了这种通信协议，STM32也有SPI接口。

SPI的主要特点：可以同时发送和接收串行数据；可以当作主机或从机工作；提供频率可编程时钟；发送结束中断标志；写冲突保护；总线竞争保护等。

SPI总线有四种工作方式。为了和外设进行数据交换，SPI模块根据外设工作要求，其输出串行同步时钟极性和相位可以进行配置。时钟极性（CPOL）对传输协议没有重大的影响。如果CPOL=0，串行同步时钟的空闲状态为低电平；如果CPOL=1，串行同步时钟的空闲状态为高电平。时钟相位（CPHA）能够配置用于选择两种不同的传输协议之一进行数据传输。如果CPHA=0，在串行同步时钟的第一个跳变沿（上升或下降）数据被采样；如果CPHA=1，在串行同步时钟的第二个跳变沿（上升或下降）数据被采样。SPI主模块和与之通信的外设时钟的相位和极性应该一致。

9.2.2　SPI功能描述

SPI的功能框图如图9.8所示。通常情况下，SPI通过以下四个引脚和外设相连：

1）MISO：主设备数据输入/从设备数据输出。这一引脚用于在从模式下发送数据，主模式下接收数据。

2）MOSI：主设备数据输出/从设备数据输入。这一引脚用于在主模式下发送数据，从模式下接收数据。

3）SCK：SPI主设备的连续时钟输出，SPI从设备的连续时钟输入。

4）NSS：从选择。这是一个用来选择主/从模式的可选引脚。SPI主设备和从设备分别通信时，该引脚起到依次片选各个从设备的作用，以避免发生数据线冲突。从设备的NSS输入可以由主设备上的标准I/O端口驱动。SPI工作在主设备配置时，如果SSOE位使能，则NSS引脚用作输出，并输出低电平；此时，所有NSS引脚连到该设备NSS引脚的其他设备都将收到低电平，当这些设备配置为NSS硬件模式时，就被自动地配置成了从设备。

一个基本的单主/单从应用的例子如图9.9所示。

MOSI引脚被连接在一起，MISO引脚也被连接在一起，在这种方式下，数据在主设备和从设备之间连续传递（最高位优先）。

通信都是由主设备发起。当主设备通过MOSI引脚向从设备发送数据的时候，从设备响应MISO引脚，这就意味着全双工通信是利用同一时钟信号（由主设备通过SCK引脚提供）同步数据输出输入的。

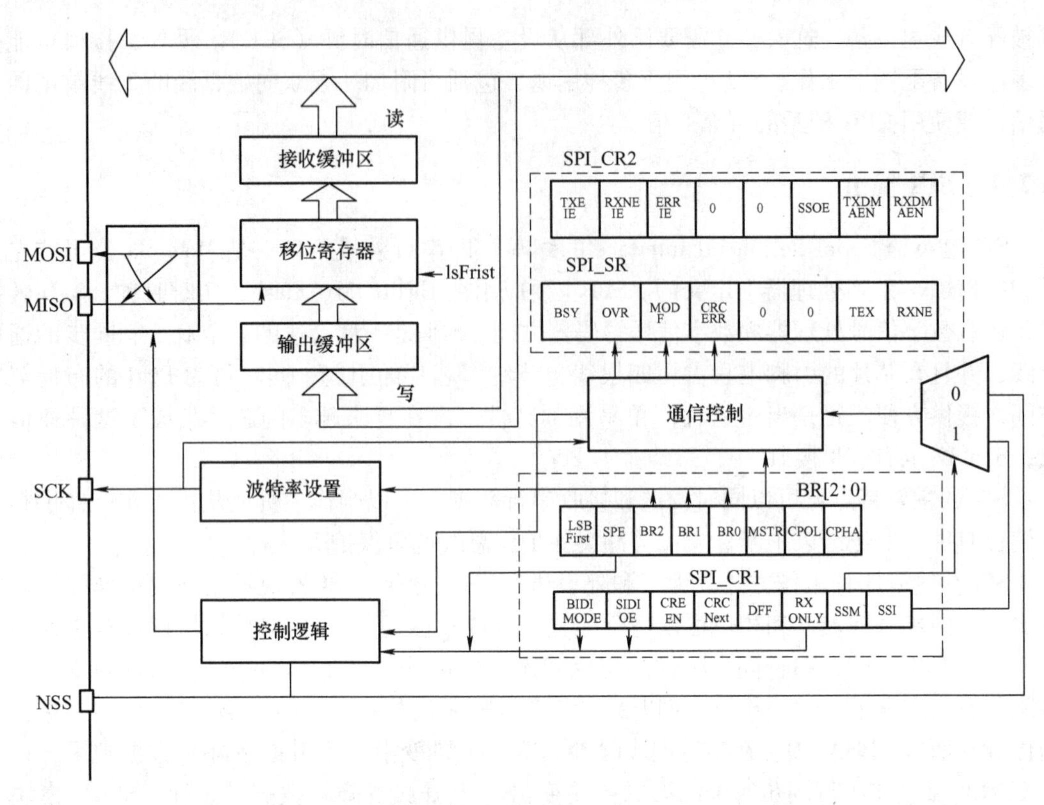

图9.8　SPI的功能框图

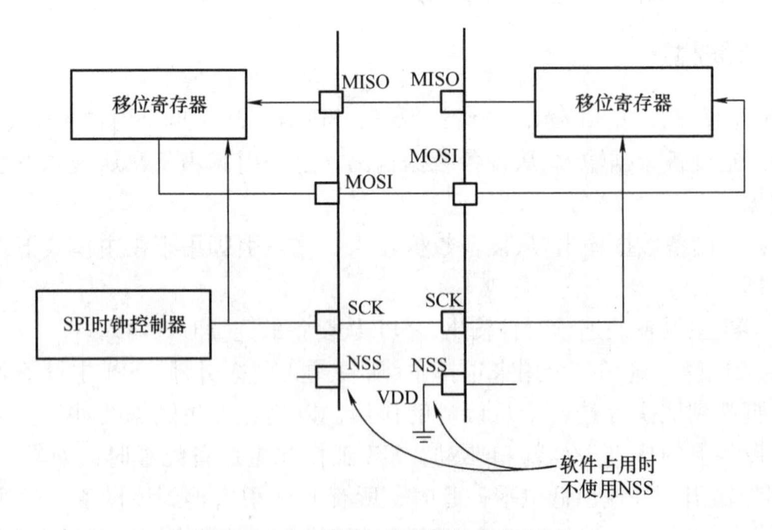

图9.9　单主/单从应用的例子

1. 从选择（NSS）引脚管理

NSS引脚可以用来输入（硬件模式下）和输出。NSS的输出通过SPI_CR2寄存器中的SSOE位使能或者禁能。多主配置只有在NSS输出禁能的时候才有可能。当NSS引脚被用作输出（SSOE位决定）并且SPI处于主模式配置时，NSS引脚被拉低。因此当其他SPI设备被配置成NSS模式时，这些设备的所有NSS引脚与之相连，就都变成从设备了。

用NSS引脚作为从选择信号（NSS引脚）的另外一种方法是，应用可以通过软件来管理从选择信号，如图9.10所示，通过SPI_CR1寄存器中的SSM位来配置。在软件管理中，外部NSS引脚对其他的应用来说是自由的，可以作为他用，而内部NSS信号电平通过SPI_CR1寄存器中的SSI位来驱动。

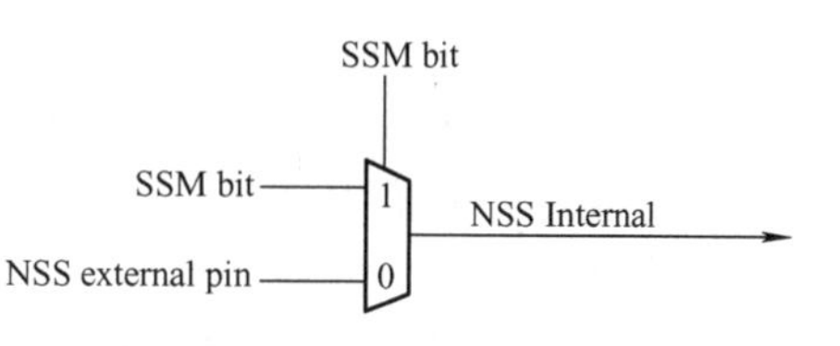

图9.10　硬件/软件从选择管理

2. 时钟相位和时钟极性

软件可以利用SPI_CR1寄存器中的CPOL和CPHA位来选择四种可能时序关系中的一种。CPOL（时钟极性）位决定没有数据传输时的时钟的空闲态，这一位对主模式和从模式都有影响。如果CPOL被复位，SCK引脚就有一个低电平空闲状态；如果CPOL被置1，SCK引脚就有一个高电平空闲状态。如果CPHA（时钟相位）位被置位，SCK时钟的第二个边沿（CPOL位为0时就是下降沿，CPOL位为1时就是上升沿）进行数据位的采样，数据在第一个时钟边沿被锁存；如果CPHA位被复位，SCK时钟的第一边沿（CPOL位为0时就是下降沿，CPOL位为1时就是上升沿）进行数据位采样，数据在第二个时钟边沿被锁存。CPOL（时钟极性）和CPHA（时钟相位）联合在一起，就选择了数据捕获时钟边沿。

图9.11展示了CPHA和CPOL四种组合下的SPI传输，此图可以解释为主设备和从设备的SCK引脚、MISO引脚、MOSI引脚直接连接的主或从时序图。

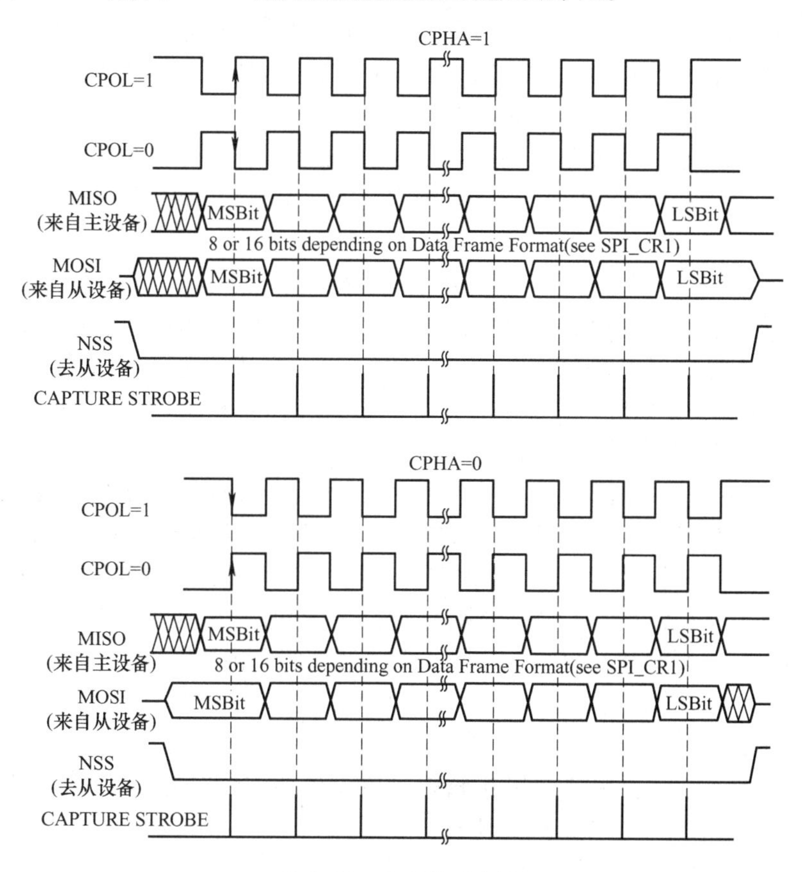

图9.11　主或从时序图

注意事项：

1）在改变 CPOL/CPHA 位之前，必须通过复位 SPE 位关闭 SPI。

2）主设备和从设备必须设置相同的时序模式。

3）SCK 空闲状态必须和 SPI_CR1 寄存器中选择的极性一致（如果 CPOL = 1，拉高 SCK；如果 CPOL = 0，拉低 SCK）。

4）数据帧格式（8 位或者 16 位）是通过 SPI_CR1 寄存器中的 DFF 位选择的，也将决定发送/接收时的数据长度。

3. 数据帧格式

数据移出的时候可以是 MSB 优先，也可以是 LSB 优先，这取决于 SPI_CR1 寄存器中的 LSBFIRST 位的值。数据帧是 8 位还是 16 位取决于利用 SPI_CR1 寄存器中 DFF 位设置的长度。选定的数据帧格式对发送和/或接收都有效。

4. SPI 主模式

在主模式配置下，SCK 引脚产生连续时钟。配置流程如下：

1）通过 BR [2:0] 确定串行时钟波特率（参考 SPI_CR1 寄存器）。

2）通过 CPOL 和 CPHA 确定数据传输和串行时钟之间的关系。

3）设置 DFF 来定义 8 位数据帧还是 16 位数据帧。

4）配置 SPI_CR1 寄存器中的 LSBFIRST 来定义帧格式。

5）如果 NSS 引脚需要工作在输入模式，硬件模式中在整个数据帧传输期间应把 NSS 引脚连接到高电平；在软件模式中，需设置 SPI_CR1 寄存器的 SSM 和 SSI 位。如果 NSS 引脚工作在输出模式，则只需设置 SSOE 位。

6）MSTR 和 SPE 位必须被置 1（只有 NSS 引脚被连接到一个高电平信号的时候这两位才能保持置 1）。这种配置下，MOSI 引脚是数据输出而 MISO 引脚是数据输入。

5. 发送过程

当往发送缓冲区写入一个字节时，发送过程开始。在第 1 位传输期间，数据字节被并行导入移位寄存器（通过内部总线），然后连续转换移出到 MOSI 引脚，MSB 优先还是 LSB 优先取决于 SPI_CR1 寄存器中的 LSBFIRST 位的值。当数据从发送缓冲区转移到移位寄存器时，TXEIE 标志被置 1，如果 SPI_CR2 寄存器中的 TXEIE 位被置 1 的话，将产生一个中断。对接收者来说，当数据传输完成的时候：

1）移位寄存器中的数据被转移到接收缓冲区，SPI_ SR 寄存器中的 RXNE 位被置 1。

2）如果 SPI_CR2 寄存器中的 RXEIE 位被置 1 的话，那么将产生一个中断。

在最后一个采样时钟边沿，RXNE 被置位，接收到移位寄存器的数据被复制到接收缓冲区，当读取 SPI_DR 寄存器时，SPI 外设返回这个缓冲值，并且清除 TXNE。如果下一个要传输的字节在传输开始的时候被放入发送缓冲区，那么将能维持一个连续的发送流。

注意：在往发送缓冲区写数据前，TXE 标志应该为“1”。

6. SPI 从模式

在从模式配置下，通过 SCK 引脚接收来自主设备的连续时钟。SPI_CR1 寄存器中 BR [2:0]的值不会影响数据传输率。配置流程如下：

1）设置 DFF 来确定 8 位或者 16 位数据帧格式。

2）选择 CPOL 和 CPHA 位来确定数据传输和连续时钟之间的四种关系中的一种。为了能进行正确的数据传输，CPOL 和 CPHA 必须在从设备和主设备之间进行相同的配置。

3）数据帧格式（MSB 优先还是 LSB 优先取决于 SPI_CR1 寄存器中的 LSBFIRST 位）必须和主设备一样。

4）在硬件模式下，NSS 引脚在完成字节传输之前必须连接到一个低电平信号。在软件模式下，设置 CPI_CR1 寄存器中的 SSM 位并且清除 SSI 位。

5）清除 SPI_CR1 寄存器中的 MSTR 位并且设置 SPE 位，使相应引脚工作于 SPI 模式下。在这种配置下，MOSI 引脚是数据输入，而 MISO 引脚是数据输出。

7. 发送过程

在一次写周期中，数据字节并行导入到发送缓冲区。

当从设备接收到时钟信号并且数据的最高位已经出现在 MOSI 引脚时，发送过程开始。其余的位（8 位数据帧格式下是 7 位，16 位数据帧格式下是 15 位）被导入到移位寄存器。当数据从发送缓冲区转移到移位寄存器时，SPI_SR 寄存器中的 TEX 标志被置位，如果 SPI_CR2寄存器中的 TXEIE 位被置 1，将产生一个中断。

对接收者来说，当数据传输完成时：

1）移位寄存器中的数据被转移到接收缓冲区，SPI_SR 寄存器中的 RXNE 位被置 1。

2）如果 SPI_CR2 寄存器中的 RXEIE 位被置 1，将产生一个中断。

在最后一个采样时钟边沿，RXNE 被置位，接收到移位寄存器的数据被复制到接收缓冲区，当读取 SPI_DR 寄存器时，SPI 设备返回这个缓冲值，并且清除 RXNE 位。

9.2.3　SPI 配置简介

STM32 的 SPI 功能很强大，SPI 时钟最多可以到 18MHz，支持 DMA，可以配置为 SPI 协议或者 I2S 协议。本小节将利用 STM32 的 SPI 来读取外部 SPI Flash 芯片（W25X16）。这里，只简单介绍 SPI 的使用，详细情况请参考 STM32 数据手册。

本例使用 STM32 的 SPI1 的主模式，配置步骤如下：

1）配置相关引脚的复用功能，使能 SPI1 时钟。要使用 SPI1，首先要使能 SPI1 的时钟，SPI1 的时钟通过 APB2ENR 的第 12 位来设置。其次要设置 SPI1 的相关引脚为复用输出，这样才会连接到 SPI1 上，否则这些 I/O 口还是默认的状态，也就是标准输入输出口。这里使用的是 PA5 ~ PA7 这三个口（SCK、MISO、MOSI，CS 使用软件管理方式），所以设置这三个口为复用 I/O。

2）设置 SPI1 工作模式。这一步全部是通过 SPI1_CR1 来设置。首先设置 SPI1 为主机模式，设置数据格式为 8 位，然后通过 CPOL 和 CPHA 位设置 SCK 时钟极性及采样方式，并设置 SPI1 的时钟频率（最大 18MHz），以及数据的格式（MSB 在前还是 LSB 在前）。

3）使能 SPI1。这一步通过 SPI1_CR1 的第 6 位来设置，以启动 SPI1，在启动之后，就可以开始 SPI 通信了。

以上介绍了 SPI1 的使用，下面介绍 W25X16。

W25X16 是华邦公司推出的继 W25X10/20/40/80（从 1 ~ 8M）后容量更大的 FLASH 产品，W25X16 的容量为 16Mbit，还有容量更大的 W25X32/64，ALIENTEK 所选择的 W25X16 容量为 16Mbit，也就是 2M 字节，与 AT45DB161 大小相同。

W25X16 将 2M 字节的容量分为 32 个块（Block），每个块大小为 64K 字节。每个块又分为 16 个扇区（Sector），每个扇区 4K 字节。W25X16 的最少擦除单位为一个扇区，也就是每次必须擦除 4K 字节。这样，就需要给 W25X16 开辟一个至少 4K 字节的缓存区，虽然对 SRAM 要求比较高（相对于 AT45DB161 来说），但是它有价格及供货上的优势。

W25X16 的擦写周期为 10000 次，具有 20 年的数据保存期限，支持电压为 2.7～3.6V。W25X16 支持标准的 SPI，还支持双输出的 SPI，最大 SPI 时钟可以到 75MHz（双输出时相当于 150MHz）。更多的关于 W25X16 的资料，请参考 W25X16 的数据手册。

9.2.4 SPI 操作实例

STM32 开发板 SPI 硬件电路原理图如图 9.12 所示。图中，PA4 与 W25X16-CS 连接，PA5 与 W25X16-CLK 连接，PA6 与 W25X16-DO 连接，PA7 与 W25X16-DIO 连接。

注意事项：

1）注意程序中的一些配置问题。

2）在写操作前要先进行存储扇区的擦除操作，擦除操作前要先发出“写使能”命令。

3）此 Flash 的页最大字节数为 256 字节，同样地，超过页最大字节继续写入数据的话，数据会从该页的起始地址覆盖写入。

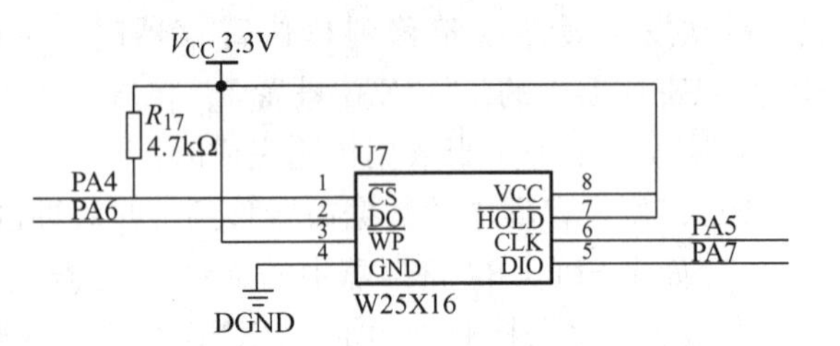

图 9.12　STM32 开发板 SPI 硬件电路原理图

4）对于读数据，发出一个命令后，可以无限制地一直把整个 Flash 的数据都读取完，不需要读取整个 Flash 的则以 CS 拉高为命令的结束的标置。

软件配置步骤如下：

在 Keil uVision4 开发环境中打开目标工程。

1）首先要添加需用的库文件，在工程文件夹 Fwlib 下添加所需库文件 stm32f10x_gpio.c、stm32f10x_rcc.c、stm32f10x_usart.c、stm32f10x_spi.c，并在 stm32f10x_conf.h 中把相应的头文件添加进来。

2）配置 I/O 端口、使能 GPIO、系统配置，串口初始化等步骤中函数的具体实现在前面的实验中已有介绍，可参考前面的实验实现，此处不再赘述。

3）SPI_FLASH_Init()；2M 串行 flash W25X16 初始化。SPI_FLASH_Init()是用户编写的函数，调用 GPIO_Init()配置好 SPI 所用的 I/O 端口复用（CS 端口为普通 IO），调用 SPI_Init()来设置 SPI 的工作模式并使能相关外设的时钟。具体实现可参见工程 spi_flash.c 文件。根据将要进行通信的器件的 SPI 模式配置 STM32 的 SPI，使能 SPI 时钟，调用 SPI_Init()来设置 SPI 的工作模式。

4）配置好后，发送各种 Flash 命令。首先读 Flash 器件 ID，该函数的具体实现如下：

```
SPI_FLASH_ReadDeviceID(void)
{
u32 Temp = 0;
SPI_FLASH_CS_LOW(); //这是一个自定义的宏拉低 CS 端口，以使能 Flash 器件
SPI_FLASH_SendByte(W25X_DeviceID); //下几行向 Flash 发送"W25X_DeviceID"(0xAB)
```

```
的命令
        SPI_FLASH_SendByte(Dummy_Byte); //后面紧跟着三个字节的"Dummy Byte"意思是任意
数据
        SPI_FLASH_SendByte(Dummy_Byte);
        SPI_FLASH_SendByte(Dummy_Byte);
        Temp = SPI_FLASH_SendByte(Dummy_Byte); //stm32 调用 SPI_FLASH_SendByte()返回
数据
        SPI_FLASH_CS_HIGH();//CS 端口拉高,结束通信
        return Temp;
        }
```

之后编写 SPI_FLASH_SendByte( ) 函数，具体实现参阅 spi_flash. c 文件，步骤如下：

1）调用库函数 SPI_I2S_GetFlagStatus( )等待发送数据寄存器清空。

2）发送数据寄存器准备好后，调用库函数 SPI_I2S_GetFlagStatus( )发送数据。

3）调用库函数 SPI_I2S_GetFlagStatus( )等待接收数据寄存器非空。

4）接收寄存器非空，调用 SPI_I2S_ReceiveData( )返回 DIO 端口接收传送回来的数据。

正确编写源程序并下载后，打开串口调试助手，选择正确的串口号，将波特率设置为115200，复位单片机即可观察到运行结果，如图 9. 13 所示。

```
这是一个2M串行flash(W25X16)实验
FlashID is 0xEF3015，Manufacturer Device ID is 0x14
检测到串行flash W25X16!
写入的数据为：欢迎使用CHD1807-STM32开发板
读出的数据为：欢迎使用CHD1807-STM32开发板
2M串行flash(W25X16)测试成功!
```

图 9. 13 观察到的运行结果

9. 3 I²C 模块

I²C（内部集成电路）总线接口是微控制器与串行 I²C 总线之间的接口。I²C 总线接口能提供多主机功能，并且控制所有的与 I²C 总线相关的时序、协议、仲裁和定时，它支持标准和快速模式，也兼容 SMBus 2. 0。I²C 可用于多种用途，包括 CRC 产生和校验，SMBus（系统管理总线）和 PMBus（电源管理总线）。

9. 3. 1 I²C 简介

I²C（Inter-Integrated Circuit）总线是一种由 PHILIPS 公司开发的两线式串行总线，用于连接微控制器及其外设。它是由数据线 SDA 和时钟 SCL 构成的串行总线，可发送和接收数据。在 CPU 与被控 IC 之间、IC 与 IC 之间进行双向传送，高速 I²C 总线一般可达 400kbit/s 以上。

I²C 总线在传送数据过程中共有三种类型信号，分别是开始信号、结束信号和应答

信号。

1）开始信号：SCL为高电平时，SDA由高电平向低电平跳变，开始传送数据。

2）结束信号：SCL为低电平时，SDA由低电平向高电平跳变，结束传送数据。

3）应答信号：接收数据的IC在接收到8bit数据后，向发送数据的IC发出特定的低电平脉冲，表示已收到数据。CPU向受控单元发出一个信号后，等待受控单元发出一个应答信号，CPU接收到应答信号后，根据实际情况作出是否继续传递信号的判断。若未收到应答信号，则判断为受控单元出现故障。这些信号中，起始信号是必需的，结束信号和应答信号可以不要。

9.3.2 I²C功能描述

除了发送和接收数据外，接口还要把数据从串行转化为并行，反之亦然。中断由软件使能或者禁能。接口通过数据引脚（SDA）和时钟引脚（SCL）连接到I²C总线，可以连接到标准（100kHz）或者快速（400kHz）的I²C总线。

1. 模式选择

接口可以在四种模式下工作：①从发送模式；②从接收模式；③主发送模式；④主接收模式。

默认情况下，接口处于从模式。在产生了START条件之后接口可以自动从从设备变成主设备，如果产生了STOP或者仲裁丢失了，接口可以自动从主设备变成从设备。接口允许多主功能。

2. 通信流

在主模式下，I²C接口启动一次数据传输并且产生时钟信号。一次串行数据传输都是以起始条件开始并且以结束操作条件结束。起始条件和结束操作条件都是在主模式下由软件产生的。在从模式下，接口能够识别自己的地址（7位或者10位）和广播地址。广播地址检测可以通过软件使能或者禁能。

数据和地址是以8位字节发送的，MSB优先。紧跟着起始条件的第一个字节（字节组）包含了地址（7位模式下是1字节，10位模式下是2字节）。地址都是在主模式下发送。在1字节传输的8个时钟后的第9个时钟期间，接收器必须回送一个应答位（ACK）给发送器。I²C总线协议的时序图如图9.14所示。

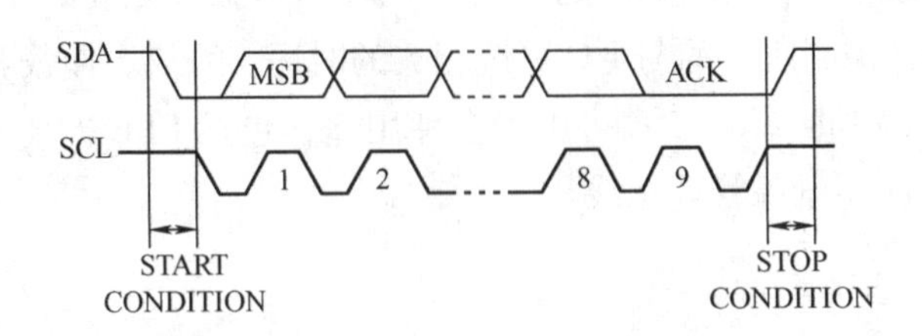

图9.14 I²C总线协议的时序图

软件可以使能或禁能应答（ACK），I²C接口的地址（7位、10位地址或广播呼叫地址）可通过软件设置。I²C接口的功能框图如图9.15所示。

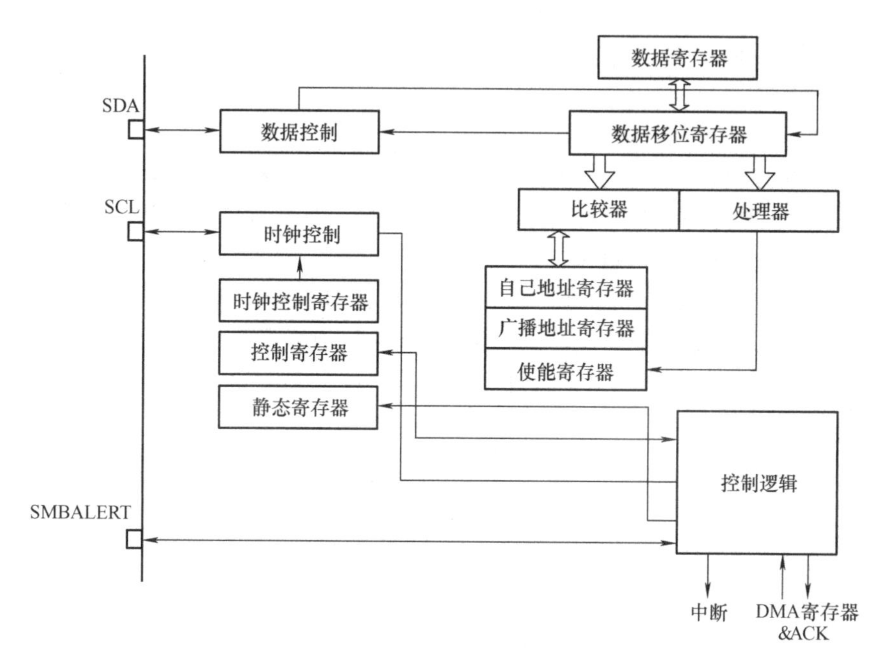

图9.15 I²C接口的功能框图

9.3.3 I²C配置简介

STM32开发板I²C-EEPROM的硬件电路原理图如图9.16所示。

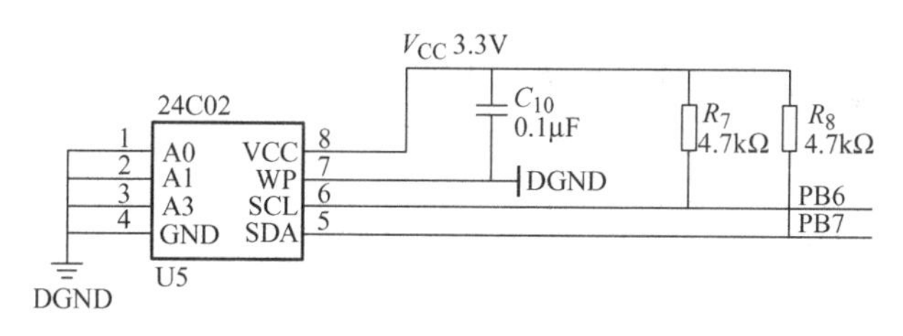

图9.16 STM32开发板I²C-EEPROM的硬件电路原理图

图9.16中，PB6、PB7对应连接到EERPOM（型号为AT24C02）的SCL和SDA线。

注意事项：

1）在AT24C02型号的EEPROM按页写入方式中，每页最大字节数为8字节，若超出，则在该页的起始地址覆盖数据，因此需要I²C_EE_BufferWrite()函数处理写入位置和缓冲区的地址。

2）读取数据时遵循I²C的标准，主发送器STM32要发出两次起始I²C信号才能建立通信。

3）I²C_Test(void)是这个例程中最主要的部分，把0~255按顺序填入缓冲区并通过串口打印到端口，接着把缓冲区的数据通过调用I²C_EE_BufferWrite()函数写入EEPROM。

9.3.4 I²C操作实例

利用I²C向EERPOM写入数据，再读取出来，进行校验，通过串口打印写入与读取出来的数据，并输出校验结果。

程序配置步骤如下：

打开 Keil uVision4 开发环境，建立工程。

1）添加需用的库文件。在工程文件夹 Fwlib 下添加 FWlib/stm32f10x_gpio. c、FWlib/stm32f10x_rcc. c、FWlib/stm32f10x_usart. c、FWlib/stm32f10x_i2c. c 文件，还要在 stm32f10x_conf. h 中把相应的头文件添加进来。

2）配置 I/O 端口，确定并配置 I^2C 的模式，使能 GPIO 和 I^2C 时钟等。

在以上步骤中，函数的具体实现在前面的实验中已有介绍，此处不再赘述。

I^2C_EE_Init()；I^2C 初始化，该函数实现如下（参考文件 i2c_ee. c）：

```
void I2C_EE_Init(void)
{
I2C_GPIO_Config();
I2C_Mode_Config();
/* 根据头文件 i2c_ee.h 中的定义来选择 EEPROM 要写入的地址 */
#ifdef EEPROM_Block0_ADDRESS
/* 选择 EEPROM Block0 来写入 */
EEPROM_ADDRESS = EEPROM_Block0_ADDRESS;
#endif
/* 类似的可以选择 EEPROM Block1;EEPROM Block;2 EEPROM Block3 */
}
```

I^2C_EE_Init()；是用户编写的函数，其中调用了 I^2C_GPIO_Config()；配置好 I^2C 所用的 I/O 端口，调用 I^2C_Mode_Config()；设置 I^2C 的工作模式，并使能相关外设的时钟。之后进行 I^2C 读写测试程序编写。该函数的具体实现如下：

```
void I2C_Test(void)
{
    u16 i;
    printf("写入的数据 \n \r");
    for (i =0; i < =255; i ++) //填充缓冲
        {
        I2C_Buf_Write[i] = i;
        printf("0x% 02X ", I2C_Buf_Write[i]);
        if(i% 16 ==15)
        printf(" \n \r");
        }
        //将 I2C_Buf_Write 中顺序递增的数据写入 EERPOM 中
        I2C_EE_BufferWrite(I2C_Buf_Write, EEP_Firstpage, 256);
        printf(" \n \r 读出的数据 \n \r");
        //将 EEPROM 读出数据顺序保存到 I2C_Buf_Read 中
        I2C_EE_BufferRead(I2C_Buf_Read, EEP_Firstpage, 256);
        //将 I2C_Buf_Read 中的数据通过串口打印
        for (i =0; i <256; i ++)
        {
        if(I2C_Buf_Read[i] ! = I2C_Buf_Write[i])
```

```
{
printf("0x% 02X ", I2C_Buf_Read[i]);
printf("错误:I2C EEPROM 写入与读出的数据不一致 \n \r");
return;
}
printf("0x% 02X ", I2C_Buf_Read[i]);
```

I^2C_Test(void)是本实验中最主要的部分，把0～255按顺序填入缓冲区并通过串口打印到端口，接着把缓冲区的数据通过调用I^2C_EE_BufferWrite()函数写入EEPROM。I^2C_EE_BufferWrite()函数处理写入位置和缓冲区的地址，把处理好的地址交给I^2C_EE_PageWrite()函数，这个函数是与EEPROM进行I^2C通信的最底层函数。以上两个函数的具体实现可参考工程中的i2c_ee.c文件。

I^2C_EE_BufferWrite()函数，在每次调用完I^2C_EE_PageWrite()后，都调用了一个I^2C_EE_WaitEepromStandbyState()函数。这个函数循环发送起始信号，若检测到EEPROM的应答，则说明EEPROM已经完成上一步的数据写入，进入Standby状态，可以进行下一步的操作。

在做I^2C通信操作（即读和写）时，可以通过循环调用库函数I^2C_CheckEvent()进行查询，以确保上一操作完成后才发出下一个I^2C通信信号。调用while(! I^2C_CheckEvent(I^2C1, X))；(X为具体某一事件在固件函数库中所对应的该事件的宏）来检测这个事件，确保检测到之后再执行下一操作。

I^2C_Test()函数调用的读EEPROM函数I^2C_EE_BufferRead()与写的情况类似，也是利用I^2C_CheckEvent()来确保通信正常进行的，要注意的是，读取数据时遵循I^2C的标准，主发送器stm32要发出两次起始I^2C信号才能建立通信。

3）写操作I^2C_EE_BufferWrite()函数的具体实现见i2c_ee.c文件。其流程如下：

① 检测SDA是否空闲。

② 按I^2C协议发出起始信号。

③ 发出7位器件地址和写模式。

④ 要写入的存储区首地址。

⑤ 用页写入方式或字节写入方式写入数据。

每个操作之后要检测“事件”，确定是否成功。写完后检测EEPROM是否进入Standby状态。

4）读操作void I^2C_EE_BufferRead()函数的具体实现见i2c_ee.c文件。其流程如下：

① 检测SDA是否空闲。

② 按I^2C协议发出起始信号。

③ 发出7位器件地址和写模式（伪写）。

④ 发出要读取的存储区首地址；重发起始信号。

⑤ 发出7位器件地址和读模式。

⑥ 接收数据。

类似于写操作，每个操作之后要检测“事件”，确定是否成功。

正确编写源程序并下载后，打开串口调试助手，选择正确的串口号，将波特率设置为115200，复位单片机即可观察到运行结果，如图9.17所示。

```
                    欢迎使用CHD1807 STM32开发板
                这是一个IIC外设(AT24C02)读写测试程序
                    (Apr  9 2013 - 20:10:19)
写入的数据为:
0x00 0x01 0x02 0x03 0x04 0x05 0x06 0x07 0x08 0x09 0x0A 0x0B 0x0C 0x0D 0x0E 0x0F 0x10 0x11 0x12 0x13 0x14 0x15 0x16 0x17 0x18 0x19
0x1A 0x1B 0x1C 0x1D 0x1E 0x1F 0x20 0x21 0x22 0x23 0x24 0x25 0x26 0x27 0x28 0x29 0x2A 0x2B 0x2C 0x2D 0x2E 0x2F 0x30 0x31 0x32 0x33
0x34 0x35 0x36 0x37 0x38 0x39 0x3A 0x3B 0x3C 0x3D 0x3E 0x3F 0x40 0x41 0x42 0x43 0x44 0x45 0x46 0x47 0x48 0x49 0x4A 0x4B 0x4C 0x4D
0x4E 0x4F 0x50 0x51 0x52 0x53 0x54 0x55 0x56 0x57 0x58 0x59 0x5A 0x5B 0x5C 0x5D 0x5E 0x5F 0x60 0x61 0x62 0x63 0x64 0x65 0x66 0x67
0x68 0x69 0x6A 0x6B 0x6C 0x6D 0x6E 0x6F 0x70 0x71 0x72 0x73 0x74 0x75 0x76 0x77 0x78 0x79 0x7A 0x7B 0x7C 0x7D 0x7E 0x7F 0x80 0x81
0x82 0x83 0x84 0x85 0x86 0x87 0x88 0x89 0x8A 0x8B 0x8C 0x8D 0x8E 0x8F 0x90 0x91 0x92 0x93 0x94 0x95 0x96 0x97 0x98 0x99 0x9A 0x9B
0x9C 0x9D 0x9E 0x9F 0xA0 0xA1 0xA2 0xA3 0xA4 0xA5 0xA6 0xA7 0xA8 0xA9 0xAA 0xAB 0xAC 0xAD 0xAE 0xAF 0xB0 0xB1 0xB2 0xB3 0xB4 0xB5
0xB6 0xB7 0xB8 0xB9 0xBA 0xBB 0xBC 0xBD 0xBE 0xBF 0xC0 0xC1 0xC2 0xC3 0xC4 0xC5 0xC6 0xC7 0xC8 0xC9 0xCA 0xCB 0xCC 0xCD 0xCE 0xCF
0xD0 0xD1 0xD2 0xD3 0xD4 0xD5 0xD6 0xD7 0xD8 0xD9 0xDA 0xDB 0xDC 0xDD 0xDE 0xDF 0xE0 0xE1 0xE2 0xE3 0xE4 0xE5 0xE6 0xE7 0xE8 0xE9
0xEA 0xEB 0xEC 0xED 0xEE 0xEF 0xF0 0xF1 0xF2 0xF3 0xF4 0xF5 0xF6 0xF7 0xF8 0xF9 0xFA 0xFB 0xFC 0xFD 0xFE 0xFF
读出的数据为:
0x00 0x01 0x02 0x03 0x04 0x05 0x06 0x07 0x08 0x09 0x0A 0x0B 0x0C 0x0D 0x0E 0x0F 0x10 0x11 0x12 0x13 0x14 0x15 0x16 0x17 0x18 0x19
0x1A 0x1B 0x1C 0x1D 0x1E 0x1F 0x20 0x21 0x22 0x23 0x24 0x25 0x26 0x27 0x28 0x29 0x2A 0x2B 0x2C 0x2D 0x2E 0x2F 0x30 0x31 0x32 0x33
0x34 0x35 0x36 0x37 0x38 0x39 0x3A 0x3B 0x3C 0x3D 0x3E 0x3F 0x40 0x41 0x42 0x43 0x44 0x45 0x46 0x47 0x48 0x49 0x4A 0x4B 0x4C 0x4D
0x4E 0x4F 0x50 0x51 0x52 0x53 0x54 0x55 0x56 0x57 0x58 0x59 0x5A 0x5B 0x5C 0x5D 0x5E 0x5F 0x60 0x61 0x62 0x63 0x64 0x65 0x66 0x67
0x68 0x69 0x6A 0x6B 0x6C 0x6D 0x6E 0x6F 0x70 0x71 0x72 0x73 0x74 0x75 0x76 0x77 0x78 0x79 0x7A 0x7B 0x7C 0x7D 0x7E 0x7F 0x80 0x81
0x82 0x83 0x84 0x85 0x86 0x87 0x88 0x89 0x8A 0x8B 0x8C 0x8D 0x8E 0x8F 0x90 0x91 0x92 0x93 0x94 0x95 0x96 0x97 0x98 0x99 0x9A 0x9B
0x9C 0x9D 0x9E 0x9F 0xA0 0xA1 0xA2 0xA3 0xA4 0xA5 0xA6 0xA7 0xA8 0xA9 0xAA 0xAB 0xAC 0xAD 0xAE 0xAF 0xB0 0xB1 0xB2 0xB3 0xB4 0xB5
0xB6 0xB7 0xB8 0xB9 0xBA 0xBB 0xBC 0xBD 0xBE 0xBF 0xC0 0xC1 0xC2 0xC3 0xC4 0xC5 0xC6 0xC7 0xC8 0xC9 0xCA 0xCB 0xCC 0xCD 0xCE 0xCF
0xD0 0xD1 0xD2 0xD3 0xD4 0xD5 0xD6 0xD7 0xD8 0xD9 0xDA 0xDB 0xDC 0xDD 0xDE 0xDF 0xE0 0xE1 0xE2 0xE3 0xE4 0xE5 0xE6 0xE7 0xE8 0xE9
0xEA 0xEB 0xEC 0xED 0xEE 0xEF 0xF0 0xF1 0xF2 0xF3 0xF4 0xF5 0xF6 0xF7 0xF8 0xF9 0xFA 0xFB 0xFC 0xFD 0xFE 0xFF
                                        IIC读写测试成功
```

图 9.17　读写测试程序运行结果

9.4　CAN 总线模块

控制器局域网络（Controller Area Network，CAN）由研发和生产汽车电子产品著称的德国 BOSCH 公司开发，并最终成为国际标准，是国际上应用最广泛的现场总线之一。在北美和西欧，CAN 总线协议已经成为汽车计算机控制系统和嵌入式工业控制局域网的标准总线，并且拥有以 CAN 为底层协议专为大型货车和重工机械车辆设计的 J1939 协议。近年来，CAN 总线所具有的高可靠性和良好的错误检测能力受到重视，被广泛应用于汽车计算机控制系统和环境温度恶劣、电磁辐射强和振动大的工业环境。

9.4.1　CAN 简介

bxCAN 是基础扩展 CAN（Basic Extended CAN）的缩写，支持 2.0A 和 2.0B CAN 协议。设计 bxCAN 的目的是用最少的 CPU 负荷来有效地管理大量传入的报文。通过软件配置优先级，bxCAN 也满足了传输报文的优先级问题。对于注重安全的应用，CAN 控制器提供用于支持 CAN 时间触发通信模式所需的所有硬件功能。

主要特性如下：

1）支持 2.0A、2.0B 版本 CAN 协议。

2）高达 1Mbit/s 的比特率。

3）支持时间触发通信功能。

发送功能如下：

1）三个发送邮箱。

2）可软件配置的发送优先级。

3）记录发送 SOF 时刻的时间戳。

接收功能如下：

1）3 级深度的两个接收 FIFO 通道。

2）14 个可扩展过滤阵列——整个 CAN 共享。

3）标志符列表。

4）可配置的 FIFO 通道溢出处理。

5）记录接收 SOF 的时间戳。

时间触发通信模式如下：

1）可关闭自动重发模式。

2）16 位自由运行定时器。

3）可配置的定时器精度。

4）最后两个数据字节中发送的时间戳。

管理功能如下：

1）可屏蔽的中断。

2）邮箱占用单独一块地址空间，便于提高软件效率。

注意：USB 和 CAN 共享一个 512B 的 SRAM 存储器用于数据发送和接收，因此它们不能同时使用（CAN 和 USB 对 SRAM 的访问是互斥的）。USB 和 CAN 可以用于同样的应用中，但是不能够同时使用。

9.4.2　CAN 功能描述

随着技术的发展，CAN 网络应用中的节点数量在不断增加，并且多个 CAN 网络之间还可能通过网关进行连接。由于每个节点都需要进行数据处理，因此整个 CAN 网络中的报文数量急剧增加。除了应用层报文外，网络管理和诊断报文也被引入。

1）除了需要一个增强的过滤机制来处理各种类型的报文以外，应用层任务需要更多 CPU 时间，因此报文接收所需的实时响应程度需要减轻。

2）接收 FIFO 的方案允许，CPU 花很长时间处理应用层任务而不会丢失报文。构筑在底层 CAN 驱动程序上的高层协议软件，要求跟 CAN 控制器之间有高效的接口。

CAN 网络拓扑如图 9.18 所示。

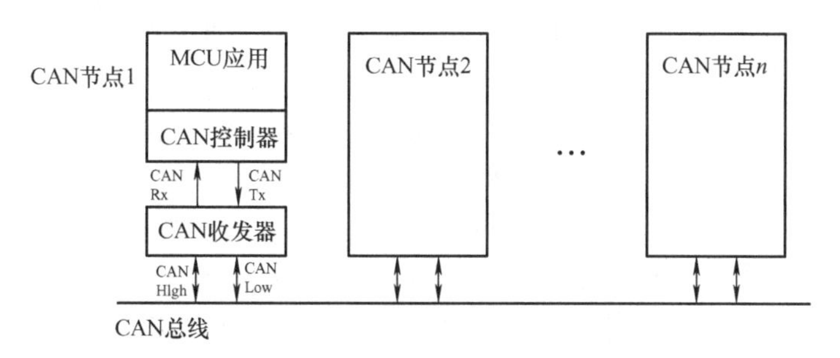

图 9.18　CAN 网络拓扑

bxCAN 模块全自动处理 CAN 报文的发送和接收。硬件对标准标志符（11 位）和扩展标志符（29 位）都支持。应用程序通过这些寄存器可以实现如下功能：

1）配置 CAN 参数，如波特率。

2）请求发送报文。

3）处理报文接收。

4）管理中断。

5）取得诊断信息。

bxCAN 为软件提供了三个发送邮箱用于发送报文，由发送调度器决定哪一个邮箱的报文先被发送。bxCAN 提供了 14 个可扩展/可配置标志符过滤器组，软件通过对它们编程，从而在引脚收到的报文中选择它需要的报文，而把其他报文丢弃掉。bxCAN 运行模式如图 9.19所示。

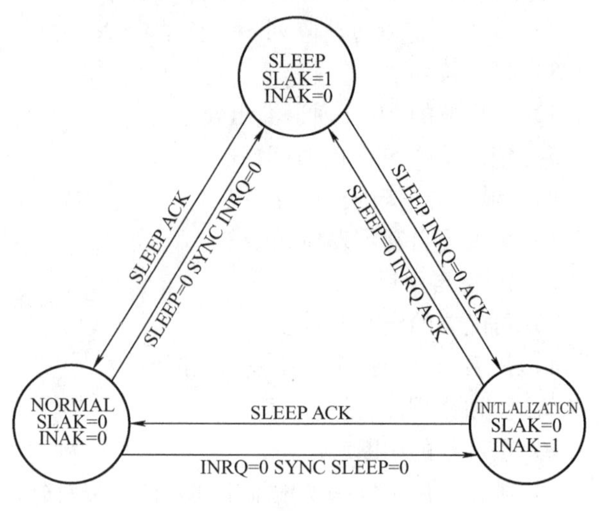

图 9.19　bxCAN 运行模式

注意事项：

1）ACK = 硬件响应睡眠或初始化请求，而对 CAN_MSR 寄存器的 INAK 或 SLAK 位置 1 的状态。

2）SYNC = bxCAN 等待 CAN 总线变为空闲的状态，即在 CANRX 引脚上检测到连续的 11 个隐性位。

9.4.3　CAN 配置简介

1. 工作模式

bxCAN 有三个主要的工作模式：初始化、正常和睡眠。

1）初始化模式。软件通过对 CAN_MCR 寄存器的 INRQ 位置 1 请求 bxCAN 进入初始化模式，然后等待硬件对 CAN_MSR 寄存器的 INAK 位置 1 进行确认。

软件通过对 CAN_MCR 寄存器的 INRQ 位清 0 请求 bxCAN 退出初始化模式，当硬件对 CAN_MSR 寄存器的 INAK 位清 0 时就确认了初始化模式的退出。

当 bxCAN 处于初始化模式时，报文的接收和发送都被禁止，并且 CANTX 引脚输出隐性位（高电平）。初始化 CAN 控制器时，软件必须设置 CAN_BTR 和 CAN_MCR 寄存器。

2）正常模式。在初始化完成后，软件应该让硬件进入正常模式，同步 CAN 总线，以便正常接收和发送报文。软件通过对 INRQ 位清 0 请求从初始化模式进入正常模式，然后要等待硬件对 INAK 位清 0 来确认。在与 CAN 总线取得同步，即在 CANRX 引脚上监测到 11 个连续的隐性位（等效于总线空闲）后，bxCAN 才能正常接收和发送报文。

过滤器初值的设置不需要在初始化模式下进行，但必须在它处在非激活状态下完成（相应的 FACT 位为 0）。而过滤器的位宽和模式的设置，则必须在进入正常模式之前，即初始化模式下完成。

3）睡眠模式（低功耗）。软件通过对 CAN_MCR 寄存器的 SLEEP 位置 1 请求进入这一模式。在该模式下，bxCAN 的时钟停止，但软件仍然可以访问邮箱寄存器。

当 bxCAN 处于睡眠模式时，软件若想通过对 CAN_MCR 寄存器的 INRQ 位置 1 进入初始化模式，则必须同时对 SLEEP 位清 0。

有两种方式可以唤醒（退出睡眠模式）bxCAN：通过软件对 SLEEP 位清 0，或硬件检测

CAN总线的活动。

2. 工作流程

1）发送报文的流程。应用程序选择一个空发送邮箱，设置标志符、数据长度和待发送数据，然后CAN_TIxR寄存器的TXRQ位置1，请求发送。TXRQ位置1后，邮箱就不再是空邮箱，而一旦邮箱不再为空，软件对邮箱寄存器就不再有写的权限。TXRQ位置1后，邮箱马上进入挂号状态，并等待成为最高优先级的邮箱（参见发送优先级）。一旦邮箱成为最高优先级的邮箱，其状态就变为预定发送状态。当CAN总线进入空闲状态时，预定发送邮箱中的报文就马上被发送（进入发送状态）。邮箱中的报文被成功发送后，它马上变为空邮箱，硬件相应地对CAN_TSR寄存器的RQCP和TXOK位置1，以表明一次成功发送。如果发送失败，若是仲裁引起的，就对CAN_TSR寄存器的ALST位置1，若是发送错误引起的，就对TERR位置1。

2）发送的优先级可以由标志符或发送请求次序决定：①由标志符决定。当有超过一个发送邮箱在挂号时，发送顺序由邮箱中报文的标志符决定。根据CAN协议，标志符数值最低的报文具有最高的优先级。如果标志符的值相等，那么邮箱号小的报文先被发送。②由发送请求次序决定。通过对CAN_MCR寄存器的TXFP位置1，可以把发送邮箱配置为发送FIFO。在该模式下，发送的优先级由发送请求次序决定。该模式对分段发送很有用。

3）时间触发通信模式。在该模式下，CAN硬件的内部定时器被激活，并且被用于产生时间戳，分别存储在CAN_RDTxR/CAN_TDTxR寄存器中。内部定时器在接收和发送的帧起始位的采样点位置被采样，并生成时间戳。

3. 接收管理

接收到的报文被存储在3级邮箱深度的FIFO中。FIFO完全由硬件管理，从而节省了CPU的处理负荷，简化了软件并保证了数据的一致性。应用程序只能通过读取FIFO输出邮箱，来读取FIFO中最先收到的报文。根据CAN协议，当报文被正确接收（直到EOF域的最后一位都没有错误），且通过了标志符过滤，那么该报文被认为是有效报文。

接收相关的中断条件如下：

一旦往FIFO存入一个报文，硬件就会更新FMP［1:0］位，并且如果CAN_IER寄存器的FMPIE位为1，那么就会产生一个中断请求。

当FIFO变满（即第3个报文被存入）时，CAN_RFxR寄存器的FULL位就被置1，并且如果CAN_IER寄存器的FFIE位为1，那么就会产生一个满中断请求。

在溢出的情况下，FOVR位被置1，并且如果CAN_IER寄存器的FOVIE位为1，那么就会产生一个溢出中断请求。

标志符过滤如下：

在CAN协议里，报文的标志符不代表节点的地址，而是跟报文的内容相关，因此发送者以广播的形式将报文发送给所有的接收者。节点在接收报文时根据标志符的值决定是否需要该报文：如果需要，就复制到SRAM里；如果不需要，报文就被丢弃且无需软件的干预。

为满足这一需求，bxCAN为应用程序提供了14个位宽可变的、可配置的过滤器组（13～0），以便只接收那些软件需要的报文。硬件过滤的做法节省了CPU开销，否则就必须由软件过滤，从而占用一定的CPU开销。每个过滤器组x由两个32位寄存器CAN_FxR0和

CAN_FxR1 组成。

4. 过滤器模式的设置

通过设置 CAN_FM0R 的 FBMx 位，可以配置过滤器组为标志符列表模式或屏蔽位模式。为了过滤出一组标志符，应该设置过滤器组工作在屏蔽位模式；为了过滤出一个标志符，应该设置过滤器组工作在标识符列表模式。应用程序不用的过滤器组，应该保持在禁用状态。

5. 过滤器优先级规则

1）位宽为 32 位的过滤器，优先级高于位宽为 16 位的过滤器。

2）对于位宽相同的过滤器，标志符列表模式的优先级高于屏蔽位模式。

3）位宽和模式都相同的过滤器，优先级由过滤器号决定，过滤器号小的优先级高。

6. 接收邮箱（FIFO）

在接收到一个报文后，软件就可以访问接收 FIFO 的输出邮箱来读取它。一旦软件处理了报文（如把它读出来），软件就应该对 CAN_ RFxR 寄存器的 RFOM 位置 1，释放该报文，以便为后面收到的报文留出存储空间。

7. 中断

bxCAN 占用四个专用的中断向量。通过设置 CAN 中断允许寄存器 CAN_IER，每个中断源都可以单独允许和禁用。

1）发送中断可由下列事件产生：

① 发送邮箱 0 变为空，CAN_TSR 寄存器的 RQCP0 位被置 1；

② 发送邮箱 1 变为空，CAN_TSR 寄存器的 RQCP1 位被置 1；

③ 发送邮箱 2 变为空，CAN_TSR 寄存器的 RQCP2 位被置 1。

2）FIFO0 中断可由下列事件产生：

① FIFO0 接收到一个新报文，CAN_RF0R 寄存器的 FMP0 位不再是“00”；

② FIFO0 变为满的情况，CAN_RF0R 寄存器的 FULL0 位被置 1；

③ FIFO0 发生溢出的情况，CAN_RF0R 寄存器的 FOVR0 位被置 1。

3）FIFO1 中断可由下列事件产生：

① FIFO1 接收到一个新报文，CAN_RF1R 寄存器的 FMP1 位不再是“00”；

② FIFO1 变为满的情况，CAN_RF1R 寄存器的 FULL1 位被置 1；

③ FIFO1 发生溢出的情况，CAN_RF1R 寄存器的 FOVR1 位被置 1。

4）错误和状态变化中断可由下列事件产生：

① 出错情况，关于出错情况的详细信息请参考 CAN 错误状态寄存器（CAN_ESR）。

② 唤醒情况，在 CAN 接收引脚上监视到帧起始位（SOF）。

③ CAN 进入睡眠模式。

CAN 总线的具体寄存器配置较为复杂，请参见 STM32 的数据手册，这里就不详细展开了。

9.4.4 CAN 操作实例

CAN_Transmit( ) 函数的操作包括：

1）选择一个空的发送邮箱。

2）设置 ID。

3）设置 DLC 待传输消息的帧长度。

4）请求发送。请求发送语句如下：

CAN->sTxMailBox[TransmitMailbox].TIR |=TMIDxR_TXRQ;// 对 CAN_TIxR 寄存器的 TXRQ 位置1，来请求发送

CAN 总线与串口类似，有两种数据接收方式：一种是中断方式，需调用 CAN_Interrupt(void)函数；另一种是轮询方式，需调用 CAN_Polling(void)函数。由于 CAN 总线采用多主机通信方式，不是点对点或一主多从模式，多应用于实时通信的场合，因此在使用中断函数 CAN_Interrupt(void)后要关中断，以免无法进行多主机通信而导致系统崩溃的后果。

发送者以广播的形式把报文发送给所有接收者（注：不是一对一通信，而是多机通信）节点在接收报文时根据标志符的值决定软件是否需要该报文：如果需要，就复制到 SRAM 里；如果不需要，报文就被丢弃且无需软件的干预。一旦往 FIFO 存入一个报文，硬件就会更新 FMP［1:0］位，并且如果 CAN_IER 寄存器的 FMPIE 位为1，那么就会产生一个中断请求。中断函数执行完后关中断是要让出总线周期，由其他的主机使用。

具体函数如下：

```
void CAN_Configuration(void) //CAN 配置函数
{
CAN_InitTypeDef     CAN_InitStructure;
CAN_FilterInitTypeDef CAN_FilterInitStructure;
/* CAN register init */
CAN_DeInit();
//CAN_StructInit(&CAN_InitStructure);
/* CAN cell init */
CAN_InitStructure.CAN_TTCM = DISABLE;//禁止时间触发通信模式
CAN_InitStructure.CAN_ABOM = DISABLE;//软件对 CAN_MCR 寄存器的 INRQ 位进行置 1 随
后清 0，一旦硬件检测到 128 次 11 位连续的隐性位,就退出离线状态
CAN_InitStructure.CAN_AWUM = DISABLE;//睡眠模式通过清除 CAN_MCR 寄存器的 SLEEP
位由软件唤醒
CAN_InitStructure.CAN_NART = ENABLE;//DISABLE; CAN 报文只被发送 1 次，不管发送的
结果如何（成功、出错或仲裁丢失）
CAN_InitStructure.CAN_RFLM = DISABLE;//在接收溢出时 FIFO 未被锁定，当接收 FIFO 的
报文未被读出时，下一个收到的报文会覆盖原有的报文
CAN_InitStructure.CAN_TXFP = DISABLE;//发送 FIFO 优先级由报文的标志符决定
//CAN_InitStructure.CAN_Mode = CAN_Mode_LoopBack;
CAN_InitStructure.CAN_Mode = CAN_Mode_Normal; //CAN 硬件工作在正常模式
CAN_InitStructure.CAN_SJW = CAN_SJW_1tq;//重新同步跳跃宽度一个时间单位
CAN_InitStructure.CAN_BS1 = CAN_BS1_8tq;//时间段 1 为 8 个时间单位
CAN_InitStructure.CAN_BS2 = CAN_BS2_7tq;//时间段 2 为 7 个时间单位
CAN_InitStructure.CAN_Prescaler = 9; // (pclk1/((1 + 8 + 7) * 9)) = 36MHz/16/9 =
250kbits 设定了一个时间单位的长度 9
CAN_Init(&CAN_InitStructure);
/* CAN filter init 过滤器初始化 */
CAN_FilterInitStructure.CAN_FilterNumber = 0;//指定了待初始化的过滤器 0
CAN_FilterInitStructure.CAN_FilterMode = CAN_FilterMode_IdMask;//指定了过滤
器将被初始化到的模式标志符屏蔽位模式
CAN_FilterInitStructure.CAN_FilterScale = CAN_FilterScale_32bit;//给出了一个
32 位位宽的过滤器
```

```
CAN_FilterInitStructure.CAN_FilterIdHigh = 0x0000;//用来设定过滤器标志符(32位位宽时为其高段位,16位位宽时为第一个)
CAN_FilterInitStructure.CAN_FilterIdLow = 0x0000;//用来设定过滤器标识符(32位位宽时为其低段位,16位位宽时为第二个)
CAN_FilterInitStructure.CAN_FilterMaskIdHigh = 0x0000;//用来设定过滤器屏蔽标志符或者过滤器标志符(32位位宽时为其高段位, 16位位宽时为第一个)
CAN_FilterInitStructure.CAN_FilterMaskIdLow = 0x0000;//用来设定过滤器屏蔽标志符或者过滤器标志符(32位位宽时为其低段位, 16位位宽时为第二个)
CAN_FilterInitStructure.CAN_FilterFIFOAssignment = CAN_FIFO0;//设定了指向过滤器的FIFO0
CAN_FilterInitStructure.CAN_FilterActivation = ENABLE;//使能过滤器
CAN_FilterInit(&CAN_FilterInitStructure);
/* CAN FIFO0 message pending interrupt enable */
CAN_ITConfig(CAN_IT_FMP0, ENABLE);//使能指定的CAN中断
}
```

发送程序如下:

```
TestStatus CAN_TxData(char data)
{
CanTxMsg TxMessage;
u32 i = 0;
u8 TransmitMailbox = 0; /*
u32 dataLen;
dataLen = strlen(data);
if(dataLen > 8)
dataLen = 8; */
/* transmit 1 message 生成一个信息 */
TxMessage.StdId = 0x00;//设定标准标志符
TxMessage.ExtId = 0x1234;//设定扩展标志符
TxMessage.IDE = CAN_ID_EXT;//设定消息标志符的类型
TxMessage.RTR = CAN_RTR_DATA;//设定待传输消息的帧类型
/* TxMessage.DLC = dataLen;
for(i = 0;i < dataLen;i ++)
TxMessage.Data[i] = data[i]; */
TxMessage.DLC = 1; //设定待传输消息的帧长度
TxMessage.Data[0] = data;//包含了待传输数据
TransmitMailbox = CAN_Transmit(&TxMessage);//开始一个消息的传输
i = 0;
while((CAN_TransmitStatus(TransmitMailbox) != <A && (i != "0xFF))//通过检查CANTXOK位来确认发送是否成功
{i ++;}
return (TestStatus)ret; }
```

9.5 USB模块

STM32F103系列芯片都自带了USB，不过STM32F103的USB都只能用作设备，而不能用作主机。即便如此，对于一般应用来说已经足够了。本节将介绍如何在STM32开发板上虚拟一个USB鼠标。

9.5.1　USB简介

USB是英文Universal Serial BUS（通用串行总线）的缩写，而其中文简称为“通串线”，是一个外部总线标准，用于规范计算机与外设的连接和通信，是应用在PC领域的接口技术。USB接口支持设备的即插即用和热插拔功能。USB是在1994年底由英特尔、康柏、IBM、Microsoft等多家公司联合提出的。

USB发展到现在已经有USB1.0/1.1/2.0/3.0等多个版本。目前用得最多的就是USB1.1和USB2.0，USB3.0已经开发出来了，相信不久就可以在计算机上大量应用。STM32F103自带的USB符合USB2.0版本。

标准USB共四根线组成，除VCC/GND外，另外为数据线D+和D-，这两根数据线采用的是差分电压的方式进行数据传输。在USB主机上，D-和D+都是接了1.5kΩ的电阻到地的，所以在没有设备接入的时候，D+、D-均是低电平。在USB设备中，如果是高速设备，则会在D+上接一个1.5kΩ的电阻到VCC，如果是低速设备，则会在D-上接一个1.5kΩ的电阻到VCC。这样，当设备接入主机的时候，主机就可以判断是否有设备接入，并能判断设备是高速设备还是低速设备。下面简单介绍STM32的USB控制器。

9.5.2　USB功能描述

STM32F103的MCU自带USB从控制器，符合USB标准的通信连接。PC主机和微控制器之间的数据传输是通过共享一专用的数据缓冲区来完成的，该数据缓冲区能被USB外设直接访问。这块专用数据缓冲区的大小由所使用的端点数目和每个端点最大的数据分组大小所决定，每个端点最大可使用512字节缓冲区（专用的512字节，和CAN共用），最多可用于16个单向或8个双向端点。USB模块同PC主机通信，根据USB标准实现令牌分组的检测、数据发送/接收的处理和握手分组的处理。整个传输的格式由硬件完成，其中包括CRC的生成和校验。

每个端点都有一个缓冲区描述块，描述该端点使用的缓冲区地址、大小和需要传输的字节数。当USB模块识别出一个有效的功能/端点的令牌分组时（如果需要传输数据并且端点已配置），随之发生相关的数据传输。USB模块通过一个内部的16位寄存器实现端口与专用缓冲区的数据交换。在所有的数据传输完成后，如果需要，则根据传输的方向，发送或接收适当的握手分组。在数据传输结束时，USB模块将触发与端点相关的中断，通过读状态寄存器和/或利用不同的中断来处理。

1. USB外设

为了实现同步传输和高吞吐量大传输，使用了双缓冲。这将保证微控制器使用其中一个缓冲区的时候，USB外设能使用另外一个。

任何时候只要需要，这个单元模块可以通过配置控制寄存器置为低功耗模式（挂起模式），这种模式下不产生任何静态的功耗，并且USB时钟可以减缓或者停止。在低功耗模式下，可以通过检测USB线路上的活动异步唤醒设备，也可以将一特定的中断输入源直接连接到唤醒引脚上，使系统立即恢复正常的时钟系统，并支持直接启动或停止时钟系统。

2. USB模块描述

USB外设实现的USB接口相关的所有特性包括以下模块：

1）串行接口引擎（SIE）。此模块包括的功能有帧头同步域的识别、位填充、CRC 的产生和校验、PID 的验证/产生和握手分组处理等。SIE 可与 USB 收发器交互，利用分组缓冲接口提供的虚拟缓冲区存储局部数据，也可根据 USB 事件，与类似于传输结束或一个数据报正确接收等与端点相关事件生成信号，如帧首（Start of Frame）、USB 复位、数据错误等，这些信号用来产生中断。

2）定时器。此模块为任何要求帧首同步的其他部分产生帧锁时钟脉冲，并且在 USB 线上无数据传输的时间超过 3ms 时，就判定为一个 USB 全局挂起事件。

3）分组缓冲器接口。此模块管理那些用于发送和接收的临时本地内存单元。它根据 SIE 的要求分配合适的缓冲区，并定位到端点寄存器所指向的存储区地址。它在每个字节传输后，自动递增地址，直到数据分组传输结束。它记录传输的字节数并防止缓冲区溢出。

4）端点相关寄存器。每个端点都有一个与之相关的寄存器，用于描述端点类型和当前状态。对于单向和单缓冲器端点，一个寄存器就可以用于实现两个不同的端点，一共 8 个寄存器，可以用于实现最多 16 个单向/单缓冲的端点或者 7 个双缓冲的端点或者这些端点的组合。例如，可以同时实现 4 个双缓冲端点和 8 个单缓冲/单向端点。

5）控制寄存器。这些寄存器包含整个 USB 模块的状态信息、用来触发诸如恢复、低功耗等 USB 事件。

6）中断寄存器。这些寄存器包含中断屏蔽信息和中断事件的记录信息，配置和访问这些寄存器可以获取中断源、中断状态等信息，并能清除待处理中断的状态标志。

注意：端点 0 总是用于单缓冲模式下的控制传输。

USB 外设通过 APB1 接口连接到 APB1 总线。APB1 接口包含如下的模块：

1）分组缓冲区。这个数据分组缓存在分组缓冲区中，它由分组缓冲接口控制并创建数据结构，应用程序可以直接访问该缓冲区。它的大小为 512 字节，由 256 个 16 位的字构成。

2）仲裁器。该模块负责处理来自 APB1 总线和 USB 接口的存储器请求。它通过向 APB1 提供较高的访问优先权来解决总线的冲突，并且总是保留一半的存储器带宽供 USB 完成传输。它采用时分复用的策略实现了虚拟的双端口 SRAM，即在 USB 传输的同时，允许应用程序访问存储器。此策略也允许任意长度的多字节 APB1 传输。

3）寄存器映射器。此模块将 USB 模块的各种字节宽度和位宽度的寄存器映射成能被 APB1 寻址的 16 位宽度的内存集合。

4）中断映射器。此模块将可能产生中断的 USB 事件映射到 NVIC 的 IRQ 线上。

5）APB1 封装。此模块为缓冲区和寄存器提供到 APB1 的接口，并将整个 USB 模块映射到 APB1 地址空间。

9.5.3 USB 配置简介

USB 的中断映射单元的功能是将可能产生中断的 USB 事件映射到三个不同的 NVIC 请求线上：

1）USB 低优先级中断（通道 20）。可由所有 USB 事件触发（正确传输、USB 复位等）。固件在处理中断前应当首先确定中断源。

2）USB 高优先级中断（通道 19）。仅能由同步和双缓冲批量传输的正确传输事件触发，目的是保证最大的传输速率。

3）USB 唤醒中断（通道 42）。由 USB 挂起模式的唤醒事件触发。

USB 设备框图如图 9.20 所示。

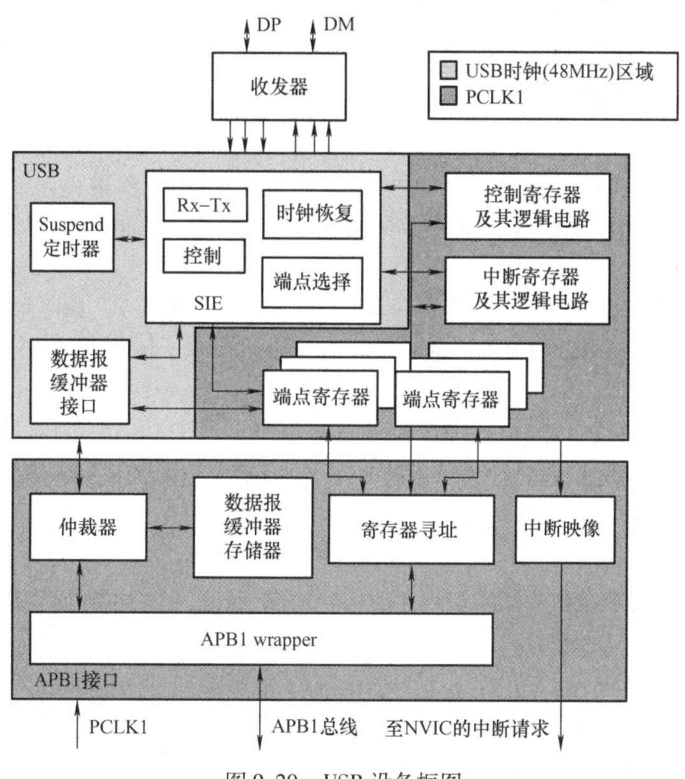

图 9.20　USB 设备框图

整个 USB 通信的过程是很复杂的，这里不再具体介绍，详情可以参阅相关书籍。USB 部分参数配置见 STM32 数据手册。另外，ST 公司提供了几个例程，这些例程对于了解 STM32F103 的 USB 会有不少帮助，参考 ST 的例程，会有意想不到的收获。

9.5.4　USB 操作实例

USB 模块为 PC 主机和微控制器所实现的功能之间提供了符合 USB 规范的通信连接。PC 主机和微控制器之间的数据传输是通过共享专用的数据缓冲区来完成的。USB 模块同 PC 主机通信，根据 USB 规范实现令牌分组的检测、数据发送/接收的处理和握手分组的处理，整个传输的格式由硬件完成。

USB 模块通过一个内部的 16 位寄存器实现端口与专用缓冲区的数据交换。在数据传输结束时，USB 模块将触发与端点相关的中断，通过读状态寄存器和/或者利用不同的中断处理程序，微控制器可以确定：

1）哪个端点需要得到服务。

2）产生如位填充、格式、CRC、协议、缺失 ACK、缓冲区溢出/缓冲区未满等错误时，正在进行的是哪种类型的传输。

STM32 开发板的 USB 硬件电路原理如图 9.21所示：

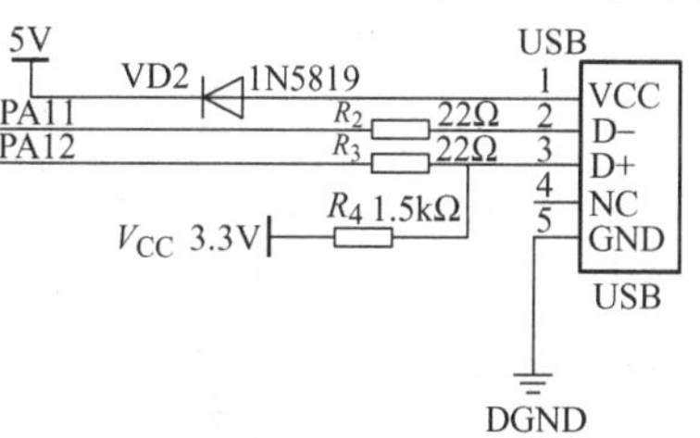

图 9.21　STM32 开发板的 USB 硬件电路原理图

软件配置步骤如下：

1）添加系统配置库文件：startup/start_stm32f10x_hd. c、CMSIS/core_cm3. c、CMSIS/system_stm32f10x. c、FWlib/stm32f10x_gpio. c、FWlib/stm32f10x_rcc. c、FWlib/stm32f10x_usart. c、FWlib/misc. c、FWlib/stm32f10x_dma. c、FWlib/stm32f10x_sdio. c、FWlib/stm32f10x_flash. c。

2）添加用户编写的文件：USER/main. c、USER/stm32f10x_it. c、USER/usart1. c、USER/sdcard. c、USER/usb_istr. c、USER/usb_prop. c、USER/usb_pwr. c、USER/hw_config. c、USER/memory. c。

3）添加 USB 文件，（这些文件放在 usb_library 文件夹里）：usb_core. c、usb_init. c、usb_mem. c、usb_regs. c、usb_bot. c、usb_scsi. c、usb_data. c、usb_desc. c、usb_endp. c。

说明：

stm32f10x_it. c：该文件中包含 USB 中断服务程序，由于 USB 中断有很多情况，这里的中断服务程序只是调用 usb_Istr. c 文件中的 USB_Istr 函数，由 USB_Istr 函数再做轮询处理。

usb_istr. c：该文件中只有一个函数，即 USB 中断的 USB_Istr 函数，该函数对各类引起 USB 中断的事件作轮询处理。

usb_prop. c：该文件用于实现相关设备的 USB 协议，如初始化、SETUP 报、IN 报、OUT 报等。

usb_pwr. c：该文件中包含处理上电、掉电、挂起和恢复事件的函数。

memory. c：该文件中包含 USB 读写 SD 卡的函数。

hw_config. c：该文件中包含系统配置的函数。

4）在 main. c 里面添代码，具体如下：

```
int main(void)
{
    SystemInit(); /* 配置系统时钟为 72MHz */
    USART1_Config(); /* 串口 1 配置，15200-8-N-1 */
    NVIC_Configuration(); /* SD 卡中断配置，优先级最高 */
    while (SD_USER_Init() != SD_OK);/* 等待 SD 卡底层初始化成功 */
    Get_Medium_Characteristics();/* 获取 SD 卡容量信息，并在串口打印出来 */
    Set_USBClock(); /* 配置 USB 时钟为 48MHz */
    USB_Interrupts_Config();/* 配置 USB 中断 */
    USB_Init(); /* USB 系统初始化 */
    /* 等待 USB 中断到来 */
    while (1) { }
}
```

系统库函数“SystemInit()”；将系统时钟配置为 72MHZ，“USART1_Config()”；初始化要用到的串口 1，以打印 MicroSD 卡的容量信息，有关这两个函数的详细介绍请参考前面的教程，这里不再详述。

“NVIC_Configuration();”用于配置 MicroSD 卡的中断优先级，本例中配置为最高优先。

“while (SD_USER_Init() ! = SD_OK);”用于等待 MicroSD 卡底层硬件初始化成功，SD_USER_Init()在 sdcard. c 中实现。只有这个初始化成功了，接下来才能通过 USB 的方式来访问，所以才采用 while()；的写法。如果初始化不成功则一直等待，直到初始化成功为止。SD_USER_Init( )在 main. c 中实现。

“Get_Medium_Characteristics( )；”用于获取 MicroSD 卡的容量信息，并通过串口 1 在超级终端中打印出来。“Get_Medium_Characteristics( )；”在 main. c 中实现。

“Set_USBClock( )；”将 USB 的时钟设置为 48MHz。USB 的时钟必须设置为 48MHz。“Set_USBClock( )；”在 hw_config. c 中实现。

“USB_Interrupts_Config( )；”用于配置 USB 的中断优先级，本例中 USB 的中断优先级次于 MicroSD 卡的中断优先级。“USB_Interrupts_Config( )；”在 hw_config. c 中实现。

“USB_Init( )；”用于系统初始化。“USB_Init( )；”在 usb_init. c 中实现。

“while (1) { }”为无限循环，总等待 USB 中断的到来，然后进行中断服务程序的处理。USB 中断函数“void USB_Istr(void)”在 usb_istr. c 中实现。

操作结果如下：

插上 MicroSD 卡，插上方口的 USB 线，将编译好的程序下载到 STM32 开发板，如果程序运行成功，则可在计算机上看到开发板上的 U 盘。

9.6　小结

本章主要就 STM32 微控制器中的 USART 模块、SPI 模块、I^2C 模块、CAN 模块以及 USB 模块进行了介绍。对每一个模块的操作都配合 STM32 开发板设计了例程。通过本章的学习应重点掌握 USART、I^2C 以及 USB 模块的使用技巧。

习　题

1. STM32 系列单片机有哪些外设接口模块？

2. 编程设置修改 STM32 的串口为串口 2，并设置波特率为 9600、8 位数据位、无校验位、1 位停止位，写出程序代码。

3. I^2C-EEPROM 与 SPI-FLASH 的通信的区别是什么？

4. 请编程实现以下功能：利用 I^2C 向 EERPOM 写入数据，再读取出来，进行校验，通过串口打印写入与读取出来的数据，并输出校验结果。

5. 请编程实现以下功能：利用 SPI 总线读取 Flash 的 ID 信息，写入数据，并读取出来进行校验，通过串口打印写入与读取出来的数据，输出测试结果。

第10章

STM32综合实验

CHD1807-STM32 F103 开发系统可满足本科与研究生教学中绝大多数验证性实验和创新性实验的要求，同时也便于工程技术人员自学与二次开发。本章介绍此实验平台的基本情况，并在此实验平台的基础上，介绍若干综合实验。

10.1　STM32 开发板

本节首先简要介绍 CHD1807-STM32F103 开发系统（简称 STM32 开发板）。通过本节的学习可以对该实验平台有个大概了解，为本章的综合实验做铺垫。STM32 开发板的特点如下：

1）接口丰富。提供 10 多种标准接口，可以方便地进行各种外设的实验和开发。

2）设计灵活。很多资源都可以灵活配置，以满足不同条件下的使用。板上引出了除晶体振荡器占用的 I/O 口外的所有 I/O 口，可以极大地方便扩展及使用。

3）资源充足。16M 字节 Flash，满足大内存需求和大数据存储。各种接口芯片，满足各种应用需求。

4）人性化设计。各个接口都有丝印标注，使用起来一目了然；接口位置设计安排合理，方便顺手；资源搭配合理，物尽其用。

10.1.1　STM32 开发板资源介绍

STM32 开发板分为 CHD1807-STM32F103 核心系统板、开发底板和若干功能模块。其中，CHD1807-STM32F103 核心系统板的资源如图 10.1 所示。

CHD1807-STM32F103 核心系统板，（简称核心板）采用 LQFP100 封装的 STM32F103VET6 芯片。核心板引出了除晶体振荡器有关的引脚外的 STM32F103VET6 芯片所有功能引脚，可直接用于项目开发及产品原型验证。核心板的外形尺寸为 6.0cm ×4.5cm，其设计充分考虑了人性化要求。核心板资源如下：

- CPU：STM32F103VET6，LQFP100；Flash：512K 字节；SRAM：64K 字节；
- 一个启动模式选择配置接口；
- 一个标准的 JTAG/SWD 调试下载口；
- 一组多功能端口（DAC/ADC/PWM DAC/AUDIO IN/TPAD）；
- 一个复位按钮，可用于复位 MCU 和 LCD；

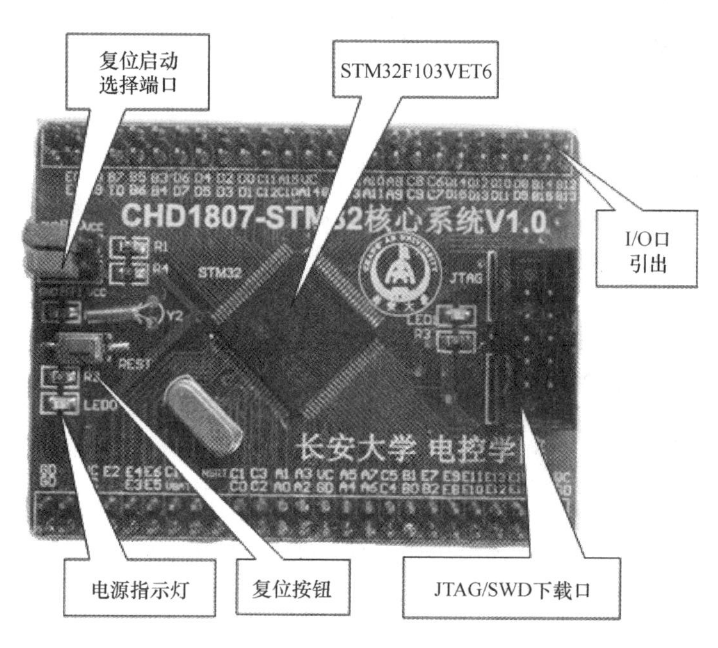

图10.1　CHD1807-STM32F103 核心系统板资源

- 除晶体振荡器占用的I/O口外，其余所有I/O口全部引出。

CHD1807-STM32F103 开发底板资源如图10.2所示。

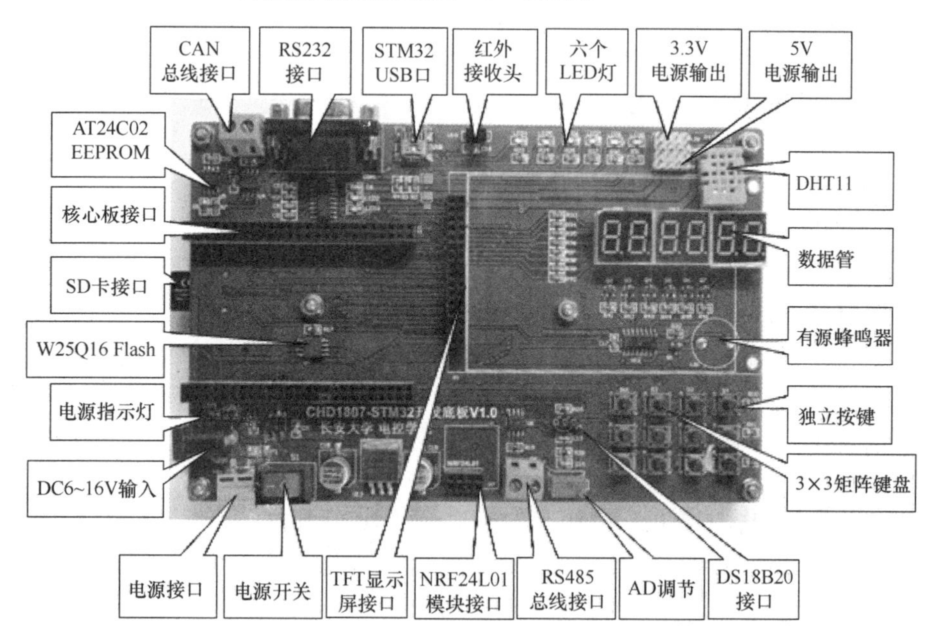

图10.2　CHD1807-STM32F103 开发底板资源

从图10.2可以看出，CHD1807-STM32F103 开发底板（简称开发底板）资源十分丰富，所有STM32F103VET6的内部资源都可以在此开发底板上验证，同时扩充丰富的接口和功能模块。开发底板的外形尺寸为10.4cm×16.4cm，其设计充分考虑了人性化要求。开发底板的资源如下：

- 外扩 SPI Flash：W25Q64，8M 字节；
- 一个电源指示灯（红色）；
- 六个 LED 指示灯；
- 一个红外接收头，配一款小巧的红外遥控器；
- 一个 EEPROM 芯片，AT24C02，容量 256 字节；
- 一个 2.4G 无线模块接口及 NRF24L01 无线发射、接收模块；
- 一路 CAN 总线接口，采用 TJA1050 芯片；
- 一路 RS485 总线接口，采用 SP3485 芯片；
- 一路 RS232（串口）接口，采用 MAX232 芯片；
- 一路数字温度传感器接口，支持 DS18B20；
- 一路数字温湿度传感器 DHT11；
- 一个标准的 3.2in TFT 显示屏模块接口，支持触摸屏；
- 一个标准串口，可用于程序下载和代码调试（USART 调试）；
- 一个 USB SLAVE 接口，用于 USB 通信；
- 一个有源蜂鸣器；
- 一个 RS485 选择接口；
- 一个 CAN/USB 选择接口；
- 一个串口选择接口；
- 一个 SD 卡接口（在板子背面，支持 SPI/SDIO）；
- 一组 5V 电源输入/输出；
- 一组 3.3V 电源输入/输出；
- 一个电源开关，控制整个开发底板的电源；
- 一个 RTC 后备电池座，并带电池。

10.1.2 STM32 开发板硬件设计

1. CHD1807-STM32F103 核心系统板硬件资源

1）引出 I/O 口。一组 54 个 I/O 口的引出（P5），在它的右侧不远，是另外一组 54 个 I/O 口的引出（P4），这两组排针引出 108 个 I/O 口，而 STM32F103VET6 总共只有 112 个 I/O口，除去 RTC 晶体振荡器占用的两个 I/O 口，还剩下 PA9 和 PA10 没有在这里引出（由 P6 引出）。

2）JTAG/SWD 调试下载口。STM 开发板板载的 20 针标准 JTAG 调试口（JTAG）可以直接和 ULINK、JLINK 或者 STLINK 等调试器（仿真器）连接。同时，由于 STM32 支持 SWD 调试，这个 JTAG 口也可以用 SWD 模式来连接。用标准的 JTAG 调试，需要占用 5 个 I/O 口，有些时候，可能造成 I/O 口不够用，而用 SWD 调试则只需要 2 个 I/O 口，不但大大节约 I/O 口的数量，而且达到的效果是一样的。所以，这里强烈建议使用仿真器的 SWD 模式！

3）STM32F103VET6。STM 开发板的核心芯片（U5），具有 64KB SRAM、512KB Flash、2 个基本定时器、4 个通用定时器、2 个高级定时器、2 个 DMA 控制器（共 12 个通道）、3 个 SPI、2 个 I^2C、5 个串口、1 个 USB、1 个 CAN、3 个 12 位 ADC、1 个 12 位 DAC、1 个

SDIO 接口、1 个 FSMC 接口以及 112 个通用 I/O 口。

4）启动模式选择配置接口。STM 开发板板载的启动模式选择配置接口（BOOT），有 BOOT0（B0）和 BOOT1（B1）两个启动选择引脚，用于选择复位后 STM32 的启动模式。作为 STM 开发板，这两个是必需的。在 STM 开发板上，可通过跳线帽选择 STM32 的启动模式。关于启动模式的说明，请参考前面的章节。

5）复位按钮。STM 开发板板载的复位按钮（RESET）用于复位 STM32 芯片，还具有复位液晶模块的功能。因为液晶模块的复位引脚和 STM32 芯片的复位引脚是连接在一起的，当按下该按钮的时候，STM32 芯片和液晶模块一并被复位。

2. CHD1807-STM32F103 开发底板硬件资源

1）AT24C02 EEPROM：这是 STM 开发板板载的 EEPROM 芯片（U15），容量为 2KB，也就是 256 字节，用于存储一些掉电不能丢失的重要数据，如系统设置的一些参数/触摸屏校准数据等。有了 AT24C02 就可以方便地实现掉电数据保存。

2）核心板接口：STM 开发板采用核心板 + 开发底板的方式，这种方式可以方便二次开发。核心板小巧，还可以用于其他系统。

3）SD 卡接口：本开发底板的 SD 卡只能用 SDIO 模式。在 8 位模式总线下，该接口可以使数据传输速率达到 48MHz，兼容 SD 存储卡规范 2.0 版。

4）W25Q16 16Mbit Falsh：STM 开发板外扩的 SPI Flash 芯片，容量为 16Mbit，也就是 2M 字节，可用于存储字库和其他用户数据，满足大容量数据存储要求。当然如果觉得 2M 字节还不够用，可以把数据存放在外部 SD 卡。

5）电源指示灯：STM 开发板底板载的一颗红色 LED 灯（PWR），用于指示电源状态。当电源开启时，该灯会亮，否则不亮。通过这个 LED，可以判断 STM 开发板的上电情况。

6）DC6 ~ 16V 电源输入：STM 开发板板载的一个外部电源输入口（DC_IN）采用标准的直流电源插座。STM 开发板板载了 LM2940，用于提供稳定的 5V 电源。所以 STM 开发板的供电范围十分宽，可以很方便地找到合适的电源来给 STM 开发板供电。

7）电源接口：电源接口用于电机实验，可以从这里引出电源给 L298 模块。电压等于电源适配器输入的电压。同样可以使用电池，采用相应的接口，从这里给开发板供电。

8）电源开关：STM 开发板板载的电源开关（S1）用于控制整个 STM 开发板的供电，如果切断，则整个开发板都将断电，电源指示灯会随着此开关的状态而亮灭。

9）TFT 显示屏模块接口：支持 STM 开发板配套的 3.2in TFT 显示屏模块，使用 FSMC 接口控制该显示屏自带的液晶控制器 ILI9341，使用 SPI 接口与触摸屏控制器 TSC2046 通信。

10）NRF24L01 模块接口：这是 STM 开发板板载的 NRF24L01 模块接口（U7），只要插入模块，便可以实现无线通信，从而使板子具备无线功能。但是，这里需要两个模块和两个 STM 开发板同时工作才可以，如果只有一个 STM 开发板或一个模块，是没法实现无线通信的。

11）RS485 总线接口：STM 开发板板载的 RS485 总线接口通过两个端口和外部 RS485 设备连接。注意：RS485 通信的时候，必须 A 接 A、B 接 B，否则可能通信不正常！

12）AD 模块：通过 ADC1 的通道 11（对应到 GPIO 中的 PC1）来读取外部电压值，开发板底板上有一个电位器（R_{28}）调节输入电压值在 0 ~ 3.3V 之间变化。

13）DS18B20 接口：STM 开发板的一个复用接口（U13），该接口由三个镀金排孔组成，可以用来连接 DS18B20 等数字温度传感器。

14）3×3 矩阵键盘：单片机系统中 I/O 口资源往往比较宝贵，当用到多个按键时，为了节省 I/O 口，可引入矩阵键盘。初学者也可以学习矩阵键盘的工作方式，以便更好地理解单片机的编程。

15）独立按键：STM 开发板板载的机械式输入按键（SW1、SW2、SW3），这三个是普通按键，可以用于人机交互的输入，这三个按键是直接连接在 STM32 的 I/O 口上的。SW1、SW2、SW3 是低电平有效。

16）有源蜂鸣器：STM 开发板的板载蜂鸣器（LS1）可以实现简单的报警/闹铃功能。

17）数码管：本开发底板有三个二位七段式共阳极 LED 数码管显示器，用驱动电路来驱动数码管的各个段码，显示数字。

18）DHT11：通过 DHT11 温湿度传感器模块采集外部环境的温度和湿度。DHT11 数字温湿度传感器是一款含有已校准数字信号输出的温湿度复合传感器。

19）3.3V 电源输入/输出：STM 开发板板载的一组 3.3V 电源输入/输出排针（1×4）（+3.3V），该排针用于给外部提供 3.3V 的电源，也可以用于从外部取 3.3V 的电源给板子供电。在实验时可能经常会为没有 3.3V 电源而苦恼不已，有了这组 3.3V 排针，就可以很方便地拥有一个简单的 3.3V 电源（最大电流不能超过 500mA）。

20）5V 电源输入/输出：STM 开发板板载的一组 5V 电源输入/输出排针（1×4）（+5V），用于给外部提供 5V 的电源，也可以用于从外部取 5V 的电源给板子供电。同样，有了这组 5V 排针，就可以很方便地拥有一个简单的 5V 电源（最大电流不能超过 500mA）。

21）六个 LED 灯：STM 开发板板载的六个 LED 灯（LED4～LED9），在调试代码的时候，可以使用 LED 来指示程序状态，是非常不错的一个辅助调试方法。

22）红外接收头：STM 开发板的红外接收头（U10）可以实现红外遥控功能，通过这个接收头，可以接收市面常见的各种遥控器的红外信号，甚至可以自己实现万能红外解码。当然，如果应用得当，该接收头也可以用来传输数据。

23）STM32 USB 口：STM 开发板板载的一个 USB SLAVE 接口用于 STM32 与计算机的 USB 通信，通过此 USB SLAVE 接口，STM 开发板就可以和计算机进行 USB 通信了。

24）RS232 接口：STM 开发板板载的 RS232 接口（COM1）通过一个标准的 DB9 母头和外部的串口连接。通过这个接口，可以连接带有串口的计算机或者其他设备，实现串口通信及 STM32 的程序下载。可以把 STM 开发板用来和其他板子通信，而其他板子的串口，也可以方便地连接到 STM32 开发板上。

25）CAN 总线接口：STM 开发板板载的 CAN 总线接口（CAN）通过两个端口和外部 CAN 总线连接。注意：CAN 通信的时候，必须 CANH 接 CANH、CANL 接 CANL，否则可能通信不正常！

26）后备电池：STM32 开发板的后备电池座在开发底板的背面，用来给 STM32 的后备区域提供能量，在外部电源断电时维持后备区域数据的存储以及 RTC 的运行。

3. TFT 显示屏模块

TFT 显示屏模块如图 10.3 所示，它由显示屏和显示控制电路组成。显示控制电路引出了 TFT 显示屏接口及安装孔。显示屏尺寸为 3.2in，像素点为 320×240 个点。

TFT 显示屏硬件资源如下：

1）TFT 显示屏接口：将 TFT 显示屏接口与 STM32 开发板的 TFT 显示屏接口相连，用于驱动显示屏控制电路，为显示屏提供电源和显示信息信号。

2）3.2in TFT 显示屏：TFT 显示屏有 320 × 240 个像素点，尺寸为 3.2in。由控制电路驱动可以在任意指定位置显示文字、形状、图像等信息。

3）安装孔：安装孔用螺钉铜柱等固定在 STM32 开发板或支架上，防止在使用过程中丢失或损坏，同时防止在使用触屏功能时由于受力不匀而造成的液晶屏裂痕。

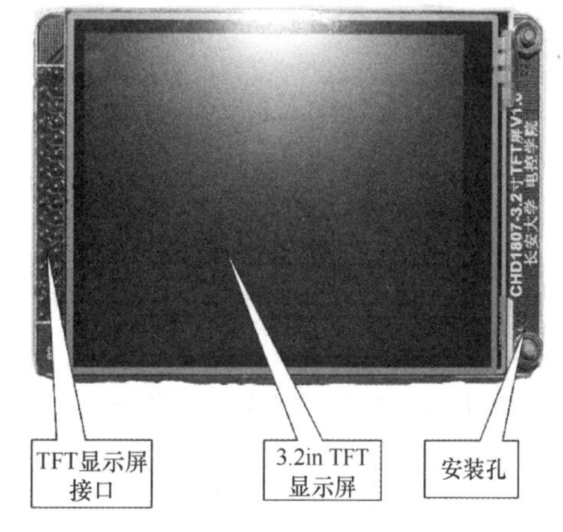

图 10.3 TFT 显示屏模块

4. 电机驱动桥模块

电机驱动桥模块如图 10.4 所示。电机驱动桥由 LM298 作为驱动芯片，5V 稳压电路作为供电电源，并配有开关电源按钮和电源输入接口。驱动电路资源引出控制端口输入，电机接口用于连接主电路与电机。

电机驱动桥模块硬件资源如下：

1）LM298 芯片：控制整个驱动桥电路，控制信号为直流 5V，最大工作电流为 2.5A，额定功率为 25W；信号指示，转速可调，抗干扰能力强；具有过电压和过电流保护；可单独控制两台直流电动机，也可单独控制一台步进电动机；PWM 脉宽平滑调速，可实现正反转。

2）控制端口输入：模块是通过单片机产生的 PWM 脉冲信号作为输入信号来进行控制的。电动机的总转动角度由输入脉冲数决定，电动机的转速由脉冲信号频率决定，通过调节 PWM 波的频率和占空比控制电动机转速。

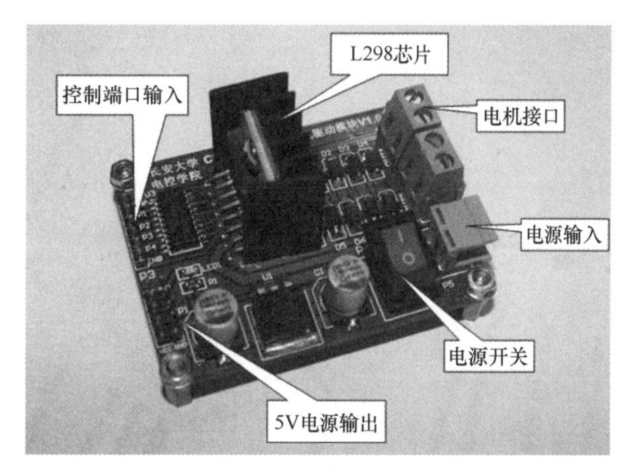

图 10.4 电机驱动桥模块

3）电机接口：驱动器输入的 PWM 脉冲信号经过控制电路的作用，在电机接口输出新的脉冲信号控制电动机转动。两个脉冲的间隔越短，步进电动机就转得越快。调整单片机发出的脉冲频率，就可以对步进电动机进行调速。

4）电源输入：控制芯片工作电压高，最高工作电压可达 46V；输出电流大，瞬间峰值电流可达 3A，持续工作电流为 2A；额定功率为 25W。控制信号为直流 5V，电机电压为直流 3 ~ 46V（建议使用 36V 以下）。

5）电源开关：控制整个电机驱动桥模块的供电，可以实现电源的开关控制和应急断电的效果，一旦发生接错、电源供电错误等情况，可快速断电。

10.2 追光系统

10.2.1 追光系统设计要求

设计制作一个能够检测并指示点光源位置的光源跟踪系统，系统示意图如图 10.5 所示。光源 B 使用单只 1W 白光 LED，固定在一支架上。LED 的电流能够在 150～350mA 的范围内调节。初始状态下光源中心线与支架间的夹角 θ 约为 60°，光源距地面高约 100cm，支架可以用手动方式沿着以 A 为圆心、半径 r 约 173cm 的圆周在不大于 ±45°的范围内移动，也可以沿直线 LM 移动。在光源后 3cm 距离内、光源中心线垂直平面上设置一直径不小于 60cm 暗色纸板。光源跟踪系统 A 放置在地面，通过使用光敏器件检测光照强度判断光源的位置，并以激光笔指示光源的位置。

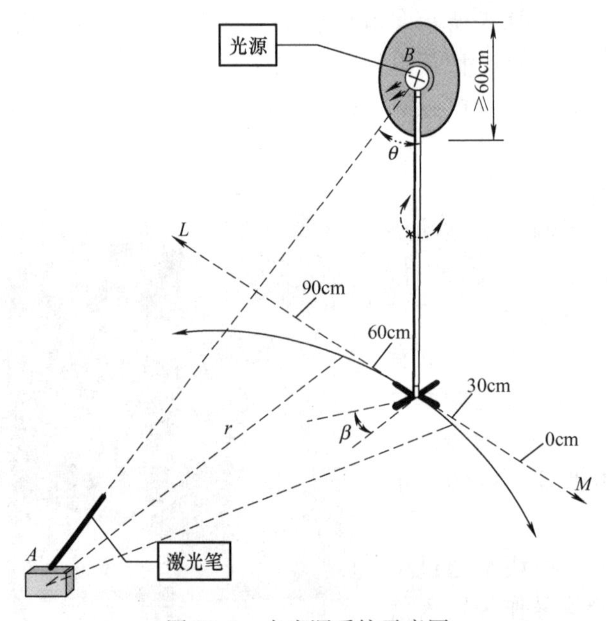

图 10.5　点光源系统示意图

1. 基本要求

1）光源跟踪系统中的指向激光笔可以通过现场设置参数的方法尽快指向点光源。

2）将激光笔光点调偏离点光源中心 30cm 时，激光笔能够尽快指向点光源。

3）在激光笔基本对准光源时，以 A 为圆心，将光源支架沿着圆周缓慢（10～15s 内）平稳移动 20°（约 60cm），激光笔能够连续跟踪指向 LED 点光源。

2. 发挥部分

1）在激光笔基本对准光源时，将光源支架沿着直线 LM 平稳缓慢（15s 内）移动 60cm，激光笔能够连续跟踪指向光源。

2）将光源支架旋转一个角度 β（≤20°），激光笔能够迅速指向光源。

3）光源跟踪系统检测光源具有自适应性，改变点光源的亮度时（LED 驱动电流变化 ±50mA），能够实现发挥部分 1）的内容。

3. 说明

1）作为光源的 LED 的电流应该能够调整并可测量。

2）测试现场为正常室内光照，跟踪系统 *A* 不正对直射阳光和强光源。

3）系统测光部件应该包含在光源跟踪系统 *A* 中。

4）光源跟踪系统在寻找跟踪点光源的过程中，不得人为干预光源跟踪系统的工作。

5）除发挥部分 3）项目外，点光源的电流应为（300 ± 15）mA。

6）在进行发挥部分 3）项测试时，不得改变光源跟踪系统的电路参数或工作模式。

10.2.2　追光系统软硬件设计

1. 硬件设计

硬件部分由电源模块、LED 光源模块、光强检测模块、步进电动机及其驱动模块、激光笔、显示屏及 STM32 微控制器构成。

电源模块设计：开关电源输出为 12V，通过 78L05 转换成 5V，再通过 AMS1117-3.3V 转换成 3.3V。电路原理如图 10.6 所示。

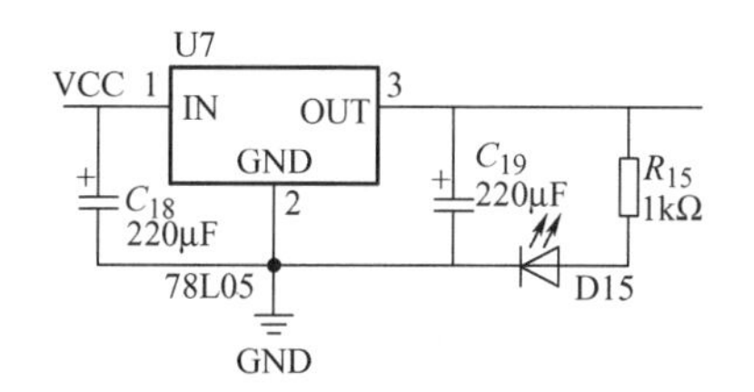

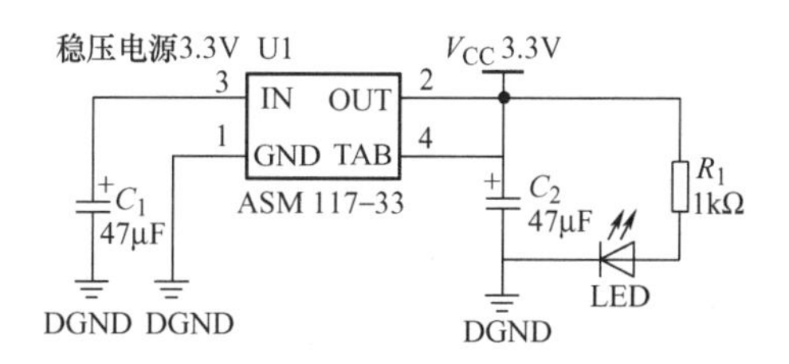

图 10.6　电源模块电路原理图

LED 光源模块电路由 1W 白光 LED 及其驱动电路构成。主要构成器件是 TI 公司的 LED 驱动芯片 TPS61062，电压反馈运算放大器 OPA820 作为全面集成的同步升压变换器，它无需外接肖特基二极管就能够达到尺寸最小的目的，所需的外部组件数量小。对该电路进行分析并实际测试可得，改变 R_s 的阻值可调节 LED 的电流。该电路经检验可以达到电流为（300 ± 15）mA、功率为 1W 的要求。电路原理图如图 10.7 所示。

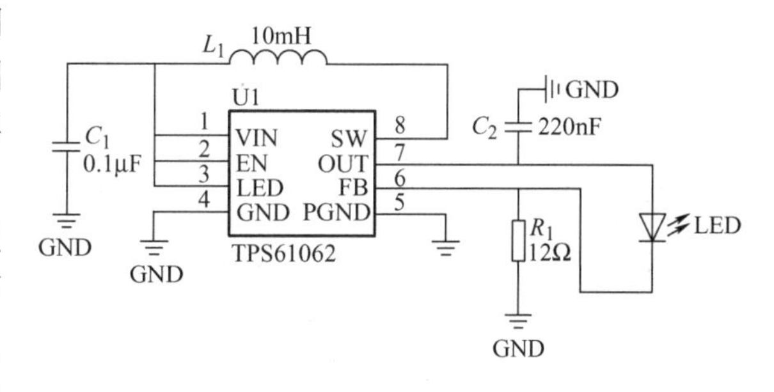

图 10.7　LED 光源模块电路原理图

光强检测模块由八个光敏晶体管组成。实际操作时发现，光敏晶体管在不同环境感应出来的电压值有很大差别，特别是受外界光照影响比较明显。为确保单片机能捕捉到传感器的电压变化，在每个光敏晶体管发射极加一个普通晶体管。单个光敏晶体管接收光线的电路如图 10.8a 所示 。VT8 为晶体管（C9013），能对光敏晶体管的电流起放大作用，有利于单片机捕捉光敏晶体管电压的变化。光敏晶体管布置在一个十字交叉电路板上，如图 10.8b 所示。

步进电动机及其驱动模块采用 ULN2003A 驱动，如图 10.9 所示。ULN2003A 是一个 7 路反相器电路，即当输入端为高电平时 ULN2003A 输出端为低电平，当输入端为低电平时

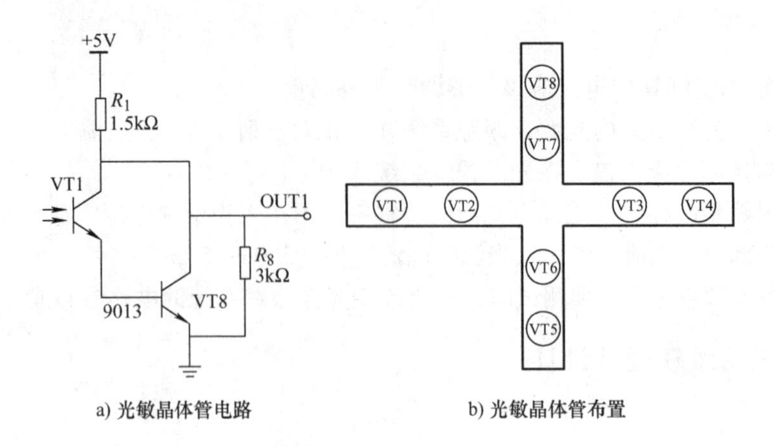

a) 光敏晶体管电路　　b) 光敏晶体管布置

图 10.8　光敏晶体管

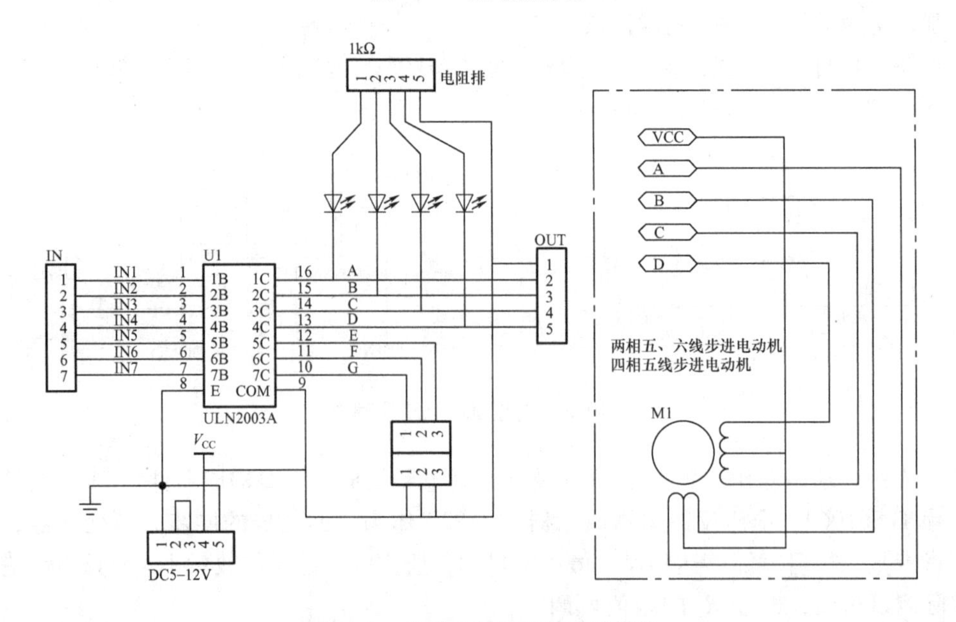

图 10.9　步进电动机及其驱动模块

ULN2003A 输出端为高电平。

2. 软件设计

根据各个功能模块画出系统结构框图，如图 10.10 所示。

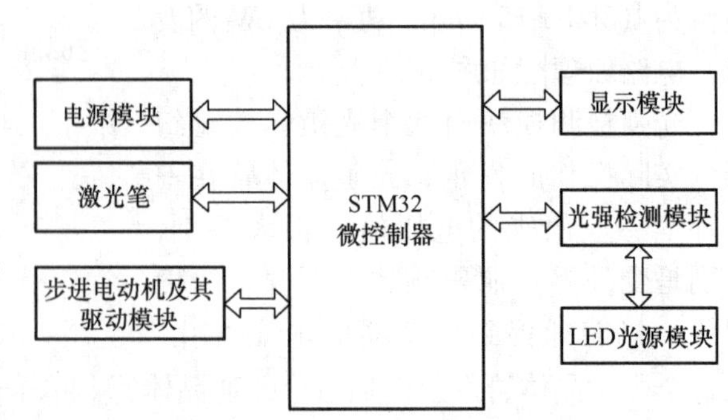

图 10.10　系统结构图

程序开始运行，首先检测每个光敏晶体管的电压值，比较图 10.8b 中 VT1、VT2、VT3、VT4 的 A/D 转换值确定水平移动方向。再根据 VT5、VT6、VT7、VT8 的 A/D 转换值确定竖直移动方向。这里需要格外注意的是，认为相等的阈值可能会有温度漂移的影响，注意调整阈值。程序流程如图 10.11 所示。

10.2.3　追光系统实现

点光源追光系统软件核心代码如下：

1. 步进电动机驱动代码

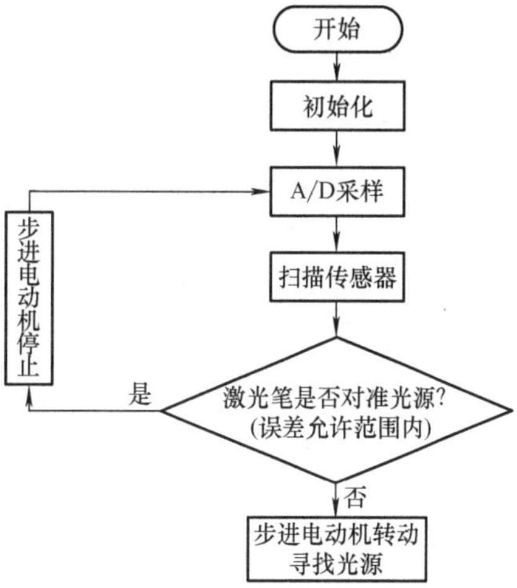

```
void Motor1_for(void)
{
  static int i=0;
  switch(i)
  {
  case 0:
  PA3=0; PA0=1;PA1=0; PA2=0;delay_ms(1);
  break;
  case 1:PA1=1;delay_ms(1);break;
  case 2:PA0=0;delay_ms(1);break;
  case 3: PA2=1;delay_ms(1); break;
  case 4: PA1=0;delay_ms(1);break;
  case 5: PA3=1;delay_ms(1);break;
  case 6: PA2=0;delay_ms(1); break;
  case 7: PA0=1;delay_ms(1);break;
  default:break;
  }
  i++;
  if(i>7) i=0;
}
```

图10.11　程序流程

2. ADC初始化代码

```
void Adc_Init(void)
{
    //先初始化I/O口
    RCC->APB2ENR|=1<<2;//使能PORTA口时钟
    GPIOA->CRL&=0XFFFFFF0F;//PA1 anolog输入
    //通道10/11设置
    RCC->APB2ENR|=1<<9;//ADC1时钟使能
    RCC->APB2RSTR|=1<<9;//ADC1复位
    RCC->APB2RSTR&=~(1<<9);//复位结束
    RCC->CFGR&=~(3<<14);//分频因子清零
    //SYSCLK/DIV2=12M ADC时钟设置为12MHz,ADC最大时钟不能超过14MHz
    //否则将导致ADC准确度下降!
    RCC->CFGR|=2<<14;
    ADC1->CR1&=0XF0FFFF;//工作模式清零
    ADC1->CR1|=0<<16;//独立工作模式
    ADC1->CR1&=~(1<<8);//非扫描模式
    ADC1->CR2&=~(1<<1);//单次转换模式
    ADC1->CR2&=~(7<<17);
    ADC1->CR2|=7<<17;//软件控制转换
    ADC1->CR2|=1<<20;//使用外部触发(SWSTART)!必须使用一个事件来触发
    ADC1->CR2&=~(1<<11);//右对齐
```

```
    ADC1->SQR1&=~(0XF<<20);
    ADC1->SQR1&=0<<20;//一个转换在规则序列中也就是只转换规则序列 1
    //设置通道 1 的采样时间
    ADC1->SMPR2&=~(7<<3);//通道 1 采样时间清空
    ADC1->SMPR2|=7<<3;//通道 1 设置周期，提高采样时间可以提高精确度
    ADC1->CR2|=1<<0;//开启 ADC
    ADC1->CR2|=1<<3;//使能复位校准
    while(ADC1->CR2&1<<3);//等待校准结束
    //该位由软件设置并由硬件清除.在校准寄存器被初始化后该位将被清除.
    ADC1->CR2|=1<<2;//开启 ADC 校准
    while(ADC1->CR2&1<<2);//等待校准结束
    //该位由软件设置以开始校准，并在校准结束时由硬件清除
}
```

实物图如图 10.12 所示。

图 10.12　点光源追光系统作品实物图

10.3　倒立摆

10.3.1　倒立摆设计要求

设计制作一个板式倒立摆控制装置。通过对风扇转速的控制，调节风力大小，改变板式倒立摆转角 θ，并保证不让板式倒立摆倒下，示意图如图 10.13 所示。

控制对象为板式倒立摆，其形式及尺寸如图 10.14 所示。

1. 基本要求

1）用手转动板式倒立摆时，能够数字显示转角 θ。显示范围为 0°～10°，分辨力为 1°，绝对误差不大于 2°。

2）通过操作键盘控制风力大小，使转角 θ 能够在 2°～10°范围内变化，并要求实时显示 θ。

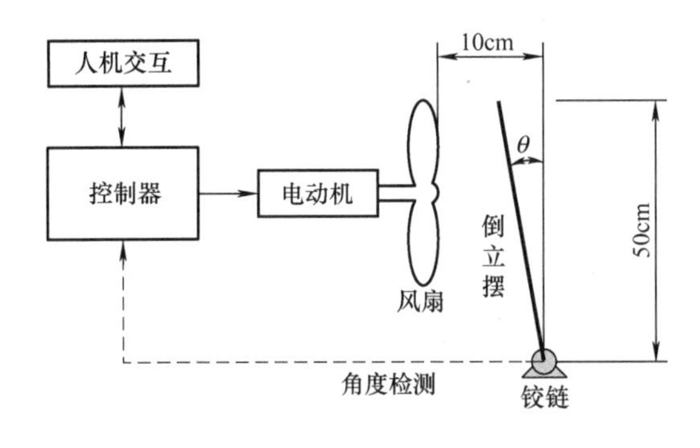

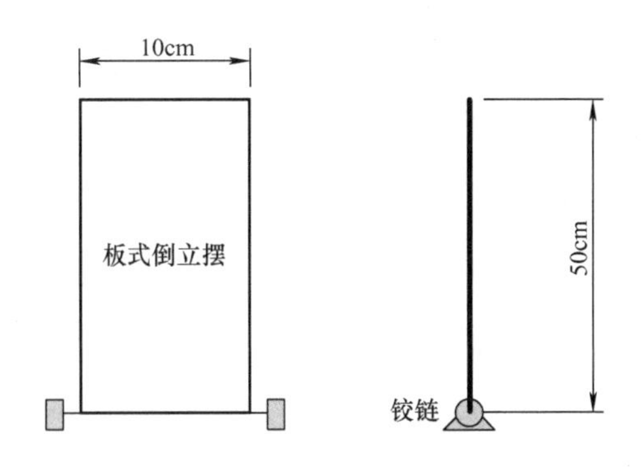

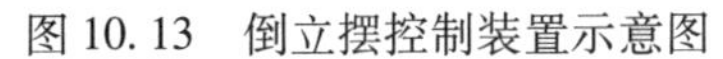

图 10.13　倒立摆控制装置示意图　　　图 10.14　板式倒立摆形式及尺寸

2. 发挥部分

通过操作键盘控制风力大小，使板式倒立摆转角 θ 稳定在 0° ±5°范围内的任意指定值。要求控制过程在 10s 内完成，实时显示 θ。

3. 说明

1）调速装置自制。

2）风扇选用台式计算机散热风扇或其他形式的直流供电轴流风扇，但不能选用带有自动调速功能的风扇。

3）板的材料和厚度自定，固定轴应足够灵活，不阻碍板运动。

10.3.2　倒立摆软硬件设计

1. 硬件设计

硬件模块部分包括电源模块、电动机及风扇、功率驱动、加速度计、电源电路、显示屏及 STM32 微控制器，其各部分具体功能如下：

电源模块：开关电源输出 12V，通过 LM2940 转换成 5V，再通过 AMS1117-3.3V 转换成 3.3V。电路原理图如图 10.15 所示：

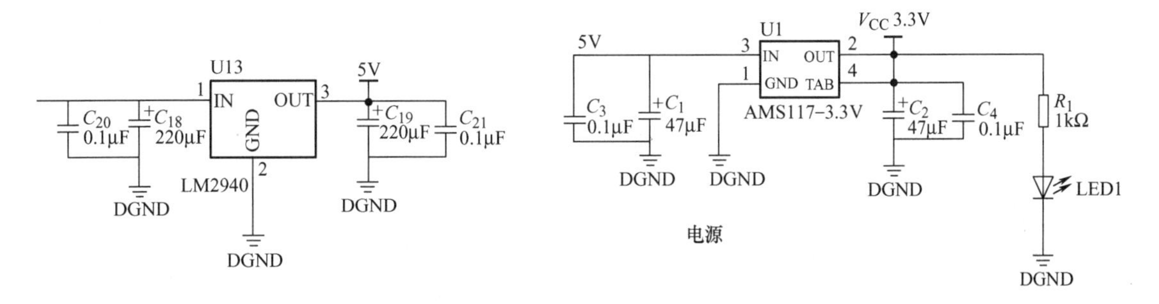

图 10.15　电源模块电路原理图

风扇：提供风力，使倒立摆在 2° ~10°范围保持稳定。

电动机驱动：本电动机驱动采用 LM298 芯片。LM298 易于控制，只需一路 PWM 就可以控制电动机转速。电路原理图如图 10.16 所示。

加速度计模块：角度变换，会使得模拟电压变化。STM32 微控制器采样模拟电压，计

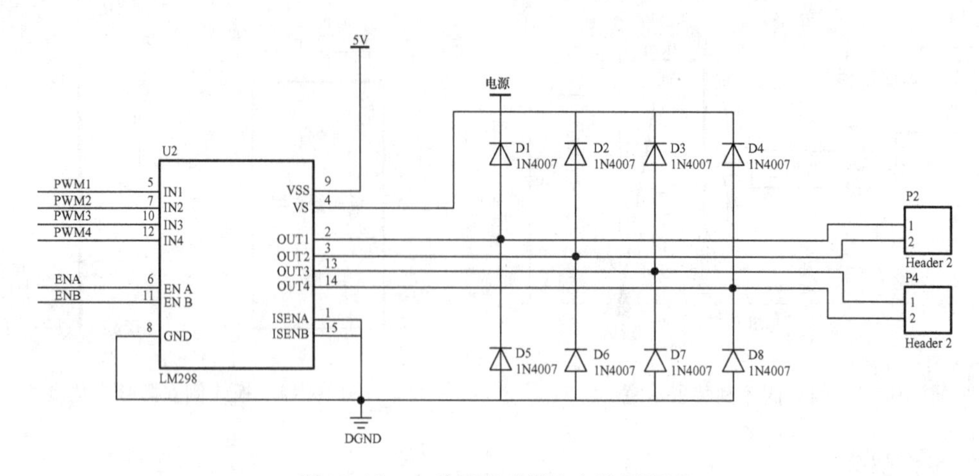

图 10.16　电动机驱动模块电路原理图

算出角度 ϑ，通过 TFT 显示屏显示倒立摆的实时角度 θ。加速度计模块电路原理图如图 10.17所示。

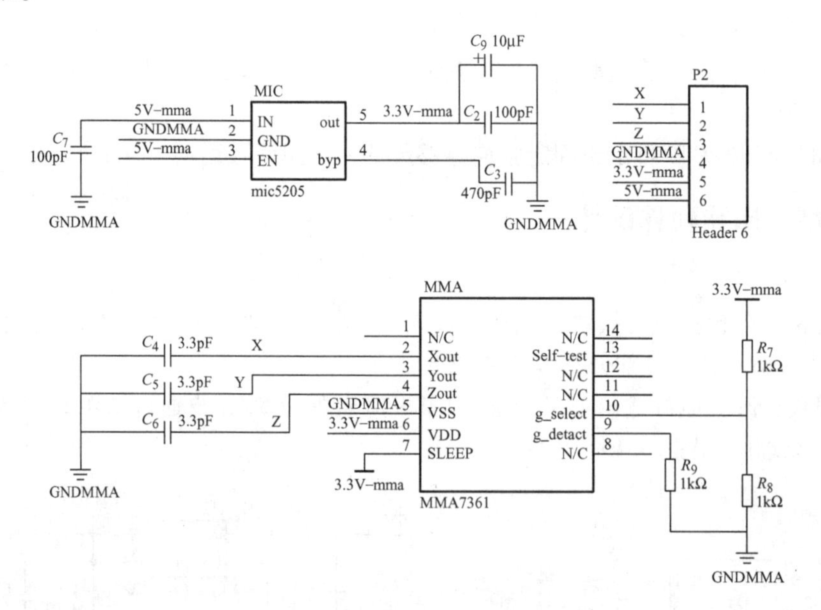

图 10.17　加速度计模块电路原理图

2. 软件设计

根据各个功能模块画出倒立摆控制结构框图，如图 10.18 所示。

倒立摆软件设计是实现其功能的核心部分。软件主要包括电动机调速、角度检测、角度显示。设计时主要考虑系统的实时性。

根据倒立摆的工作流程，当电源开关闭合时，电动机及风扇开始运行，使倒立摆保持稳定。同时，用加速度计检测倒立摆当前角度，用 STM32 采样模拟电压，计算得到倒立摆当前角度，以实现对电动机的控制调节及为倒立摆实时角度显示提供数据。系统采用闭环控制算法，角度给定值和角度反馈用于速度 PI 调节器计算 PWM 给定值，从而控制电机及风扇的转速。系统软件流程如图 10.19 所示。

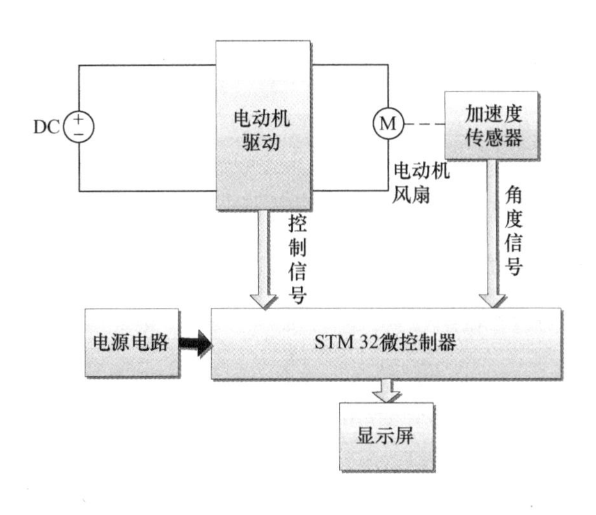

图 10.18　倒立摆控制结构框图

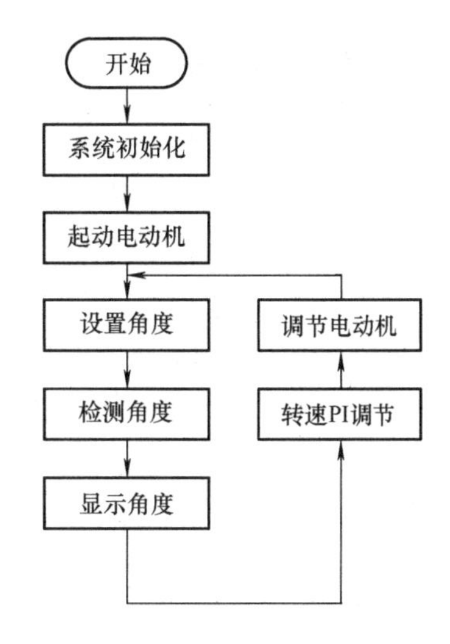

图 10.19　系统软件流程

10.3.3　倒立摆的实现

倒立摆系统软件核心代码如下：

1. 角度计算函数

```
void acc_z(void)
{
    //更新采样数据
    for(j =0;j <19;j ++)
    {
        AD_z[j] = AD_z[j +1];
    }
    AD_z[19] = Get_Adc(ADC_CH0);//将采样角加速度的模拟电压
    //处理采样数据
    AD_xmax = 0;
    AD_xmin = 4096;
    AD_xsum = 0;
    for(j =0;j <20;j ++)
    {
        AD_xsum = AD_xsum + AD_z[j];
        if(AD_z[j] > AD_xmax) AD_xmax = AD_z[j];
        if(AD_z[j] < AD_xmin) AD_xmin = AD_z[j];
    }
    AD_xsum = AD_xsum-AD_xmax-AD_xmin;
    z = AD_xsum/18.0;
    Az = (z-(ZAdMax + ZAdMin)/2.0)/((ZAdMax-ZAdMin)/2.0);
    if(Az >1.0)Az =1.0;//限制角度有效范围为 0°~90°
    if(Az < -1.0)Az = -1.0;//限制角度有效范围 0°~(-90°)
    anglez = asinf(Az)/3.1416 * 180;//计算角度值
}
```

其中，ZAdMax，ZAdMin 为标定值。

2. 电动机控制函数

```
void motorcontrol(float anglz_set)
{
    float fDelta;//局部变量
    float fP, fI;//局部变量
    fDelta = anglez-anglz_set; //求误差
    fP = fDelta * PWM_CONTROL_P;
    fI = fDelta * PWM_CONTROL_I;
    g_fanglez_Integral = g_fanglez_Integral + fI; //积分误差
    g_fSpeedControlOutNew = fP + g_fSpeedControlIntegral;//PI 参数
    CCR1_Val = 5000 + g_fSpeedControlOutNew;
    TIM_SetCompare1(TIM3,CCR1_Val);//输出 PWM 控制电动机
}
```

图 10.20 所示为倒立摆实体模型，图 10.21 所示为最终完成的实物图。

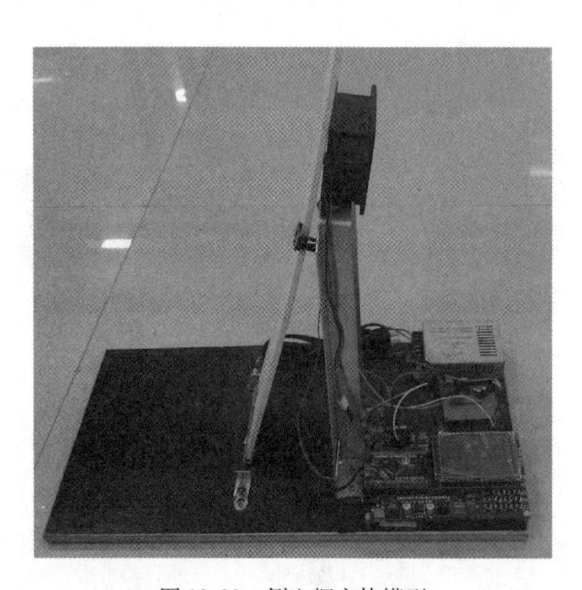

图 10.20 倒立摆实体模型

图 10.21 实物图

10.4 储能式光电寻迹车

10.4.1 储能式光电寻迹车设计要求

设计制作一套非电池供电的智能环保公交车系统，包括一台能沿着黑色引导线自主行驶的公交车和两个公交站。公交车行驶线路如图 10.22 所示。

公交道路宽为 60cm，用光滑平整的白纸制作。黑色小车引导线和状态标识线（可用电工胶带）宽度约为 1.8cm，站台停靠标识线长为 20cm。起点与终点之间公交车道总长约为 25m，公交站点 B、C、D 的位置在示意图位置附近任意放置。

1. 基本要求

1）公交车从起始站点A出发，沿着黑色引导线，经站点前下车提示、停靠动作后，自动驶到终点站C，行驶过程中不允许驶出公交车道，要求在8min内完成全程行驶。

2）公交车行驶到公交站台时（以标识线为基准），应提前5s发出下车提示声。

3）公交车驶入站台停靠时，其车身中心标识线与站台停靠标识线间误差应不超过1cm，站台停靠时间为30s。

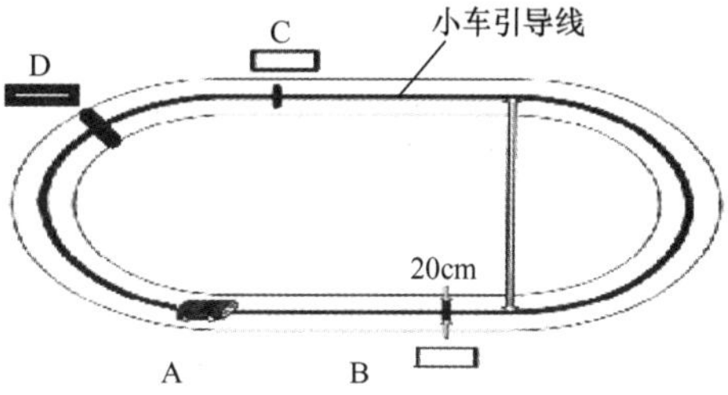

图10.22　公交车行驶线路

4）公交车在停靠期间可以为公交车补充动力。

2. 发挥部分

1）把5s下车提示声改为下车语音提示（如：“B站到了，旅客请下车”，播报的站名必须是B站或C站）。

2）到站时能在车上显示相应站名。

3）撤消C站（将站台移动到D点），要求公交车能在350s内从起始点A出发自动驶到D点，经过B站点时仍应有下车语音提示及停靠动作（公交车下车语音提示及站台停靠的位置要求与基本部分的相关要求相同）。

4）能增加新的清洁能源方式补充动力。

3. 说明

1）公交车起始站可人工补充动力。公交车动力系统必须自制。

2）站台可设置在公交线路上的任意位置（两站之间不超过15m）。

3）公交车可用各类小车改装，其尺寸不限，但公交车两侧对应位置必须标出位置标识线，且标识线距车头物理轮廓距离小于2cm）。

10.4.2　储能式光电寻迹车软硬件设计

1. 硬件设计

硬件部分包括电源模块、电源驱动模块、循迹模块、显示模块、语音提示模块及STM32微控制器，其各部分具体功能如下：

1）电源模块。采用七个额定电压为2.7V、额定电容为100F的超级电容串联组成电源供电，充电时用0.6Ω电阻限流。经计算，电容串联后总电压为18.9V，总电容为14.3F，用16.5V的恒压源对电容进行充电，如图10.23所示。电容电源放电可对后续模块进行供电。用一个开关保护后续电路，当对电容充电时断开开关，切断与后续电路的联系，起到保护作用。开关闭合可实现对小车进行供电。电路原理图如图10.24所示。

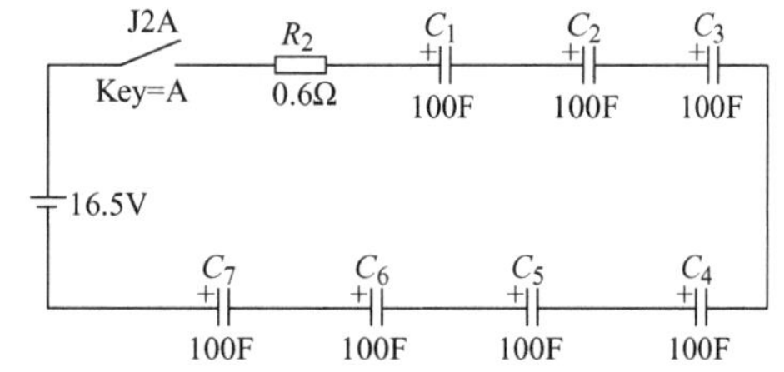

图10.23　超级电容电源

2）电动机驱动模块。采用LM298芯片，LM298易于控制，两路PWM就可以控制电动

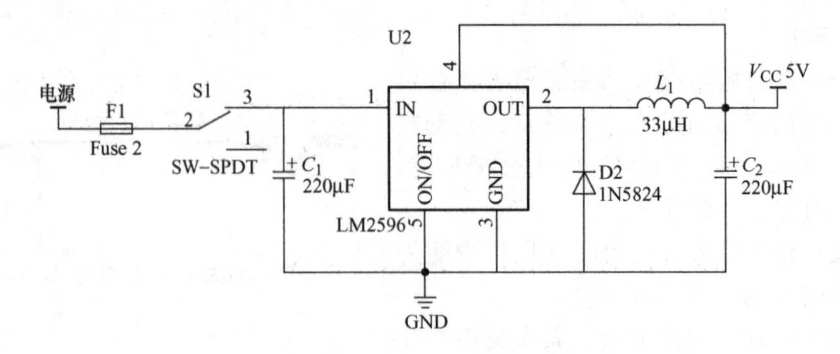

图 10.24　电路模块原理图

机转速，从而实现公交车转弯、减速、停靠等功能。电路原理图如图 10.25 所示。

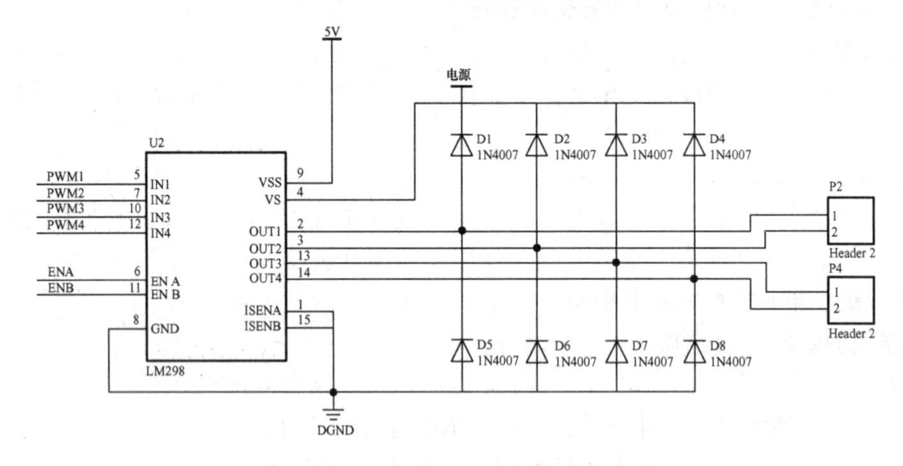

图 10.25　电动机驱动模块电路原理图

3）循迹模块。近距离循迹采用 TCRT5000 光电传感器模块检测引导线，使公交车能沿着黑色引导线自主行驶。电路原理图如图 10.26 所示。图中 U1 为比较器，常用的可以选 LM358、LM324、LM393、LM339 等一系列比较器。

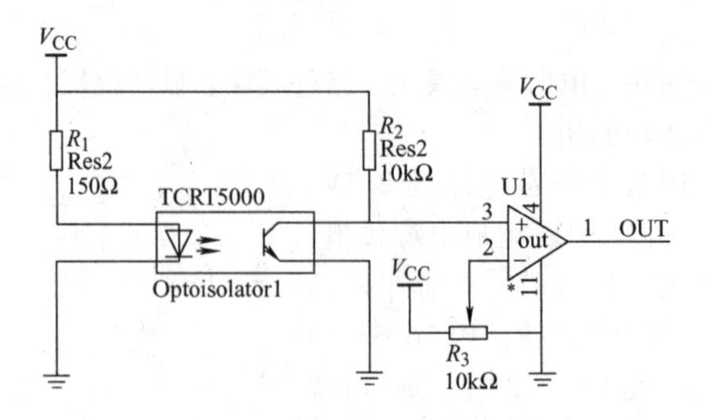

图 10.26　TCRT5000 循迹原理图

远距离循迹采用激光传感器，使公交车可以提前检测到站台，从而实现提前报站的功能。电路原理图如图 10.27 所示。

4）显示模块：采用 2.8in TFT 彩屏，分辨率为 320×240 像素，从而实现行车路线、站

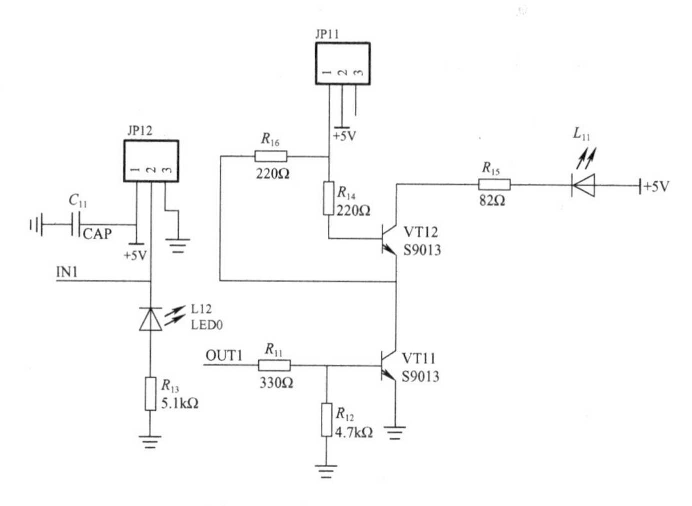

图 10.27　激光循迹电路原理图

名以及行车信息的显示。

5）语音提示模块：有多种型号可供选择，如 BMP5008、SYN6288 等。

2. 软件设计

根据各个功能模块画出智能环保公交车的控制结构框图，如图 10.28 所示。

智能公交车软件主要包括电动机调速、循迹检测、行车信息显示、语音播报几部分，设计时主要考虑系统的实时性、可靠性、控制精度、功耗等。

公交车起动后，通过红外发射接收一体探头检测路面黑色循迹线，运用激光传感器检测前方站台信息，得到的信号经过单片机处理，达到控制公交车循迹、停靠、报站、显示的目的。系统软件流程如图 10.29 所示。

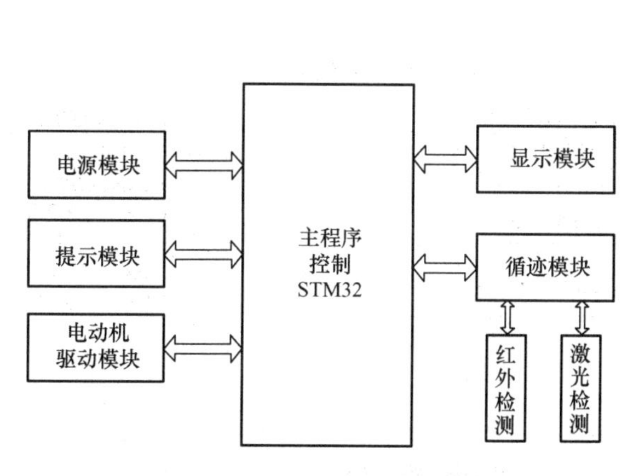

图 10.28　智能环保公交车的控制结构框图

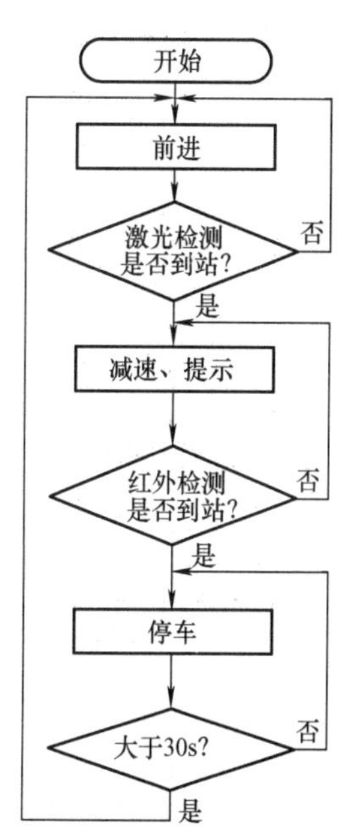

图 10.29　系统软件流程

10.4.3 储能式光电寻迹车的实现

储能式光电寻迹车软件核心代码如下：

1. 电动机调速函数

```
void Motor_Go(s16 L,s16 R,u8 flag)
{
    PWM_L = L;
    PWM_R = R;
    if(flag ==1)
        {GPIOF->ODR& =0XFFF0;GPIOF->ODR |=0X0006;}
    else if(flag ==0)
        {GPIOF->ODR& =0XFFF0;GPIOF->ODR |=0X0009;}
    else if(flag ==2)
        {GPIOF->ODR& =0XFFF0;GPIOF->ODR |=0X000A;}
    else if(flag ==3)
        {GPIOF->ODR& =0XFFF0;GPIOF->ODR |=0X0005;}
    else if(flag ==4)
        {GPIOF->ODR& =0XFFF0;GPIOF->ODR |=0X000F;}
}
```

其中，L为左电动机PWM值；R为右电动机PWM值；flag为电动机转向控制（flag =0，后退；flag =1，前进；flag =2，右转；flag =3，左转；flag =4，停车）。

2. SYN6288语音播报函数

```
void R_S_Byte(u8 R_Byte)
{USART1->DR =R_Byte;while((USART1->SR&0X40)==0);}//等待发送结束
void yuyin(u8 * text)
{
    u16 i;u8 head[HEADLEN] ={0xfd,0x00,0x00,0x01,0x00};
    u8 b[TEXTLEN +1];
    xor =0;//校验码初始化
    for(i =0;i <strlen(text);i ++)b[i] =text[i];
    head[LEN_OFFSET] =strlen(text) +3; //计算正文长度(1命令字 +1命令参数 +文字
长度 +1校验位)
    //发送数据报头(0xFD +2字节长度 +1字节命令字 +1字节命令参数)
    for(i =0; i < HEADLEN; i ++){xor ^= head[i];R_S_Byte(head[i]);}
    //发送文字内容
    for(i =0; i < strlen(text); i ++){xor ^= b[i];R_S_Byte(b[i]);}
    R_S_Byte(xor); //发送校验位
    delay_ms(200);
}
```

调用语音函数如下：

yuyin（" 终点站　长安大学　到了　　感谢您乘坐智能公交车"）；

实物图如图10.30所示。

a）侧视图

b）正视图

图 10.30　实物图

10.5　MP3 播放器

10.5.1　MP3 播放器设计要求

设计制作一个简单的 MP3 播放器。能实现 MP3 的一些基本功能。

1. 基本要求

1）歌曲播放、暂停。

2）上一首、下一首歌曲切换。

3）歌名显示。

4）歌曲总数以及当前歌曲序号的显示。

5）当前歌曲播放进度的显示。

6）音量大小调节。

7）快进，快退。

2. 发挥部分

1）歌曲频谱实时显示。

2）录音与播放录音。

3）使用触摸屏完成上述功能。

10.5.2　MP3 播放器软硬件设计

1. 硬件设计

硬件部分包括显示模块、SD 卡模块、MP3 解码模块及 STM32 微控制器，其各部分具体功能如下：

1）显示模块：采用2.8in TFT彩屏，分辨率为320×240像素，可以完成歌曲各种显示等功能，同时还可以完成控制MP3播放功能。电路原理图如图10.31所示。

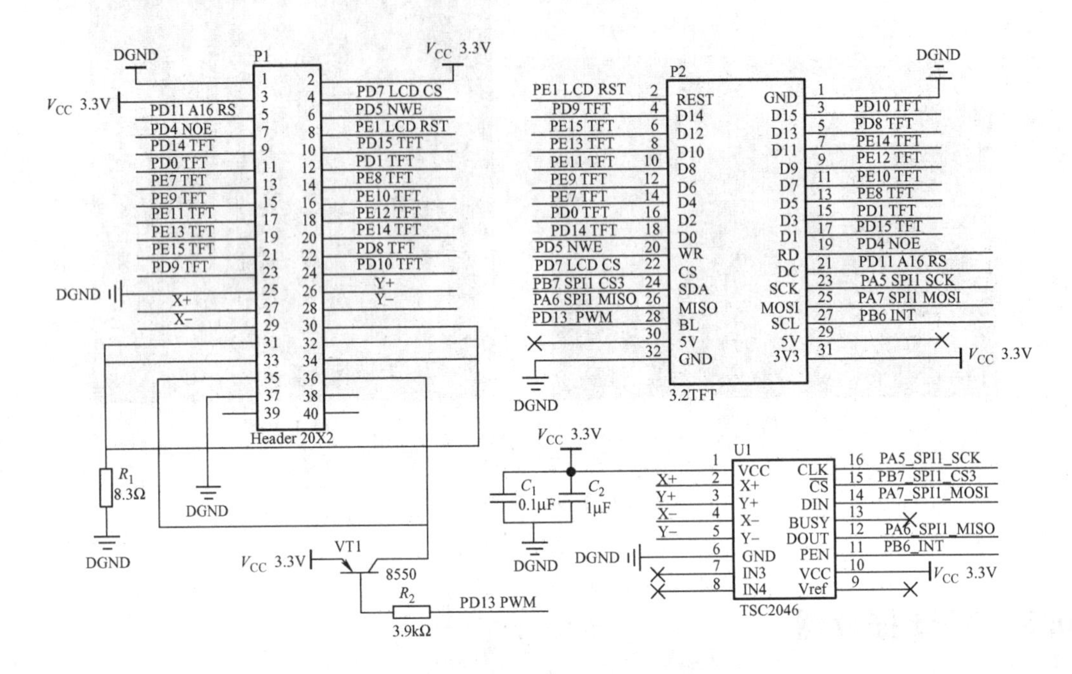

图10.31 TFT LCD液晶显示模块电路原理图

2）SD卡模块：SD卡一般支持SD卡模式和SPI模式两种操作模式。

主机可以选择以上任意一种模式与SD卡通信，SD卡模式允许4线的高速数据传输。SPI模式允许简单地通过SPI接口和SD卡通信，这种模式同SD卡模式相比主要是降低了速度。

3）MP3解码模块。MP3解码模块的主控芯片是VLSI的VS1003。它拥有一个高性能的DSP处理器核VS_DSP，5K的指令RAM，0.5K的数据RAM，通过SPI控制，具有四个通用I/O口和一个串口，芯片内部还带了一个可变采样率的ADC、一个18位的立体声DAC及音频耳机放大器。通过SPI口向VS1003不停地输入音频数据，它会自动解码，然后从输出通道输出音乐。这时，从耳机就能听到所播放的歌曲。MP3音频解码模块是一个通用的解码模块，除了支持VS1003以外，还可以支持VS1053。电路原理图如图10.32所示。

2. 软件设计

根据各个功能模块画出结构框图，如图10.33所示。

开机检测SD卡和字库是否存在，如果检测无问题，则开始循环播放SD卡根目录的歌曲，在TFT LCD上显示歌曲名字、播放时间、歌曲总时间、歌曲总数目、当前歌曲的编号等信息。可用触摸屏检测完成上下首切换、音量调节等功能。系统程序流程如图10.34所示。

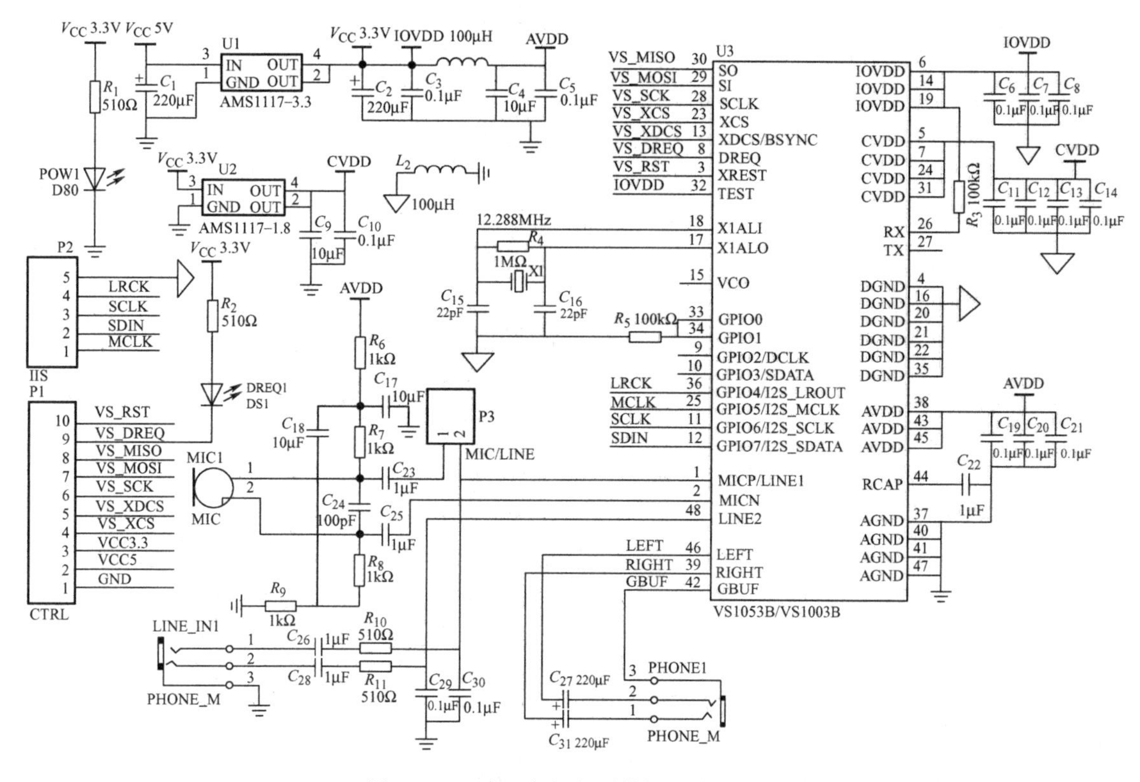

图 10.32　MP3音频解码模块电路原理图

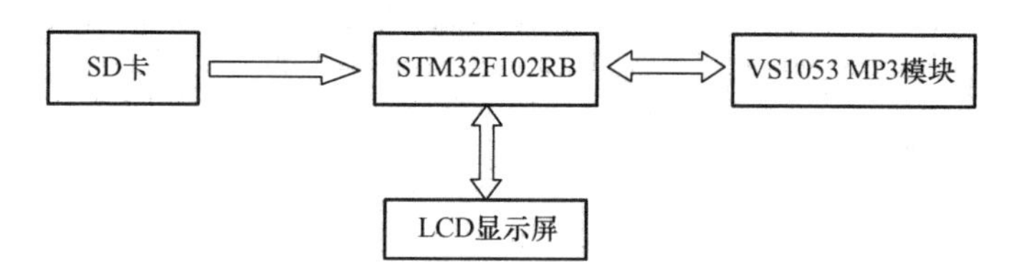

图 10.33　结构框图

10.5.3 MP3播放器的实现

核心代码如下：

1. 播放音乐函数

```
void Play_Music(void)
{
u16 i;
u8 key;
FileInfoStruct FileInfo;
u16 mus_total =0;//总音乐文件的个数
if(FAT32_Enable)Cur_Dir_Cluster =FirstDirClust;//根目录簇号
else Cur_Dir_Cluster =0;
Get_File_Info(Cur_Dir_Cluster,&FileInfo,T_MP3 |T_WMA |T_WAV |T_MID |T_FLAC |T_
OGG,&mus_total);//获取当前文件夹下面的目标文件个数
i =1;
```

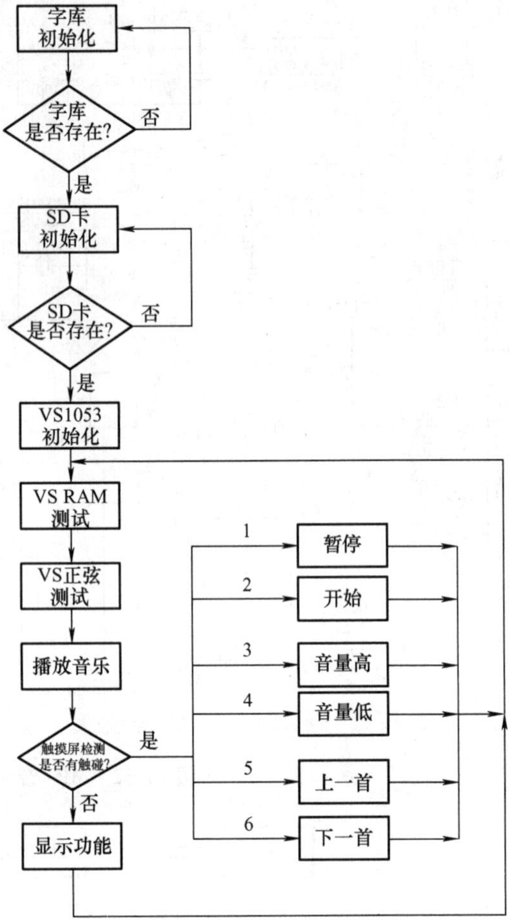

```
        while(1)
        {
        key = Play_Song(i,mus_total);
        if(key ==1)
        {
            if(i < mus_total)i ++;
            else i =1;
        }else if(key ==2)
        {
            if(i >1)i--;
            else i = mus_total;
        }else
        {
            i ++;
            if(i >mus_total)i =1;
        }
      }
    }
    //播放音乐
    //index:播放的歌曲编号
    //返回值:0,成功;1,下一曲;2,上一曲;0xff
得到文件信息失败;0xfe,硬复位失败
    u8 MUSIC_BUFFER[512];
    u8 Play_Song(u16 index,u16 total)
    {
        u32 bfactor;
        u32 bcluster;
        u16 count;
        u8 key,n;
        u16 i;
        u8 pause =0;//不暂停
        FileInfoStruct FileInfo;
        i = Get_File_Info(Cur_Dir_Cluster,&FileInfo,T_MP3 |T_WMA |T_WAV |T_MID |T_FLAC |T
_OGG,&index);
        if(i ==0)return 0xff;//得到文件信息失败
        if(VS_HD_Reset())return 0xfe;//硬复位
        VS_Soft_Reset();//软复位 VS10XX
    //set10XX();//设置音量等信息
    set10XX(0);
        if(VS10XX_ID == VS1053)
        {
        if(FileInfo.F_Type == T_FLAC)VS_Load_FlacPatch();//如果是 FLAC 文件,则加载 FLAC
用户代码
        }else //默认为 1003,其他未测试
        {
            if(FileInfo.F_Type == T_FLAC ||FileInfo.F_Type == T_OGG)return 0xfd;// 不
支持
        }
```

图 10.34 系统程序流程

```
        LCD_Fill(0,110,239,319,WHITE);//整个屏幕清空
        Show_Str(60,150,FileInfo.F_Name,16,0);//显示歌曲名字
        bfactor = fatClustToSect(FileInfo.F_StartCluster);//得到开始簇对应的扇区
        bcluster = FileInfo.F_StartCluster;//得到文件开始簇号
        count = 0;
        while(1)//播放音乐的主循环
        {
            if(SD_ReadSingleBlock(bfactor,MUSIC_BUFFER))break;//读取一个扇区的数据
            SPIx_SetSpeed(SPI_SPEED_8);//高速,对VS1003B,最大值不能超过36.864/6MHz,这
里设置为4.5MHz
            count ++;//扇区计数器
            i = 0;
            do//主播放循环
            {
                if(VS_DQ! = 0&&pause == 0) //非暂停,送数据给VS1003
                {
                    VS_XDCS = 0;
                    for(n = 0;n < 32;n ++)
                    {
                        SPIx_ReadWriteByte(MUSIC_BUFFER[i ++]);
                    }
                    VS_XDCS = 1;
                }
                usmart_dev.scan();//处理串口收到的指令
            key = Touch1();
                if(key)
                    {
                        LED1 = !LED1;
                        switch(key)
                        {
                            case 1://下一首歌
                                return 1;
                            case 2://上一首歌
                                return 2;
                            case 3://暂停/播放
                                pause = !pause;
                            case 4:
                                set10XX(key);
                            case 5:
                                set10XX(key);//设置音量等信息
                    }
        }
  ///////////
            }while(i < 511);//循环发送512个字节
            MP3_Msg_Show(FileInfo.F_Size,index,total);
            bfactor ++;//扇区加
            if(count > = SectorsPerClust)//一个簇结束,换簇
            {
```

```
            count =0;
            bcluster =FAT_NextCluster(bcluster);
            //printf("NEXT:% d\n",bcluster);
            LED1 = !LED1;
            //文件结束
        if((FAT32_Enable ==0&&bcluster ==0xffff)||bcluster ==0x0ffffff8 ||bcluster
==0x0fffffff)break;//error
            bfactor =fatClustToSect(bcluster);
        }
    }
    VS_HD_Reset(); //硬复位
    VS_Soft_Reset();//软复位
    LED1 =1;//关闭 DS1
    return 0;//返回按键的键值!
}
```

2. 设定音量高低函数

```
//设定 VS10XX 播放的音量和高低音
void set10XX(u8 n)
{
    u8 t;
    u16 bass =0; //暂存音调寄存器值
    u16 volt =0; //暂存音量值
    u8 vset =0; //暂存音量值
  if(n)
  {
      if((m ==230&&n!=5))
          {}
      else if(n ==4){
            increase1(m);
                m =m-5;
                }
      else {            increase2(m);
                m =m +5;
                }
    }
    vset =m-VS10XXram[4];//取反一下,得到最大值
////////
  volt =vset;
    volt << =8;
    volt + =vset;//得到音量设置后的大小
    //0,henh.1,hfreq.2,lenh.3,lfreq
    for(t =0;t <4;t ++)
    {
        bass << =4;
        bass + =VS10XXram[t];
    }
  VS_WR_Cmd(SPI_BASS,bass);//BASS
    VS_WR_Cmd(SPI_VOL,volt); //设音量
 }
```

实物展示如图10.35所示。

a）系统启动

b）系统运行

图10.35　系统展示

10.6　基于GPRS的电热水器控制系统

10.6.1　基于GPRS的电热水器控制系统设计要求

1）设计要求：远程温度检测、控制及报警。

2）应用目标：通过本系统，能帮助用户实时了解室温情况，及时调节室温。

3）基本功能：①温度检测；②温度查询；③温度控制；④温度报警。

10.6.2　基于GPRS的电热水器控制系统软硬件设计

1. 硬件设计

硬件模块部分包括GTM900-C模块、DS18B20集成芯片、温度控制模块、LCD模块及STM32微控制器。其各部分具体功能如下：

1）GTM900-C模块：如图10.36所示，GTM900-C是一款两频段GSM/GPRS无线模块，支持标准的AT命令及增强AT命令，通过UART接口与外部STM32微控制器通信，主要实现控制指令的收发功能。GTM900-C_SIM卡槽部分电路原理图10.37所示。

2）DS18B20集成芯片：能够有效地减小外界的干扰，提高测量的精度，简化电路的结构。其电路原理图如图10.38所示。

DS18B20的主要特性如下：①测温范围为－55～＋125℃，在－10～＋85℃时精度为±0.5℃；②可编程的分辨率为9～12位，对应的可分辨温度分别为0.5℃、0.25℃、0.125℃和0.0625℃，可实现高精度测温。

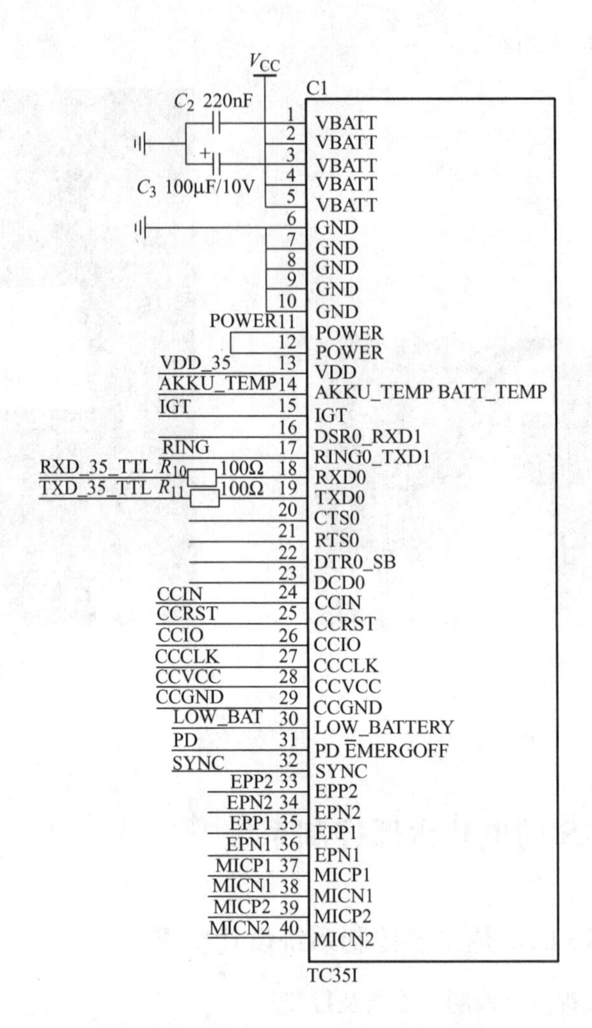

图 10.36　TC35/GTM900-C 电路原理图

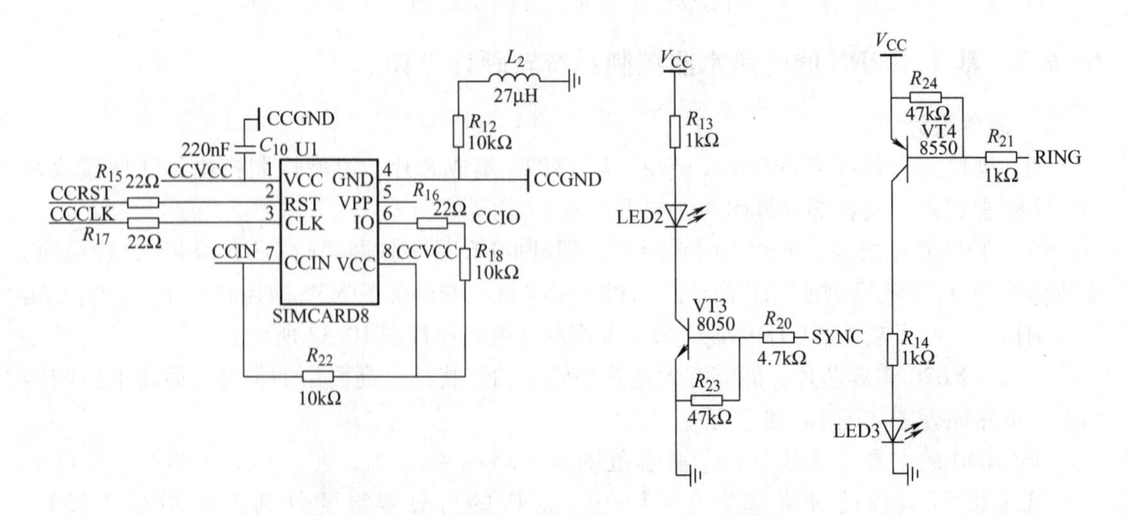

图 10.37　GTM900-C_SIM 卡槽部分电路原理图

3）温度控制模块：使用继电器外接控制，采用电炉丝的方式对周围温度进行加热，理想控制温度为 16 ~ 35℃。

4）LCD 模块：LCD 显示屏幕能够满足本地检测的要求，无需手机支持即可了解系统工作情况，并且具有硬件报警功能。通过屏幕显示信息可以获得系统的工作状态以及故障硬件诊断结果。其电路原理图如图 10.39 所示。

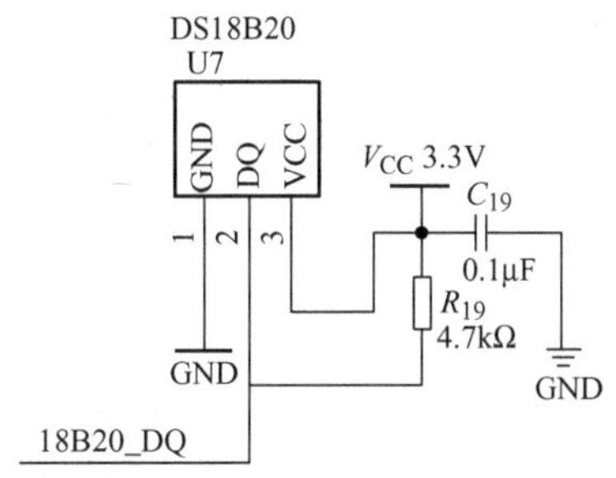

图 10.38　DS18B20 电路原理图

2. 软件设计

根据各个功能模块画出控制系统结构框图，如图 10.40所示。

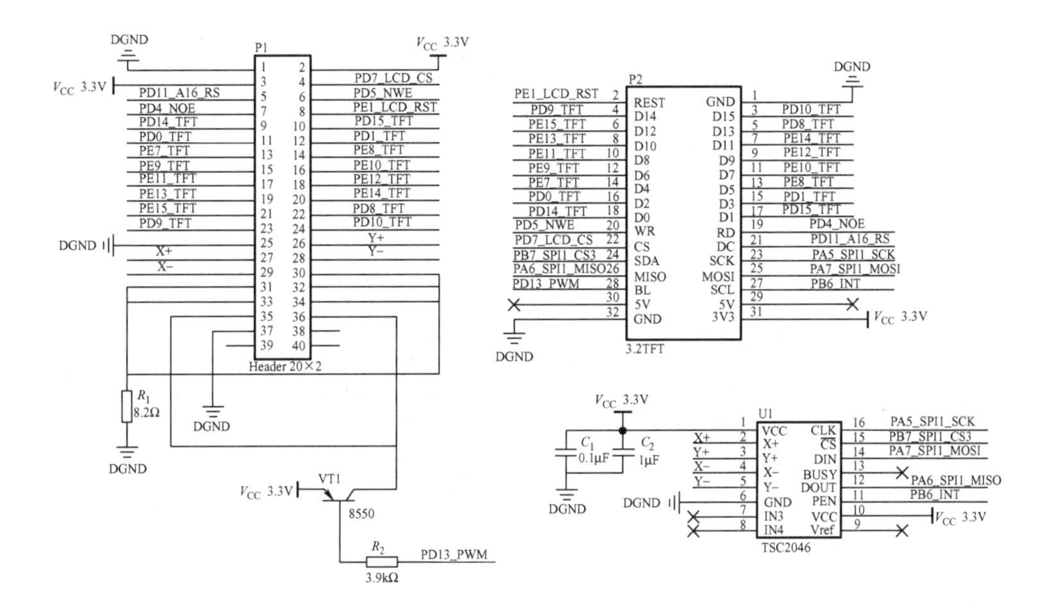

图 10.39　LCD 模块电路原理图

STM32 与 GTM900-C 通信是实现其功能的核心部分，设计时主要考虑系统的实时性以及数据的安全和准确。

根据系统的工作流程，当系统开启后，首先对所有硬件部分进行检测，之后系统进入温度检测状态并待机等待手机操作指令，用 DS18B20 采样，通过软件计算得到当前环境温度，以实现环境温度的检测和报警。当 GTM900-C 收到控制短信后，软件会对信息进行检测，之后进行相应的控制处理。系统程序流程如图 10.41 所示。

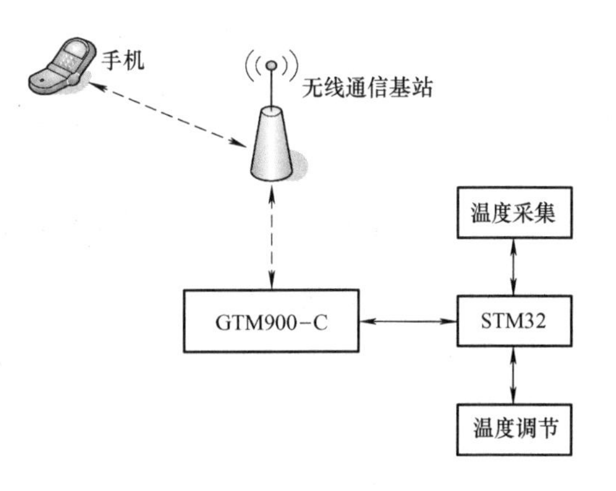

图 10.40　远程温度控制系统结构框图

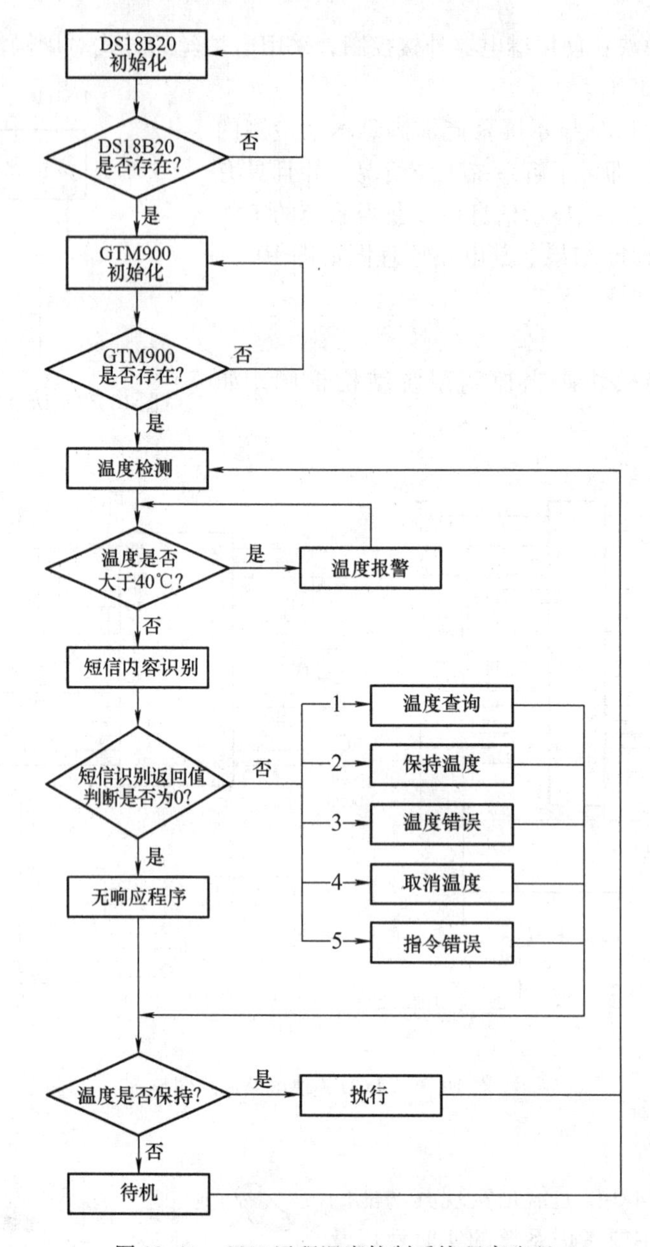

图10.41　GSM远程温度控制系统程序流程

10.6.3　基于GPRS的电热水器控制系统实现

基于GRRS的电热水器控制软件核心代码如下：

1. 温度检测

```
short DS18B20_Get_Temp(void)
{
    u8 temp;
    u8 TL,TH;
    short tem;
```

```
    DS18B20_Start ();//启动 DS18B20 配置
    DS18B20_Rst();
    DS18B20_Check();
    DS18B20_Write_Byte(0xcc);//跳过 ROM 地址
    DS18B20_Write_Byte(0xbe);//启动温度转换
    TL=DS18B20_Read_Byte(); //读取低位
    TH=DS18B20_Read_Byte(); //读取高位
    if(TH>7)
    {
        TH = ~TH;
        TL = ~TL;
        temp=0;//温度为负
    }
    else emp=1;//温度为正
    tem=TH; //获得高八位
    tem<< =8;
    tem+ =TL;//获得低八位
    tem=(float)tem*0.625;//转换
    if(tem==0)
        if(DS18B20_Check())//DS18B20 状态检测
            DS18B20_Warning();//温度报警
    if(temp) return tem; //返回温度值
    else return -tem;
}
```

2. 短信内容检测

```
u8 SIM_Read(void)
{
    delay_ms(1000);
    printf("AT+CMGF=1\r");//信息文本模式
    delay_ms(1000);
    Dtat_Out();//清空 STM32 短信内容缓存
    printf("AT+CMGR=1\r");//读取短信
    delay_ms(1000);
    printf("AT+CMGD=1,3\r");//删除信息
    Data_In();//重新加载 STM32 短信内容
    for(len1=0;d[len1]!='$';len1++);
    for(len2=0;HM[len2]!='$';len2++);
    for(i=0;i<len1;i++)//手机号码对比
    {
        j=0;
        k=0;
        for(j=0;j<len2;j++)
        {
            if(d[j+i]==HM[j])k++;
            else  break;
        }
        if(k==len2)break;
    }
```

```
    if(k!=len2)return 0;//号码错误,无信息
//返回值设定:1—温度查询, 2—保持目标温度, 3—要求温度错误, 4—取消目标温度, 5—指令错误
    for(len2=0;CX[len2]!='$';len2++);
    for(i=0;i<len1;i++)
    {
        j=0;k=0;
        for(j=0;j<len2;j++)
        {
            if(d[j+i]==CX[j])k++;
            else break;
        }
        if(k==len2)return 1;//查询温度
    }
    for(len2=0;BC[len2]!='$';len2++);
    for(i=0;i<len1;i++)
    {
        j=0;k=0;
        for(j=0;j<len2;j++)
        {
            if(d[j+i]==BC[j])k++;
            else break;
        }
        if(k==len2)
        {
            td10=0;td=0;
            for(j=0;j<10;j++)
            {
                if(d[i+4]==wd_table[j])
                {td10=j;
                break;
              }
            }
            for(j=0;j<10;j++)
            {
                if(d[i+5]==wd_table[j])
                {td=j;
                break;
                }
            }
            wd=td10*10+td;//温度换算
            if(wd>=16&&wd<=35)//温度控制范围为16~35℃
                return 2;//保持温度
            else return 3;//温度错误
        }
    }
    for(len2=0;QX[len2]!='$';len2++);
    for(i=0;i<len1;i++)
```

```
        {
            j = 0;k = 0;
            for(j = 0;j < len2;j ++)
            {
                if(d[j + i] == QX[j])k ++;
                else break;
            }
            if(k == len2)
            {return 4;//取消温度
            }
        }
        return 5;//指令错误
    }
```

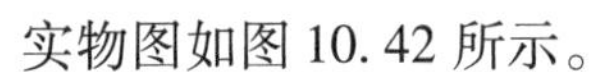

实物图如图 10.42 所示。

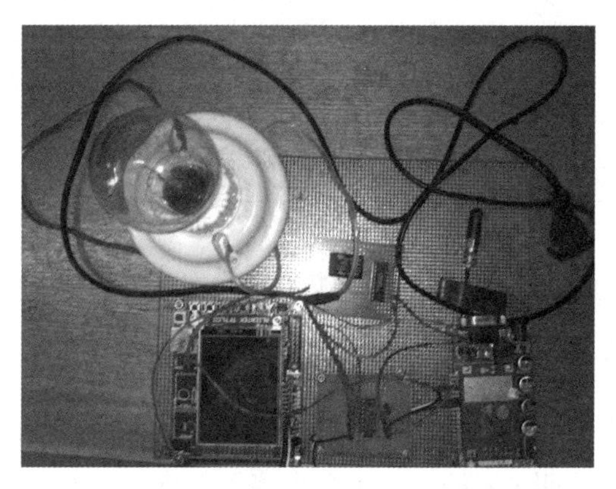

图 10.42　远程控制温度系统实物图

10.7　小结

本章主要介绍 CHD 1807—STM32F103 开发系统实验平台的基本情况，在此实验平台的基础上，设计并完成了若干综合实验。这些例程都是经过实际验证的，可供广大读者参考。

习　题

1. 设计并实现交通灯控制系统，完成如下功能：

城市道口交通灯控制系统模型采用单片机作为主控制器，用于十字路口的车辆及行人的交通管理。每个方向具有左拐、右拐、直行及行人四种通行指示灯，计时牌显示路口指示灯转换剩余时间，在出现紧急情况时可由交警动手实现全路口车辆禁行而行人通行状态。另外，在特种车辆如 119、120 通过路口时，系统可自动转为特种车辆放行，其他车辆禁止通行的状态，15s 后系统自动恢复正常管理。

2. 用单片机设计制作一个高效、亮度可控白光 LED 照明灯，系统采用 5V 单电源供电，并设计照度监测电路。

LED 照明部分要求如下：

（1）能对输出到 LED 上的功率进行测量和显示，测量误差小于 1%；

（2）能对输出到 LED 上的电流进行预置和控制，预置和控制值范围为 0.1 ~20mA，按照最小 0.1mA 的步进递增；

（3）在输出到 LED 上的电流为 10mA 时该电源转换驱动装置的效率大于 75%。

照度检测部分的要求如下：

（1）用光敏器件制作一个照度测试仪；

（2）照度仪可以将检测到的照度显示，对其工程量单位（勒克斯）和线性度不作要求。

3. 用单片机设计并实现一个自动追光、自动避障电动小车。自动追光太阳能充电系统放置在小车上，光源移动时，小车可以跟踪光源移动，并自动调节太阳能板的仰角使其始终能面对光源，采用恒流充电模式给蓄电池充电。小车行进过程中遇到路障时，能够避开路障绕道找到光源并继续追光前行。当接近光源时，保持一定距离停车。基本要求如下：

（1）光源用不大于 100W 的白炽灯，场地不小于 150cm × 150cm，障碍物不小于 15cm × 15cm × 15cm；

（2）光源在离小车大约 1.5m 的固定位置摆放，放置高度不高于 25cm，小车发现光源后沿光源方向前进，不得采用地面引导方式；

（3）小车前进方向上至少随机放置三个障碍物，遇到障碍物，小车应绕道前进；

（4）在小车绕道过程中，太阳能板始终对准光源；

（5）到达离光源一定距离时，小车应停止前进；

（6）小车前进直线距离应不大于 1.2m，时间不大于 2min。

（7）显示太阳能为蓄电池供电状态，显示蓄电池端的充电电流。

4. 用单片机设计并实现一个小型工作平台自动调平系统。设计并制作一个工作平台自动调平系统。该平台由多条腿支撑，并能承受一定的载重。通过自动调整支撑腿的伸缩来调整平台达到水平状态。平台可以是任意形状，圆形直径不得小于 25cm，长方形时短边长度不得小于 25cm。为了便于描述，设平台平面坐标的两个方向为 X、Y。基本要求如下：

（1）能够同时检测和显示 X、Y 方向的倾角；

（2）能够在 X、Y 任意方向手动调节平台，调节范围不小于 20°；

（3）平台某一方向倾斜不超过 15°时，系统可在 15s 内把平台调平，调平精度 ±3°；

（4）平台能承载 500g 的物体，且可在平台上任意放置，不得倾翻。

参考文献

[1] 蒙博宇. STM32 自学笔记［M］. 北京：北京航空航天大学出版社，2012.

[2] 黄志伟. STM32F 32 位 ARM 微控制器应用设计与实践［M］. 北京：北京航空航天大学出版社，2012.

[3] 刘军. 例说 STM32［M］. 北京：北京航空航天大学出版社，2011.

[4] 喻金钱，喻斌. STM32F 系列 ARM Cortex-M3 核微控制器开发与应用［M］. 北京：清华大学出版社，2011.

[5] 陈志旺. STM32 嵌入式微控制器快速上手［M］. 北京：电子工业出版社，2012.

[6] 范书瑞，李琦，赵燕飞. Cortex-M3 嵌入式处理器原理与应用［M］. 北京：电子工业出版社，2011.

[7] 孙肖子，邓建国，陈南，等，电子设计指南［M］. 北京：高等教育出版社，2005.

[8] 黄智伟，王彦，陈文光，等. 全国大学生电子设计竞赛训练教程［M］. 2 版. 北京：电子工业出版社，2010.

[9] Jean J Labrosse. 嵌入式实时操作系统 μC/OS-Ⅲ［M］. 宫辉，曾鸣，龚光华，等译. 北京：北京航空航天大学出版社，2012.

[10] Jean J Labrosse. 嵌入式实时操作系统 μC/OS-Ⅲ应用开发：基于 STM32 微控制器［M］. 何小庆，张爱华，译. 北京：北京航空航天大学出版社，2012.

[11] 彭刚. 基于 ARM Cortex-M3 的 STM32 系列嵌入式微控制器应用实践［M］. 北京：电子工业出版社，2011.

参考文献

[illegible]